Kernphysikalische Tabellen

Von

Professor Dr. J. Mattauch

Wissenschaftliches Mitglied des
Kaiser Wilhelm=Institutes für Chemie · Berlin=Dahlem

Mit einer Einführung in die Kernphysik

Von Dozent Dr. S. Flügge
Kaiser Wilhelm=Institut für Chemie · Berlin=Dahlem

Mit 28 Abbildungen und 8 farbigen Tafeln

Berlin
Springer-Verlag
1942

ISBN-13: 978-3-642-89307-0   e-ISBN-13: 978-3-642-91163-7

DOI: 10.1007/978-3-642-91163-7

Vorwort.

Das rasche Anwachsen der experimentellen kernphysikalischen Literatur stellt seit Jahren jeden auf diesem Gebiet arbeitenden Physiker vor die Notwendigkeit, sich durch Führung einer Kartei oder ähnlicher Hilfsmittel den notwendigen Überblick über das riesige Material zu erhalten. Eine solche Kartei wurde auch im Kaiser Wilhelm-Institut für Chemie geführt und stellt die Keimzelle dar, aus der dies Buch hervorgegangen ist. Für Ausarbeitung und Veröffentlichung war der Wunsch maßgebend, eine möglichst vollständige Sammlung des Materials zu schaffen und, entsprechend der rasch steigenden Bedeutung der Kernphysik, einem großen Kreise zugänglich zu machen. Die Tabellen können und sollen natürlich niemals das Studium der Originalarbeiten ersetzen; sie sollen vielmehr ein Wegweiser sein, mit dessen Hilfe man zu jeder Frage rasch und sicher alle einschlägige Literatur aufsuchen kann. Dementsprechend erschien es besonders wichtig, jede Angabe der Tabellen durch die nötigen Literaturstellen zu belegen. Auf diese Weise wurden über 1000 Originalveröffentlichungen aufgenommen. Eine gewisse Schwierigkeit bot der unregelmäßige Eingang der ausländischen Zeitschriften seit Kriegsbeginn; es wurde alle Literatur berücksichtigt, die bis Ende August 1941 im hiesigen Institut einging. Darin sind vor allem die in Physical Review bis Mitte 1941 erschienenen Arbeiten vollständig enthalten.

Um die Tabellen leichter benutzbar zu machen, gerade für die zahlreichen Kollegen, die jetzt beginnen, sich eingehender mit dem Gebiet der Kernphysik zu befassen, schien es wünschenswert, den Tabellen einen einführenden Text voranzustellen. Es fehlt zwar nicht an guter Lehrbuchliteratur über Atomkerne; alle diese Darstellungen liegen aber schon fünf Jahre oder noch länger zurück, und was eine solche Zeitspanne für die Kernphysik bedeutet, macht ein Blick auf das Inhaltsverzeichnis klar: So grundlegende Dinge wie K-Einfang, Isomerie, Mesontheorie der Kernkräfte sind erstmalig in der hier vorgelegten Darstellung mit verarbeitet. Außerdem war in allen früheren Darstellungen die Absicht vorherrschend, mehr von der Seite der Radioaktivität her in das Gebiet einzuführen. Teilgebiete, wie die optische Bestimmung der Kernspins oder die massenspektrographische Bestimmung von Isotopenhäufigkeiten und Präzisionswerten der Atommassen wurden ihrer Methodik halber dort mehr der allgemeinen Atomphysik zugerechnet und im wesentlichen nur ihre Ergebnisse benutzt. Die sinngemäße Übertragung des Grundsatzes der Tabellen auf den Text, nämlich alle Zahlen durch Literatur zu belegen, bedeutete dort die Besprechung der experimentellen Methoden, die zu den Zahlen der Tabellen führen. Demgemäß wurde hier, wohl zum ersten Male, eine Darstellung der Kernphysik gegeben, in der die genannten „Randgebiete" als vollgültige Teilstücke mit aufgenommen und ausführlich behandelt worden sind.

Die Drucklegung des Werkes wurde durch äußere Umstände lange hinausgezögert. Dem Verlag sind wir nicht nur für die gewohnt gute Ausstattung zu besonders großem Danke verpflichtet, sondern auch für sein entgegenkommendes Verständnis bei den immer wieder zur Berücksichtigung inzwischen erschienener Literatur notwendig gewordenen Korrekturen und für die Bewältigung der ungewöhnlichen Schwierigkeiten der Drucklegung.

Berlin-Dahlem, im Oktober 1941.

Die Verfasser.

Inhaltsverzeichnis.

Verzeichnis der Tabellen und Tafeln.

I. Die stabilen Kerne.

a) Isotopie und Massenzahlen.

1. Begriff der Isotopie.

Fast alle Aussagen über die Elektronenhülle des Atoms sind unabhängig von der Masse des Kerns und allein durch seine Ladung Z bedingt. Demzufolge definieren wir auch die chemischen Elemente lediglich durch die Kernladungszahl Z oder die ihr gleiche Anzahl der Hüllelektronen im neutralen Atom. Über die Masse der Atome wird dabei überhaupt keine Aussage gemacht. Dennoch besitzen die so definierten chemischen Elemente charakteristische Verbindungsgewichte, ja ihre Ordnung im periodischen System ist geradezu mit Hilfe der Atomgewichte zuerst gelungen. Erst viel später hat man erkannt, daß diese Anordnung zugleich und eigentlich eine Gruppierung nach Kernladungszahlen ist, was besonders anschaulich klar wird bei den beiden Elementen Kalium und Argon, wo Argon ($Z = 18$) trotz seines höheren Atomgewichts im periodischen System den Platz vor Kalium ($Z = 19$) cinniumt. Wir können daher die beiden folgenden Sätze aussprechen:

Ein Atom bestimmter vorgegebener Ladung hat auch eine bestimmte Masse (vorläufige Formulierung).

Zwischen Atomgewicht A und Kernladungszahl Z besteht eine enge Korrelation derart, daß A/Z nahezu eine Konstante für alle Elemente, nämlich rund $= 2$ ist und mit wachsendem Z langsam bis auf 2,6 ansteigt.

Den ersten dieser beiden Sätze werden wir alsbald noch zu revidieren haben.

Die heute übliche Skala der chemischen Verbindungsgewichte basiert auf der willkür-lichen Festsetzung, daß die Masse des neutralen Sauerstoffatoms $= 16$ gesetzt wird. In dieser Skala sind die Massen vieler Elemente nahezu ganze Zahlen, z. B. Wasserstoff 1,008. Es gibt auch eine Reihe sehr ausgeprägter Abweichungen von der Ganzzahligkeit, z. B. bei Chlor mit 35,46 oder bei Kupfer mit 63,57. Deshalb hat schon 1886 Crookes vermutet, daß die Atomgewichte i. a. ganzzahlig sein müßten und die ziemlich häufigen Ausnahmen dadurch zu erklären seien, daß z. B. mehrere verschiedene Arten von Chloratomen, mit den ganzzahligen Massen von etwa 34, 35, 36 in festen und durch chemische Eingriffe nicht zu verändernden Mischungsverhältnissen vorlägen, so daß das Verbindungsgewicht 35,46 nur durch eine solche Mischung vorgetäuscht sei. Die Elemente mit ganzzahligem chemischen Verbindungsgewicht wären dann eben einfache Elemente, die nur aus einer einzigen Atomart bestehen sollten. Diese Vermutung von Crookes hat sich später als zutreffend erwiesen:

Atome gleicher Kernladungszahl aber verschiedener Massenzahl A bezeichnen wir heute als Isotope. Die meisten Elemente besitzen mehrere Isotope in praktisch völlig konstanten Mischungsverhältnissen.

Das chemische Element Chlor besteht, wie man heute weiß, z. B. aus zwei Isotopen der Massenzahlen 35 und 37 im Mischungsverhältnis von rund 3:1.

2. Der Nachweis der Isotopie nach der Parabelmethode.

Die Trennung verschiedener Massen beim gleichen chemischen Element gelang zuerst J. J. Thomson im Jahre 1913 nach der von ihm ersonnenen Parabelmethode. Seine Versuchsanordnung zeigt Abb. 1 schematisch. Aus der durchbohrten Kathode K eines großen Entladungsrohres (R) (Spannung etwa 30 bis 50 kV) tritt ein Kanalstrahl von Neonionen. Dies

Strahlenbündel besteht aus den im Entladungsraum durch Elektronenstoß entstandenen Ionen,
welche durch die zwischen Kathode K und Anode A liegende Spannung zur Kathode hingezogen worden sind und unter geeignetem Winkel die Bohrung erreicht haben. Das Strahlenbündel ist daher definiert durch die Geometrie des Kanals, der also möglichst eng und lang
sein muß, wodurch allerdings — ähnlich wie bei einer Lochkamera — die Intensität sehr gering
wird. Links schließt sich an die Bohrung der Ablenkraum an, in dem die positiven Ionen gleich-

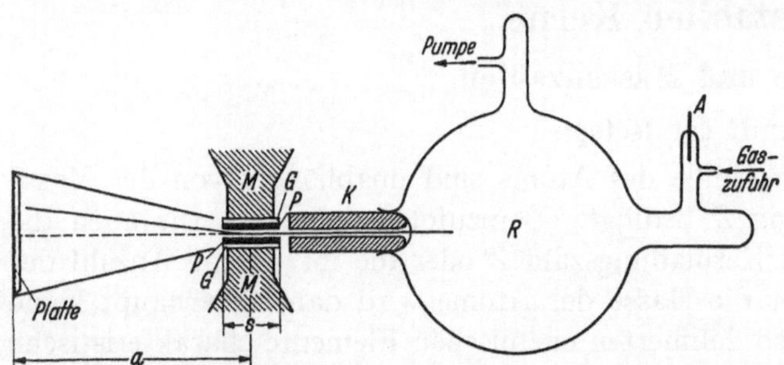

Abb. 1. Versuchsanordnung bei J. J. Thomsons Parabelmethode.

zeitig der Wirkung eines magnetischen
und eines elektrischen Feldes ausgesetzt sind. In der Figur wirken
beide Felder von oben nach unten. Die
eisernen Polschuhe (P) des Elektromagneten (M) sind durch dünne
Glimmerplättchen (G) isoliert, so daß
an sie eine Spannung angelegt werden
kann, die sie zu Kondensatorplatten
eines elektrischen Feldes macht. Ist
s die Länge des Ablenkraumes, und
sind e, M und v die Ladung, Masse und Geschwindigkeit des hindurchfliegenden Ions, so
bewirkt die von oben nach unten wirkende elektrische Feldstärke E eine Ablenkung in ver-
tikaler Richtung im Betrage

$$y_1 = \frac{1}{2} \frac{e}{M} E \frac{s^2}{v^2}. \tag{1}$$

Das magnetische Feld der Stärke H biegt, da es parallel dem elektrischen Felde ist, die Bahn
des Ions zu einem Kreisbogen horizontal aus der Zeichenebene heraus; solange diese Ablenkung
klein genug ist, um den Kreisbogen durch ein Stück einer Parabel anzunähern, beträgt sie

$$x_1 = \frac{1}{2} \frac{e}{M} \frac{H}{c} \frac{s^2}{v}. \tag{2}$$

Gl. (1) entsteht folgendermaßen: Das elektrische Feld wirkt wie ein Schwerefeld mit der Fallbeschleunigung $g = eE/M$. In der Zeit $t = s/v$, die das Ion zum Durchlaufen der Strecke s braucht, beträgt die
Fallhöhe nach den elementaren Fallgesetzen dann $\frac{1}{2} g t^2$; das ergibt gerade den Ausdruck (1). Die ablenkende magnetische Kraft ist bekanntlich dem Betrage nach $= \frac{e}{c} H v$; die „Fallbeschleunigung" in
diesem Felde also $(e/Mc) \cdot H v$, womit die Rechnung im übrigen genau so läuft, die zur Gl. (2) führt.

Auf die im Abstande a von der Mitte des Ablenkraumes entfernte photographische Platte
trifft der Strahl dann an einer Stelle mit den Koordinaten

$$x = \frac{e}{M} \frac{H}{c} \frac{a}{s} \frac{s^2}{v}, \qquad y = \frac{e}{M} E \frac{a}{s} \frac{s^2}{v^2}. \tag{3}$$

Da an allen möglichen Stellen der Entladungsröhre Ionen gebildet werden, kommen Ionen
aller möglichen Geschwindigkeiten v vor zwischen Null und einer der Röhrenspannung V
entsprechenden Maximalgeschwindigkeit gemäß

$$\frac{M}{2} v_{\max}^2 = e V; \tag{4}$$

infolgedessen wird bei einer Art von Ionen nicht nur ein Punkt auf der Platte geschwärzt,
sondern eine ganze Folge von Punkten, die auf der Parabel liegen

$$y = \frac{E c^2}{a s H^2} \frac{M}{e} x^2. \tag{5}$$

Die Öffnung dieser Parabel hängt also außer von den Konstanten der Apparatur (a, s) und
den angelegten Feldern (E, H) nur ab von dem Verhältnis der Ionenmasse M zur Ionenladung e.
Nun treten ja nur ganzzahlige Vielfache der bekannten Elementarladung auf, und zwar ist
schon ein zweifach ionisiertes Neonatom meist sehr viel unwahrscheinlicher als ein einfach

ionisiertes. Außerdem kann man natürlich, da die Masse ja ungefähr bekannt ist, unterscheiden zwischen den Kurven, die zu verschiedenen Ionenladungen gehören. Diese stören daher nicht mehr wie etwa die Bilder höherer Ordnung bei einem optischen Beugungsgitter.

Bei dem klassischen Thomsonschen Versuche an Neon erschienen Linien bei den Massenzahlen 1, 2, 12, 28, 44, 100 und 200 herrührend von Verunreinigungen, welche den Ionen H^+, H_2^+, C^+, CO^+, CO_2^+, Hg^{++} und Hg^+ zugeordnet werden konnten; außerdem erschienen noch zwei deutliche Linien bei den Massenzahlen 20 und 22, die von einfach geladenem Neon herrührten. Dabei war die Linie 20 rund 10mal so stark wie die Linie 22. Die naheliegenden Möglichkeiten, daß die Linie 22 von CO_2^{++} oder von NeH_2^+ herrührte, konnten dadurch ausgeschlossen werden, daß es gelang, die Linie CO_2^+ ganz zu beseitigen, ohne daß in dem Intensitätsverhältnis von 20 und 22 eine Änderung eingetreten wäre, während es sich als unmöglich erwies, durch Einfüllen von Helium neben der Linie He^+ einen Begleiter von HeH_2^+ zu erzeugen. Damit war der Nachweis geführt, daß Neon sicher aus zwei Isotopen der Massenzahlen 20 und 22 etwa im Mischungsverhältnis 10 : 1 besteht.

Die Hauptbedeutung der Parabelmethode liegt in der Pionierarbeit Thomsons. Ihre technische Ausgestaltung hat später zu viel schärferen und besseren Bildern geführt. Wegen ihrer bequemen Handhabung dient sie daher auch heute noch oft zu orientierenden Beobachtungen. So hat z. B. Schütze eine solche Anordnung aufgestellt, um Versuche über Anreicherung seltener Isotope damit zu kontrollieren. Zeeman und de Gier haben noch vor wenigen Jahren die Häufigkeiten der verschiedenen Isotope des Nickels und einiger anderer Elemente nach dieser Methode bestimmt.

3. Massenspektrographie.

Ein Hauptmangel der Parabelmethode sind die geringen Intensitäten. Eine grundlegende Verbesserung kann man erreichen, wenn man, statt mit parallelen, mit gekreuzten Feldern arbeitet. Die Ablenkungen durch Magnetfeld und elektrisches Feld erfolgen dann nicht mehr senkrecht zueinander, sondern in der gleichen Richtung. Jedem Strahl vorgegebener Masse und Ladung, Richtung und Geschwindigkeit entspricht dann ein bestimmter Punkt auf der Photoplatte und diese Punkte reihen sich zu einem „Spektrum". Gelingt es, Richtung und Geschwindigkeit in engen Grenzen zu halten, so erhält man offenbar eine Folge von Flecken, also ein Linienspektrum, bei dem jeder Linie ein bestimmter Wert von M/e zukommt. Eine Anordnung, die die Aufnahme eines solchen Massenspektrums ermöglicht, nennt man einen Massenspektrographen.

Die Intensität ist bei dieser Methode gegenüber der Parabelanordnung noch nicht gesteigert, da die Auswahl eines engen Geschwindigkeitsintervalls die Intensität ebensosehr herabmindert wie sie durch die Zusammenziehung der ganzen Parabel in einen Punkt gesteigert wird. Der entscheidende Fortschritt dieser Anordnung beruht vielmehr darauf, daß es gelungen ist, durch geeignete Wahl der ablenkenden Felder eine Fokussierung zu erreichen, die alle Teilchen von gleichem M/e verschiedener Geschwindigkeit an den gleichen Punkt der Platte führt und dadurch die Verwendung eines verhältnismäßig breiten Geschwindigkeitsbereichs erlaubt (Anordnung von Aston). Statt dessen ist es auch möglich, zwar nur mit einem engen Geschwindigkeitsintervall zu arbeiten, dafür aber eine Fokussierung verschiedener Richtungen zu erzwingen, wodurch die Verwendung ziemlich weit geöffneter, lichtstarker Büschel ermöglicht wird (Anordnung von Dempster). Diese Verbesserung entspricht offenbar gerade dem Übergang von der Lochkamera zur Linsenoptik in der Lichtphotographie. In neuester Zeit ist es endlich gelungen, auch Massenspektrographen mit Doppelfokussierung sowohl hinsichtlich der Richtungen als der Geschwindigkeiten zu konstruieren (Mattauch und Herzog, Dempster, Bainbridge und Jordan). Wir wollen im folgenden die wichtigsten Typen der Reihe nach kurz besprechen.

1. Die Geschwindigkeitsfokussierung von Aston. Der verschiedenen Geschwindigkeit der Ionen entspricht in der Optik die verschiedene Wellenlänge des Lichtes. Die Astonsche Anordnung kann optisch beschrieben werden als ein achromatischer Satz zweier Prismen ohne Linsen. In Abb. 2 ist das Prinzip der Anordnung gezeichnet. Der Ionenstrahl kommt von links und wird zunächst im elektrischen Felde um den Winkel φ nach unten abgelenkt. Solange dieser Winkel klein ist, gilt nach Gl. (1)

$$\varphi = A/v^2, \tag{6}$$

wobei A eine von den Abmessungen des Kondensators, von M/e und von der angelegten Spannung allein abhängige Konstante ist, also für alle Geschwindigkeiten denselben Wert hat. Der Strahl tritt alsdann in das Magnetfeld ein, das ihn um den ebenfalls kleinen Winkel ψ nach oben zurücklenkt. Dabei ist

$$\psi = B/v, \tag{7}$$

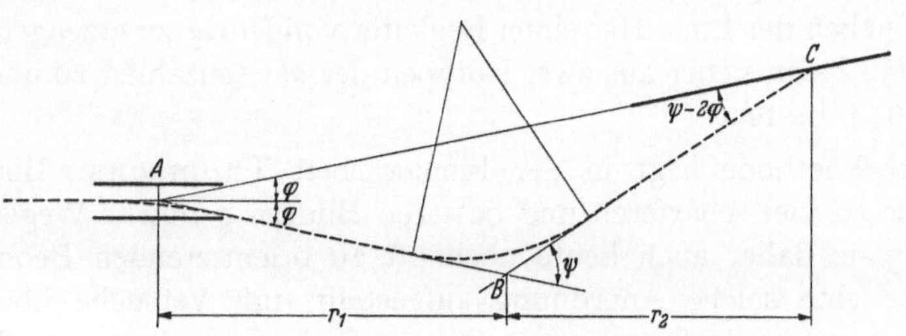

Abb. 2. Prinzip der Geschwindigkeitsfokussierung im Massenspektrographen von Aston.

wobei B wiederum eine geschwindigkeitsunabhängige Konstante ist. Mit den eingezeichneten Abständen r_1 und r_2 ergibt sich also, daß der Strahl nach Durchlaufung der ganzen Strecke $r_1 + r_2$ insgesamt um den Betrag

$$- (r_1 + r_2)\,\varphi + r_2\,\psi$$

nach oben gehoben ist, während seine Richtung sich um $\psi - \varphi$ geändert hat. Dies gilt für einen Strahl der Geschwindigkeit v. Für einen Strahl etwas anderer Geschwindigkeit $v + dv$ beträgt entsprechend die Hebung

$$- (r_1 + r_2)\,(\varphi + d\varphi) + r_2\,(\psi + d\psi),$$

seine Richtung ist um $\psi + d\psi - \varphi - d\varphi$ geändert. Die Fokussierungsbedingung erfordert nun, daß die beiden Hebungen übereinstimmen, daß also

$$- (r_1 + r_2)\,d\varphi + r_2\,d\psi = 0 \tag{8}$$

ist, obwohl die Richtungen der beiden Strahlen verschieden sind. Dann werden sich nämlich die beiden Strahlen im Punkte C schneiden, in den dann die photographische Platte zu bringen wäre. Durch Differenzieren findet man aus Gl. (6) und (7)

$$d\varphi = - 2\,\frac{dv}{v}\,\varphi \quad \text{und} \quad d\psi = - \frac{dv}{v}\,\psi;$$

die Fokussierungsbedingung (8) geht daher über in

$$2\,(r_1 + r_2)\,\varphi = r_2\,\psi. \tag{9}$$

Man kann sich danach sofort überlegen, in welche Lage die Photoplatte gebracht werden muß. Konstruiert man nämlich das Dreieck ABC in unserer Abbildung, indem man in A den Winkel φ nochmals nach der anderen Seite hin an die ursprüngliche Strahlrichtung anträgt, so führt die Anwendung des Sinussatzes auf die Beziehung

$$\frac{\sin(\psi - 2\varphi)}{r_1/\cos\varphi} = \frac{\sin 2\varphi}{r_2/\cos(\psi - \varphi)}$$

oder bei Ersetzung der Sinus durch ihre Argumente und der Cosinus durch 1,

$$r_2\,(\psi - 2\varphi) = 2\,r_1\,\varphi,$$

was mit Gl. (9) identisch ist. Die Brennlinie, in die die Photoplatte zu bringen ist, ist also die Gerade AC, solange die Ablenkungswinkel klein bleiben.

2. Die Richtungsfokussierung von Dempster. Schon sehr frühzeitig hat Classen für e/m-Bestimmungen an Kathodenstrahlen die Tatsache benutzt, daß Teilchen gleicher Geschwindigkeit, die unter einem nicht allzu großen Öffnungswinkel in ein Magnetfeld eintreten, wieder nahezu in einen Punkt vereinigt werden, nachdem sie um 180° abgelenkt sind. Dies Prinzip liegt auch der alten Dempsterschen Anordnung aus dem Jahre 1918 zugrunde, wie Abb. 3 sie zeigt. Die Ionen treten bei S in das Magnetfeld ein, in dem sie je nach dem Werte von M/e Kreise von verschiedenem Radius beschreiben. Verändert man die Stärke des Magnetfeldes, so fallen nach und nach die Strahlen von verschiedenem M/e auf den Auffängerspalt F am Ende des Feldes und werden durch den von A abfließenden Strom im Galvanometer G nachgewiesen. Da bei dieser Methode auf Geschwindigkeitsfokussierung verzichtet ist, muß man dafür sorgen, daß bei S nur Ionen ziemlich einheitlicher Geschwindigkeit in das Feld eintreten. Durch die Art, wie das geschieht, unterscheiden sich die verschiedenen bisher nach diesem Prinzip konstruierten Massenspektrographen. Im folgenden sind die wichtigsten Typen aufgezählt.

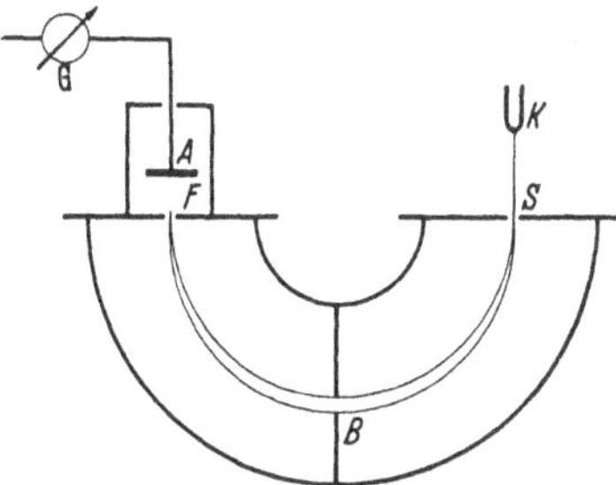

Abb. 3. Prinzip der Richtungsfokussierung im Massenspektrographen von Dempster.

a) Bei der ersten Anordnung von Dempster (1918) wurden die Ionen durch Erhitzen von Salzen auf Platinstreifen oder durch Bombardieren dieser Salze mit Elektronen erzeugt. Später (1922) wurden die Metalle selbst verdampft und der Dampf durch Elektronenstoß ionisiert. Die Ionen werden alsdann durch eine elektrische Spannung V, die zwischen einem in der Nähe der Kathode K befindlichen Schlitz und dem Eintrittsspalt S liegt, beschleunigt. Da V groß ist gegen die Voltgeschwindigkeit, mit der sie den Beschleunigungsraum betreten, werden dadurch alle Teilchen praktisch auf die gleiche Energie

$$\frac{1}{2}\,M\,v^2 = e\,V$$

gebracht.

b) Bleakney 1929 und Bainbridge 1930 haben die einheitliche Geschwindigkeit durch ein Wiensches Filter erreicht. Der Ionenstrahl, dessen Richtung durch Blenden festgelegt ist, wird durch einen Kondensator hindurchgeschickt, in dem er eine Fallbeschleunigung nach unten erfährt im Betrage

$$b_1 = \frac{e}{M}\,E.$$

Gleichzeitig wird unter rechtem Winkel dazu ein Magnetfeld angelegt, daß dem Strahl eine Beschleunigung

$$b_2 = \frac{e}{M}\,H\,\frac{v}{c}$$

nach oben erteilt. Dann bleiben offenbar nur diejenigen Ionen unabgelenkt und können das Blendensystem passieren, für die $b_1 = b_2$ ist, d. h. alle Ionen der Geschwindigkeit

$$v = c\,E/H,$$

unbeschadet ihrer verschiedenen Masse und Ladung. Nur diese Ionen gelangen daher in das Magnetfeld.

c) Smythe hat 1926 ein Verfahren entwickelt, das 1932 von Smythe und Mattauch zur Konstruktion eines Massenspektrographen benutzt worden ist. Der Strahl durchläuft nacheinander zwei Kondensatoren der Länge s, an die ein elektrisches Wechselfeld angelegt wird. Auch hier ist ein solches Blendensystem angebracht, daß nur diejenigen Teilchen hindurchkommen, die gerade unabgelenkt bleiben. Die Zeit zum Durchlaufen des ersten Kondensators ist $t = s/v$. Wird die Frequenz so gewählt, daß $\omega \cdot \frac{s}{v} = 2\pi n$ ist (n = ganze Zahl), so erfährt jedes durchlaufende Teilchen ebenso viele Impulse nach oben wie nach unten. Im ganzen ergibt sich eine Parallelverschiebung seiner Bahn, die von der Phase abhängig ist, bei der es in den Kondensator eingetreten ist, aber keine Änderung seiner Richtung. Im zweiten Kondensator wird offenbar das gleiche geschehen. Wir wollen nun dafür Sorge tragen, daß die Eintrittsphase im zweiten Kondensator gerade so gewählt ist, daß die Parallelverschiebung, die das Ion im ersten Kondensator erfahren hat, im zweiten gerade wieder aufgehoben wird. Das geschieht jedenfalls, wenn sich die Eintrittsphase am zweiten Kondensator gerade um π von der am ersten unterscheidet. Man erreicht das, indem man den Abstand a zwischen den beiden Kondensatoranfängen so wählt, daß $\omega \frac{a}{v} = \pi(2m+1)$ ein ungerades Vielfaches von π wird. Die gleichzeitige Erfüllung der beiden Bedingungen ergibt

$$a/s = (2m+1)/2n = \text{ungerade Zahl/gerade Zahl}.$$

Durchgelassen werden alle Geschwindigkeiten, die die Bedingung

$$v = \frac{\omega s}{2\pi n}$$

erfüllen. Diese Anordnung hat den Nachteil, daß mehrere Geschwindigkeitsgruppen hindurchgehen. Macht man z. B.

$$a/s = 3/2 = 9/6 = 15/10 = \cdots,$$

so gehen die Geschwindigkeiten

$$v = \frac{\omega s}{2\pi}, \qquad \frac{\omega s}{2\pi} \cdot \frac{1}{3}, \qquad \frac{\omega s}{2\pi} \cdot \frac{1}{5}, \cdots$$

durch das Filter hindurch.

d) Nier hat 1936 eine Anordnung aufgestellt, die dem ursprünglichen Dempsterschen Apparat am nächsten kommt (Abb. 4) und bei der die einheitliche Geschwindigkeit nach einer Methode von Bleakney erreicht wird. Von einem Wolfram-Glühdraht G gehen Elektronen aus, die durch eine kleine Spannung zwischen G und A (etwa 4 V) nach A hingezogen und dann durch eine geeignete Potentialdifferenz zwischen A und B beschleunigt werden. Sie erzeugen im Gasraum zwischen M und P_1 Ionen. Zwischen M und P_1 liegt wiederum ein schwaches elektrisches Feld, das diese Ionen nach P_1 hinzieht. Diejenigen Ionen, die den Spalt in P_1 passiert haben (in der Abbildung erscheint der Spalt im Längsschnitt und ist deshalb so breit), werden alsdann durch eine hohe Potentialdifferenz zwischen P_1 und P_2 zu einheitlicher Geschwindigkeit nach unten hin beschleunigt. Bei P_2 treten sie in das um 180°

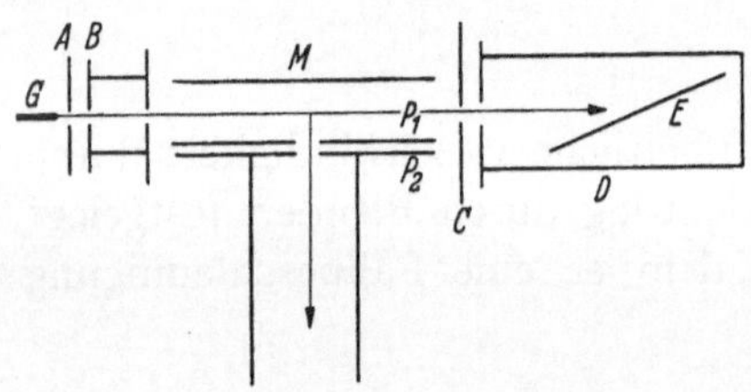

Abb. 4. Erzeugung von Ionen einheitlicher Geschwindigkeit nach Bleakney im Massenspektrometer von Nier.

ablenkende Magnetfeld ein, an dessen Ende der eintreffende Ionenstrom wie bei Dempster gemessen wird.

3. Die Doppelfokussierung. Die moderne Entwicklung der Elektronenoptik hat gezeigt, daß elektrische und magnetische Felder außer ihrer Prismenwirkung, d. h. der verschieden starken Ablenkung verschieden schneller Ionen, auch eine Linsenwirkung besitzen, d. h. Strahlen verschiedener Richtung fokussieren können. Einen Sonderfall dieser Richtungsfokussierung haben wir soeben in dem um 180° ablenkenden homogenen Magnetfeld kennengelernt. Ein weiterer wichtiger Sonderfall ist das elektrische Radialfeld, das um den Winkel $180°/\sqrt{2} = 127{,}2°$ ablenkt. Felder, die um den halben Winkel ablenken, also ein homogenes Magnetfeld von 90° und ein elektrisches Radialfeld von 63,6° verwandeln ein vom Eintrittspunkt aus divergierendes Strahlenbündel gerade in ein Parallelstrahlbündel, haben also die Eigenschaft eines optischen Kollimators. Die allgemeine Theorie der Linsen- und Prismenwirkung elektrischer und magnetischer Felder hat Herzog 1934 eingehend studiert. Auf Grund dieser Arbeit

wurde von Mattauch und Herzog gezeigt, daß durch geeignete Kombinationen von Feldern Doppelfokussierung im Massenspektrographen erreicht werden kann. Im folgenden sollen die bisher ausgeführten wichtigsten Typen kurz zusammengestellt werden.

a) Der 1935 vollendete neue Massenspektrograph von Dempster (Abb. 5) besteht aus einem Radialfeld von 90° und einem Magnetfeld von 180°. Die in der Abbildung punktiert eingezeichneten Linien entsprechen den Bahnen von Teilchen der Geschwindigkeit v_1, die ausgezogenen der Geschwindigkeit v_2. Die Strahlen, die unter verschiedenem Winkel eintreten, werden bei F_1 und F_2 fokussiert, und zwar bei F_1 diejenigen der Geschwindigkeit v_1 und bei F_2 die mit v_2. An dieser Stelle wird also für jede Masse ein Geschwindigkeitsspektrum entworfen. Das danach folgende Magnetfeld sammelt alle von F_1 ausgehenden richtungsdivergenten Strahlen wieder im Punkte F. Damit die von F_2 ausgehenden Strahlen, die infolge ihrer größeren Geschwindigkeit auch einen größeren Krümmungsradius besitzen, in den gleichen Punkt F gelangen und somit auch Geschwindigkeitsfokussierung eintritt, muß noch eine bestimmte Bedingung erfüllt sein. Der Dempstersche Spektrograph ist so eingerichtet, daß diese Bedingung für eine bestimmte Masse erfüllt ist, so daß also nur für eine Stelle der Photoplatte die gewünschte Doppelfokussierung erreicht wird.

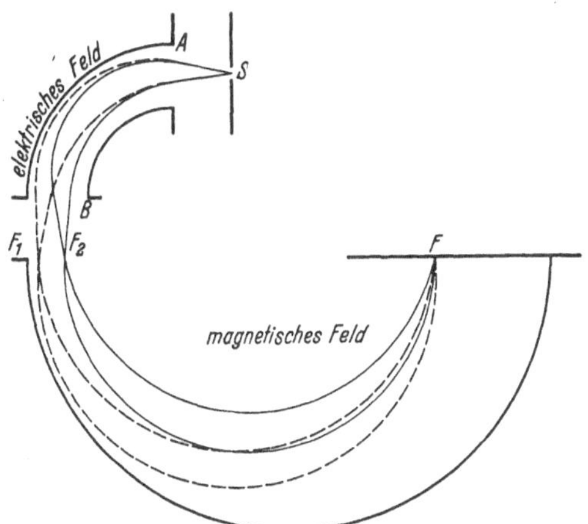

Abb. 5. Die neue, doppelt fokussierende Anordnung von Dempster. Im elektrischen Felde werden Strahlen verschiedener Richtungen fokussiert, im magnetischen Felde die Strahlen verschiedener Geschwindigkeit.

b) Im Jahre 1936 veröffentlichten Bainbridge und Jordan eine ähnliche Anordnung, bei der die Vorfokussierung durch ein elektrisches Radialfeld von 127° Ablenkwinkel stattfindet, während das anschließende geschwindigkeitsfokussierende Magnetfeld nur um 60° ablenkt. Wegen des kostspieligen Aufbaus der Magnetfelder hat diese Anordnung große Vorzüge. Auch hier wird die Doppelfokussierung nur für eine Stelle der Platte erreicht.

c) Bei den beiden beschriebenen Apparaten ist einmal für das magnetische, das andere Mal für das elektrische Feld der einfachste Sonderfall beibehalten worden, und das andere Feld dann jeweils so gewählt, daß die Doppelfokussierung für eine bestimmte Masse eintritt. Man kann nun auch diese letzte Einschränkung noch fallen lassen und die Frage aufwerfen: Wenn die Ablenkwinkel beider Felder frei wählbar sind und ebenso der Abstand des vordersten Spalts vor dem elektrischen Felde, d. h. also der Punkt, von dem das Strahlenbündel ausgeht, das in der Anordnung fokussiert werden soll, ist es dann möglich, die Doppelfokussierung für mehr als eine Masse zu erreichen?

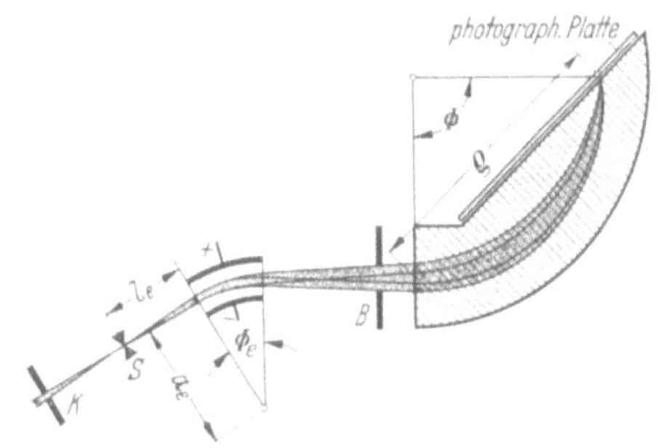

Abb. 6. Die doppelt fokussierende Anordnung von Mattauch und Herzog. Das vom Spalt S ausgehende Strahlenbündel wird im elektrischen Felde in eine Reihe von Parallelstrahlbündeln verschiedener Geschwindigkeit zerlegt, die im Magnetfeld alle auf denselben Punkt der Platte vereinigt werden.

Die Untersuchung von Mattauch und Herzog (1934) hat gezeigt, daß das in der Tat der Fall ist, und zwar gibt es nicht nur eine Lösung dieses Problems. Sie haben für eine Lösung mit den Ablenkwinkeln von 31° 50′ im elektrischen Radialfelde und 90° im magnetischen Felde einen Massenspektrographen gebaut, der in der Tat Doppelfokussierung nicht nur für eine Stelle der Platte, sondern für jede Stelle und damit für die ganze Massenskala aufweist. Abb. 6 zeigt die Anordnung im Schema, die den weiteren Vorteil hat, daß sie eine einfache Massenskala besitzt, da die Abstände ϱ proportional sind zu den Wurzeln aus den Massen.

b) Massendefekte.

4. Präzisionsmessungen.

Die massenspektrographische Durchmusterung fast aller chemischen Elemente wurde in den zwanziger Jahren vornehmlich von Aston durchgeführt. Sie ergab die allgemeine Bestätigung der Vermutung von Crookes: Die Elemente mit ganzzahligem Atomgewicht erwiesen sich oft geradezu als „Reinelemente", d. h. sie bestanden nur aus einer einzigen Art von Isotopen, in anderen Fällen zeigte sich, daß die Ganzzahligkeit des Atomgewichts zufällig durch ein spezielles Mischungsverhältnis vorgetäuscht war, z. B. beim Wasserstoff, bei dem das Isotop der Masse 2 sehr viel seltener ist als das gewöhnliche der Masse 1 oder beim Brom, wo die beiden Isotope der Massen 79 und 81 gleichhäufig sind, so daß das Atomgewicht ganzzahlig (= 80) wird. In allen Fällen nichtganzzahligen Atomgewichts dagegen liegt eine Mischung aus mehreren, oft zahlreichen Isotopen mit ganzzahligen Massen vor („Mischelemente").

Schon die ersten Erfahrungen auf diesem Forschungsgebiete zeigten nun aber, daß diese Regel der Ganzzahligkeit nicht völlig exakt ist. Bekanntlich verhalten sich die chemischen Atomgewichte von Wasserstoff und Sauerstoff nicht genau wie 1 : 16, sondern wie 1,008 : 16. Da man Sauerstoff zunächst für ein Reinelement hielt, lag die Vermutung nahe, die Ursache dieser Abweichung von der Ganzzahligkeit in der Beimischung eines schweren Wasserstoffisotops der Masse 2 zu suchen, daß dann also zu 0,8 % im gewöhnlichen Wasserstoff hätte enthalten sein sollen. Stern und Volmer haben 1919 mit negativem Erfolg nach einem solchen Isotop gesucht. Auch die Möglichkeit, daß die Abweichung durch die Existenz eines leichteren Sauerstoffisotops (etwa der Masse 15) vorgetäuscht würde, konnten sie ausschließen. Damit war zum ersten Male bewiesen, daß die Ganzzahligkeit der Isotopenmassen nur genähert gilt.

Damit entstand die Aufgabe, Präzisionsmessungen anzustellen, die die sichere Erfassung von Abweichungen von der Ganzzahligkeit noch gestatteten, die die Größenordnung einiger Promille besitzen. Zur Ausgestaltung der Massenspektrographie zu einer Präzisionsmethode hat schon Aston die ersten Schritte getan. Da im Massenspektrum die scheinbare Masse eines n-fach ionisierten Teilchens von der Masse M nur M/n beträgt und da außerdem nicht nur Atomionen, sondern auch Molekülionen auftreten, ist es möglich, ein und dieselbe Massenzahl durch verschiedene Ionen zu besetzen, z. B. die Massenzahl 16 sowohl durch $^{16}O^+$-Ionen als durch einfach geladene Methanmoleküle $^{12}C^1H_4^+$. Wären die Massen der beteiligten Atome exakt ganzzahlig, so müßten auch die beiden zugehörigen Spektrallinien exakt zusammenfallen; in Wirklichkeit liegt die CH_4^+-Linie aber nicht bei der Masse 16, sondern bei der Masse 16,036. Entnimmt man die Masse des Wasserstoffs $^1H = 1,008$ etwa aus der Chemie, so kann man hieraus die Masse von ^{12}C bezogen auf $^{16}O = 16$ bestimmen zu

$$^{12}C = 16,036 - 4 \cdot 1,008 = 12,004.$$

Das Wesentliche an dieser sogenannten „Dublettmethode" ist, daß man die Zahlen 16,036 und 16,000 selbst nicht mit dieser Genauigkeit von 1/16000 zu messen braucht, sondern daß es genügt, den Abstand 0,036 der beiden Linien auf 3 % genau zu messen, um die beiden Massen mit einer Genauigkeit von $\pm$ 0,001 angeben zu können. Man muß also dafür sorgen, daß Dispersion und Auflösungsvermögen des Massenspektrographen groß genug sind, um beide Linien noch deutlich trennen zu können.

Die Aufgaben der Massenspektrographie zerfallen damit deutlich in zwei Gruppen: Entweder Feststellung der Massenzahlen und Häufigkeiten mit Instrumenten relativ geringer Dispersion oder Präzisionsmessungen von Massen durch Auflösung enger Dubletts oder auch Multipletts von Massenlinien. Den beiden verschiedenen Aufgaben entsprechen auch verschiedene Konstruktionstypen. Für die erste Aufgabe sind von den heute im Gebrauch befindlichen Instrumenten besonders diejenigen vom Dempsterschen Typ eingesetzt worden (vgl. S. 5), während sowohl Astons (S. 4) neuere Apparate als auch die doppelfokussierenden Instrumente von

Bainbridge und Jordan, von Dempster und von Mattauch und Herzog (S. 7) mit ihrer hohen Dispersion und Auflösung vornehmlich für die Aufgaben der Präzisionsmessung benutzt worden sind.

Alle modernen Präzisionsmessungen werden an den Standard $^{16}O = 16$ angeschlossen. Zu diesem Zweck hat man zunächst ein System von drei leicht zugänglichen Substandards mit großer Genauigkeit ausgemessen. Diese drei Substandards sind die Isotope ^1H (leichter Wasserstoff), ^2H (auch ^2D geschrieben, schwerer Wasserstoff) und ^{12}C (Kohlenstoff). Ihre Bestimmung geschieht mit Hilfe der drei Grund-dubletts:

$$^{12}CH_4^+ - {}^{16}O^+ = \alpha \text{ bei der Massenzahl } 16,$$
$$^2D_3^+ - {}^{12}C^{++} = \beta \text{ bei der Massenzahl } 6,$$
$$^1H_2^+ - {}^2D^+ = \gamma \text{ bei der Massenzahl } 2.$$

Aus diesen Differenzen kann man die Massen selbst berechnen, und zwar findet man

$$^2D = 2 + \frac{1}{8}\,\alpha + \frac{1}{4}\,\beta - \frac{1}{4}\,\gamma$$
$$^1H = 1 + \frac{1}{16}\,\alpha + \frac{1}{8}\,\beta + \frac{3}{8}\,\gamma$$
$$^{12}C = 12 + \frac{3}{4}\,\alpha - \frac{1}{2}\,\beta - \frac{3}{2}\,\gamma.$$

Die neuesten vorliegenden Messungen der Substandards, die in den letzten Jahren an drei verschiedenen Stellen ausgeführt worden sind, sind in der folgenden Übersicht zusammengestellt:

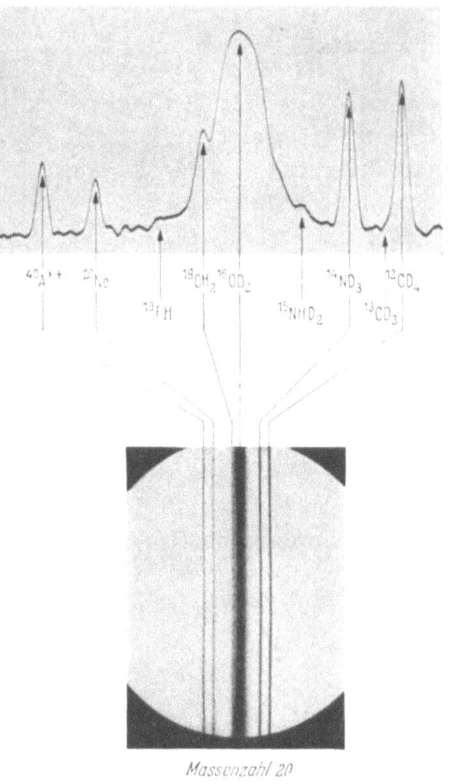

Abb. 7. Beispiel für das Auflösungsvermögen eines modernen Massenspektrographen: Die Struktur der Linie bei der Massenzahl 20.

Atomart	Masse, bezogen auf $^{16}O = 16$ nach Messungen von		
	Mattauch-Bönisch	Bainbridge-Jordan	Aston
CH_4—O $= \alpha$	$0{,}036406 \pm 0{,}000040$	$0{,}03649 \pm 0{,}00008$	$0{,}03601 \pm 0{,}00016$
D_3—C++ $= \beta$	$0{,}042239 \pm 0{,}000021$	$0{,}04219 \pm 0{,}00005$	$0{,}04236 \pm 0{,}00018$
H_2—D $= \gamma$	$0{,}001539 \pm 0{,}000002$	$0{,}00153 \pm 0{,}00004$	$0{,}00152 \pm 0{,}00004$
^1H	$1{,}008132 \pm 0{,}000004$	$1{,}00813 \pm 0{,}00002$	$1{,}00812 \pm 0{,}00004$
^2D	$2{,}014726 \pm 0{,}000008$	$2{,}01473 \pm 0{,}00002$	$2{,}01471 \pm 0{,}00007$
^{12}C	$12{,}003876 \pm 0{,}000032$	$12{,}00398 \pm 0{,}00009$	$12{,}00355 \pm 0{,}00015$

Für das erste der drei Dubletts liegt außerdem noch eine Präzisionsmessung von Asada, Okuda, Ogata und Yoshimoto vor, deren Ergebnis ($\alpha = 0{,}03642 \pm 0{,}00009$) gut mit den Angaben von Mattauch und Bainbridge übereinstimmt. In unserer Tabelle wurde ein gewogenes Mittel aus den Meßergebnissen aller genannten Autoren zugrunde gelegt.

Die bisher vorliegenden Präzisionsmessungen von Dubletts sowie die etwas ungenaueren Dublettmessungen von Dempster und Graves sind in einer besonderen Tabelle zusammengestellt worden. Um einen anschaulichen Begriff von der erreichbaren Genauigkeit zu geben, zeigt Abb. 7 die Multiplettstruktur der Linie bei der Massenzahl 20 nach einer Aufnahme von Mattauch. Unten ist das Bild der photographischen Platte reproduziert, wie es sich unter dem Mikroskop darbietet, oben ist die zugehörige Mikrophotometerkurve gezeichnet mit Angabe der Zuordnung für die einzelnen Linien. Der Gesamtabstand von der äußersten Linie links ($^{40}A^{++}$) bis zur äußersten rechts ($^{12}C^2H_4^+$) beträgt nicht mehr als 0,075 Masseneinheiten, also knapp 0,4 % der Gesamtmasse 20!

5. Massendefekt und Packungsanteil.

Die hier und in der Tabelle angegebenen Massen sind stets diejenigen der neutralen Atome. Die Massen der Kerne erhalten wir hieraus durch Abzug der Z Elektronen, deren jedes die Masse 0,000547 besitzt. Die Masse des Protons ist also z. B. $1,00813 - 0,00055 = 1,00758$.

Ein Atomkern der Massenzahl $A = Z + N$ ist nach unseren heutigen Vorstellungen aufgebaut aus Z Protonen und N Neutronen. Das neutrale Atom sollte demnach die Masse von Z neutralen Wasserstoffatomen und N Neutronen haben. Die Masse des Wasserstoffatoms haben wir auf S. 9 bereits angegeben (1,00813). Die Masse des Neutrons werden wir später (S. 56) noch kennenlernen (1,00895). Die Masse eines neutralen Atoms der Kernladungszahl Z und der Masse $A = Z + N$ sollte demnach

$$Z \cdot 1,00813 + (A - Z) \cdot 1,00895 = A \left(1 + 0,00895 - \frac{Z}{A} 0,00082 \right)$$

betragen, also um rund 0,8% größer sein als die Massenzahl. In Wirklichkeit ist die Abweichung von der Ganzzahligkeit i. a. viel kleiner und hat, abgesehen von den leichtesten und schwersten Elementen immer das entgegengesetzte Vorzeichen: Alle Atomkerne weisen einen Massendefekt der Größenordnung 0,8% gegenüber der Massensumme ihrer Bestandteile auf. Dieser Massendefekt ist in den Tabellen ebenfalls angegeben, und zwar sowohl in tausendstel Masseneinheiten (TME), wie wir ihn unmittelbar aus den Massen entnehmen, als auch umgerechnet in eine andere Skala (MeV), die wir sofort kennenlernen werden.

Nach den theoretischen Vorstellungen der heutigen Physik ist es klar, daß ein solcher Massendefekt existieren muß: Die Bausteine des Kerns sind ja aneinander gebunden; da man Arbeit aufwenden muß, um sie voneinander zu entfernen, ist der gesamte Energieinhalt des Systems „Kern" kleiner als der seiner getrennten Bausteine. Nach einem Grundpostulat der speziellen Relativitätstheorie ist die Masse eines Systems nur ein Maß seines Energieinhalts, wobei Energieskala und Massenskala durch die Beziehung

$$E = M c^2 \tag{10}$$

miteinander gekoppelt sind. Der Massendefekt ist also die Bindungsenergie des Atomkerns, die wir entweder direkt in der Massenskala (TME) messen können oder, was für die physikalische Anwendung meist zweckmäßiger ist, in der Energieskala (MeV) angeben können. Die Masseneinheit (ME) hatten wir definiert als den 16. Teil der Masse des neutralen ^{16}O-Atoms; sie beträgt $1,660 \cdot 10^{-24}$ g; die Masse eines neutralen H-Atoms ist in dieser Skala eben 1,00813 ME. Zwischen 1 TME $= 10^{-3}$ ME und der Energie von 1 MeV $= 10^6$ eV besteht die Beziehung

$$1 \text{ TME} = 0,931 \text{ MeV} = 1,493 \cdot 10^{-6} \text{ erg}$$
$$1,074 \text{ TME} = 1 \text{ MeV} \quad\; = 1,603 \cdot 10^{-6} \text{ erg}.$$

Nach dem bisher Gesagten beträgt die durchschnittliche Bindungsenergie jedes Bausteins (Protons oder Neutrons) im Atomkern etwa 8 MeV, unabhängig davon, ob es sich um einen leichten oder schweren Atomkern handelt. Einige Ausnahmen von dieser Regel gibt es natürlich. So beträgt die Bindungsenergie des schweren Wasserstoffatoms (Deuterons) nur rund 2 MeV, ähnlich locker ist das lockerste Neutron im ^{9}Be gebunden. Bei den allerschwersten Kernen mit $Z > 81$ nimmt die Bindungsenergie der losesten Bestandteile auf rund 6 MeV ab. Daß sich gerade diese Größenordnung der Bindungsenergie ergibt, ist natürlich keineswegs selbstverständlich. Vielmehr ist die Größe der Bindungsenergie gegeben durch die Größe der bindenden Kräfte zwischen den Bausteinen, durch die der Atomkern zusammengehalten wird. Daß die Massendefekte in eine Größenordnung fallen, die der Messung noch gut zugänglich ist, ist daher ein großes Glück, das uns erstens gestattet, mit großer Genauigkeit das Grundpostulat $E = M c^2$ der Relativitätstheorie experimentell zu prüfen und zu bestätigen, und zweitens wichtige Aufschlüsse über den Bau der Kerne und die zwischen seinen Bausteinen, Protonen und Neutronen, wirksamen Kräfte zu gewinnen.

Für die experimentelle Praxis empfiehlt es sich oft, an Stelle des Massendefektes D eine etwas anders definierte Größe zu benutzen, den sogenannten Packungsanteil (packing fraction) f. Man erhält den Packungsanteil, indem man die Abweichung der wahren Atommasse M von der ganzzahligen Massenzahl A durch diese Massenzahl dividiert:

$$f = \frac{M - A}{A}. \tag{11}$$

Der Packungsanteil wird meist in 10^{-4} ME angegeben. Er ist für die leichtesten und allerschwersten Kerne positiv, für die übrigen negativ. Sein Vorteil ist, daß zu seiner Angabe die Kenntnis der genauen Massen von Proton und Neutron nicht erforderlich sind; sein Nachteil, daß er keine so unmittelbare physikalische Deutung erlaubt wie der Massendefekt. Zwischen den beiden Größen D und f besteht die Beziehung:

$$D = A\left(8,95 - \frac{Z}{A} \cdot 0,82 - f\right); \qquad f = +\, 8,95 - \frac{Z}{A}\, 0,82 - \frac{D}{A}, \tag{12}$$

dabei sind D und f gemessen in TME.

Beispiel: Für das Isotop ^{48}Ti beträgt der Packungsanteil $f = -\, 7{,}13 \cdot 10^{-4}$ ME (Mittel aus den Messungen von Dempster und Aston), d. h. $f = -\, 0{,}713$ TME. Da $Z = 22$ und $A = 48$ ist, beträgt der Massendefekt also

$$D = 48\left(8,95 - \frac{22}{48} \cdot 0,82 + 0,71\right) = 48 \cdot 9,29 = 446\ \text{TME} = 415\ \text{MeV}.$$

Die durchschnittliche Bindungsenergie eines Bausteins beträgt also in diesem Falle 9,29 TME = 8,64 MeV.

c) Kernmasse und Elektronenhülle.

6. Kernmasse und Atomspektrum.

In erster Näherung sind die Erscheinungen in der Elektronenhülle des Atoms, wie eingangs erwähnt, unabhängig von den Massen der Kerne und allein durch die Kernladungszahl Z gegeben. Auf dieser Tatsache beruht bekanntlich die gesamte Chemie und ein großer Teil der Atomphysik. Bei genauerem Zusehen zeigt sich jedoch ein Einfluß der Kernmasse auf die Elektronenbewegung, den man an charakteristischen Verschiebungen der Energieniveaus, also der Spektralterme und damit auch der Frequenzen der Spektrallinien studieren kann. Dabei sind im wesentlichen drei verschiedene Einflüsse des Atomkerns zu unterscheiden:

a) Mitbewegung des Atomkerns. Schon bei dem einfachsten Element, dem Wasserstoff, bei dem nur ein einziges Elektron den Kern umläuft, tritt ein solcher Effekt auf: Das Elektron kreist nicht um den ruhenden Kern, sondern der Schwerpunkt des Gesamtsystems aus Kern und Elektron ruht, während sowohl Kern als Elektron um diesen gemeinsamen Schwerpunkt kreisen. In der Beschreibung der Elektronenterme nach der Balmerschen Termformel

$$\nu_n = -\frac{2\,\pi^2\, m\, e^4\, Z^2}{h^3\, n^2} = -\frac{R Z^2}{n^2} \tag{13}$$

tritt daher an Stelle der Elektronenmasse m die reduzierte Masse m^*:

$$\frac{1}{m^*} = \frac{1}{m} + \frac{1}{M}; \qquad m^* \approx m\left(1 - \frac{m}{M}\right). \tag{14}$$

Dementsprechend ist die Rydberg-Konstante R, die der reduzierten Masse m^* proportional ist, etwas verschieden für die Spektren von H, D und He$^+$. Während ihr Wert in der Wellenzahlskala (ν/c) für unendlich schwere Kernmasse $R = 109\,737{,}4\ \text{cm}^{-1}$ beträgt, ist $R_\mathrm{H} = 109\,677{,}7\ \text{cm}^{-1}$ und $R_\mathrm{D} = 109\,707{,}5\ \text{cm}^{-1}$. Für die rote α-Linie der Balmer-Serie, die dem Übergang von $n = 3$ nach $n = 2$ entspricht und deren Frequenz nach Gl. (13) $\frac{5}{36} R$ beträgt, ergeben sich danach die Wellenzahlen $\nu_\mathrm{H}/c = 15\,233{,}01\ \text{cm}^{-1}$ und $\nu_\mathrm{D}/c = 15\,237{,}15\ \text{cm}^{-1}$ oder die Wellenlängen $\lambda_\mathrm{H} = 6564{,}69\ \text{Å}$ und $\lambda_\mathrm{D} = 6562{,}91\ \text{Å}$, also eine Aufspaltung $(\nu_\mathrm{D} - \nu_\mathrm{H})/c = 4{,}14\ \text{cm}^{-1}$ oder $\lambda_\mathrm{H} - \lambda_\mathrm{D} = 1{,}78\ \text{Å}$. Diese Differenz ist im Vergleich zu der noch gut experimentell zugänglichen Feinstrukturaufspaltung dieser Linie von 0,33 cm^{-1} infolge des Elektronenspins ein grober Effekt, der sich zum bequemen Nachweis der Anwesenheit von schwerem Wasserstoff in H—D-Gemischen auf spektroskopischem Wege eignet. Daher ist dies Verfahren auch historisch dasjenige gewesen, mit dessen Hilfe Urey, Brickwedde und Murphy 1932 den schweren Wasserstoff entdeckten.

Bei schwereren Atomkernen wird dieser Effekt rasch geringer, während die Feinstruktur wächst. Bei Kalium spaltet die Resonanzlinie $2\,p \rightarrow 1\,s$ durch die Feinstruktur auf in zwei Linien mit den Wellenlängen 7699 Å und 7664 Å, während die Aufspaltung jeder dieser Linien hinsichtlich der Massenzahlen 39 und 41 der beiden K-Isotope nur noch 0,0053 Å betragen sollte. Eine so kleine Aufspaltung liegt bereits jenseits der Grenze der Beobachtbarkeit.

b) **Mitbewegung bei mehreren Elektronen.** Sind am Zustandekommen eines Spektralterms mehrere Elektronen beteiligt, so wird die Mitbewegung des Kerns ganz verschieden ausfallen, je nachdem welche Phasenbeziehungen zwischen den beiden Elektronen bestehen. Es ist anschaulich sofort klar, daß der Kern in Ruhe bleibt, wenn etwa zwei Elektronen auf der gleichen Kreisbahn umlaufen und sich stets an gegenüberliegenden Stellen der Bahn befinden, während der Kern ein Maximum an Mitbewegung erfährt, wenn die beiden Elektronen sich immer an der gleichen Stelle der Kreisbahn befinden.

Die Wellenmechanik lehrt bekanntlich, daß es keinen physikalischen Sinn hat, in dieser anschaulichen Weise von den Phasen der Elektronenbewegungen zu reden. Sie setzt an Stelle dessen den unanschaulicheren, aber quantitativ faßbaren Begriff der Symmetrie der Eigenfunktionen und der Austauschentartung. Für das qualitative Verständnis genügt jedoch die Vorstellung von Phasenbeziehungen.

Der hierdurch bedingte Isotopieeffekt ist bisher eingehend studiert am Spektrum des Li⁺. Bei dem Übergang $2\,p \rightarrow 1\,s$ bei 18230 cm⁻¹ bzw. 5490 Å beträgt die hierdurch hervorgerufene Aufspaltung zwischen den beiden Isotopen der Massen 6 und 7 0,92 cm⁻¹. Hierzu kommt die elementare Korrektur nach a) von 0,24 cm⁻¹. Der Vergleich des so geforderten Wertes von 1,16 cm⁻¹ mit dem Experiment ist schwierig, weil er sich einem anderen Isotopieeffekt, der Hyperfeinstruktur (vgl. S. 25 ff.) überlagert, der von derselben Größenordnung wird. Die sorgfältige Diskussion hat jedoch völlige Übereinstimmung von Beobachtung und Theorie ergeben.

c) **Tauchbahnen.** Im Bohrschen Modell des Atoms kommen Bahnen vor, bei denen das Elektron durch den Atomkern hindurchpendelt. In der Wellenmechanik sind an ihre Stelle Eigenfunktionen, d. h. Elektronendichteverteilungen getreten, die in der Umgebung des Kerns ein Maximum besitzen (S-Terme). Nach beiden Vorstellungen hält sich bei diesen Zuständen das Elektron gern in der unmittelbaren Nähe des Atomkerns auf. Daher werden S-Terme stets stärker vom Atomkern beeinflußt als alle anderen (z. B. auch bei der Hyperfeinstruktur, S. 27).

Die reine Coulomb-Wechselwirkung zwischen Kern und Elektron gilt nun natürlich nur in der Näherung, in der der Atomkern als geladener Massenpunkt betrachtet werden darf. Hat der Kern dagegen endliche Ausdehnung, etwa einen Radius R, so wird innerhalb des Kernes eine andere (nicht sicher bekannte) Kraft auf das Elektron wirken. Infolgedessen ergibt sich für Elektronenbahnen, die durch das Kerninnere hindurchführen, also eben für S-Terme, eine Verschiebung des zugehörigen Elektronenterms, die um so größer ist, je größer der Radius des Kerns ist. Da die Radien der Kerne mit steigenden Kernmassen anwachsen, erwarten wir das Auftreten dieses Effekts besonders in den Atomspektren der schwersten Atomkerne. Da die Kerne der Isotope desselben Elements infolge ihrer verschiedenen Massen auch verschiedene Radien besitzen, spalten die Spektrallinien bei Elementen mit mehreren Isotopen auf. Diese Aufspaltung hat die Größenordnung 0,05 cm⁻¹ bis 0,1 cm⁻¹ bei Tl, Pb und Hg. Bei Sm haben Schüler und Schmidt diese Aufspaltung studiert und besonders groß gefunden; sie beträgt dort für die Linie bei 5321 Å zwischen dem leichtesten Isotop ($A = 144$) und dem schwersten ($A = 154$) sogar 0,23 cm⁻¹. Zwischen den beiden Isotopen 150 und 152 ist sie anomal groß, was vielleicht auf ein schnelleres Anwachsen des Kernradius beim Überschreiten der Massenzahl 150 hindeutet.

7. Kernmasse und Rotationsspektrum.

In den Spektren der Moleküle müssen im Prinzip dieselben Effekte in Erscheinung treten wie in den Atomen. Irgendwelche Untersuchungen darüber existieren aber bisher noch nicht. Der Grund dafür liegt darin, daß das Studium dieser Erscheinungen am Atom sehr viel bequemer ist und außerdem am Molekül Isotopieeffekte auftreten, die von einer ganz anderen Größenordnung sind und daher das Interesse ausschließlich in Anspruch nehmen.

Bekanntlich kann man die möglichen Energiezustände eines Moleküls in drei Gruppen unterteilen: Bei weitem die kleinste Energie gehört zu einer Anregung der Rotationsterme, bei denen das gesamte Molekül als starrer Körper rotiert; die zugehörigen Spektren (Rotationsbanden) liegen im fernen Ultraroten. Größer ist schon die Energie der Schwingungsterme, bei denen die einzelnen Kerne innerhalb des Moleküls gegeneinander schwingen; die hierzu gehörigen Spektrallinien fallen bereits ins nahe Ultrarot. Da ein Molekül gleichzeitig rotieren und schwingen kann, superponiert sich dem Schwingungsspektrum das Rotationsspektrum als Feinstruktur. Die dritte Gruppe von Termen sind endlich die Elektronenterme, bei denen die Elektronenhülle des Moleküls sich in angeregten Zuständen befindet; die hierzu gehörigen Spektrallinien sind das Analogon zu den Spektren der Atome und fallen ins sichtbare und ultraviolette Gebiet; zu ihrer Anregung gehört daher die größte Energiezufuhr. Da ein Molekül gleichzeitig noch rotieren und schwingen kann, überlagert sich jedem Elektronenübergang ein vollständiges Rotationsschwingungsspektrum als Feinstruktur, so daß man die Rotations- und Schwingungszustände hier im sichtbaren Gebiet am bequemsten spektroskopisch beobachten kann. Daher gehört beim Molekül im Gegensatz zum Atom zu jedem Elektronensprung nicht eine Spektrallinie, sondern ein ganzes „Bandensystem".

Die möglichen Rotationszustände eines zweiatomigen Moleküls werden bekanntlich beschrieben durch die Deslandresche Termformel *):

$$\nu_J = \frac{\hbar}{4\,\pi\,M^*\,a^2}\, J\,(J+1), \tag{15}$$

worin J die Rotationsquantenzahl, d. h. der in Einheiten von $\hbar$ gemessene Drehimpuls des Moleküls, a der Abstand der beiden Kerne voneinander und M^* die aus den beiden Kernmassen gebildete reduzierte Masse ist:

$$M^* = \frac{M_1 M_2}{M_1 + M_2}. \tag{16}$$

Die Rotationsfrequenzen sind also umgekehrt proportional der reduzierten Masse.

Wir betrachten zwei Beispiele. Aus den beiden Wasserstoffisotopen lassen sich die drei Molekülarten H_2, HD und D_2 bilden mit den reduzierten Massen von rund $\frac{1}{2}$, $\frac{2}{3}$ und 1. Demzufolge liegen bei D_2 z. B. die Terme doppelt so dicht wie bei H_2. Hier handelt es sich also um einen ganz groben Isotopieeffekt, der sich sogar zu einer Präzisionsbestimmung der Masse des Deuterons eignet.

Beim Chlorwasserstoff HCl treten vier verschiedene Arten von Molekülen auf: $^1H^{35}Cl$ mit $M^* = 0{,}9799$, $^1H^{37}Cl$ mit $0{,}9813$, $^2D^{35}Cl$ mit $1{,}9050$ und $^2D^{37}Cl$ mit $1{,}9106$. Die Ersetzung des leichten durch schweren Wasserstoff führt auch hier natürlich wieder zu einem ganz groben Effekt, während der Isotopieeffekt, der bei Ersetzung des einen Chlorisotops durch das andere zustande kommt, nur $0{,}15\,\%$ beträgt. Zu einer Präzisionsbestimmung der Massen schwererer Atomkerne eignet sich das Studium des Rotationsspektrums daher nicht.

---

*) Die Rotationsenergie ist bekanntlich gleich dem Quadrat des Drehimpulses $\mathfrak{d}$, dividiert durch das doppelte Trägheitsmoment: $E_J = \dfrac{\mathfrak{d}^2}{2\,M^*\,a^2}$. Nach der Quantentheorie ist $E_J = 2\,\pi\,\hbar\,\nu_J$ und $|\mathfrak{d}| = \hbar\,J$. Daß in Gl. (15) nicht J^2, sondern $J\,(J+1)$ steht, hängt mit dem statistischen Charakter der Quantenmechanik zusammen (vgl. die Fußnote auf S. 26).

8. Kernmasse und Rotationsschwingungsspektrum.

Die Frequenz, mit der die beiden Kerne eines zweiatomigen Moleküls gegeneinander schwingen, hängt natürlich von den Kernmassen ab, und zwar ist die Schwingungsfrequenz eines Systems nach einem sehr allgemeinen Satz der Mechanik umgekehrt proportional der Wurzel aus seiner Masse:

$$\nu_2 : \nu_1 = \sqrt{M_1^*/M_2^*}, \tag{17}$$

wenn die beiden Indizes sich auf zwei Moleküle beziehen, bei denen das eine Isotop durch ein anderes ersetzt wird. Der Effekt ist also im Schwingungsspektrum schwächer als im Rotationsspektrum, wo nach S. 13, Gl. (15) gilt

$$\nu_2 : \nu_1 = M_1^*/M_2^*. \tag{18}$$

Andererseits sind die Absolutwerte von ν bei der Schwingung viel größer als bei der Rotation, so daß die Frequenzen einer zum gleichen Schwingungsübergang gehörigen Rotationsbande infolge der etwas verschiedenen Lage der Schwingungsfrequenzen nur etwas gegeneinander verschoben erscheinen. Der Rotationsisotopieeffekt ist gegenüber dieser Verschiebung unmeßbar klein, da die Rotation selbst ja nur eine „Feinstruktur" der Schwingung ist.

Als Beispiel betrachten wir die Bande von HCl, die zu dem Übergang gehört, bei dem sich die Schwingungsquantenzahl v um eine Einheit ändert. Sie liegt um die Wellenlänge $\lambda = 3{,}46\,\mu$ herum und kann bis zu ziemlich hohen Werten von J aufwärts in Absorption beobachtet werden. Die Aufspaltung zwischen einer zu $H^{35}Cl$ gehörigen Wellenlänge λ_1 und einer zu $H^{37}Cl$ gehörigen λ_2 beträgt nach Gl. (17):

$$\lambda_2 - \lambda_1 = \left(\sqrt{\frac{M^*}{M_1^*}} - 1\right)\lambda_1 = 0{,}000\,77\,\lambda_1,$$

d. h. für $\lambda_1 = 3{,}46\,\mu$, daß jede $H^{35}Cl$-Linie im Abstande von etwa $0{,}0027\,\mu = 27$ Å einen von $H^{37}Cl$ herrührenden langwelligen Begleiter hat.

Die erste Messung dieses Schwingungsisotopieeffekts gelang Imes 1919 und wurde 1920 von Loomis sowie von Kratzer gedeutet. Die Messungen erfolgten an der „Oberbande",

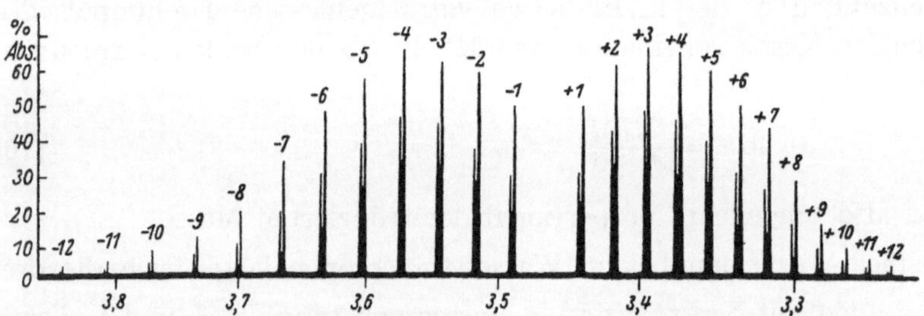

Abb. 8. Der Schwingungsisotopieeffekt im Absorptionsspektrum von HCl zwischen 3,3 und 3,8 μ.

deren Mitte bei $1{,}76\,\mu$ liegt und der Messung leichter zugänglich ist. Sie entspricht einem Sprung in der Schwingungsquantenzahl v um zwei Einheiten, der nur deshalb nicht verboten ist, weil die Schwingungen nicht streng harmonisch sind. (Daher liegt die Oberbande auch nicht exakt bei der halben Wellenlänge der Grundbande von $3{,}46\,\mu$, d. h. bei $1{,}73\,\mu$.) Die Aufspaltung in der Oberbande ist natürlich nur halb so groß wie in der Grundbande, also $13{,}5$ Å. Der in diesem Abstand von den Hauptlinien tatsächlich auftretende Begleiter (Abb. 8) hat rund $1/3$ der Intensität der Hauptlinien, woraus die relativen Häufigkeiten der beiden Chlorisotope $^{35}Cl : {}^{37}Cl = 3 : 1$ abgeschätzt werden konnten. Das stimmt gut überein mit dem heute genauer bekannten Verhältnis $3{,}07$.

Sehr ausgeprägt ist auch dieser Isotopieeffekt im allgemeinen nicht. Eine Ausnahme bildet auch hier wieder Wasserstoff. Beim Übergang von HCl zu DCl rückt die Grundbande von $3{,}46\,\mu$ zu $4{,}8\,\mu$. Die Rotationsstrukturen beider Banden wurden mit großer Genauigkeit von Hardy, Barker und Dennison ausgemessen und an ihnen die erste Präzisionsbestimmung der Masse des schweren Wasserstoffisotops 1932 durchgeführt. Für eine solche Präzisionsbestimmung bedarf man allerdings einer Termformel, die auch feinere Effekte berücksichtigt, nämlich 1. die Veränderungen des Kernabstandes mit wachsender Rotationsquantenzahl infolge der Zentrifugalkraft, 2. die Kopplung von Rotation und Schwingung, die davon herrührt, daß eine Veränderung des mittleren Kernabstandes auch die Schwingungsfrequenzen in Mitleidenschaft zieht, und 3. die Anharmonizität der Schwingungen, die durch einen geeigneten Potentialansatz mit hinreichend vielen frei verfügbaren Konstanten erfaßt werden muß. Die Auswertung ergab für das Verhältnis der reduzierten Massen von $H^{35}Cl$ und $D^{35}Cl$

$$M_1^* : M_2^* = 0,514430 \pm 0,000004,$$

woraus bei Zugrundelegung des Wertes 1,00813 für die Masse des Wasserstoffatoms der Wert 2,0144 $\pm$ 0,0001 für das neutrale Deuteriumatom folgt. Dieser Wert stimmt nicht innerhalb der Fehlergrenzen überein mit dem massenspektrographischen von 2,014726 $\pm$ 0,000008 (Mattauch und Bönisch). Aus den angegebenen Fehlergrenzen sieht man, daß die bandenspektroskopische Massenbestimmung auch in diesem günstigen Falle bei weitem nicht zu den gleichen Leistungen fähig ist wie die massenspektrographische Methode. Für die historische Entwicklung unserer Kenntnisse hat die Bandenspektroskopie allerdings einige namhafte Beiträge geliefert; so wurden die seltenen Isotope des Kohlenstoffs (^{13}C), des Stickstoffs (^{15}N) und des Sauerstoffs (^{17}O und ^{18}O) auf diesem Wege in den Jahren 1929 bis 1931 entdeckt.

d) Relative Häufigkeit und Atomgewicht.

9. Chemische und physikalische Massenskala.

Die Bestimmung der relativen Häufigkeiten der drei Sauerstoffisotope ist von grundlegender Bedeutung für die Umrechnung der auf physikalischem Wege, also aus der Isotopenforschung bestimmten Werte für die Atomgewichte auf die chemisch gewonnenen Zahlen. Als Einheit für die physikalische Skala der Atomgewichte dient die Masse des neutralen Atoms des Sauerstoffisotops 16: $^{16}O = 16$, während für die (historisch ältere) chemische Skala die Masse des Gemisches aller drei Isotope 16, 17 und 18 zugrunde gelegt und $= 16$ gesetzt wird. Der chemischen Skala haftet gewiß der Nachteil an, daß sie konstantes Mischungsverhältnis der drei Isotope voraussetzt. Sie ist daher grundsätzlich nicht scharf definiert; die mögliche Unsicherheit, die ihr dadurch innewohnt, ist aber andererseits so gering, daß sie für die beschränkte Genauigkeit, welche die Chemie erfordert, völlig belanglos ist.

Das Sauerstoffisotop der Masse 17 ist für die Umrechnung der beiden Skalen aufeinander nur von untergeordneter Bedeutung. Mit einer Häufigkeit von rund 1 : 2500 des Hauptisotops ^{16}O ist ^{17}O etwa 5mal so selten wie das Isotop ^{18}O, von dem hauptsächlich der Unterschied der beiden Skalen herrührt. Die folgende Übersicht stellt die bisher für die Häufigkeit von ^{18}O vorliegenden Messungen zusammen:

Jahr	Verfasser	Methode	Verhältnis $^{16}O : ^{18}O$
1931	Mecke und Childs	Atmosphärische Banden	610 $\pm$ 20 (Einzelmessungen zwischen 430 und 710)
1932	Aston	Massenspektrographie	535
1934	Smythe	Massenspektrographie	503 $\pm$ 10

Als bester Wert, der zur Zeit existiert, darf wohl der massenspektrographische von Smythe angesehen werden. Für die Häufigkeit von ^{17}O liegen keine guten neueren Bestimmungen vor; man wird aber wohl keinen großen Irrtum begehen, wenn man den Fehler auf etwa 20 % schätzt: $^{16}O : ^{17}O = 2500 \pm 500$. Mit diesem Wert sowie der ^{18}O-Häufigkeit von Smythe ergibt sich der Umrechnungsfaktor

$$\text{Physikalisches Atomgewicht} = (1,000275 \pm 0,000007) \cdot \text{chemisches Atomgewicht}. \tag{19}$$

Die Berechnung der chemischen Atomgewichte aus den physikalischen Ergebnissen der Isotopenforschung, wie sie in unseren Tabellen angegeben sind, geschieht demnach folgendermaßen: Man berechnet zunächst die mittlere Massenzahl des betreffenden Elements, indem man die Massenzahl jedes Isotops mit seiner relativen Häufigkeit multipliziert und die Produkte addiert. An dieser mittleren Massenzahl bringt man als Korrektur zunächst den Packungsanteil an und erhält so das Atomgewicht in der physikalischen Skala. Dabei ist vorausgesetzt, daß alle Isotope des gleichen Elements den gleichen Packungsanteil haben. Mit Ausnahme der besser bekannten leichtesten Atome bis etwa zur Masse 40 aufwärts ist das innerhalb der gegenwärtigen Meßgenauigkeit auch durchaus erfüllt. Bei den leichteren Kernen pflegt man den Begriff der mittleren Massenzahl nicht einzuführen, sondern multipliziert direkt die genauen Einzelmassen mit den Häufigkeiten und addiert. Endlich kann man in jedem Falle dann noch mit Hilfe von Gl. (19) zur chemischen Skala übergehen, um so den Vergleich mit den Ergebnissen der Chemie zu ermöglichen.

Es soll noch ein Beispiel für die praktische Durchführung gegeben werden. Bei Strontium haben wir die Isotope 84, 86, 87, 88 mit den im folgenden angegebenen relativen Häufigkeiten. Die dritte Spalte der Übersicht enthält die Produkte Massenzahl mal Häufigkeit in zweckmäßiger Weise in Summanden zerlegt, darunter steht die Summe, also die mittlere Massenzahl, ausführlich ausgerechnet:

Massenzahl	Häufigkeit	Produkt
84	0,56 %	$(88 - 4) \cdot 0,0056$
86	9,86 %	$(88 - 2) \cdot 0,0986$
87	7,02 %	$(88 - 1) \cdot 0,0702$
88	82,56 %	$88 \cdot 0,8256$

Mittlere Massenzahl: $88 - 4 \cdot 0,0056 - 2 \cdot 0,0986 - 1 \cdot 0,0702 = 88 - 0,2898 = 87,7102$.

Die vierte Dezimale ist sehr unsicher und kann weggelassen werden. Die mittlere Massenzahl ist zu korrigieren um den Packungsanteil $- 6,9 \cdot 10^{-4}$ ME und den Smytheschen Nenner 1,000275. Das Atomgewicht von Strontium in der chemischen Skala ist daher

$$87,710 \cdot (1 - 0,00069 - 0,000275) = 87,710 \cdot (1 - 0,00097) = 87,710 - 0,085 = 87,625$$

oder entsprechend den Fehlergrenzen aufgerundet auf zwei Dezimalen: 87,63. Das stimmt völlig überein mit der aus der Chemie folgenden Zahl von ebenfalls 87,63.

10. Die Grenzen der Konstanz relativer Häufigkeiten.

Seit der Entdeckung der Isotopie haben sich die Physiker darum bemüht, Isotope rein in wägbaren Mengen darzustellen oder doch wenigstens anzureichern. Die Methode der Massenspektrographie ist z. B. prinzipiell hierzu geeignet; sie liefert aber sehr kleine Mengen und selbst mit den modernsten, für diesen Spezialzweck eigens gebauten „lichtstarken" Massenspektrographen ist es kaum gelungen mehr als einige zehntel Milligramm eines reinen Isotops selbst bei wochenlangem Betrieb abzuscheiden.

Prinzipiell sind die meisten Vorgänge in der Natur abhängig von der Masse der Isotope und daher mit An- bzw. Abreicherungen einzelner Isotope verbunden: Diffusionsvorgänge, Verdampfung, Elektrolyse, chemische Reaktionen, photochemische Umsetzungen zeigen eine gewisse Abhängigkeit von der Isotopenmasse. In jedem Falle aber sind die Effekte winzig klein, mit alleiniger Ausnahme vielleicht des Wasserstoffs, wo das eine Isotop immerhin doppelt so schwer ist wie das andere. Bei einer Verdunstung z. B. zeigen die ersten verdampften Spuren einen geringen Überschuß an der leichteren Atomart; sowie man aber eine merkliche Menge verdunsten läßt, werden auch die schweren Atome nachgeliefert und die anfänglich vorhandene Anreicherung verliert sich wieder, sobald man etwas größere Mengen verdampfen will. Im unverdampften Rückstande reichert sich das schwere Isotop an; will man aber dort eine merkliche Anreicherung erhalten, so darf man nur einen ganz kleinen Rest unverdampft lassen und gewinnt so wiederum nur eine winzige Menge. Ähnlich ist es bei allen anderen trennenden Vorgängen. Obwohl also unsere chemischen Elemente seit der Entstehung der Erde sicher unzählige Verdampfungen, chemische Reaktionen, Diffusionsvorgänge u. dgl. durchgemacht haben, ist es fast aussichtslos zu hoffen, daß dadurch merkbare Häufigkeitsverschiebungen aufgetreten seien.

Die heute technisch möglich gewordene Anreicherung größerer Mengen eines Isotops setzt stets voraus, daß eine große Zahl von „Trenngliedern" hintereinander geschaltet werden, deren jedes zwar nur einen winzigen Effekt gibt, die aber alle zusammengenommen eine merkbare Wirkung erzielen. Dies „Vervielfachungsprinzip" ist bei den Vorgängen der Natur natürlich sehr unwahrscheinlich.

Dennoch sind einige geringe Schwankungen in den relativen Häufigkeiten der Isotope natürlicher Elemente beim weiteren Fortschreiten der Meßgenauigkeit in den letzten Jahren beobachtet worden. So untersuchten Nier und Gulbransen 1939 Kohlendioxyd verschiedener Herkunft im Massenspektrographen und fanden Schwankungen des Häufigkeitsverhältnisses ^{12}C : ^{13}C bis zu 5 %. Dabei erschien das schwere Isotop bevorzugt in Kalkstein, das leichte in Pflanzen; für Luft ergab sich ein mittlerer Wert. Brewer hat schon 1936 Proben von Kalium untersucht. Während das Verhältnis ^{39}K : ^{41}K für Ozeanwasser verschiedener Herkunft und Tiefe konstant bei 14,20 lag, schwankte die Zusammensetzung mineralischen Kaliums zwischen 14,1 und 14,6, die von Kalium aus Pflanzenaschen sogar zwischen 12,6 und 14,6. Auch beim Wasserstoff scheinen die Angaben für das Häufigkeitsverhältnis ^{1}H : ^{2}H größere Unterschiede zwischen den einzelnen Autoren zu ergeben als mit den Fehlergrenzen verträglich ist (zwischen 5000 und 6000).

Eine gewisse Bedeutung für die reine Physik können diese Schwankungen durch die auf S. 15 behandelte Eichung der Atomgewichtsskala mit Hilfe der Häufigkeiten der Sauerstoffisotope erhalten.

Die Häufigkeitsschwankungen bei Blei haben eine andere Ursache und Größenordnung.

e) Kernspin.
11. Der Begriff des Kernspins.

Von den Elektronen wissen wir, daß sie einen Eigendrehimpuls von der Größe $\frac{1}{2}\hbar$ besitzen, für den der Name „Spin" gebräuchlich ist. Man kann ihn qualitativ so verstehen, als ob das Elektron eine Ladungswolke sei, deren Radius etwa

$$\frac{e^2}{m c^2} = 2{,}81 \cdot 10^{-13} \text{ cm} \tag{20}$$

beträgt, die um ihre eigene Achse rotiert. Diese Vorstellung hat sich als quantitativ unzutreffend erwiesen, da der mit dem Umlauf der Ladung verknüpfte Ringstrom ein magnetisches Moment erzeugen würde im Betrage $\frac{e}{2mc}\frac{1}{2}\hbar$, während in Wirklichkeit mit dem Spin das magnetische Moment*)

$$\frac{e}{m c}\frac{1}{2}\hbar = 0{,}922 \cdot 10^{-20} \text{ Gauß cm}^3 = 1 \text{ Bohrsches Magneton} \tag{21}$$

verknüpft ist. Die Diracsche Theorie hat später gezeigt, daß man Spin und magnetisches Moment des Elektrons als Ausfluß der relativistischen Bewegungsgleichungen quantitativ richtig erhält.

Wenn die Bewegung der schweren Teilchen Proton und Neutron durch Gleichungen beschrieben werden könnte, die völlig analog den Diracschen Gleichungen für das Elektron gebaut wären, dann müßten diese beiden Teilchen auch jedes den Spin $\frac{1}{2}\hbar$ haben; ihre magnetischen Momente müßten dagegen verschieden ausfallen: Während das des Protons den Betrag

$$\frac{e}{M c}\frac{1}{2}\hbar = 0{,}502 \cdot 10^{-23} \text{ Gauß cm}^3 = 1 \text{ Kernmagneton} = 1 \text{ KM} \tag{22}$$

---

*) 1 Gauß cm^3 = 1 el. st. L. E. cm. Multiplikation mit einer magnetischen Feldstärke in Gauß gibt eine Energie in erg.

hätte, müßte das des Neutrons = 0 werden. Beide Forderungen sind jedoch nicht erfüllt; nach den heute vorliegenden genauesten Messungen ist vielmehr das magnetische Moment des Protons $\mu_P = +\,2,78$ KM und das des Neutrons $\mu_n = -\,1,94$ KM. Diese Komplikation der Verhältnisse gegenüber der Theorie des Elektrons scheint zusammenzuhängen mit der Möglichkeit der Umwandlung von Protonen und Neutronen in einander beim radioaktiven β-Zerfall (vgl. S. 81), durch die der Begriff des Elementarteilchens seine ursprüngliche Prägung einbüßt und etwas verschwimmt.

Wir definieren daher im folgenden neu: „Elementarteilchen" nennen wir Elektron, Proton und Neutron, ohne daß wir mit diesem Begriff irgendwelche tiefergehende Vorstellungen verbinden, die beim gegenwärtigen Stande der Physik sinnlos wären. Dann gelten die beiden Regeln:

1. Elementarteilchen haben den Spin $\frac{1}{2}\,\hbar$.

2. Elementarteilchen gehorchen dem Pauli-Prinzip und somit der Fermi-Statistik.

Das Pauli-Prinzip besagt, daß die wellenmechanische Eigenfunktion antimetrisch ist, d. h. daß sie bei einer Vertauschung zweier gleichartiger Teilchen ihr Vorzeichen ändert. In diesem Falle ist es nicht möglich, zwei Teilchen in den gleichen Zustand zu bringen, da dann bei ihrer Vertauschung die Eigenfunktion in sich selbst übergeführt würde, mithin ihr Vorzeichen nicht ändern könnte. Dieser Umstand regelt bekanntlich den Aufbau der Elektronenhülle der Atome und ist die eigentliche Grundlage der Chemie. Da für Protonen und Neutronen ebenfalls das Pauli-Prinzip erfüllt sein soll, regelt er desgleichen den Aufbau der Atomkerne. Die Anwendung dieses Prinzips auf Systeme aus sehr vielen Teilchen führt infolge der Unmöglichkeit, zwei Teilchen in denselben Quantenzustand zu setzen, zu einer Abwandlung der klassischen Statistik, welche man als Fermi-Statistik bezeichnet. Proton und Neutron gehorchen also der Fermi-Statistik*).

Gebilde, die aus mehreren Elementarteilchen zusammengesetzt sind, wie z. B. die Atomkerne, brauchen als Ganzes betrachtet nicht der Fermi-Statistik zu genügen. Denken wir uns etwa ein System, das aus zwei Deuteronen besteht, also aus zwei Protonen P_1 und P_2 und zwei Neutronen N_1 und N_2. Dann muß die Eigenfunktion sowohl ihr Vorzeichen ändern bei einer Vertauschung von P_1 und P_2, da ja die Protonen dem Pauli-Prinzip gehorchen, als auch bei einer Vertauschung von N_1 und N_2, da für die Neutronen das gleiche gilt. Um die beiden Deuteronen als Ganzes zu vertauschen, muß man offenbar die beiden Vertauschungen nacheinander ausführen, hat also im ganzen zwei Vorzeichenänderungen auszuführen. Die Eigenfunktion ist daher invariant gegen eine Vertauschung der beiden Deuteronen, oder wie man sich auszudrücken pflegt, sie ist in den beiden Deuteronen symmetrisch. Daher gilt auch für

---

*) Die physikalische Statistik beruht bekanntlich auf folgender Hypothese: Können n verschiedene Teilchen auf N verschiedene Zustände in verschiedener Weise verteilt werden, so sind alle verschiedenen Verteilungen bei fest vorgegebenem n und N gleich wahrscheinlich. Dabei versteht man unter Zuständen die Festlegung auf ein Gebiet vom Volumen h^3 in einem „Phasenraum", dessen Koordinaten die drei Impulskomponenten und die drei Ortskoordinaten der Teilchen sind. Die Quantenstatistik modifiziert den Wahrscheinlichkeitsbegriff etwas. Sie stellt nämlich fest, daß es kein Mittel gibt, gleichartige Teilchen zu unterscheiden, so daß alle Zustände des Gesamtsystems, die nur durch Vertauschung gleichartiger Teilchen auseinander hervorgehen, als ein einziger Zustand gezählt werden. Die hierdurch veränderte Art der Abzählung der gleichwahrscheinlichen Zustände ist der Boseschen und der Fermischen Statistik gemeinsam. Die Fermische Statistik hat außerdem noch das Pauli-Prinzip zu erfüllen: Es dürfen nicht zwei Teilchen in der gleichen Zelle vom Volumen h^3 des Phasenraumes sitzen. Daß beide Arten der Quantenstatistik vollkommen ebenbürtige Formen sind, sieht man am besten, wenn man die Eigenfunktionen betrachtet: Bei Teilchen, welche der Fermi-Statistik genügen, sollen diese antimetrisch, bei Teilchen, die der Bose-Statistik genügen, symmetrisch gegen Vertauschungen sein. Daß überhaupt eine solche Symmetrieforderung besteht, führt bereits die veränderte Abzählung herbei: Der Zustand, bei dem zwei Teilchen vertauscht sind, hat dieselbe Eigenfunktion, wird daher nicht als ein anderer Zustand bei der Abzählung neu berücksichtigt. Von den zwei möglichen Eigenschaften Symmetrie und Antimetrie gestattet die zweite die anschauliche Deutung durch das Pauli-Prinzip; die erste läßt sich anschaulich schwer erfassen.

die Deuteronen nicht die Fermi-Statistik, sondern an ihre Stelle tritt die Bose-Statistik, bei der eine Anhäufung beliebig vieler Teilchen im gleichen Quantenzustande erlaubt ist.

Die Verallgemeinerung dieser Überlegung gestattet uns sofort, den Satz auszusprechen: Ein System, das aus einer geraden Zahl von Elementarteilchen besteht, gehorcht, unabhängig davon, ob dies alles Elementarteilchen der gleichen Art sind, der Bose-Statistik, besteht es aus einer ungeraden Zahl von Elementarteilchen, so gehorcht es der Fermi-Statistik. Denn bei einer Vertauschung von zwei derartigen Systemen ändert sich das Vorzeichen im ersten Falle eine gerade, im zweiten eine ungerade Zahl von Malen, bleibt also im ersten Falle erhalten und im zweiten nicht.

Wenn die Gültigkeit der Fermi-Statistik für Protonen und Neutronen nachgewiesen ist, können wir den Satz auch in der Form aussprechen: Atomkerne gerader Massenzahl gehorchen der Bose-Statistik, Atomkerne ungerader Massenzahl der Fermi-Statistik. Der Kern ^{14}N muß also der Bose-Statistik genügen, was auch experimentell bestätigt wurde (S. 22). Hierdurch wurde gleichzeitig die ältere Anschauung widerlegt, daß ein Atomkern der Massenzahl A und Ladungszahl Z aus A Protonen und $(A-Z)$ Elektronen aufgebaut sei, denn nach dieser älteren Auffassung hätte der ^{14}N-Kern aus 21 Teilchen, also einer ungeraden Zahl bestanden und folglich die Fermi-Statistik befolgen müssen.

12. Kernspin aus Rotationsspektrum.

Wir betrachten im folgenden zweiatomige Moleküle mit zwei gleichen Kernen. Der Zustand eines solchen Moleküls läßt sich durch folgende Angaben vollständig beschreiben: Das Molekül führt zunächst als Ganzes eine Rotation im Raume aus mit einem Drehimpuls $\hbar J$ ($J = 0, 1, 2\ldots$ Rotationsquantenzahl), dessen Richtung im Raume festgelegt ist durch den ebenfalls gequantelten Wert der Drehimpulskomponente in einer festen Richtung (magnetische Quantenzahl m); die augenblickliche Richtung der Kernverbindungslinie infolge dieser Rotationsbewegung kann beschrieben werden durch zwei Polarwinkel ϑ und φ. Die beiden Kerne schwingen gegeneinander mit der Schwingungsquantenzahl v ($v = 0, 1, 2\ldots$); die Koordinate, die diesen Vorgang beschreibt, ist der Abstand r_{12} der beiden Kerne voneinander. Die beiden Kernspins $\vec{\sigma}_1$ und $\vec{\sigma}_2$ (jeder im Betrage von $i\,\hbar$) können sich in verschiedenen Richtungen zueinander einstellen, so nämlich, daß der Gesamtkernspin die Beträge $s = 2i, 2i-1, 2i-2, \ldots$ annehmen kann. Endlich befindet sich die Elektronenhülle in einem bestimmten Zustande, der durch die Eigenfunktion Φ der Elektronenkoordinaten und Elektronenspins beschrieben werden kann. Die Gesamteigenfunktion des Moleküls hat die Form:

$$\Psi = \psi_{J,m}\,(\vartheta, \varphi)\, u_v\,(r_{12})\, \chi\,(\vec{\sigma}_1, \vec{\sigma}_2)\, \Phi.$$

Die Rotationseigenfunktion $\psi_{J,m}$ ist eine Kugelfunktion; sie ist symmetrisch gegen eine Vertauschung der beiden Kerne, d. h. sie ändert bei der Vertauschung nicht ihr Vorzeichen, wenn $J = 0, 2, 4\ldots$ eine gerade Zahl ist; sie ist dagegen antimetrisch, d. h. ändert ihr Vorzeichen bei der Vertauschung, wenn $J = 1, 3, 5\ldots$ ungerade ist. u_v hängt nur vom Abstande r_{12} der beiden Kerne voneinander ab; da dieser sich bei der Vertauschung nicht ändert, ist u_v symmetrisch gegen die Vertauschung. Für die „Spinfunktion" gilt die folgende Regel: Für die Werte $s = 2i, 2i-2, \ldots 0$ des Gesamtkernspins ist χ symmetrisch, für die Werte $s = 2i-1$, $2i-3, \ldots, 1$ dagegen antimetrisch gegen die Vertauschung. Auch die Elektroneneigenfunktion Φ ist nicht unabhängig von der Vertauschung; sie kann ebenfalls entweder symmetrisch oder antimetrisch dagegen sein.

Die Anzahl der verschiedenen Kombinationsmöglichkeiten der beiden Kernspins zum Gesamtspin s ist $2i + 1$. Jedem Gesamtkernspin s kommt wiederum ein statistisches Gewicht vom Betrage $2s + 1$ zu, entsprechend den $2s + 1$ Möglichkeiten seiner Einstellung in verschiedenen Richtungen, mit gequantelter Komponente in einer festen Richtung (Richtungsquantelung). So ergibt sich die folgende Übersicht:

i	$2i+1$	s	Symmetrie von χ	$2s+1$	Verhältnis der stat. Gewichte anti./symm.	Beispiele
0	1	0	symmetrisch	1	0 : 1	He_2, C_2, O_2, S_2
1/2	2	0	antimetrisch	1	1 : 3	H_2, F_2
		1	symmetrisch	3		
1	3	0	symmetrisch	1	1 : 2	D_2, N_2
		1	antimetrisch	3		
		2	symmetrisch	5		
3/2	4	0	antimetrisch	1	3 : 5	$^7Li_2$
		1	symmetrisch	3		
		2	antimetrisch	5		
		3	symmetrisch	7		
2	5	0	symmetrisch	1	2 : 3	
		1	antimetrisch	3		
		2	symmetrisch	5		
		3	antimetrisch	7		
		4	symmetrisch	9		
5/2	6	0	antimetrisch	1	5 : 7	Cl_2
		1	symmetrisch	3		
		2	antimetrisch	5		
		3	symmetrisch	7		
		4	antimetrisch	9		
		5	symmetrisch	11		

Wir wollen an Hand dieser Übersicht nun der Reihe nach einige Fälle besprechen. Beginnen wir etwa mit den spinlosen Kernen ($i = 0$). Wie unsere Tabelle zeigt, ist hier nur die symmetrische Spinfunktion verwirklicht; das ist in diesem Falle trivial, es ist einfach $\chi = 1$. Genügen nun die beiden Kerne der Bose-Statistik, so muß die Gesamteigenfunktion Ψ jedenfalls symmetrisch sein gegen eine Vertauschung der beiden Kerne. Da u_v und χ sowieso symmetrisch sind, muß also für einen symmetrischen Elektronenzustand Φ auch ψ symmetrisch sein, d. h. es dürfen nur die geraden Rotationsquantenzahlen $J = 0, 2, 4, \ldots$ auftreten; umgekehrt dürfen bei einem antimetrischen Elektronenzustand Φ nur die ungeraden $J = 1, 3, 5, \ldots$ vorkommen. Im Rotationsspektrum fällt daher bei diesen Molekülen jede zweite Linie aus. Auf diese Weise konnte experimentell gezeigt werden, daß die Kerne ^4He, ^{12}C, ^{16}O und ^{32}S keinen Kernspin haben. Aus der Tatsache, daß bei ihnen die geraden J mit dem symmetrischen Elektronenterm verknüpft sind, konnte weiterhin geschlossen werden, daß sie auch der Bose-Statistik genügen.

Etwas komplizierter liegen die Verhältnisse, wenn ein Kernspin vorhanden ist. Betrachten wir etwa den Fall $i = 1/2$, der beim Wasserstoffmolekül verwirklicht ist. Stehen die beiden Spins parallel, so daß $s = 1$ ist, so ist χ symmetrisch und es liegt der Zustand vor, den man als Orthowasserstoff bezeichnet. Er hat das statistische Gewicht 3 entsprechend den drei Einstellungsmöglichkeiten von s mit der Komponente 1, 0, — 1 in einer festen Richtung. Im Falle antiparalleler Spins ist $s = 0$, es liegt Parawasserstoff vor mit dem statistischen Gewicht 1. Zwischen den beiden Modifikationen finden keinerlei Übergänge statt, so daß wir geradezu von zwei völlig verschiedenen Modifikationen des Wasserstoffs sprechen können, die entsprechend ihren statistischen Gewichten im Mischungsverhältnis 1 : 3 den gewöhnlichen Wasserstoff aufbauen. Dies Mischungsverhältnis kann man experimentell nicht nur aus dem Rotationsspektrum erschließen, sondern z. B. auch aus der spezifischen Wärme des Wasserstoffs (S. 24). Das Spektrum zeigt nun aber nicht nur, daß die Rotationsterme einen charakteristischen Intensitätswechsel aufweisen entsprechend dem Gewichtsverhältnis 3 : 1, sondern sie zeigen auch, daß die geraden J mit dem kleineren statistischen Gewicht verknüpft sind. Da der Grundzustand der Elektronenkonfiguration symmetrisch gegen die Kernvertauschung ist, bedeutet das: Für symmetrisches ψ ist χ antimetrisch und Φ symmetrisch, also ist Ψ antimetrisch und daher genügen die Wasserstoffkerne der Fermi-Statistik. Dieser Satz ist außerordentlich wichtig für die Kernphysik, da er eine der fundamentalen Eigenschaften des Protons betrifft.

Wenden wir diese Betrachtungen unmittelbar auf den schweren Wasserstoff an, der sich in keiner Weise durch seine Elektronzustände vom leichten Wasserstoff unterscheidet. Hier muß also auch die Elektroneneigenfunktion des Grundzustandes Φ symmetrisch sein. Die geraden Rotationsquantenzahlen sind jetzt aber im Spektrum mit dem größeren statistischen Gewicht verknüpft, und zwar haben sie ein doppelt so großes Gewicht wie die ungeraden J. Aus diesem Gewichtsverhältnis von $2:1$ folgt zunächst nach unserer Tabelle, daß der Kernspin des Deuterons $i = 1$ ist; aus der Zuordnung des häufigeren Zustandes, der ja in den Kernspins symmetrisch ist, zu den ebenfalls symmetrischen Rotationstermen mit geradem J bei symmetrischer Elektronenfunktion Φ folgt weiterhin, daß die Gesamteigenfunktion Ψ auch symmetrisch ist: Die Deuteronen gehorchen der Bose-Statistik.

13. Kernspin aus Raman-Spektrum.

Strahlt man in ein Gas, z. B. Sauerstoff, monochromatisches Licht, etwa die leicht herzustellende Quecksilberresonanzlinie von 2537 Å ein, so tritt außer der kohärenten Streuung des Lichtes unter Wahrung seiner ursprünglichen Frequenz bekanntlich auch die inkohärente Streuung ein, bei der die Raman-Linien entstehen: Ein getroffenes O_2-Molekül geht unter der Wirkung des Lichtquants entweder in einen höheren Energiezustand über und entzieht damit dem Lichtquant bei der Streuung einen Teil seiner ursprünglichen Energie, so daß ein Streulicht geringerer Frequenz entsteht (Stokessche Linien) oder aber, wenn es schon in einem angeregten Zustande vorhanden war, kann es auch unter der Einwirkung des Lichtquants in einen tieferen Zustand übergehen, so daß das Streulicht größere Frequenz erhält als das ursprüngliche (Anti-Stokessche Linien). Da bei normaler Temperatur schon viele Rotationsterme als Anfangszustände thermisch angeregt sind, treten beide Arten von Linien auf und bilden im Streulicht ein Spektrum um die eingestrahlte Linie herum (Raman-Rotationsspektrum).

Die Mittellinie dieses Spektrums, die ja die gesamte kohärent gestreute Intensität enthält, besitzt natürlich erheblich größere Intensität als die inkohärenten Nachbarlinien, so daß die Gefahr einer Überstrahlung der nächsten Nachbarn besteht, wie es die Aufnahme Abb. 9 an Stickstoff auch zeigt. Rasetti hat hier Abhilfe geschaffen durch den Kunstgriff, das gestreute Licht nochmals durch Hg-Dampf hindurchzuschicken, in dem die Mittellinie, die ja die Frequenz der Hg-

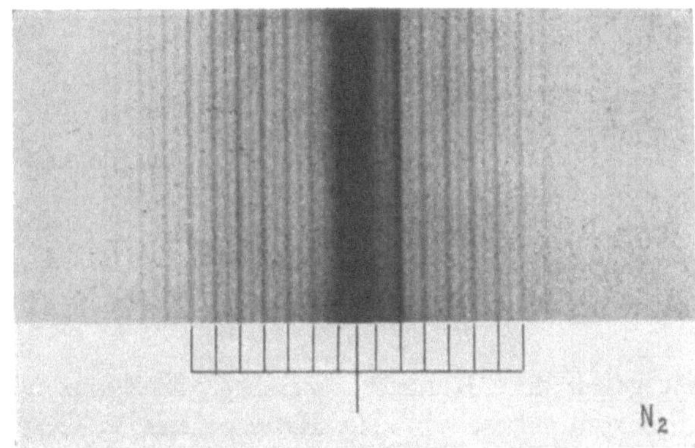

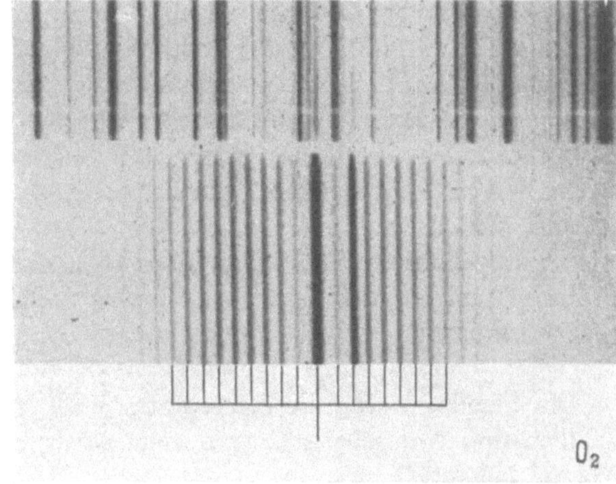

Abb. 9. Intensitätswechsel im Raman-Rotationsspektrum nach Rasetti. Am oberen Rande der Aufnahme für Sauerstoff befindet sich ein Eichspektrum.

Resonanzlinie hat, stark absorbiert wird, während das Streulicht fast ungeschwächt hindurchgeht. Den Erfolg dieser Methode zeigt die in Abb. 9 gleichfalls reproduzierte Aufnahme an O_2.

Zur Auswertung der beiden Aufnahmen ist zu beachten, daß im Raman-Rotationsspektrum die Auswahlregel gilt $\Delta J = \pm 2$ oder $= 0$. Der Übergang $\Delta J = 0$ trägt nur zur unverschobenen

Mittellinie bei; die Frequenzen der Linien, bei denen das Molekül aus dem tieferen Zustand J in den höheren $J' = J + 2$ übergeht, kann man aus Gl. (15) sofort berechnen; es sind die Stokesschen Linien

$$\nu = \nu_0 - \frac{\hbar}{4\pi I}\,(4J + 6), \qquad (J = 0,\ 1,\ 2,\ \ldots).$$

Geht das Molekül dagegen aus dem höheren Zustande J (mindestens $J = 2$) in den tieferen $J' = J - 2$ über, so entstehen die Frequenzen der Anti-Stokesschen Linien

$$\nu = \nu_0 + \frac{\hbar}{4\pi I}\,(4J - 2), \qquad (J = 2,\ 3,\ 4,\ \ldots).$$

In der folgenden Übersicht sind die Frequenzverschiebungen $\nu - \nu_0$ für die tiefsten J-Werte in Einheiten von $\hbar/4\pi I$ aufgeschrieben.

Bei Sauerstoff fällt im beobachteten Spektrum jede zweite Linie aus. Die Abstände der ersten und zweiten Linie von der Mitte aus verhalten sich nämlich nicht wie $6:10$, sondern wie $10:18$, was dem Auftreten nur der ungeraden J entspricht. (Wären nur die geraden J anwesend, so müßte das Verhältnis $6:14$ sein.) Aus dem Ausfallen jeder zweiten Linie folgt, daß der Kernspin von $^{16}\mathrm{O}$ $i = 0$ ist; nach dem auf S. 20 Ausgeführten ist in diesem Falle die Kernspineigenfunktion sicher symmetrisch gegen Kernvertauschung. Die Rotationseigenfunktion ist antimetrisch, da J ungerade ist. Ferner weiß man, daß der Elektronengrundterm des O_2-Moleküls antimetrisch

	Übergang $J \to J'$	$\nu - \nu_0$	Intensitäten bei	
			O_2	N_2
Stokessche Linien	$4 \to 6$	$-\,22$	0	2
	$3 \to 5$	$-\,18$	1	1
	$2 \to 4$	$-\,14$	0	2
	$1 \to 3$	$-\,10$	1	1
	$0 \to 2$	$-\,6$	0	2
Anti-Stokessche Linien	$2 \to 0$	$+\,6$	0	2
	$3 \to 1$	$+\,10$	1	1
	$4 \to 2$	$+\,14$	0	2
	$5 \to 3$	$+\,18$	1	1
	$6 \to 4$	$+\,22$	0	2

ist gegen eine Kernvertauschung. Im ganzen sind die erlaubten Zustände des O_2-Moleküls also symmetrisch in den Kernen: Die $^{16}\mathrm{O}$-Kerne befolgen die Bose-Statistik.

Beim Stickstoff fallen keine Linien aus; die Terme mit geradem J haben aber doppelt so großes statistisches Gewicht wie die mit ungeradem. Aus diesem Verhältnis von $2:1$ folgt nach der Tabelle auf S. 20 der Kernspin $i = 1$ für $^{14}\mathrm{N}$; die Terme mit geradem J sind hier mit der symmetrischen Kernspineigenfunktion verknüpft. Außerdem ist der Elektronengrundterm beim Stickstoff symmetrisch in den Kernen. Daher genügen die $^{14}\mathrm{N}$-Kerne der Bose-Statistik. Diese Überlegung wurde 1929 auf Grund der abgebildeten Aufnahme von Rasetti erstmalig von Heitler und Herzberg angestellt. Sie führt, wie wir bereits auf S. 19 sahen, zu einer Widerlegung des alten Bildes, nach dem man sich die Kerne aus Protonen und Elektronen aufgebaut dachte, während sie in Einklang ist mit der Vorstellung eines Aufbaus aus Protonen und Neutronen, wobei die Neutronen genau wie die Protonen der Fermi-Statistik genügen müssen.

14. Kernspin aus Rotationswärme.

Die klassische Physik behauptete, jedes zweiatomige Molekül besäße 5 Freiheitsgrade, nämlich drei translatorische und zwei rotatorische. Das Molekül wurde also als ein starrer Körper behandelt und die Rotation um die Kernverbindungslinie nicht als Freiheitsgrad angesehen. Jedem der so definierten Freiheitsgrade wurde durch den Gleichverteilungssatz die mittlere Energie $\frac{1}{2}kT$ zugeschrieben. Für die Molwärme, also den Temperaturkoeffizienten des Energieinhaltes U eines Mols der Substanz, folgte daraus

$$C_v = \frac{\partial U}{\partial T} = L\,\frac{\partial}{\partial T}\left(\frac{5}{2}\,kT\right) = \frac{5}{2}\,R \tag{23}$$

($L = $ Loschmidtsche Zahl, $R = $ Gaskonstante). Es zeigte sich schon ziemlich früh, daß diese Formel für Wasserstoff nach tiefen Temperaturen hin in zunehmendem Maße versagt, der dort eine kleinere Molwärme besitzt als Gl. (23) angibt.

Auch vom theoretischen Standpunkte aus scheint es sehr merkwürdig, ein Molekül als starren Körper zu betrachten, da wir doch wissen, daß es außer den beiden Kernen noch eine Schar von Elektronen enthält. Im Grenzfall höchster Temperaturen wird das Molekül ja nicht nur in seine Atome dissoziieren, sondern diese werden ihrerseits auch wieder ionisiert sein, so daß außer den sechs Freiheitsgraden der beiden Kerne noch die vielen Freiheitsgrade der freien Elektronen auftreten sollten. Die konsequente Anwendung der klassischen Physik würde eine ebenso große Anzahl von Freiheitsgraden auch schon bei beliebig tiefen Temperaturen erfordern, weil auch dann z. B. die Elektronen schon Schwingungen im Molekül ausführen könnten mit der Energie von durchschnittlich $\frac{1}{2} k T$, die bei tiefen Temperaturen eben nur noch sehr klein wäre.

An dieser Stelle setzt die Abwandlung durch die Quantentheorie ein. Sie läßt, solange es sich um Gase handelt, für die drei translatorischen Freiheitsgrade die klassische Auffassung bestehen, stellt aber von den rotatorischen und inneren Freiheitsgraden fest, daß sie gequantelt sind. Ist das Molekül in diesen Freiheitsgraden also etwa nur der Energiestufen E_0, E_1, E_2, ... fähig, so werden beim absoluten Nullpunkt sich alle Moleküle im Zustande E_0 befinden und die Rotationen und Schwingungen überhaupt nicht angeregt sein. Bei steigenden Temperaturen werden auch die höheren Zustände nach und nach besetzt entsprechend dem Boltzmannschen Gesetz. Der Energieinhalt der Substanz steigt also nicht allein dadurch, daß die kinetische Energie der Moleküle wächst, sondern auch dadurch, daß bestimmte Bewegungstypen erst nach und nach überhaupt in Erscheinung treten, daß sich also die Moleküle zunehmend in angeregten Zuständen befinden. Dabei werden mit wachsender Temperatur zuerst die Zustände angeregt, die den kleinsten Energieaufwand erfordern, das sind die beiden Rotationen, die auch im klassischen Modell enthalten sind. Die Freiheitsgrade höherer Energie folgen bei höheren Temperaturen. Zunächst die Schwingungen, deren volle Anregung meist schon zur Dissoziation führt. Erst dann kommen die Elektronenterme und die Rotation um die Kernverbindungslinie als höchste Energiestufen, deren thermische Anregung kaum noch eine Rolle spielt.

Wir zerlegen daher i. a. die Molwärme in zwei Teile: den translatorischen, der den klassischen Wert $\frac{3}{2} R$ hat und die Rotationswärme, deren klassischer Wert R bei höheren Temperaturen erreicht wird. Die Energie eines Rotationsterms beträgt (vgl. Fußnote auf S. 13):

$$E_J = \frac{\hbar^2}{2 I} J (J + 1). \tag{24}$$

Wird $k T$ von der gleichen Größenordnung, so ist der betreffende Rotationsterm merklich angeregt. Die Anregung der Rotationsterme mit steigender Temperatur erfolgt daher um so schneller, je größer das Trägheitsmoment I des Moleküls ist. Daher kommt es, daß bei allen Molekülen außer Wasserstoff der Rotationsanstieg schon bei so tiefen Temperaturen erfolgt, daß er nur noch schwer zu beobachten ist. Für H_2 ist $I = 0{,}47 \cdot 10^{-40}$ g cm², wie man aus dem Abstand der Linien im Bandenspektrum oder im Raman-Spektrum weiß. Setzt man $E_J = k T$, so ergibt sich damit für die kritische Anregungstemperatur $T = 85° J (J + 1)$; der Anstieg muß sich demnach über einige 100 Grade erstrecken.

Für unsere Fragestellung ist die Rotationswärme des Wasserstoffs deshalb von Interesse, weil sie als Ausfluß der Anordnung und des statistischen Gewichts der Rotationsterme die gleichen Schlüsse über Kernspin und Kernstatistik zuläßt wie das Molekülspektrum. Da wir es hier mit einem reinen Rotationsspektrum und nur einem einzigen Elektronen- und auch Schwingungsterm zu tun haben, nämlich dem Grundzustande, liegen die Verhältnisse hier ähnlich einfach wie im Raman-Rotationsspektrum.

Für die Rotationswärme kann man aus allgemeinen thermodynamischen Gesichtspunkten heraus, die auch in der Quantentheorie ihre Gültigkeit nicht verlieren, die Formel angeben

$$C = \frac{R}{(k T)^2} (\overline{E_J^2} - \overline{E_J}^2). \tag{25}$$

Die Rotationswärme C ist also ein Maß für das mittlere Schwankungsquadrat der Rotationsenergie. Die Existenz einer Rotationswärme ist an Schwankungen der Rotationsenergie gebunden, d. h. an Quantensprünge zwischen den verschiedenen Rotationstermen. Gäbe es nur einen einzigen Rotationszustand, so wäre $C = 0$. Das wird sicher erfüllt für $T = 0$, wo also die Rotationswärme verschwinden muß.

Die Mittelwertsbildung geschieht nach den Formeln

$$\overline{E}_J = \frac{\sum\limits_J g_J E_J e^{-E_J/kT}}{\sum\limits_J g_J e^{-E_J/kT}} \quad \text{und} \quad \overline{E^2}_J = \frac{\sum\limits_J g_J E_J^2 e^{-E_J/kT}}{\sum\limits_J g_J e^{-E_J/kT}}, \tag{26}$$

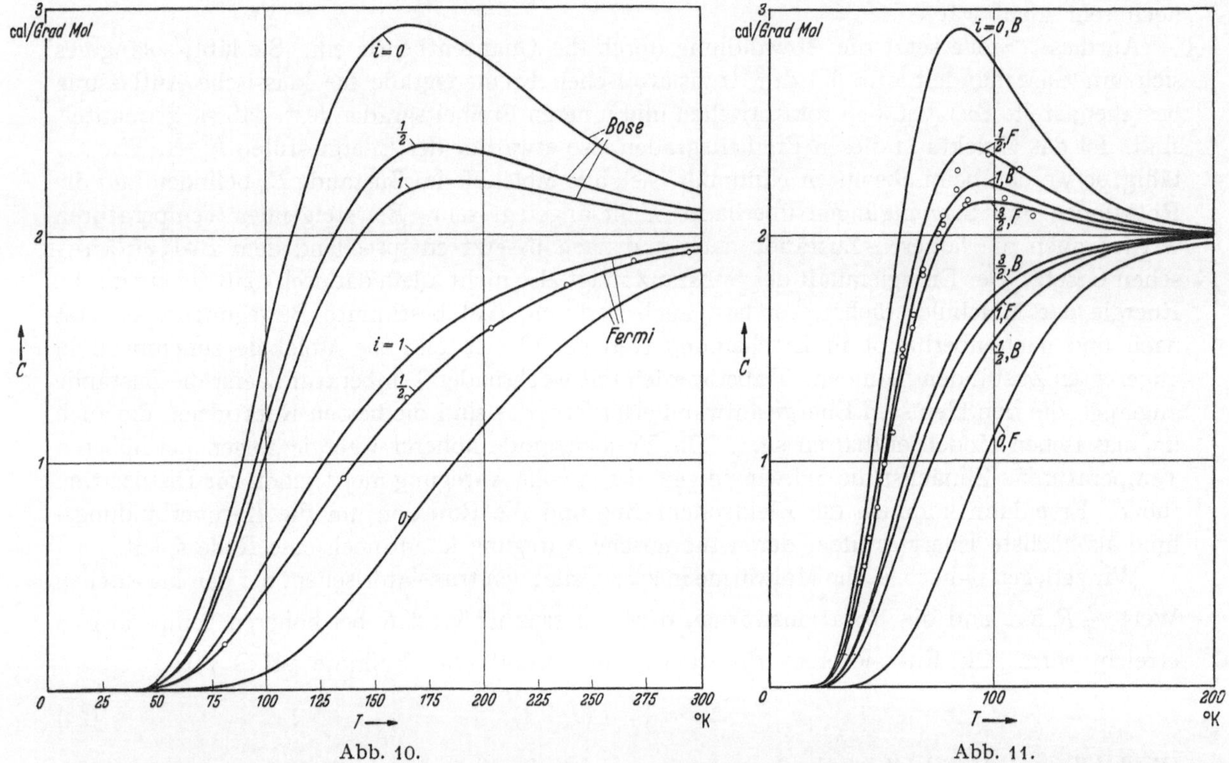

Abb. 10.   Abb. 11.

Abb. 10. Anstieg der Rotationswärme mit der absoluten Temperatur bei gewöhnlichem Wasserstoff. Kurven: theoretisch für verschiedene Annahmen über Spin i und Statistik der Protonen. Kreise: Meßpunkte von Cornish und Eastmann.

Abb. 11. Anstieg der Rotationswärme mit der absoluten Temperatur bei schwerem Wasserstoff. Kurven: theoretisch für verschiedene Annahmen über Spin i und Statistik (Bose $= B$, Fermi $= F$) der Deuteronen. Kreise: Meßpunkte von Clusius und Bartholomé.

worin E_J die durch Gl. (24) gegebene Rotationsenergie und

$$g_J = 2J + 1 \tag{27}$$

das statistische Gewicht des Rotationsterms J ist. Mit Hilfe der Formeln (24) bis (27) ist es möglich, den Anstieg der Rotationswärme mit der Temperatur zu berechnen.

Wir betrachten zunächst die Verhältnisse bei leichtem Wasserstoff. Das bei Zimmertemperatur hergestellte Gas besteht zu $^3/_4$ aus der Orthomodifikation mit ungeraden J und zu $^1/_4$ aus der Paramodifikation mit geraden J (vgl. S. 20). Dies Hochtemperaturgleichgewicht friert bei tiefen Temperaturen ein, da im allgemeinen keine Möglichkeit der Umwandlung der einen Modifikation in die andere besteht. Der sich ergebende Abfall der Rotationswärme nach tiefen Temperaturen hin muß eine von dem Mischungsverhältnis $1:3$ abhängige Gestalt zeigen. Abb. 10 zeigt die Kurven für folgende Mischungen:

$$H_2\,(J\ \text{gerade})/H_2\,(J\ \text{ungerade}) = 0:1,\ \text{d. h.}\ \ i = 0\ \text{und Fermi-Statistik,}$$
$$= 1:0 \qquad i = 0\ \text{Bose-Statistik,}$$
$$= 1:3 \qquad i = 1/2\ \text{Fermi-Statistik,}$$
$$= 3:1 \qquad i = 1/2\ \text{Bose-Statistik,}$$
$$= 1:2 \qquad i = 1\ \text{Fermi-Statistik,}$$
$$= 2:1 \qquad i = 1\ \text{Bose-Statistik.}$$

Die eingetragenen Meßpunkte fallen gut auf die Kurve, die dem Verhältnis $1:3$ für $i = 1/2$ und Fermi-Statistik der Protonen entspricht. Damit ist ein neuer Beweis für diese beiden Eigenschaften der Protonen erbracht.

Auch auf das Molekül des schweren Wasserstoffs D_2 läßt sich das Verfahren experimentell noch übertragen. Infolge des doppelt so großen Trägheitsmomentes erfolgt hier der Anstieg der Rotationswärme allerdings in einem halb so großen Temperaturbereich wie beim leichten Wasserstoff. Dadurch ist die experimentelle Genauigkeit schon bedeutend herabgesetzt. Auch hier sind die Meßpunkte gut verträglich mit der Erwartung, daß die Deuteronen der Bose-Statistik genügen und den Spin $i = 1$ haben (Abb. 11). Die Möglichkeiten der Spins $1/2$ und $3/2$ mit Fermi-Statistik lassen sich aus der Rotationswärme allein aber nicht mit Sicherheit ausschließen.

f) Magnetisches Kernmoment.

15. Hyperfeinstruktur.

Über die magnetischen Momente, die im Atom auftreten können, verschafft man sich bekanntlich am leichtesten Auskunft durch Untersuchung des Zeeman-Effektes. Bringt man nämlich ein Atom in ein äußeres Magnetfeld $\mathfrak{H}$, so wird ein Atomterm vom magnetischen Moment $\vec{\mu}$ um den Energiebetrag

$$\varDelta E = - (\mathfrak{H} \cdot \vec{\mu}) \tag{28}$$

verschoben. Die Verschiebung ist also proportional der Komponente des magnetischen Moments in der Feldrichtung, und da diese Komponente gequantelt ist („magnetische Quantenzahl", Richtungsquantelung), erhält man je nach ihrem Wert ein anderes $\varDelta E$ und damit eine Aufspaltung des ursprünglichen Atomterms in mehrere. Aus der Größe dieser Aufspaltung kann man mit Hilfe von Gl. (28) leicht auf das magnetische Moment zurückschließen.

Nicht so einfach liegen die Verhältnisse bei der Feinstruktur der Atomterme. Um uns auch hier ein Bild zu machen, wollen wir die Beschreibung mit Hilfe des Vektormodells benutzen. Danach ist mit jedem Elektronenzustand außer seinem Bahndrehimpuls $\mathfrak{l}\hbar$ ein Spin $\mathfrak{s}\hbar$ verknüpft und zu beiden gehören auch magnetische Momente: Ein Bahnmoment in Richtung $\mathfrak{l}$ und ein Spinmoment in Richtung $\mathfrak{s}$. Die Vektoren $\mathfrak{l}$ und $\mathfrak{s}$ müssen sich so zueinander einstellen, daß der Gesamtdrehimpuls $\mathfrak{j} = \mathfrak{l} + \mathfrak{s}$ ebenfalls gequantelt ist, d. h. falls $l > s$ ist, so daß j einen der $2s + 1$ verschiedenen Werte $j = l + s,\ l + s - 1,\ l + s - 2,\ \ldots\ l - s$ annimmt, und falls $s > l$ ist, so daß j einen der $2l + 1$ verschiedenen Werte $j = s + l,\ s + l - 1,\ s + l - 2,\ \ldots\ s - l$ annimmt. Jedem dieser Zustände entspricht eine etwas andere Energie gemäß der etwas verschiedenen Wechselwirkung zwischen den beiden mit $\mathfrak{l}$ und $\mathfrak{s}$ gekoppelten Magnetfeldern. Dementsprechend spaltet der Term in ein Multiplett auf mit $2s + 1$ oder $2l + 1$ Komponenten. Die Größe dieser Aufspaltung kann man wiederum nach Gl. (28) berechnen, wenn man jetzt etwa unter $\vec{\mu}$ das mit dem Spin verknüpfte magnetische Eigenmoment des Elektrons versteht, während $\mathfrak{H}$ die durch die Bahnbewegung des Elektrons an seinem eigenen Orte erzeugte magnetische Feldstärke ist. Dies gilt wenigstens, solange der Term durch die Bewegung eines einzigen Elektrons zustande kommt; aber auch dann sieht man, daß eine quantitative Berechnung des magnetischen Moments zum mindesten die Kenntnis der Eigenfunktionen voraussetzt.

Ohne diese Berechnung vollständig durchzuführen kann man aber leicht einige wichtige Regeln angeben: Zunächst kennen wir bereits die Zahl der Komponenten $2s + 1$ (für $s < l$)

bzw. $2l + 1$ (für $l < s$) in einem Multiplett. Für die relativen Abstände der Komponenten muß außerdem die Intervallregel gelten: Die Wechselwirkungsenergie ΔE muß proportional dem skalaren Produkt der beiden magnetischen Momente sein, also dem Cosinus des von $\mathfrak{l}$ und $\mathfrak{s}$ eingeschlossenen Winkels, der elementargeometrisch folgt zu

$$\cos(\mathfrak{l}, \mathfrak{s}) = \frac{l^2 + s^2 - j^2}{2\,s\,l}. \tag{29}$$

Die Quantenmechanik ändert diese anschauliche Formel etwas ab; sie setzt an Stelle der Quadrate der Drehimpulsquantenzahlen überall Ausdrücke der Form $j(j+1)$*). s und l sind innerhalb desselben Multipletts die gleichen Zahlen. Daher wird innerhalb eines Multipletts

$$\Delta E = C_{l,s}\left[l(l+1) + s(s+1) - j(j+1)\right], \tag{30}$$

wobei $C_{l,s}$ eine von den Absolutwerten der Momente und den Eigenfunktionen, also von l und s, aber nicht von j abhängige Konstante ist.

Ganz analog zu den Verhältnissen bei der Feinstruktur liegen die Dinge nun auch bei der Hyperfeinstruktur (H.F.S.). Besitzt der Atomkern ein magnetisches Moment, so kann dies wiederum mit dem magnetischen Gesamtmoment der Elektronenhülle, das also mit dem Vektor $\mathfrak{j}$ gekoppelt ist, in Wechselwirkung treten. Da die Kernmomente um die Größenordnung 1000 kleiner sind als die in der Hülle auftretenden, wird die hierdurch verursachte Aufspaltung auch um denselben Faktor kleiner als die gewöhnliche Feinstruktur. Zu ihrer Beobachtung ist es daher nötig, die natürliche Doppler-Breite der Spektrallinien durch Arbeiten bei tiefen Temperaturen künstlich herabzusetzen. Auf diesem Wege gelang Schüler 1928 zum ersten Male die Beobachtung einer Hyperfeinstrukturaufspaltung an den Na—D-Linien. Die normale Feinstruktur der Natriumresonanzlinie führt bekanntlich zu ihrer Aufspaltung in das Dublett von 5890 Å ($3\,{}^2P_{1/2} \to 3\,{}^2S_{1/2}$) und 5896 Å ($3\,{}^2P_{3/2} \to 3\,{}^2S_{1/2}$); dies sind eben die beiden D-Linien und ihre Differenz von 6 Å ist die Feinstruktur. Eine eventuell vorhandene Hyperfeinstruktur sollte also rund 0,01 Å betragen. Die beobachtete Aufspaltung von 0,02 Å fällt auch wirklich in diese Größenordnung.

Die Analogie von Feinstruktur und Hyperfeinstruktur ist vollkommen: Kernspin $\mathfrak{i}$ und Gesamtdrehimpuls der Elektronenhülle $\mathfrak{j}$ können in verschiedener Weise zu einem Gesamtdrehimpuls $\mathfrak{f}$ zusammengesetzt werden. Wir haben also folgende Vergleichsmöglichkeit:

Feinstruktur	Hyperfeinstruktur
Kopplung von	Kopplung von
Bahnmoment $\mathfrak{l}$	Elektronenmoment $\mathfrak{j}$
und Elektronenspin $\mathfrak{s}$	und Kernspin $\mathfrak{i}$
gibt die Resultierende	gibt die Resultierende
$\mathfrak{j} = \mathfrak{l} + \mathfrak{s}$.	$\mathfrak{f} = \mathfrak{j} + \mathfrak{i}$.
Der Term spaltet auf in	Der Term spaltet auf in
$2s + 1$ Komponenten, wenn $l > s$,	$2i + 1$ Komponenten, wenn $j > i$,
$2l + 1$ Komponenten, wenn $s > l$.	$2j + 1$ Komponenten, wenn $i > j$.
Die Verschiebung ΔE einer Komponente ist proportional	Die Verschiebung ΔE einer Komponente ist proportional
$j(j+1) - l(l+1) - s(s+1)$	$f(f+1) - j(j+1) - i(i+1)$
(Intervallregel).	(Intervallregel).

---

*) Anschaulich heißt das: Quantenzahlen sind Mittelwerte über Zeiträume, die so lang sind, daß das Atomsystem sehr viele Perioden seiner Bahnen in dieser Zeit durchlaufen kann. Beobachtet man nur kurzzeitig, so kann man tatsächlich jeden Wert des Drehimpulses finden; ihm haftet dann aber eine prinzipielle Beobachtungsungenauigkeit an, die so groß ist, daß man nicht entscheiden kann, ob er ganzzahlig ist oder nicht. In unserer Formel muß nun streng genommen z. B. der Mittelwert von j^2 stehen, also $\overline{j^2}$ und nicht das Quadrat des Mittelwertes von j, also nicht $\overline{j}^2$. Nach der statistischen Formel für das mittlere Schwankungsquadrat ist $\overline{j^2} - \overline{j}^2 = \overline{j}$ oder $\overline{j}(\overline{j}+1) = \overline{j^2}$.

In vielen Fällen genügen diese Regeln schon zur Angabe des mechanischen Kernmoments, also des Spins. Oft ist die Ergänzung durch Intensitätsregeln sehr wertvoll. Betrachten wir die Hyperfeinstrukturkomponenten ein und derselben Feinstrukturlinie $(n, j) \to (n', j')$, so verhalten sich die Summen der Intensitäten aller von einem f zu sämtlichen f' übergehenden Linien wie die statistischen Gewichte $(2f + 1)$ ihrer Anfangszustände. Umgekehrt verhalten sich auch die Intensitätssummen der von allen f zu einem f' übergehenden Linien wie die statistischen Gewichte $(2f' + 1)$ ihrer Endzustände. Diese beiden Regeln genügen zwar nicht immer zur Berechnung der Intensitäten aller Komponenten, sie geben aber doch schon sehr weitgehend Aufschluß. Sie sind zu ergänzen durch die Auswahlregel $\varDelta f = 0, \pm 1$.

Besonders wichtig ist es, daß die absolute Größe der Hyperfeinstrukturaufspaltung eines S-Terms stets erheblich diejenigen aller anderen Terme übertrifft. Das rührt davon her, daß die Aufspaltung durch die Wechselwirkung von Kern und Elektronen entsteht und bei einem

S-Term, der ja einer „Pendelbahn" des Bohrschen Modells entspricht, die Eigenfunktion in Kernnähe größer ist, d. h. sich das Elektron öfter in Kernnähe aufhält als bei jedem anderen Term.

Als Beispiel betrachten wir die schon oben erwähnte H.F.S. des Natriums. Beide Resonanzlinien D_2 und D_1 spalten in je ein Dublett auf. In jedem Dublett besteht nach den sehr genauen Messungen von Granath und Van Atta das Intensitätsverhältnis $5 : 3$ der beiden Komponenten. Diese Aufspaltung rührt her von dem beiden Linien gemeinsamen Grundterm $3\,{}^2S_{1/2}$, bei dem in der Tat wegen $j = 1/2$ immer zwei Komponenten entstehen müssen, gleichgültig wie groß der Kernspin ist, solange nur überhaupt ein magnetisches Kernmoment vorhanden ist. Man kann in diesem Falle also grundsätzlich den Kernspin nicht

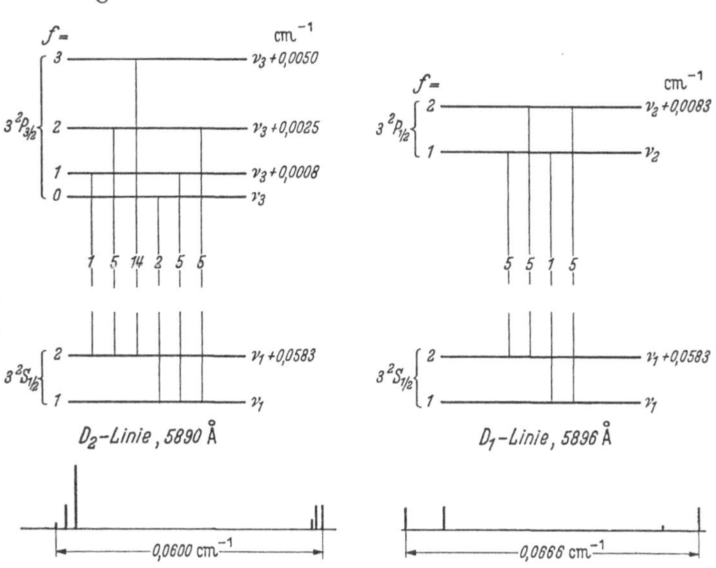

Abb. 12. Hyperfeinstruktur der beiden D-Linien des Natriums. Termschema und Linienbild.

aus der Zahl der Komponenten bestimmen. Nach unserer zweiten Intensitätsregel können wir aber bei vorgegebenem Kernspin i das Intensitätsverhältnis der beiden Dublettkomponenten ausrechnen. Da ja sicher $i \geqq j$ ist, haben wir nämlich zwei Terme mit $f = i + j$ und $f = i - j$ im Grundzustande mit den statistischen Gewichten $2(i + j) + 1$ und $2(i - j) + 1$. Das Intensitätsverhältnis muß daher werden

$$\frac{2(i+j)+1}{2(i-j)+1} = \frac{i+1}{i}.$$

Aus dem beobachteten Wert $5 : 3$ folgt dann $i = 3/2$. Zu dieser Festlegung des Kernspins ist allerdings eine ziemlich genaue Bestimmung des Intensitätsverhältnisses erforderlich. Daher kommt es, daß auf diesem Wege früher oft Fehlschlüsse gezogen worden sind, zumal die Intensitäten im Experiment leicht verfälscht werden durch eine verschieden starke Selbstabsorption der beiden Komponenten.

Das vollständige Termschema und Linienbild der H.F.S. der beiden Na—D-Linien ist in Abb. 12 wiedergegeben. Dabei konnten die viel kleineren Aufspaltungen der P-Terme nur indirekt erschlossen werden. Die Aufspaltung der D_2-Linie bei 5890 Å ergab sich nämlich mit 0,0555 cm⁻¹ etwas abweichend von derjenigen der D_1-Linie bei 5896 Å mit 0,0612 cm⁻¹, und da der S-Term bei beiden derselbe ist, muß dieser Unterschied vom P-Term herrühren. Granath und Van Attas Zahlen sind in der Abbildung angeschrieben; bei der Auswertung benutzten sie noch die nicht experimentell überprüfte Forderung der Theorie, daß die Aufspaltungen der beiden P-Terme sich verhalten sollen wie $3 : 5$. Dies folgt aus der weiter unten noch herzuleitenden Gl. (31).

Zur Bestimmung des magnetischen Kernmoments aus der H.F.S.-Aufspaltung wollen wir im folgenden einen einfachen korrespondenzmäßigen Weg einschlagen, bei dem wir wiederum das Vektormodell zugrunde legen. Wir erwähnten schon vorhin, daß die Energieverschiebung eines Terms infolge der Wechselwirkung des Kernmoments mit dem Elektron gegeben wird durch das skalare Produkt des Kernmoments $\vec{\mu}$ mit der magnetischen Feldstärke $\mathfrak{H}$, welche das Elektron am Orte des Kerns hervorruft. Dies Feld setzt sich zusammen aus zwei Summanden $\mathfrak{H} = \mathfrak{H}_l + \mathfrak{H}_s$, nämlich:

$\mathfrak{H}_l$ ist das vom spinlosen Elektron erzeugte Feld. Es folgt aus dem Biot-Savartschen Gesetz in jedem Augenblick zu

$$\mathfrak{H}_l = \frac{1}{c}\,\frac{\mathfrak{r} \times \mathfrak{i}}{r^3},$$

wobei $\mathfrak{i} = -\,e\,\mathfrak{v}$ die vom Elektron transportierte Stromstärke ist, und $\mathfrak{r}$ den Ort des Elektrons vom Kern aus gesehen bedeutet. Da nun $m\,\mathfrak{r} \times \mathfrak{v} = \mathfrak{d}$ der Drehimpuls ist und dieser gequantelt ist, $\mathfrak{d} = \hbar\,\mathfrak{l}$, so wird dieser Teil des Magnetfeldes

$$\mathfrak{H}_l = -\,\frac{e\,\hbar}{m\,c}\,\frac{1}{r^3}\,\mathfrak{l}.$$

$\mathfrak{H}_s$ ist das vom Spin des Elektrons am Ort des Kerns erzeugte Magnetfeld. Da der Spin $\hbar\,\mathfrak{s}$ mit dem magnetischen Dipolmoment $\vec{\mu}_e = \frac{e\,\hbar}{m\,c}\,\mathfrak{s}$ verknüpft ist, wird das Feld:

$$\mathfrak{H}_s = \operatorname{grad}\frac{(\mathfrak{r}\,\vec{\mu}_e)}{r^3} = \frac{e\,\hbar}{m\,c}\left\{\frac{\mathfrak{s}}{r^3} - 3\,\frac{(\mathfrak{r}\,\mathfrak{s})\,\mathfrak{r}}{r^5}\right\}.$$

Setzen wir die Ausdrücke für $\mathfrak{H}_l$ und $\mathfrak{H}_s$ in die Gl. (28) für die Energieverschiebung ein, so erhalten wir

$$\Delta E = \frac{e\,\hbar}{m\,c}\,\frac{1}{r^3}\,\vec{\mu}\left\{\mathfrak{l} - \mathfrak{s} + 3\,\frac{(\mathfrak{r}\,\mathfrak{s})\,\mathfrak{r}}{r^2}\right\}.$$

Um noch auszudrücken, daß das magnetische Moment $\vec{\mu}$ des Kerns dieselbe Richtung hat wie der Kernspin $\mathfrak{i}$, schreiben wir noch

$$\vec{\mu} = \frac{\mu}{i}\,\mathfrak{i}.$$

Wir wenden nun eine aus der modellmäßigen Theorie des Zeeman-Effekts geläufige Überlegung an: Das Vektormodell lehrt uns ja, daß der Vektor $\mathfrak{i}$ sich nicht frei einstellt, sondern um die Richtung von $\mathfrak{j}$ präzessiert. Im Zeitmittel haben wir daher statt $\mathfrak{i}$ seine Komponente in der $\mathfrak{j}$-Richtung einzusetzen, da die anderen Komponenten sich bei der Mittelung wegen ihrer periodischen Änderung herausheben:

$$\bar{\mathfrak{i}} = \frac{(\mathfrak{i}\,\mathfrak{j})\,\mathfrak{j}}{j^2}.$$

Auf diese Weise entsteht

$$\Delta E = \frac{e\,\hbar}{m\,c}\,\frac{1}{r^3}\,\frac{(\mathfrak{i}\,\mathfrak{j})}{j^2}\,\frac{\mu}{i}\,\mathfrak{j}\left\{\mathfrak{l} - \mathfrak{s} + 3\,\frac{(\mathfrak{r}\,\mathfrak{s})\,\mathfrak{r}}{r^2}\right\}.$$

Zur Ausführung des skalaren Produkts von $\mathfrak{j}$ mit der geschweiften Klammer zerlegen wir zunächst $\mathfrak{j} = \mathfrak{l} + \mathfrak{s}$; dann entsteht beim gliedweisen Ausmultiplizieren

$$\mathfrak{l}^2 + 3\,\frac{(\mathfrak{r}\,\mathfrak{s})\,(\mathfrak{r}\,\mathfrak{l})}{r^2} - \mathfrak{s}^2 + 3\,\frac{(\mathfrak{r}\,\mathfrak{s})^2}{r^2}.$$

Der zweite Summand verschwindet. Da nämlich $\hbar\,\mathfrak{l} = m\,(\mathfrak{r} \times \mathfrak{v})$ senkrecht auf dem Vektor $\mathfrak{r}$ steht, ist $\mathfrak{r}\,\mathfrak{l} = 0$. Im letzten Gliede müssen wir wieder über die ganze Bahn des Elektrons mitteln. Für diese Mittelung kann der Vektor $\mathfrak{s}$ als konstant angesehen werden, da er viel langsamer präzessiert als das Elektron umläuft. Das letzte Glied wird daher einfach $= \mathfrak{s}^2$ und hebt sich gegen das vorletzte weg. Es bleibt also stehen:

$$\Delta E = \frac{e\,\hbar}{m\,c}\,\frac{1}{r^3}\,\frac{(\mathfrak{i}\,\mathfrak{j})}{j^2}\,\frac{\mu}{i}\,\mathfrak{l}^2.$$

Hierin können wir das skalare Produkt noch an Hand des Vektormodells ausführen analog zur Herleitung von Gl. (29). Es ist

$$(\mathfrak{i}\,\mathfrak{j}) = \frac{1}{2}\,(j^2 - \mathfrak{j}^2 - i^2).$$

Wir haben damit die klassische Rechnung vollständig durchgeführt. Den Übergang zum quantenmechanischen Bilde vollziehen wir, indem wir **erstens** an Stelle von $1/r^3$ den Mittelwert

$$\overline{(1/r^3)} = \int dV \, \psi^* \, (1/r^3) \, \psi$$

mit Hilfe der Elektroneneigenfunktion ψ einführen und **zweitens** die Quadrate der Drehimpulse konsequent durch Ausdrücke der Form $j(j+1)$ usw. ersetzen. Damit entsteht die Formel für die Energieverschiebung eines Hyperfeinstrukturterms

$$\Delta E = \frac{e\,\hbar}{2\,m\,c} \, \overline{(1/r^3)} \, \frac{\mu}{i} \frac{l\,(l+1)}{j\,(j+1)} \left[f\,(f+1) - j\,(j+1) - i\,(i+1) \right]. \tag{31}$$

Da diese Formel den Faktor l im Zähler enthält, könnte es den Anschein haben, als ob S-Terme überhaupt nicht aufspalten. Das ist nicht der Fall, weil für S-Terme auch gleichzeitig der Mittelwert $\overline{(1/r^3)}$ unendlich groß wird, da es sich ja dabei um die „Pendelbahnen" handelt, bei denen das Elektron auch den Ort $r = 0$ erreicht.

Der Mittelwert $\overline{(1/r^3)}$ ist sehr empfindlich gegen die Wahl der richtigen Eigenfunktionen. So ergibt z. B. das Einsetzen der genähert richtigen „wasserstoffähnlichen" Eigenfunktion im Falle des ^{23}Na ein magnetisches Moment von 22 KM statt des richtigen Wertes von 2,1 KM. Da in dem Mittelwert $\overline{(1/r^3)}$ die Gegend kleiner r stark bevorzugt eingeht, ist es notwendig, die Eigenfunktion in Kernnähe gut zu kennen. In diesem Gebiet ergeben sich auch gerade die stärksten Abweichungen zwischen der Schrödingerschen und der Diracschen Theorie, so daß es, um brauchbare Ergebnisse zu erhalten, meist nötig ist, die Größe $\overline{(1/r^3)}$ mit Hilfe der Diracschen Theorie zu berechnen. Um diese komplizierten Methoden zu vermeiden, kann man auch folgenden Weg einschlagen: In der gewöhnlichen Feinstruktur geht ebenfalls der Mittelwert $\overline{(1/r^3)}$ ein; man berechnet ihn daher nicht, sondern entnimmt ihn unmittelbar aus der empirisch bekannten Feinstrukturaufspaltung. Alle diese Möglichkeiten tragen den Charakter von Näherungen und lassen im allgemeinen, besonders bei schweren Elementen, keine größere Genauigkeit zu als etwa $\pm 10\%$ für das magnetische Kernmoment.

16. Die Atomstrahlmethode.

Stern und Gerlach haben 1921 gezeigt, daß man das magnetische Moment eines Atoms messen kann, indem man einen Atomstrahl durch ein inhomogenes Magnetfeld hindurchgehen läßt. Ein Atom vom magnetischen Moment $\mathfrak{M}$ erhält dann eine zusätzliche potentielle Energie

$$V = - (\mathfrak{H} \, \mathfrak{M}) \tag{32}$$

und es wirkt die ablenkende Kraft

$$\mathfrak{K} = \operatorname{grad} (\mathfrak{H} \, \mathfrak{M}) \tag{33}$$

auf die Atome des Strahls, die von Null verschieden ist und eine meßbare Ablenkung des Strahls hervorruft, sofern das Feld $\mathfrak{H}$ inhomogen ist.

Seit 1931 haben vor allem Rabi und seine Schüler versucht, diese Methode des Stern-Gerlach-Versuchs auch auf die Messung magnetischer Kernmomente zu übertragen. Den Grundgedanken machen wir uns leicht klar, indem wir wieder als Beispiel das ^{23}Na heranziehen. Der Atomstrahl geht von einem „Ofen" aus, dessen Temperatur so niedrig ist, daß außer dem $^{2}S_{1/2}$-Grundterm keine Spektralterme des Na angeregt sind. Dies ist ein großer Vorzug der Atomstrahlmethode vor der spektroskopischen: Wir beobachten keine Übergänge zwischen Termen, aus denen wir erst durch Kombination die Terme selbst erschließen müssen, sondern es ist überhaupt nur der Grundterm selbst vorhanden. Ist das Magnetfeld $\mathfrak{H}$ nicht zu stark, so findet zunächst eine Aufspaltung des Na-Strahls in zwei Komponenten statt, entsprechend der Einstellung des Moments der Elektronenhülle, das ausschließlich vom Elektronenspin herrührt, parallel oder antiparallel zum Felde. Bringen wir eine photographische Platte hinter das inhomogene Magnetfeld, so erscheinen also zwei Linien darauf, aus deren Abstand das magnetische Moment der Elektronenhülle ermittelt werden kann, das in diesem Falle gerade ein Bohrsches Magneton beträgt.

Das ist nichts anderes als der normale Stern-Gerlach-Versuch. Machen wir nun aber den Atomstrahl sehr schmal, so zeigen beide Linien eine Aufspaltung in je vier Komponenten. Schon ein schwaches Magnetfeld genügt nämlich, um eine Entkopplung zwischen Kernspin und Elektronenhülle hervorzurufen; der Kernspin i stellt sich daher mit gequantelter Komponente m_i zum Felde ein. Bei unserem Beispiel ist $i = 3/2$; es gibt also die möglichen Werte $m_i = +\frac{3}{2}, +\frac{1}{2}, -\frac{1}{2}, -\frac{3}{2}$ und es erscheinen im ganzen vier Komponenten. Aus dieser Anzahl kann man den Kernspin ablesen; aus der Größe der Aufspaltung folgt das magnetische Kernmoment.

Dieser hier skizzierte Idealfall läßt sich meist weder theoretisch noch experimentell verwirklichen. Experimentell ist es kaum möglich, ohne enorme Intensitätsverluste die Aufspaltung in so feine Komponenten noch zu beobachten. Man findet in Wirklichkeit nur eine Verbreiterung der ursprünglichen Linie. Auch theoretisch liegen die Dinge komplizierter und es ist nötig, die Entkopplungserscheinungen sorgfältig zu studieren.

Die Kopplung im Atom ohne Magnetfeld besteht erstens aus der Zusammensetzung von $\mathfrak{l}$ und $\mathfrak{s}$ zu $\mathfrak{j}$ und zweitens aus der Zusammensetzung von $\mathfrak{j}$ und i zu $\mathfrak{f}$. In einem sehr schwachen Magnetfeld wird sich dieses $\mathfrak{f}$ wiederum gegenüber dem Felde orientieren, also eine gequantelte Komponente in der Feldrichtung haben. Das ist der Zeeman-Effekt der H.F.S. Wird das Feld stärker, so wird die Kopplung zwischen i und $\mathfrak{j}$ gelöst. Die Quantenzahl $\mathfrak{f}$ wird dann sinnlos; die Kopplung von i an $\mathfrak{H}$ und von $\mathfrak{j}$ an $\mathfrak{H}$ ist dann stärker als die von i und $\mathfrak{j}$ aneinander und die beiden Vektoren stellen sich unabhängig voneinander mit gequantelten Komponenten m_j und m_i zum Felde ein. Das ist der entgegengesetzte Grenzfall, der Paschen-Back-Effekt der H.F.S., den wir für das Beispiel ^{23}Na soeben schon beschrieben haben.

Für die uns besonders interessierenden $^2S_{1/2}$-Terme ($j = 1/2$, $l = 0$) haben Breit und Rabi die Aufspaltung auch für das Übergangsgebiet zwischen den beiden Grenzfällen berechnet. Als charakteristischer Parameter erscheint dabei das Verhältnis der Kopplungsenergie von $\mathfrak{j}$ an $\mathfrak{H}$ zu derjenigen von $\mathfrak{j}$ an i, d. h. die Größe

$$x = \frac{2\mu_0 H}{\Delta E}, \tag{34}$$

wobei μ_0 das Bohrsche Magneton und ΔE die H.F.S.-Aufspaltung des Terms ohne Magnetfeld ist, also der Abstand der Komponenten mit $f = i + \frac{1}{2}$ und $f = i - \frac{1}{2}$. Die beiden Fälle $x \ll 1$ und $x \gg 1$ entsprechen dann offenbar genau dem Zeeman-Effekt und dem Paschen-Back-Effekt der H.F.S. Wir geben gleich die Formel für die ablenkende Kraft, die auf den Atomstrahl wirkt, die nach Gl. (33) aus V folgt:

$$\mathfrak{K} = -\frac{dV}{dH}\,\mathrm{grad}\,H = f(x)\,\mu_0\,\mathrm{grad}\,H, \tag{35}$$

wobei

$$f(x) = \pm \frac{\dfrac{m}{i+\frac{1}{2}} + x}{\sqrt{1 + \dfrac{2m}{i+\frac{1}{2}}x + x^2}}. \tag{36}$$

Dabei ist $m \equiv m_j$ im Zeeman-Effekt und $m \equiv m_i + m_j$ im Paschen-Back-Effekt. Solange die Ablenkungen, die der Strahl erfährt, klein bleiben, ist es sicher keine schlechte Näherung, diese Ablenkungen einfach proportional der ablenkenden Kraft und damit proportional zu $f(x)$ anzusetzen.

Für den Kernspin $i = 3/2$ ergibt sich z. B. die folgende Übersicht:

			$i = \tfrac{3}{2}, \quad j = \tfrac{1}{2}$			
m	stat. Gewicht	Teilzustände im Zeeman-Effekt $(m = m_j)$	Teilzustände im Paschen-Back-Effekt $(m = m_i + m_j)$	$f(x)$	$f(0)$	$f(\infty)$
$+2$	1	$f = i + j$	$m_i = \tfrac{3}{2},\ m_j = \tfrac{1}{2}$	$+1$	$+1$	$+1$
$+1$	2	$f = i + j,\ f = i - j$	$m_i = \tfrac{1}{2},\ m_j = \tfrac{1}{2}$ und $m_i = \tfrac{3}{2},\ m_j = -\tfrac{1}{2}$	$\pm \dfrac{x + \tfrac{1}{2}}{\sqrt{1 + x + x^2}}$	$\pm \tfrac{1}{2}$	± 1
0	2	$f = i + j,\ f = i - j$	$m_i = -\tfrac{1}{2},\ m_j = \tfrac{1}{2}$ und $m_i = \tfrac{1}{2},\ m_j = -\tfrac{1}{2}$	$\pm \dfrac{x}{\sqrt{1 + x^2}}$	0	± 1
-1	2	$f = i + j,\ f = i - j$	$m_i = -\tfrac{3}{2},\ m_j = \tfrac{1}{2}$ und $m_i = -\tfrac{1}{2},\ m_j = -\tfrac{1}{2}$	$\pm \dfrac{x - \tfrac{1}{2}}{\sqrt{1 - x + x^2}}$	$\pm \tfrac{1}{2}$	± 1
-2	1	$f = i + j$	$m_i = -\tfrac{3}{2},\ m_j = -\tfrac{1}{2}$	-1	-1	-1

Diese Größe $f(x)$ ist in Abb. 13 als Funktion von x aufgetragen. Sie gibt unmittelbar das Aufspaltungsbild wieder; allerdings in einer Normierung, bei der die Gesamtbreite der Aufspaltung unabhängig von der Feldstärke immer $= 2$ gesetzt ist, obwohl natürlich für kleine x der Absolutbetrag der Aufspaltung in Wirklichkeit entsprechend dem Faktor grad H in Gl. (35) gegen Null geht. An diesem Aufspaltungsbilde können wir uns leicht die beiden ersten Verfahren zur Bestimmung des Kernspins und magnetischen Kernmoments klarmachen:

a) **Das Verfahren von Rabi.** Man legt einen horizontalen Schnitt durch die Abbildung, d. h. man mißt bei einem bestimmten Magnetfeld das Linienbild aus, erschließt aus der Anzahl der Komponenten den Kernspin i und berechnet nach Gl. (36) bzw. an Hand der Tabelle aus den relativen Linienabständen die Größe x. Bei bekanntem Magnetfeld folgt dann aus Gl. (34) die H.F.S.-Aufspaltung ΔE des $^2S_{1/2}$-Terms, aus der nach dem auf S. 29 behandelten Verfahren rechnerisch auf das magnetische Kernmoment geschlossen werden kann.

b) **Das Verfahren von Cohen.** Man legt einen vertikalen Schnitt durch die Abbildung an der Stelle $f(x) = 0$, d. h. man variiert das Magnetfeld und damit die Größe x und beobachtet

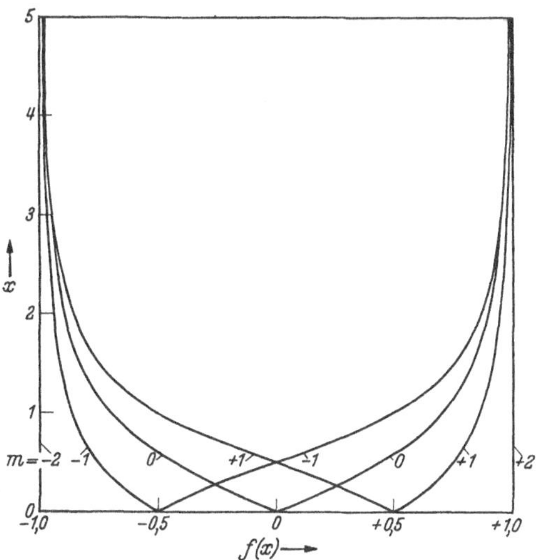

Abb. 13. Der Übergang zwischen Zeeman-Effekt und Paschen-Back-Effekt in der Hyperfeinstruktur des Grundterms von Natrium.

stets die unabgelenkte Intensität. Diese Nullmethode hat den Vorteil, daß der zur Messung gelangende Strahl immer genau denselben Weg im Magnetfelde durchläuft, so daß keine genaue Kenntnis des Feldes an allen Orten notwendig ist. Unsere Abb. 13 zeigt, daß für $i = 3/2$ Maxima der unabgelenkten Intensität auftreten müssen an den Stellen $x = 0$ und $x = 1/2$. Aus der Zahl und Lage dieser Stellen kann man wieder auf i und das magnetische Moment schließen.

Um eine anschauliche Vorstellung zu gewinnen, wollen wir noch die Größenordnung der anzuwendenden Magnetfelder abschätzen. Zunächst soll in Gl. (34) der Parameter x von der Größenordnung 1 sein. Es muß also

$$H \sim \frac{\Delta E}{2\,\mu_0}$$

werden. Da für den ^{23}Na-Grundzustand die H.F.S.-Aufspaltung nach Abb. 12 $0{,}0583\ \mathrm{cm}^{-1} = 1{,}962 \cdot 10^{-16}$ erg beträgt und $\mu_0 = 0{,}922 \cdot 10^{-20}$ Gauß cm³ ist, erhalten wir daraus $H = 620$ Gauß.

Felder dieser Größenordnung sind unschwer herzustellen. Die Größenordnung der erforderlichen Feldinhomogenität erhalten wir, indem wir aus der ablenkenden Kraft $\mathfrak{K}$ oder der ablenkenden Beschleunigung $\mathfrak{K}/M$ die Größe s der Ablenkung ausrechnen. Ist a die Länge des inhomogenen Feldes, so beträgt hinter dem Felde die Ablenkung

$$s = \frac{1}{2}\frac{\mathfrak{K}}{M}\left(\frac{a}{v}\right)^2 = \frac{\mathfrak{K}\,a^2}{4E}. \tag{37}$$

Da $f(x)$ in Gl. (35) von der Größenordnung 1 ist, folgt für die Größenordnung der Kraft der Wert $\mu_0 \cdot \operatorname{grad} H$ oder aber

$$\operatorname{grad} H \sim \frac{4E\,s}{\mu_0\,a^2}.$$

Setzen wir für E die thermische Energie $\frac{3}{2}kT$ bei Zimmertemperatur, ferner $s = 0,1$ cm und $a = 20$ cm ein, so ergibt sich rund $\operatorname{grad} H \approx 7500$ Gauß/cm. In der Erzeugung so großer Inhomogenitäten liegt die experimentelle Hauptschwierigkeit der Methode; da H von der Größenordnung 600 Gauß sein soll, muß es auf einer Strecke von weniger als 1 mm zwischen 0 und 600 Gauß variieren, um diese Inhomogenität zu besitzen. Man sieht auch, daß die große Länge von einigen Dezimetern erforderlich ist, um die notwendige Inhomogenität nicht noch größer werden zu lassen. Auch die Benutzung langsamerer Strahlen, also eines tiefgekühlten Ofens als Strahlenquelle, wirkt im gleichen Sinne.

17. Vorzeichenbestimmung und Resonanzmethode.

Das Dilemma: kleine Intensität oder schlechte Auflösung, das bei der Atomstrahlmethode genau wie bei der Massenspektrographie bestand, hat Rabi 1936 durch die Einführung einer Fokussierung gelöst. Setzen wir in Gl. (37) für die ablenkende Kraft $\mu\operatorname{grad} H$ ein, so bedeutet μ die Komponente des magnetischen Atommoments in der Feldrichtung, die in dem Übergangsgebiet zwischen Zeeman-Effekt und Paschen-Back-Effekt natürlich ihrerseits noch von H abhängt. Hinter einem inhomogenen Felde 1 wird der Strahl also abgelenkt um

$$s_1 = \frac{\mu_1\,\overline{\operatorname{grad} H_1}\,a_1^2}{4E},$$

wobei das Überstreichen einen geeigneten Mittelwert über die Feldinhomogenität andeuten soll. Bringen wir hinter dies erste Feld ein zweites von umgekehrter Richtung des Gradienten, so wird der Strahl dort um den Betrag

$$s_2 = \frac{\mu_2\,\overline{\operatorname{grad} H_2}\,a_2^2}{4E}$$

wieder zurückgelenkt. Hinter dem zweiten Felde werden also diejenigen Strahlen als unabgelenkte Intensität beobachtet, für die $s_1 = s_2$ oder

$$\mu_1\,\overline{\operatorname{grad} H_1}\,a_1^2 = \mu_2\,\overline{\operatorname{grad} H_2}\,a_2^2. \tag{38}$$

Diese Fokussierungsbedingung ist unabhängig von der Energie der Teilchen (Geschwindigkeitsfokussierung).

Dies Fokussierungsverfahren bildete die Brücke zu zwei neuen Methoden, deren erste die Bestimmung des Vorzeichens des magnetischen Moments und deren zweite die Angabe von Präzisionswerten durch unmittelbare Messung des Moments ohne den Umweg über die H.F.S.-Aufspaltung gestattete.

a) Die Vorzeichenbestimmung. Weder die H.F.S.-Methode noch die auf S. 31 geschilderten Verfahren der Atomstrahlmethode gestatten die Bestimmung des Vorzeichens des Kernmoments aus der Untersuchung von S-Zuständen, die immer in zwei Komponenten gleicher Intensität aufspalten. Nach den bisherigen Verfahren wäre eine solche Bestimmung grundsätzlich nur an Termen höheren Drehimpulses möglich, indem man dort die Intervallregel zu

Hilfe nimmt und nachsieht, ob ein normales oder verkehrtes Multiplett vorliegt. Da die Aufspaltung schon der P-Terme aber viel kleiner ist als die der S-Terme, lohnt es sich nach einer Methode zu suchen, die auch für S-Terme die Vorzeichenbestimmung ermöglicht.

Der von Rabi zu diesem Zweck eingeführte Kunstgriff besteht darin, zwischen die beiden inhomogenen Magnetfelder ein weiteres Magnetfeld zu setzen, in dem die Kraftlinien radial laufen, wie es die schematische Abb. 14 andeutet. Von einem von links nach rechts hindurchfliegenden Atom aus gesehen erscheint dies Feld als Drehfeld, das mit einer von der Atomgeschwindigkeit abhängenden Rotationsfrequenz ω_r umläuft. Solange ω_r klein ist gegen die Larmor-Frequenz

$$\omega_L = \frac{\mu H}{\hbar\, i}, \tag{39}$$

mit der der magnetische Momentvektor des Atoms um die jeweilige Feldrichtung präzessiert, hat diese Rotation keinen wesentlichen Einfluß. Sowie aber ω_r soweit anwächst, daß es vergleichbar wird mit ω_L, ist ein solches Drehfeld in der Lage in merkbarem Umfange sogenannte nichtadiabatische Übergänge hervorzurufen, bei denen sich unter Beibehaltung des Gesamtdrehimpulses des Atoms seine Komponente in Feldrichtung ändert (Umklapp-Prozesse).

Abb. 14. Schema des Atomstrahlversuchs von Rabi zur Bestimmung des Vorzeichens magnetischer Kernmomente.

Als einfaches Beispiel betrachten wir ein Atom mit $i = 1/2$ in einem ^2S-Zustande mit $j = 1/2$, also etwa ein H-Atom. Wir geben wieder wie in der Tabelle von S. 31 die Funktion $f(x)$ an, die ein Maß für die Ablenkung im inhomogenen Felde darstellt, ferner den Gesamtdrehimpuls f und die magnetische Quantenzahl m (wobei unter einem Term mit f ein solcher gemeint ist, der bei abnehmendem Felde stetig in einen solchen mit dem Drehimpuls f übergeht). Die Zuordnung der beiden mittleren Linien hängt davon ab, ob μ positiv oder negativ ist. Solange kein Drehfeld vorhanden ist, ist diese Unterscheidung bedeutungslos; alle vier Quantenzustände haben das gleiche statistische Gewicht und geben in einem Aufspaltungsbilde die gleiche Intensität. Schalten wir aber das Drehfeld ein, so scheidet aus jedem der vier Strahlenbündel ein bestimmter, aber verschiedener Teil von Atomen aus, der in dem zweiten inhomogenen Felde dann also einen solchen Wert μ_2 der Komponente des magnetischen Moments besitzt, daß eine ursprünglich vorhandene Fokussierung jetzt nicht mehr eintritt. Diese Teilchen werden in einem hinter dem zweiten inhomogenen Felde befindlichen Detektor daher nicht mehr mitgezählt. Diese restlichen Intensitäten sind in unserer Tabelle als Funktion eines Parameters α angegeben, der von der Form des Feldes und der Geschwindigkeit der Atome abhängt und dessen genauer Wert unwichtig ist. Wesentlich ist allein, daß die restlichen Intensitäten der beiden mittleren Linien verschieden ausfallen, je nachdem ob das magnetische Kernmoment positiv oder negativ ist: Im einen Falle bleibt die zweite Linie ungeschwächt, im anderen Falle die dritte.

Linie	$f(x)$	Kernmoment positiv				Kernmoment negativ			
		Term		Intensität		Term		Intensität	
				ohne	mit			ohne	mit
		f	m		Drehfeld	f	m		Drehfeld
1	$+\,1$	1	$-\,1$	1	$\cos^4\alpha$	1	$-\,1$	1	$\cos^4\alpha$
2	$+\,x/\sqrt{1+x^2}$	0	0	1	1	1	0	1	$2\sin^2\alpha\cos^2\alpha$
3	$-\,x/\sqrt{1+x^2}$	1	0	1	$2\sin^2\alpha\cos^2\alpha$	0	0	1	1
4	$-\,1$	1	$+\,1$	1	$\sin^4\alpha$	1	$+\,1$	1	$\sin^4\alpha$

Experimentell verläuft diese Methode folgendermaßen: Das zweite inhomogene Feld wird eingeschaltet, das Drehfeld bleibt weg und im ersten Felde wird die Stromstärke variiert. Die fokussierte Intensität durchläuft dann bei unserem Beispiel zwei Maxima, das erste herrührend von der gleichzeitigen Fokussierung der ersten und vierten Linie, das zweite von der der Linien 2 und 3. Dann wird vor dem zweiten Felde ein „Selektorspalt" aufgestellt. An dieser Stelle sind die gleichzeitig fokussierten Atome der Linien 2 und 3 räumlich getrennt, da die Teilchen der einen Linie erst nach unten und dann nach oben abgelenkt werden und die der anderen umgekehrt erst nach oben und dann nach unten. Mit Hilfe des Selektorspalts kann man also z. B. die Linie 3 unterdrücken, so daß man als fokussierte Intensität nur noch die der Linie 2 erhält. Variation des ersten Magnetfeldes bei festgehaltenem zweiten würde jetzt also nur noch ein Maximum erzeugen. Schaltet man nun das Drehfeld ein, so muß bei unserem Beispiel für positives Kernmoment die Intensität ungeschwächt bleiben, also das Maximum wieder in der alten Höhe durchlaufen werden, für negatives Kernmoment dagegen muß eine Schwächung eintreten. Damit ist tatsächlich eine Unterscheidung zwischen den beiden Vorzeichen ermöglicht.

b) Die Resonanzmethode. Das geschilderte Verfahren kann natürlich auch zur Bestimmung des Absolutwertes des Kernmoments dienen. Aus der Stromstärke, die zur Hervorrufung des Maximums erforderlich ist, kann wiederum die H.F.S.-Aufspaltung des Terms bestimmt werden. Es bleibt also auch hier bei dem indirekten Wege zur Bestimmung des Kernmoments. Eine geringe Abänderung des geschilderten Verfahrens, die Rabi 1938 ausgeführt hat, ergibt nun aber die Möglichkeit das Kernmoment μ — oder besser gesagt: den Quotienten μ/i, den sogenannten „Kern-g-Faktor" — direkt zu messen.

Statt des Drehfeldes legen wir ein starkes homogenes Feld H an, das so stark ist, daß es eine völlige Entkopplung von i und j hervorruft, d. h. daß der Paschen-Back-Effekt der H.F.S. eintritt. Dies Feld allein würde den Gang des Experiments überhaupt nicht beeinflussen, da in einem homogenen Felde die Teilchen ja keine ablenkende Kraft erfahren. Ihm wird nun aber unter rechtem Winkel ein schwaches oszillierendes Feld überlagert, das wie zuvor das Drehfeld in der Lage ist, durch nichtadiabatische Übergänge von einer Paschen-Back-Komponente zu den anderen charakteristische Intensitätsschwächungen der einzelnen Linien hervorzurufen. Diese Schwächung ist gering, da die Stärke des oszillierenden Feldes gering ist gegen die des homogenen H; sie besitzt aber eine scharfe Resonanz, wenn die Oszillationsfrequenz ω mit der Larmor-Frequenz $\omega_L = \mu H/\hbar i$ im homogenen Felde H übereinstimmt. μ ist hierbei nicht das Moment des ganzen Atoms, sondern das des Kerns allein, das ja im Paschen-Back-Effekt ganz unabhängig von der Elektronenhülle präzessiert. Durch Variation von H bei festgehaltener Oszillationsfrequenz ω kann man daher unmittelbar

$$\mu = \hbar\, i\, \omega/H_{\text{res}} \tag{40}$$

bestimmen durch Messung derjenigen Feldstärke $H = H_{\text{res}}$, für die maximale Schwächung eintritt. Diese Resonanzstellen sind sehr scharf, so daß die Methode Präzisionsmessungen magnetischer Kernmomente gestattet, die schon in zahlreichen Fällen durchgeführt worden sind. Die so erreichten Resultate sind bei weitem die besten, die bisher überhaupt erzielt werden konnten. Die nach dieser Methode bestimmten Kernmomente können mit einer Unsicherheit von nur noch wenigen Promillen angegeben werden. Ein besonderer Vorteil der Methode liegt auch darin, daß sie infolge der Entkopplung von Kernspin und Elektronenhülle die Verwendung von Molekularstrahlen statt Atomstrahlen gestattet.

g) Das Quadrupolmoment.

18. Die Bestimmung des Quadrupolmoments aus der H.F.S.

Auf S. 26 haben wir gesehen, daß die H.F.S.-Linien bei Termen mit höheren Drehimpulsen eine Intervallregel befolgen müssen, die dadurch bedingt ist, daß die Wechselwirkungsenergie zwischen dem magnetischen Kernmoment und dem Drehimpuls des Elektronenterms proportional ist zu $\mu \cos (i, j)$. Von dieser Regel können gelegentlich Abweichungen auftreten, einmal herrührend von gegenseitigen Störungen energetisch nahe benachbarter Elektronenterme, zum anderen von relativistischen Korrekturgliedern bei schweren Atomen. Diese Zusatzglieder sind proportional $\mu^2 \cos^2 (i, j)$.

Ziemlich große Abweichungen dieser Art zeigten sich auf H.F.S.-Aufnahmen des Europiums, die Schüler und Schmidt 1935 zu deuten versuchten. Dies Element besteht aus zwei Isotopen der Massen 151 und 153. Das magnetische Moment von ^{151}Eu ist rund 2,2mal so groß wie das von ^{153}Eu, so daß die H.F.S.-Aufspaltung des leichten Isotops beträchtlich größer ist als die des schweren. Bei beiden Isotopen fanden Schüler und Schmidt die Anwesenheit eines

zusätzlichen Gliedes, das $\cos^2 (i, j)$ proportional ist. Dagegen ergab sich dies Zusatzglied nicht proportional zu μ^2. Dann hätte es ja bei ^{151}Eu rund 5mal so groß sein müssen wie bei ^{153}Eu, während es in Wirklichkeit dort höchstens ebenso groß, ja eher noch etwas kleiner ist. Hier liegt also ein Fall vor, bei dem man mit Sicherheit sagen kann, daß die Abweichungen von der Intervallregel in keiner der beiden bisherigen Weisen erklärbar sind.

Schüler und Schmidt zogen aus ihren Beobachtungen den Schluß, daß diese Abweichung einer neuen Eigenschaft der Atomkerne zugeschrieben werden müsse, nämlich einem elektrischen Quadrupolmoment, das beim ^{151}Eu eben etwas kleiner ist als beim ^{153}Eu. In der Tat läßt sich zeigen, daß ein solches Quadrupolmoment ebenfalls zu einer H.F.S. führen muß, die proportional $\cos^2 (i, j)$ ausfällt.

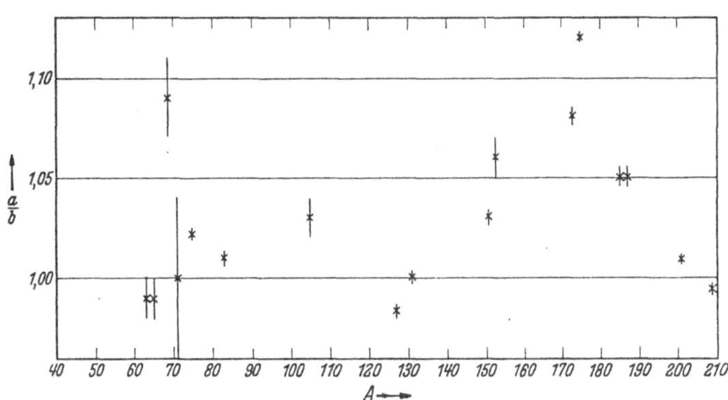

Abb. 15. Aus dem Quadrupolmoment berechnete Achsenverhältnisse von ellipsoidförmig gedachten Atomkernen. Die angegebenen Pfeile entsprechen den experimentellen Fehlergrenzen. Ein systematischer Gang mit der Massenzahl A scheint angedeutet, ist aber infolge der großen Streuung und der zu geringen Zahl der Meßpunkte unsicher.

Der Begriff des Quadrupolmoments entstammt der klassischen Potentialtheorie. Nehmen wir etwa an, der Atomkern besitze eine von den Protonen herrührende Ladungsdichteverteilung, die nicht genau kugelsymmetrisch ist, wohl aber rotationssymmetrisch um die durch den Kernspin ausgezeichnete Achse. Das Potentialfeld in der Umgebung einer solchen Ladungswolke kann man stets darstellen durch eine Reihenentwicklung nach gewöhnlichen (Legendreschen) Kugelfunktionen:

$$V(r, \vartheta) = \frac{e}{r}\left[Z + \frac{\alpha}{r} P_1 (\cos \vartheta) + \frac{1}{2}\frac{q}{r^2} P_2 (\cos \vartheta) + \ldots \right],$$

wobei ϑ den Winkel gegen die Kernspinachse und r den Abstand vom Kernmittelpunkt mißt. Das erste Glied dieser Entwicklung entspricht der Punktladung und ist das gewöhnliche Coulombfeld. Das zweite Glied würde einem elektrischen Dipolmoment $e\,\alpha$ entsprechen. Die Erfahrung lehrt, daß ein solches elektrisches Dipolmoment bei den Atomkernen nicht auftritt, was beim Aufbau aus Protonen und Neutronen (ohne negative Bausteine) auch tatsächlich nicht denkbar ist. Das erste Glied, das die Abweichung von der Kugelsymmetrie mißt, ist das nächste Entwicklungsglied; der Faktor q wird als das Quadrupolmoment bezeichnet.

Diese Größe q hat eine sehr einfache anschauliche Bedeutung. Denken wir uns den Kern in der Gestalt eines Rotationsellipsoids, dessen Halbachse in Richtung der Rotationsachse die Länge a, senkrecht dazu die Länge b hat, so ist

$$q = \frac{2}{5} Z (a^2 - b^2). \tag{41}$$

Das Quadrupolmoment mißt also unmittelbar die Größe der Abplattung oder der Verlängerung des Ellipsoids. Ist q negativ, so liegt ein abgeplatteter, ist es positiv, so liegt ein gestreckter Kern vor.

Die bisher an einer ganzen Reihe von Kernen durchgeführten Messungen sind in der Tabelle I zusammengestellt. Die größten Abweichungen von der Kugelsymmetrie zeigen sich in der Gegend der seltenen Erden und bei den etwas schwereren Kernen. In Abb. 15 ist das mit Hilfe von Gl. (41) berechnete Achsenverhältnis a/b aufgezeichnet; man sieht, daß die meisten untersuchten Kerne eine verlängerte und nicht eine abgeplattete Form besitzen. Hierin muß man wohl einen experimentellen Hinweis darauf sehen, daß die Atomkerne nicht als „Flüssigkeitströpfchen" aufgefaßt werden dürfen, sondern in mancher Hinsicht eher einem festen Körper zu vergleichen sind.

II. Kernreaktionen.

19. Beobachtungsmethoden.

Der Nachweis und die Untersuchung von Kernreaktionen knüpfen sich stets an die Beobachtung der dabei auftretenden Trümmer und Folgeprodukte, besonders ihre Art, Zahl, Energie und Richtungsverteilung. Als Trümmer kommen geladene Teilchen (α-Teilchen, Protonen, Rückstoßkerne, Spaltstücke) und Neutronen vor; als Folgeprodukte treten, wenn infolge der Reaktion ein radioaktiver Kern entsteht, positive oder negative Elektronen auf. Außerdem kann in vielen Fällen eine mit der Reaktion verknüpfte γ-Strahlung beobachtet werden. Die Nachweismethoden sind verschiedenartig je nach der Art der zu beobachtenden Gebilde.

a) **Beobachtung geladener schwerer Teilchen.** Die ersten Beobachtungen von Kernreaktionen überhaupt gelangen mit Hilfe der Szintillationsmethode, die durch Jahrzehnte eine wichtige Rolle auf dem Gebiet der natürlichen Radioaktivität gespielt hatte. Hierbei benutzt man die Eigenschaft gewisser Substanzen (Phosphore wie ZnS) beim Auftreffen von α-Teilchen und ähnlichen Trümmern einer Energie von einigen MeV an der Auftreffstelle einen schwachen Lichtblitz zu zeigen. Die Beobachtung dieser Blitze, der Szintillationen, ist zwar möglich, wurde aber seit mehr als 10 Jahren schon völlig verlassen, da sie gleichzeitig sehr mühsam und infolge ihres subjektiven Charakters unzuverlässig ist. Ihr kommt heute nur noch historisches Interesse zu.

Der Nachweis und zugleich die Energiebestimmung geladener Teilchen beruht bei den heute gebräuchlichen Verfahren fast durchweg auf ihrem Ionisierungsvermögen. Beim Durchgang durch ein Gas erzeugt ein geladenes Teilchen hinreichend hoher Energie (d. h. oberhalb von einigen keV) Ionenpaare, und zwar ein Ionenpaar je etwa 30 eV Energie, ziemlich unabhängig davon, um welches Gas es sich handelt. Oder, anders ausgedrückt: **Ein geladenes Teilchen verliert allmählich seine kinetische Energie durch fortwährende Ionisation längs seiner Bahn, und zwar verliert es rund 30 eV je erzeugtes Ionenpaar.** Die beiden wichtigsten Nachweismethoden sind die Ionisationskammer und die Nebelkammer.

1. **Die Ionisationskammer.** Legt das nachzuweisende Teilchen seinen Weg im Innern eines Kondensators zurück, so werden durch die darin herrschende Feldstärke die positiven Ionen von den Elektronen getrennt und zu den Kondensatorplatten hingezogen. Der dann von einer Kondensatorplatte abfließende Strom muß gemessen werden. Will man sich nicht nur mit dem Nachweis der Existenz von Teilchen begnügen, sondern, wie das fast immer der Fall ist, auch ihre Energie messen, so hat man für dreierlei zu sorgen: Erstens soll die Schicht, aus der die Teilchen ausgelöst werden, so dünn sein, daß Teilchen, die in der Tiefe der Schicht ausgelöst werden, noch keine merkliche Abbremsung in der Schicht erfahren. Dadurch ist die Menge der Substanz, an der die Reaktion stattfindet, beschränkt. Oft benutzt man daher doch dickere Schichten. Entstehen bei einer Reaktion nur Teilchen einer bestimmten Energie, so beobachtet man bei dicken Schichten das Vorkommen aller Energien bis zu dieser aufwärts,

kann also aus der beobachteten oberen Grenze eines kontinuierlichen Spektrums Schlüsse auf die ursprünglich vorhandene Energie ziehen. Zweitens soll die Kammer so groß sein, daß die volle Reichweite der Teilchen darin Platz hat, so daß die Teilchen nicht, ehe sie völlig abgebremst sind, schon auf die Wand treffen und infolgedessen eine geringere Zahl von Ionenpaaren liefern als ihrer Energie entspricht. Die Kammer muß also entweder groß genug sein oder, wenn das aus irgendwelchen Gründen nicht möglich ist, soll ihre Gasfüllung unter hohem Druck (einigen Atmosphären) stehen, um die Reichweite der Teilchen zu verkürzen. Von der Erfüllung dieser Bedingung überzeugt man sich am einfachsten experimentell, indem man den Druck in der Kammer steigert und nachsieht, ob die gemessene (scheinbare) Energie der Teilchen noch mit dem Druck ansteigt oder schon unabhängig ist (Sättigung). Drittens endlich darf keine merkbare Rekombinationswahrscheinlichkeit für die gebildeten Ionenpaare bestehen. Das wird erreicht entweder durch niedrigen Druck oder, wenn dies nicht möglich ist, ohne die zweite Bedingung zu verletzen, durch ein hohes elektrisches Feld, das die Ionen rasch auseinander und zu den Platten hinzieht. Bei den üblichen Kammerabmessungen von einigen Zentimetern wählt man für Atmosphärendruck einige 100 V Kammerspannung, für höheren Druck entsprechend mehr bis zu einigen 1000 V. Die Laufzeit der Ionen beträgt dann etwa 10^{-4} sec.

Wollen wir etwa ein Teilchen von 3 MeV in der Ionisationskammer nachweisen, so handelt es sich darum, eine in 10^{-4} sec abfließende Elektrizitätsmenge von 10^5 Ionen oder Elektronen, d. h. von $Q = 1{,}6 \cdot 10^{-14}$ Coul zu messen. Von der Auffängerplatte des Kondensators fließt also ein Strom von $i = 1{,}6 \cdot 10^{-10}$ A während dieses kurzen Zeitraumes ab. Es ist klar, daß ein so geringer und kurzdauernder Stromstoß nicht direkt von einem Meßinstrument nachgewiesen oder gar quantitativ mit einiger Genauigkeit gemessen werden kann. Deshalb ist es notwendig an die Ionisationskammer eine Verstärkeranlage anzuschließen. Abb. 16 zeigt ein gebräuchliches Ankopplungsschema für den Verstärker. Der Strom wird auf das Gitter der ersten Röhre geleitet, wo er eine Erhöhung der Gitterspannung V_g um einen kleinen Betrag δV_g hervorruft. Der Ableitwiderstand R muß angebracht werden, damit nach der Registrierung eines Teilchens die Elektrizitätsmenge wieder abfließen kann, so daß das Gitter keine dauernd wachsende Aufladung erfährt und für das nächste Teilchen wieder aufnahmebereit

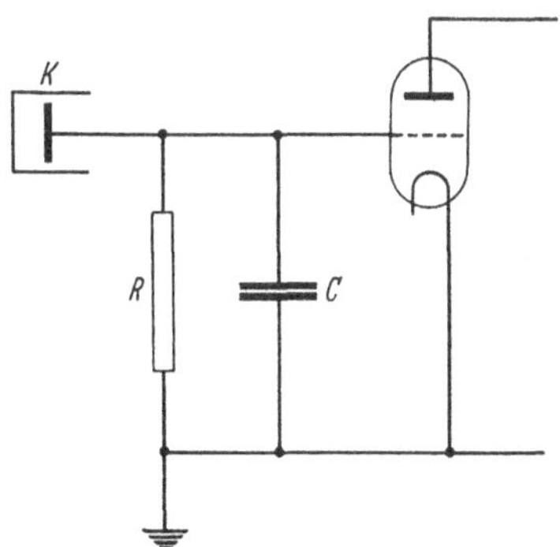

Abb. 16. Schema für die Ankopplung einer Ionisationskammer K an die Eingangsröhre des Verstärkers.

ist. Ist der Widerstand zu groß, so dauert es zu lange, bis das Gitter wieder aufnahmebereit ist. Ist er zu klein, so fließt von Anfang an ein zu großer Teil von i über R ab ohne das Gitter aufzuladen. Dadurch ist die Größenordnung von R festgelegt: Es soll so bemessen sein, daß die Zeit, die zur Entladung der Gitterkapazität erforderlich ist, ebenfalls die Größenordnung 10^{-4} sec besitzt. Die Kapazität des Gitters erhöht man durch Anbringung des Kondensators C. Seine Größenordnung wird festgelegt durch folgende Bedingungen: C soll einerseits groß sein gegen die schlecht definierte und nicht konstante Eigenkapazität der Leiterteile. Es soll andererseits so klein wie möglich sein, da die Höhe des von der Elektrizitätsmenge Q erzeugten Spannungsstoßes $\delta V_g = Q/C$ um so größer wird, je kleiner C ist. Man wählt daher am besten etwa $C \approx 10$ cm $\approx 10^{-11}$ F. Die Höhe des Spannungsstoßes wird dann etwas kleiner als $1{,}6 \cdot 10^{-14}$ Coul$/10^{-11}$ F $= 1{,}6$ mV; etwas kleiner deshalb, weil ja nicht die ganze Elektrizitätsmenge auf den Kondensator gelangt, sondern ein Teil schon direkt über R zur Erde fließt. Man kann aber jedenfalls mit Spannungsstößen der Größenordnung 1 mV auf dem Gitter der ersten Röhre rechnen. Der Ableitwiderstand folgt dann daraus, daß die Entladung des Kondensators proportional $e^{-t/RC}$ erfolgt. Die Zeitkonstante RC soll 10^{-4} sec betragen; das ist für $R = 10^7\ \Omega$ der Fall.

Die Veränderung der Gitterspannung an der ersten Röhre zieht eine Veränderung des Anodenstromes nach sich, entsprechend der Definition

$$S = \left(\frac{\partial i_A}{\partial V_g}\right)_{V_A}$$

für die Steilheit S der Röhrenkennlinie. Man koppelt nun den Anodenkreis der ersten Röhre in geeigneter Weise an das Gitter der zweiten Röhre, auf dem man dann wiederum Spannungsstöße erhält, die aber jetzt schon beträchtlich größer sind. So fährt man fort durch mehrere Stufen, bis die Stöße hinreichend verstärkt sind. Wesentlich hierbei ist, daß alle Verstärkerröhren im linearen Teil ihrer Kennlinie arbeiten, denn nur dann können große und kleine Stöße um denselben Faktor verstärkt werden. Die Größe des Stromstoßes im Anodenstromkreis der letzten Röhre ist dann proportional der Energie des zu registrierenden Teilchens, die damit unmittelbarer Messung zugänglich wird. Einen Verstärker, der dieser Bedingung genügt, nennt man einen Proportionalverstärker oder auch ein Röhrenelektrometer.

Die Registrierung der Stöße erfolgt in verschiedener Weise: Man kann z. B. einen Oszillographen in den letzten Anodenstromkreis einschalten, so daß die Stöße unmittelbar als Oszillographenausschläge wieder erscheinen und auf einem vorbeilaufenden Filmstreifen vom Lichtzeiger registriert werden. Man hat dann nichts weiter zu tun, als mit Hilfe eines Eichpräparates, das Teilchen bekannter Energie liefert, die Ausschlagsgrößen in eine Energieskala umzueichen und durch direktes Ausmessen der Längen der Einzelausschläge die Energie der einzelnen Teilchen zu bestimmen.

Für die Registrierung großer Teilchenzahlen ist es sehr bequem, die Stöße der letzten Röhre auf das Gitter eines Thyratrons zu leiten. Ein Thyratron ist eine gasgefüllte Röhre, die daher eine wohldefinierte Zündspannung besitzt. Beträgt diese z. B. 50 V, und will man alle Stöße von mehr als 30 V im letzten Anodenstromkreis noch registrieren, so muß man an das Thyratron von vornherein 20 V Spannung anlegen, so daß die erforderlichen 50 V gerade von den zu untersuchenden Stößen erreicht oder überschritten werden. Weiterhin ist die Anbringung einer geeigneten Relaisschaltung erforderlich, die das Thyratron kurz nach der Zündung immer gleich wieder erlöschen läßt und es dadurch aufnahmebereit macht für das nächste zu registrierende Teilchen. Der im Thyratronkreis fließende Strom wird dann über ein Ankerzählwerk geleitet. Man mißt auf diese Weise also bei einer vorgegebenen Thyratronspannung jeweils die Zahl der Teilchen, die innerhalb des Meßzeitraumes mit einer Energie oberhalb einer gewissen vorgegebenen Energie in der Ionisationskammer auftreten. Dies Verfahren eignet sich besonders gut natürlich auch zur Untersuchung kontinuierlicher Energiespektren.

Die Methode gestattet bis zu rund 1000 Teilchen in der Minute zu registrieren. Für größere Teilchenzahlen genügt das Auflösungsvermögen der Zählwerke nicht mehr und auch das Thyratron ist nicht schnell genug zum Verlöschen zu bringen. Man baut dann sogenannte Untersetzer, in denen mehrere Thyratrons parallel geschaltet sind und bei denen stets eines der Thyratrons aufnahmebereit ist, während alle anderen noch besetzt sind. Da das Zählwerk nur im Stromkreise eines dieser Thyratrons liegt, wird auch nur jedes Teilchen gezählt, das gerade dieses Thyratron zum Ansprechen bringt, so daß bei n Thyratrons genau jedes n-te Teilchen registriert wird. Eine bei hohen Teilchenzahlen in Amerika sehr gebräuchliche Anordnung ist die des „scale-of-eight", bei der systematisch nur jedes achte Teilchen das Zählwerk zum Ansprechen bringt.

2. Die Nebelkammer. Expandiert man eine Gasmenge, die mit irgendeinem Dampf gesättigt ist, adiabatisch durch plötzliche Volumvergrößerung, so sinkt der Sättigungspartialdruck infolge der damit verbundenen Abkühlung unter den wirklich vorhandenen Dampfdruck. Es kommt also eine Übersättigung zustande, die ein Ausscheiden eines Teiles des Dampfes in Form von Tröpfchen zur Folge hat. Als Zentren solcher Abscheidung dienen

außer den Wänden der Kammer alle Kondensationskerne, d. h. Ionen, die sich im Gasraum befinden. Wir besitzen damit also ein Instrument, das in der Lage ist, einzelne Ionen sichtbar zu machen, indem sich um jedes Ion herum ein sichtbares Tröpfchen bildet.

Die Anwendung eines solchen Geräts auf die Sichtbarmachung schneller Strahlen geht auf C. T. R. Wilson zurück. Man muß zunächst dafür sorgen, daß die Kammer völlig frei von herumvagabundierenden Ionen ist. Dies geschieht, indem man ein elektrisches Feld von einigen 100 V anlegt. Dann schaltet man dies Feld ab und expandiert sofort danach. Treten während der Expansion, also auch noch nach Abschalten des Feldes ionisierende Teilchen in die Kammer ein, so werden die von ihnen erzeugten Ionen nicht mehr sofort weggezogen, sondern verharren mehrere zehntel Sekunden an der Stelle ihrer Erzeugung, um so deutlich sichtbar die Bahn des Teilchens als Nebelspur zu markieren. Dieser Zeitraum genügt, um das Bild der Spur in einer (oder zwei stereographischen) Photographien festzuhalten. Danach verwischen solche Spuren teils infolge der nie ganz zu unterdrückenden turbulenten Strömungen im Gasraum, teils infolge Diffusion, d. h. durch Brownsche Bewegung. Durch ein rasches Vor- und langsames Nachexpandieren kann man erreichen, daß der nutzbare Zeitraum auf mehrere Sekunden ausgedehnt wird („langsame" Nebelkammer), doch sind die Spuren dann meist schon recht unscharf.

Es liegt in der Natur dieses Instruments begründet, daß es keine Präzisionsmessungen gestattet. Immerhin gibt es sehr wertvolle Aufschlüsse, wenn es sich darum handelt, eine erste orientierende Übersicht über neue Kernreaktionen zu gewinnen. Man kann mit der Nebelkammer die Vorgänge meist viel anschaulicher und unmittelbarer übersehen als mit der Ionisationskammer. Sie gestattet andererseits nur schwierig direkte Messungen der Teilchenenergie, sondern gibt statt dessen die Reichweite, d. h. die Länge der Nebelspur. Zur Energiemessung ist also i. a. die Kenntnis der Reichweite-Energie-Beziehung erforderlich. Außerdem gestattet die Nebelkammer die Bestimmung der Ionisierungsdichte, d. h. also die Zahl der erzeugten Ionen je Zentimeter Bahnlänge. An der verschiedenen Ionisierungsdichte kann man leicht, oft schon auf den ersten Blick, verschiedene Arten von Teilchen unterscheiden.

3. Energiemessung durch elektromagnetische Beeinflussung. Während man zum Nachweis der Teilchen ihrer ionisierenden Wirkung bedarf, kann man zur Bestimmung ihrer Energie auch andere Verfahren heranziehen. Neben der eben erwähnten Energiebestimmung aus der Reichweite bedient man sich dazu auch der Analogie, die zwischen diesen schnellen, geladenen Teilchen und den gewöhnlichen „Kanalstrahlen" besteht. Man hat daher versucht, auch auf diese Kerntrümmer die Methoden der elektrischen und magnetischen Ablenkung der Strahlen anzuwenden. Der Hauptunterschied zwischen dieser Methode und der gleichen im Gebiete der Kanalstrahltechnik, etwa in der Massenspektrographie, wird bedingt durch die viel höhere Teilchenenergie, die bei Kerntrümmern meist vorliegt. Die abzulenkenden Strahlen sind hier viel steifer und daher höhere Felder zur Erzielung meßbarer Ablenkungen erforderlich.

Die naheliegende Krümmung der Nebelspur zu einem Kreisbogen durch Anlegen eines homogenen Magnetfeldes hat erst bei Feldstärken der Größenordnung 20 000 Gauß zu Erfolgen geführt. Erst 1938 ist es Joliot gelungen mit Hilfe des starken Pariser Magneten eine meßbare Ablenkung in der Nebelkammer zu erreichen.

Ein anderes Verfahren, das durch die massenspektrographische Technik nahegelegt wurde, ist die elektrische Ablenkung. Ebenfalls in letzter Zeit wurde von Allison und seinen Mitarbeitern versucht, die Energie besonders langsamer derartiger Teilchen, nämlich solcher von nur einigen 100 keV, dadurch zu messen, daß er einen Strahl davon ausblendete und dann durch ein elektrisches Radialfeld treten ließ. Auf diese Weise konnten einige Präzisionsbestimmungen gerade im Gebiet kleinerer Energien durchgeführt werden, das sonst immer relativ schwer zugänglich ist.

b) **Beobachtung von Neutronen.** Da das Neutron selbst kein Ionisierungsvermögen besitzt, ist der bisher eingeschlagene Weg hier nicht gangbar. Man ist vielmehr zum Nachweis der Neutronen auf ihre Wechselwirkung mit Atomkernen angewiesen. Dabei tritt eine weitere Besonderheit insofern auf, als nicht nur schnelle sondern auch extrem langsame Neutronen, deren Energie statt mehrerer Millionen eV nur Bruchteile eines eV beträgt, eine erhebliche Wechselwirkung mit Atomkernen haben können.

Läßt man schnelle Neutronen in eine mit Wasserstoff gefüllte Ionisationskammer eintreten, so wird ein Teil dieser Neutronen an den Wasserstoffkernen gestreut. Dabei überträgt ein gestreutes Neutron durchschnittlich die Hälfte seiner Energie an das streuende Proton, das nun seinerseits durch sein Ionisierungsvermögen nachgewiesen werden kann. In ähnlicher Weise arbeitet man auch gern mit heliumgefüllten Ionisationskammern. Man erhält natürlich stets ein kontinuierliches Spektrum von Protonen oder Heliumkernenergien, dessen obere Grenze der Neutronenenergie entspricht. Das Verfahren ist also relativ einfach anwendbar, wenn es sich um den Nachweis einer einheitlichen Energiegruppe von Neutronen handelt. Sowie dagegen zahlreiche solche Gruppen oder gar ein ganzes Kontinuum von Neutronenenergien vorliegt, erfordert die Methode eine ziemlich mühsame rechnerische Auswertung, in der vor allem auch die Abhängigkeit des Streuquerschnitts von der Energie als eine, besonders bei Helium nicht allzugut bekannte Größe eingeht. Daher sind Energiemessungen bei Neutronen fast immer mit viel größerer Unsicherheit behaftet als solche an geladenen Teilchen.

Etwas besser liegen die Verhältnisse, wenn man die Rückstoßprotonen nicht in einer Ionisationskammer sondern in der Nebelkammer beobachtet. Da man dann auch noch die Richtungen der am Stoß beteiligten Teilchen aus der Nebelspur entnehmen kann, ist es möglich dort außer dem Energiesatz auch noch den Impulssatz für die Auswertung heranzuziehen und für jedes einzelne beobachtete Rückstoßteilchen die Energie des stoßenden Neutrons zu bestimmen. Diesem Vorteil steht als Nachteil gegenüber die mäßige Genauigkeit der Winkelmessung an den Bahnspuren, die ja stets eine endliche Breite besitzen. Die Nebelkammer gestattet eben unter keinen Umständen Präzisionsmessungen.

Handelt es sich nur darum, die Anzahl und nicht die Energie der Neutronen zu messen, so genügt es, irgendeine geeignete Substanz unter der Einwirkung der Neutronen radioaktiv werden zu lassen und die Stärke der Aktivierung als Maß für die Zahl der Neutronen zu benutzen, die auf die Substanz gefallen sind. Dabei ist es sehr zweckmäßig, die Neutronen zunächst auf sehr kleine Energien der Größenordnung 1 eV und weniger abzubremsen. Dies geschieht, indem man sie einfach durch eine wasserstoffhaltige Substanz hindurchgehen läßt. Wir sahen bereits, daß sie bei den elastischen Zusammenstößen mit den gleichschweren Protonen je Zusammenstoß durchschnittlich die Hälfte ihrer Energie einbüßen, so daß sie nach 20 Stößen im Mittel nur noch den Bruchteil $2^{-20} = 10^{-6}$ ihrer Anfangsenergie besitzen. Da ihre freie Weglänge von Stoß zu Stoß in Wasser und Paraffin um 1 cm herum liegt, genügt eine 5 bis 8 cm dicke Schicht, um eine solche Abbremsung zu erreichen (vgl. S. 48). Als geeignete Indikatorsubstanz stellt man dann hinter dem Paraffin oder Wassertrog etwa ein Rh-Blech oder etwas Dy_2O_3 auf, deren Aktivierung man mißt. Statt dessen kann man auch eine **Borkammer** hinter das Paraffin stellen, das ist eine Ionisationskammer, deren Wände mit einer dünnen Borschicht ausgelegt oder die mit BF_3-Gas gefüllt ist. Da langsame Neutronen mit großem Wirkungsquerschnitt α-Teilchen aus Bor herausschlagen, ist dies Verfahren sogar recht empfindlich. Die α-Teilchen ionisieren und können in der üblichen Weise über einen Proportionalverstärker registriert werden.

Die Verlangsamung der Neutronen weist auch den Weg, wie man sich vor Neutronen schützen kann. Dies ist besonders in der Umgebung der amerikanischen Zyklotronanlagen mit ihrer gewaltigen Strahlungsintensität notwendig. Man bremst zunächst alle Neutronen durch eine dicke Wasserschicht ab, so daß sich die meisten bereits in thermisches Gleichgewicht mit dem umgebenden Wasser setzen. Ihre Energie liegt dann nur noch um 1/30 eV herum.

In dem Wasser löst man etwas Bor auf, das sehr stark die langsamen Neutronen wegabsorbiert. Die wenigen, die doch noch das Wasser verlassen, können, soweit ihre Energie kleiner als etwa 0,2 eV ist, durch ein ziemlich dünnes Cd-Blech restlos absorbiert werden.

c) **Beobachtung von Elektronen.** Elektronen können als Sekundärelektronen einer γ-Strahlung Kernreaktionen begleiten. Meist treten sie aber erst im Zusammenhang mit der Entstehung einer radioaktiven Substanz bei der Kernreaktion als Folgeerscheinung auf und werden noch nach Minuten, Stunden oder Jahren emittiert. Da sie geladene Teilchen sind, die längs ihrer Bahn ionisieren, kann man natürlich alle Nachweismethoden für geladene Teilchen im Prinzip auf sie übertragen. Nun geschieht allerdings die Bremsung der Elektronen sehr viel allmählicher als die der schweren Teilchen; sie erzeugen je Zentimeter ihrer Bahn viel weniger Ionenpaare und besitzen daher sehr viel längere Bahnen. Daher ist es kaum möglich, mit Ionisationskammer und Proportionalverstärker zu beobachten. In der Nebelkammer gehen ihre Spuren meist quer durch die ganze Kammer; sie sind an ihrer viel geringeren Ionisierungsdichte leicht von denen der schweren Teilchen zu unterscheiden.

An Stelle der Ionisationskammer tritt als bequemstes Instrument zum Nachweis von Elektronen das **Geiger-Müllersche Zählrohr**. In der Achse eines dünnen zylindrischen Metallgehäuses einer Wandstärke von etwa 20 bis 100 μ Al, die so dünn bemessen sein muß, daß schnelle Elektronen noch hindurchtreten können, ist ein dünner Draht, der „Zähldraht", aufgespannt. Zwischen Gehäuse und Zähldraht wird eine ziemlich hohe elektrische Spannung gelegt (über 1000 V), durch die das Gehäuse negativ gegen den Zähldraht aufgeladen wird. Dann herrscht eine überall radial gerichtete Feldstärke im Innern, die in der Nähe des Zähldrahtes am größten ist. Bezeichnen wir etwa mit r_0 den Radius des Drahtes, mit r_a den des Gehäuses und mit V die angelegte Spannung, so wird diese Feldstärke

$$E_r = \frac{V}{\ln r_a/r_0} \frac{1}{r};$$

an der Stelle $r = r_0$ gibt das für normale Abmessungen von z. B. $r_0 = 0,1$ mm und $r_a = 1$ cm bei einer Spannung $V = 1000$ V eine Feldstärke von 22000 V/cm.

In einem so hohen elektrischen Felde befinden wir uns etwa an der Grenze der selbständigen elektrischen Entladung. Geht nun ein Elektron, das von einem radioaktiven Präparat herrührt und registriert werden soll, durch das Zählrohr hindurch, so werden die Elektronen, die es bei der Ionisierung längs seiner Bahn erzeugt, durch das Feld so stark auf den Zähldraht hin beschleunigt, daß sie bei ihren Zusammenstößen mit den Ionen des Füllgases Energie genug besitzen, um diese wiederum zu ionisieren. Sie erzeugen also neue Elektronen und es bildet sich eine Elektronenlawine aus, so daß der in der Gasentladung zwischen Gehäuse und Zähldraht fließende Stromstoß viel stärker wird, als wenn nur die wenigen Elektronen, die das Primärteilchen direkt erzeugt, Träger der Entladung wären (Multiplikationseffekt). Dieser Stromstoß wird, ähnlich wie bei einer Ionisationskammeranordnung dem Gitter einer Verstärkerröhre zugeleitet. Trotzdem die Menge der vom primären Elektron im Zählrohr direkt erzeugten Sekundärelektronen viel kleiner ist als die der von einem schweren Teilchen in einer Ionisationskammer erzeugten, gelingt es so durch den Multiplikationseffekt eine vergleichbare Wirkung auf das Gitter hervorzurufen.

Läßt man den sich im Zählrohr ausbildenden Strom direkt zur Erde abfließen, so bildet sich eine selbständige Entladung aus, d. h. also ein Dauerstrom als Folge des einmaligen Anstoßes. Um das zu verhindern, um also den Strom nach Registrierung des Elektrons sofort wieder zum Abreißen zu bringen, legt man einen hohen Widerstand R in den Stromkreis. Dadurch sorgt man dafür, daß der Strom einen gewissen Wert $i_0 = V/R$ nie überschreiten kann. Man weiß nun aus der Gasentladungsphysik, daß zur Aufrechterhaltung einer selbständigen Entladung eine gewisse minimale Stromstärke erforderlich ist. Legt man durch einen hinreichend hohen Widerstand i_0 so fest, daß es noch unterhalb dieses Minimums bleibt, so ist offenbar kein Dauerstrom zu befürchten. Andererseits darf der Ableitwiderstand R auch nicht zu groß sein, um die Zeitdauer für die Wiederentladung des Gitters bzw. des mit dem Gitter gekoppelten Kondensators nicht zu groß zu machen. Durch diese beiden Forderungen ist die Größenordnung des Ableitwiderstandes bestimmt.

Man sieht, daß der Stromverlauf im Zählrohr in hohem Maße abhängig ist nicht nur von Art und Menge der Gasfüllung, sondern auch von den Kopplungsgliedern, die die Verbindung des Zählrohres teils mit Erde, teils mit dem Gitter der ersten Röhre herstellen. Durch geeignete Wahl der hierbei verfügbaren Größen gelingt es, einen ziemlich breiten Spannungsbereich zu erzwingen, innerhalb dessen die Zahl der Stromstöße, die das Zählrohr abgibt, genau proportional der Anzahl der Primärelektronen ist, die das Zählrohr passiert haben, unabhängig von der angelegten Spannung. Die Ursache eines solchen breiten Zählbereichs ist die künstliche Verbreiterung des Bereichs der unselbständigen Entladung.

Das Zählrohr registriert jedes Teilchen, das durch seine Wand hindurch dringt, ohne Rücksicht auf seine Energie. Um eine Energiebestimmung an Elektronen durchzuführen, erscheint als einfachstes Mittel die Anbringung absorbierender Folien (etwa aus Aluminium) zwischen Präparat und Zählrohr. Zur Auswertung muß man dann den Zusammenhang zwischen Absorptionskoeffizient und Energie kennen. Diese Methode ist sehr geeignet, um einen ungefähren Überblick über die Härte der beobachteten Elektronen zu gewinnen, gestattet aber keine sehr sauberen Messungen.

Die besseren Verfahren beruhen auf der Tatsache, daß es schon mit geringen magnetischen Feldstärken von einigen 100 bis 1000 Gauß möglich ist, Elektronen von einigen MeV beträchtlich abzulenken. Da man homogene Felder dieser Größenordnung noch ohne große Mühe auf Räumen von einigen Dezimetern Abmessung erzeugen kann, ist es auf diese Weise möglich, die Ablenkung von Elektronen unmittelbar in der Nebelkammer zu beobachten. Auf ein Elektron der Geschwindigkeit v wirkt im Felde H die Lorentz-Kraft $\frac{e}{c} v H$ senkrecht zu seiner Bahn; den Krümmungsradius ϱ der dadurch erzeugten Kreisbahn erhalten wir durch Gleichsetzung mit der Zentrifugalkraft $m v^2 / \varrho$. Das ergibt die Gleichung

$$m v = \frac{e}{c} H \varrho. \tag{42}$$

Das Produkt aus Krümmungsradius und Feldstärke ist also proportional dem Impuls des Elektrons. In dieser Form bleibt das Gesetz auch dann noch erhalten, wenn wir uns im Bereich relativistischer Geschwindigkeiten befinden, wenn also der Impuls nicht mehr $= m v$ ist. Es besteht dann die Beziehung

$$E + m c^2 = \sqrt{(p c)^2 + (m c^2)^2}, \tag{43}$$

mit deren Hilfe man die Energie E aus dem Impuls, also aus $H \varrho$, ausrechnen kann. E enthält bei dieser Definition nicht die Ruhenergie.

Auch dieser Art von Nebelkammermessungen kommt kein sehr hoher Grad von Genauigkeit zu. Die Bahn eines Elektrons ist meist ohne Magnetfeld kein ganz gerader Strich wie bei den schweren Teilchen, sondern durch Vielfachstreuung leicht hin und her gebogen. Es ergibt sich daraus, daß die Energiebestimmung aus dem Krümmungsradius in zunehmendem Maße unsicher wird, wenn die Elektronenenergie sinkt und wenn der Gasdruck in der Nebelkammer wächst.

Das sauberste Verfahren zur Energiebestimmung von Elektronen hält an der magnetischen Ablenkung zwar fest, läßt die Teilchen aber zur Vermeidung der Streuung ein Vakuum durchlaufen. Dieser Weg wird beim magnetischen β-Spektrographen eingeschlagen, in dem ähnlich wie im Massenspektrographen von Dempster, die Fokussierung eines Bündels von Elektronenstrahlen nach Durchlaufung eines um $180°$ ablenkenden Magnetfeldes ausgenutzt wird. Die Anordnung ist genau die gleiche wie in Abb. 3, nur daß sich jetzt an Stelle der Eintrittsblende für den Kanalstrahl das Präparat befindet, von dem die Elektronen ausgehen und hinter der Austrittsblende am einfachsten ein dünnwandiges Zählrohr angebracht wird. Auf diesem Wege sind auch Präzisionsbestimmungen möglich. Eine Fehlerquelle liegt natürlich noch darin, daß Elektronen, die aus tieferen Schichten des Präparates kommen, bei ihrem Durchgang durch die oberen Schichten bereits einen Teil ihrer Energie verlieren. Um das zu vermeiden, ist es wichtig, mit dünnen Schichten zu arbeiten.

d) Beobachtung von γ-Strahlen. Die Beobachtung harter Wellenstrahlung (γ-Strahlung), bei der die Quantenenergie $h\nu$ etwa zwischen 0,1 MeV und 20 MeV liegt, geschieht mit Hilfe der von dieser Strahlung erzeugten Sekundärelektronen. Die γ-Strahlung ionisiert durch Photoeffekt; die Energie der aus der K-, L-, M-Schale der Atome von einem Lichtquant $h\nu$ herausgeschlagenen Elektronen beträgt also $h\nu - E_\mathrm{K}$, $h\nu - E_\mathrm{L}$, $h\nu - E_\mathrm{M}$. Diese Energien wird man bei Anwesenheit einer γ-Linie als Spektrallinien im magnetischen β-Spektrographen beobachten; aus ihnen hat man dann erst die Energie $h\nu$ des γ-Quants selbst zu erschließen, was nicht immer ganz einfach ist.

Um die Anwesenheit von γ-Strahlung unmittelbar nachzuweisen, kann man sich ihr großes Durchdringungsvermögen zunutze machen. Während zur Absorption schneller Elektronen bereits wenige Millimeter Aluminium und zur Absorption von α-Teilchen schon sehr viel dünnere Schichten genügen, bedarf es zu einer merkbaren Absorption von γ-Strahlen einer Schichtdicke von 1 cm und mehr. Im allgemeinen benutzt man als Absorptionsmedium dann nicht Aluminium, sondern das viel stärker absorbierende Blei, von dem man aber auch noch Platten von einigen Zentimetern Dicke braucht.

Die Absorption der γ-Strahlen geht auf drei Ursachen zurück: Sie erzeugen durch Photoeffekt Sekundärelektronen, und zwar um so mehr, je kleiner $h\nu$ ist. In Blei ist dies unterhalb 1 MeV die überwiegende Absorptionsursache. Ferner werden sie an den Elektronen der Atome gestreut; der Streuquerschnitt nimmt ebenfalls langsam ab mit wachsender Energie. Die Strahlung würde also mit wachsender Energie immer durchdringender werden, wenn nicht oberhalb von $h\nu = 2\,mc^2 \approx 1$ MeV (m = Elektronmasse) ein neuer Prozeß möglich würde, nämlich die Umwandlung eines Lichtquants in ein Positron und Elektron beim Durchgang durch das starke elektrische Feld in der Nähe eines Atomkerns (Paarbildung). Es ist klar, daß für das Zustandekommen dieses Prozesses mindestens die doppelte Ruhenergie des Elektrons erforderlich ist; oberhalb dieser Grenze wächst seine Wahrscheinlichkeit mit $h\nu$ ziemlich rasch an. Infolgedessen hat der Absorptionskoeffizient μ als Funktion der Quantenenergie ein ausgesprochenes Minimum; Strahlung von einigen MeV ist durchdringender sowohl wie härtere als wie weichere. Für Blei ergibt die Zusammensetzung der drei Effekte folgende (berechnete) Werte des Absorptionskoeffizienten:

$$h\nu = 0,7 \qquad 1,0 \qquad 1,5 \qquad 2,0 \qquad 3 \qquad 4 \qquad 5 \qquad 7 \qquad 10 \quad \mathrm{MeV}$$
$$\mu = 1,14 \qquad 0,77 \qquad 0,56 \qquad 0,50 \qquad 0,45 \qquad 0,46 \qquad 0,48 \qquad 0,53 \qquad 0,61\ \mathrm{cm^{-1}\,Pb}.$$

Eine viel gebrauchte Anordnung zum Nachweis von γ-Strahlen ist die Koinzidenzschaltung zweier Zählrohre: Man läßt die Strahlung zwei in einigem Abstand hintereinander stehende Zählrohre durchsetzen. In der Wand jedes der beiden Rohre löst die γ-Strahlung Sekundärelektronen aus, zumal wenn man die Wand der Zählrohre nicht aus dünner Al-Folie, sondern aus Millimeter starkem Blei baut. Man schaltet nun die Zählrohre zu einer Koinzidenzschaltung zusammen, die so beschaffen ist, daß immer nur dann ein Teilchen vom Zählwerk registriert wird, wenn innerhalb der Auflösungszeit beide Zählrohre zugleich einen Stoß auf das Gitter ihrer Röhre gegeben haben. Das geschieht in der einfachsten Weise, indem man die Ausgangsröhren der beiden Zählrohrverstärker parallel schaltet und ihnen eine solche (positive) Gittervorspannung gibt, daß in ihnen ein Dauerstrom fließt. Spricht ein Zählrohr an, so wird in der zugehörigen Endröhre der Strom unterbrochen, kann aber immer noch durch die andere Röhre fließen. Erst wenn in beiden Röhren der Strom gleichzeitig abreißt, setzt der Anodenstrom im Endkreis aus und das Zählwerk spricht an. Auf diese Weise gelingt es, im wesentlichen nur die durch einen γ Strahl verursachten Koinzidenzen zu zählen. Setzt man nun Bleischichten zwischen die beiden Zählrohre, so kann man auf diese Weise unmittelbar an der verminderten Koinzidenzhäufigkeit die Absorption der γ-Strahlen in den Bleischichten ablesen. Die angegebenen Absorptionskoeffizienten für verschiedene Energien zeigen allerdings, daß eine Energiebestimmung auf diesem Wege in dem Gebiet zwischen 1,5 und 10 MeV kaum möglich ist.

20. Strahlenquellen.

Um Kernreaktionen herbeizuführen, braucht man stets Geschosse, mit denen man die umzuwandelnden Atomkerne beschießt. Dafür kommen vor allem Bausteine der Atomkerne selbst in Frage, also Protonen, Neutronen, Deuteronen, α-Teilchen. Daneben spielt eine gewisse Rolle auch die Benutzung von γ-Strahlen. Während die Kernbausteine unmittelbar Teilchen aus dem Kern herausschlagen können, gelingt es mit Hilfe von γ-Strahlen Kerne anzuregen und, wenn die Energie der Strahlung groß genug ist, sogar einen Kernphotoeffekt hervorzurufen, bei dem ein Neutron den Kern verläßt. Hierzu muß die Quantenenergie der γ-Strahlen größer sein als die Bindungsenergie eines Neutrons an den Kern; da diese nach Ausweis der Massendefekte meist um 8 MeV herumliegt, bedarf es dazu also auch im allgemeinen einer γ-Energie von mehr als 8 MeV.

a) **Geladene Teilchen.** Hinsichtlich der erforderlichen Geschoßenergie bei Kernbausteinen besteht ein grundsätzlicher Unterschied zwischen geladenen Geschoßen (Protonen, Deuteronen, α-Teilchen) und ungeladenen Geschossen (Neutronen). Während Neutronen auch dann noch mit Atomkernen reagieren, wenn sie sehr langsam sind, bedarf es bei den positiv geladenen anderen Geschossen einer beträchtlichen Energie, um die Coulombsche Abstoßung zu überwinden und die beiden Reaktionspartner zusammenzubringen. Da eine Annäherung auf etwa 10^{-12} cm oder weniger notwendig ist, ergibt sich die hierfür erforderliche Energie schon bei Atomkernen kleiner Ladungszahl zu einigen MeV, um bei den schwersten Kernen bis in die Gegend von 50 MeV anzusteigen.

Um so schnelle Teilchen zu erzeugen, verfährt man i. a. so, daß man einen Kanalstrahl von der gewünschten Teilchenart herstellt und diesen nachbeschleunigt, indem man ihn durch ein elektrisches Feld laufen läßt. Um die Kanalstrahlteilchen auf eine Energie von 1 MeV zu bringen, müssen sie offenbar eine elektrische Potentialdifferenz von 1 MV durchlaufen. Man braucht für die Nachbeschleunigung also Hochspannungsanlagen. Dies Verfahren der Kombination von Kanalstrahl und Nachbeschleunigung in einer Hochspannungsanlage wurde zuerst von Cockcroft und Walton 1932 angewandt. Die Hochspannung wurde dabei hergestellt unter Benutzung der auch späterhin bewährten Greinacherschen Stufenschaltung („Kaskadengenerator"). Auch andere Arten der Hochspannungserzeugung sind seitdem für diesen Zweck in Aufnahme gekommen. Die in der Röntgentechnik entwickelten Transformatorschaltungen kommen für die Zwecke der Kernphysik meist nicht in Betracht, da sie Wechselspannung liefern. Viel benutzt wird die mit relativ geringen Mitteln herstellbare Anordnung von Van de Graaff, die eine Übersetzung der Influenzmaschine in technische Maßstäbe ist. Eine große Konduktorkugel wird aufgeladen durch einen Treibriemen, der ihr dauernd Ladung zuführt. Die Ladung wird dem Treibriemen aufgesprüht; er läuft dann in die Kugel hinein und gibt sie dort im Inneren an Bürsten wieder ab, die mit der Kugel verbunden sind.

In ganz anderer Weise wird das gleiche Problem bei dem von Lawrence und Livingston erfundenen Zyklotron gelöst. Das zu beschleunigende Teilchen durchläuft dort nicht einen so großen Spannungsbereich, sondern statt dessen mehrmals nacheinander denselben kleineren Bereich. Das wird erreicht, indem die Bahnen der Teilchen in einem magnetischen Felde zu Kreisen aufgerollt werden, so daß jedes Teilchen immer wieder in das gleiche elektrische Feld eintreten muß. Abb. 17 zeigt das Prinzip dieser Anordnung. In der gezeichneten flachen Büchse herrscht ein normales Kanalstrahlvakuum; in ihrem Mittelpunkt etwa befindet sich eine Ionenquelle. Deckel und Boden der Büchse bilden zwei Eisenplatten, die zugleich als

Polschuhe für einen starken Elektromagneten dienen. Die Schachtel wird also senkrecht zur Zeichenebene von einem starken, homogenen Magnetfelde durchsetzt. Die Ionen werden, falls sie bei ihrer Entstehung eine vernachlässigbar kleine Geschwindigkeitskomponente senkrecht zur Zeichenebene erhalten haben, innerhalb der Zeichenebene kreisende Bewegungen ausführen. In der Büchse befindet sich eine zweite isoliert eingebaut, die in der Mitte längs eines Durchmessers auseinandergeschnitten ist. Die Ionen laufen innerhalb dieser beiden halben Schachteln, für die ihrer Gestalt wegen der Ausdruck $D's$ gebräuchlich ist. Die beiden $D's$ dienen nun als Elektroden, an die man eine Hochfrequenzspannung anlegt.

Es möge ein Ion von links nach rechts in der Zeichenebene die Elektrode D_1 verlassen, während das elektrische Feld gerade seine positive Scheitelspannung hat. Es erfährt dann beim Durchgange durch den Spalt zwischen D_1 und D_2 eine Beschleunigung nach rechts und wird sich infolgedessen in D_2 auf einer Kreisbahn von etwas größerem Radius bewegen als zuvor in D_1. Die Frequenz des elektrischen Feldes wird nun so abgestimmt, daß es gerade sein Vorzeichen umgekehrt und die negative Scheitelspannung erreicht hat, wenn das Ion aus D_2 wieder austritt. Dies bekommt daher jetzt einen neuen Beschleunigungsstoß und tritt mit abermals erhöhter Geschwindigkeit in D_1 ein, um dort demzufolge eine Kreisbahn von noch größerem Radius zu beschreiben. Dies Wechselspiel fortwährender Beschleunigung im Spalt kann deshalb immer weiter fortgesetzt werden, weil die Zeit zur Durchlaufung einer Elektrode für die schnellen wie für die langsamen Teilchen immer die gleiche bleibt, so daß

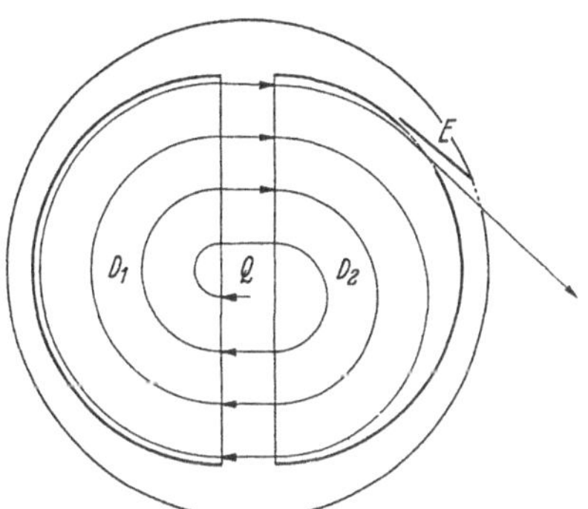

Abb. 17. Prinzip des Zyklotrons.

die Grenze, bis zu der man die Beschleunigung treiben kann, praktisch nur durch die Größe der Elektroden begrenzt ist. Die schnellsten Teilchen beschreiben ihre Bahn ganz am Rande der Büchse. Bringt man bei E seitlich einen Schlitz an, so kann man die schnellsten Teilchen dort durch ein elektrostatisches Ablenkfeld aus der Büchse herausziehen und erhält einen Strahl von Teilchen hoher Energie, der für kernphysikalische Experimente zur Verfügung steht.

Den Zusammenhang zwischen Bahnradius ϱ, Geschwindigkeit v und magnetischer Feldstärke H können wir der Gl. (42) entnehmen, worin jetzt m nur die Masse des Ions und e seine Ladung bedeutet. Die Zeit zur Durchlaufung eines $D's$ ist

$$T = \pi\,\varrho/v = \frac{\pi\,m\,c}{e\,H}\,,$$

also in der Tat unabhängig von der Geschwindigkeit der Ionen. Die Frequenz des elektrischen Wechselfeldes muß so abgestimmt sein, daß in dieser Zeit gerade ein Polwechsel erfolgt, also

$$v = \frac{e\,H}{2\,\pi\,m\,c}.\tag{44}$$

Die Maximalenergie der austretenden Ionen erhält man, wenn man für ϱ den Radius r des $D's$ einsetzt:

$$v_{\max} = \frac{e\,H\,r}{m\,c} \quad \text{oder} \quad E = \frac{m}{2}\,v_{\max}^2 = \frac{e^2\,(H\,r)^2}{2\,m\,c^2}.\tag{45}$$

Bei einem vorgegebenen Magnetfeld kann man also aus Gl. (44) die erforderliche Frequenz v des Wechselfeldes und aus Gl. (45) die bei einem bestimmten Radius r erreichbare Energie berechnen. Da die Maximalenergie proportional ist der Größe e^2/m, die für Protonen und α-Teilchen übereinstimmt ($1^2/1$ bzw. $2^2/4$) erhalten im gleichen Zyklotron α-Teilchen und Protonen die gleiche Energie, Deuteronen ($e^2/m = 1^2/2$) dagegen nur die Hälfte. Die zur Steuerung erforderliche Frequenz ist nach Gl. (44) proportional e/m und stimmt daher für Deuteronen und α-Teilchen überein, während sie für Protonen doppelt so groß ist. Für α-Teilchen ergeben sich bei einem Radius $r = 30$ cm folgende Zahlen:

H	Frequenz ν	Wellenlänge $\lambda = \dfrac{c}{\nu}$	Energie E
3000 Gauß	$2,29 \cdot 10^6$ Hz	131 m	0,39 MeV
9000 Gauß	$6,87 \cdot 10^6$ Hz	43,6 m	3,52 MeV
15000 Gauß	$11,5 \cdot 10^6$ Hz	26,2 m	9,76 MeV

Aus technischen Gründen hält man im allgemeinen die Frequenz ν konstant und variiert das Magnetfeld H so, daß die Resonanzbedingung (44) erfüllt ist. An Stelle von Gl. (45) tritt dann der Ausdruck

$$E = 2\,\pi^2\,m\,\nu^2\,r^2\,;$$

die von einem Zyklotron gelieferte Teilchenenergie ist also proportional der Masse. Ein Zyklotron, das α-Teilchen von 12 MeV liefert, gestattet daher nur die Erzeugung von 6 MeV-Deuteronen und 3 MeV-Protonen.

Technisch ist also zweierlei zum Bau eines Zyklotrons erforderlich: Erstens ein Feld von rund 10000 Gauß in einer räumlichen Ausdehnung von einem halben Meter, und zweitens ein Hochfrequenzsender, der auf einer Wellenlänge von weniger als 100 m beträchtliche Leistungen aufbringt. Die Leistung ist bestimmt dadurch, daß die beiden $D's$ in der kurzen Zeit T aufgeladen werden müssen, und ihre Kapazität durch die Anordnung vorgegeben ist. Man braucht daher einen normalen Rundfunksender von etwa 20 kW Leistung; die gleiche Leistung kommt noch einmal für den Betrieb des Magneten hinzu. Daher sind Aufbau und Betrieb eines Zyklotrons mit großen Unkosten verknüpft.

Wegen der Frequenzbedingung (44) kann man das Zyklotron auch als Massenspektrographen auffassen: Bei einer bestimmten Frequenz erhält man einen Teilchenstrom, der zu einem bestimmten Wert von e/m gehört. Alvarez und Cornog haben sich das neuerdings zunutze gemacht, um bei Heliumfüllung der $D's$ die Anwesenheit eines sehr seltenen ^{3}He-Isotops im natürlichen He nachzuweisen, aus der Stromstärke seine relative Häufigkeit abzuschätzen und es als Geschoß für Kernumwandlungen zu benutzen. Im Prinzip läßt sich dies Verfahren auf alle Elemente übertragen, doch sind die Möglichkeiten, die sich damit eröffnen, bisher noch in keiner Weise ausgenutzt.

Über die bisher geschilderten technischen Möglichkeiten verfügt man erst seit etwa 8 Jahren. Vorher bestand die einzige verfügbare Strahlenquelle in den von der Natur gelieferten α-Teilchen, die von manchen radioaktiven Substanzen ausgehen. Dadurch war man sehr beschränkt; erstens gab es keine Möglichkeit, die Art der Geschoße zu variieren, so daß man auf bestimmte Typen von Kernreaktionen beschränkt blieb. Zweitens sind derartige Strahlenquellen bedeutend schwächer als die heute verfügbaren. Während man bestenfalls für mehrere 100000 Mark 1 g Ra beschaffen kann, dessen α-Strahlen dann zur Verfügung stehen, kann man für das gleiche Geld leicht eine Hochspannungsanlage aufbauen, die so viele α-Strahlen liefert wie 1 kg Ra.

Im allgemeinen gilt bis jetzt die Regel: Will man große Intensitäten haben, aber keine extrem hohen Energien (Spannungsbereich 1 bis 3 MeV), so empfiehlt sich ein Kanalstrahlrohr mit Nachbeschleunigung in einer Hochspannungsanlage. Dabei kommt man auf Stromstärken von 100 bis 1000 μA. Legt man dagegen Wert auf sehr hohe Teilchenenergie (3 bis 30 MeV), so ist man auf das Zyklotron angewiesen, obwohl dies viel schwächere Intensitäten liefert (0,1 bis 10 μA).

b) Neutronen. Die Erzeugung von Neutronen ist grundsätzlich nur mit Hilfe von Kernreaktionen möglich, bei denen sie als Trümmer auftreten. Man muß also zuerst geeignete

Kernreaktionen mit Hilfe geladener Teilchen auslösen und erhält dann eine Neutronenintensität, die um einen erheblichen Faktor, nämlich um die Ausbeute der Reaktion, kleiner ist als die Intensität der benutzten Quelle geladener Teilchen. Die Ausbeute beträgt bestenfalls etwa 10^{-4}, liegt aber im allgemeinen noch beträchtlich tiefer.

Die Neutronenquellen unterscheiden sich daher wiederum durch die verschiedenen Möglichkeiten der Erzeugung der geladenen Teilchen. Zuerst war man darauf beschränkt, Reaktionen zur Neutronenerzeugung zu benutzen, die von den α-Strahlen natürlicher radioaktiver Substanzen wie Radium oder Radon ausgelöst werden. Es ist hier üblich, die Reaktion $^{9}_{4}$Be (α, n) $^{12}_{6}$C zu benutzen. Man mischt ein Radiumsalz möglichst innig mit Berylliumpulver; oder aber man trennt die Emanation vom Radium ab und füllt sie in ein Beryllium enthaltendes Röhrchen. Die mit einem Milligramm Radium im Gleichgewicht befindliche Emanationsmenge liefert $1{,}1 \cdot 10^{8}$ α-Teilchen je sec (gemeinsam mit ihren Folgeprodukten); andererseits ergibt sie im Berylliumröhrchen nur etwa 20 000 Neutronen je sec. Die Ausbeute beträgt also $2 \cdot 10^{4}/1{,}1 \cdot 10^{8} = 2 \cdot 10^{-4}$. Die Verwendung der Emanation hat den Nachteil der kurzen Halbwertszeit von Radon (3,8 Tage); die Verwendung des Radiums selbst legt dies kostbare Element für den einzigen Zweck der Neutronenerzeugung fest. Je nachdem, welcher Nachteil schwerer wiegt, hat man von Fall zu Fall zwischen den beiden Möglichkeiten zu entscheiden.

Stehen Hochspannungsanlagen zur Verfügung, so kann man sich die ziemlich hohe Ausbeute der von Deuteronen ausgelösten Reaktionen vom Typus (d, n) an leichten Elementen zunutze machen. Bei geringen Deuteronenenergien hat die Reaktion $^{2}_{1}$D (d, n) $^{3}_{2}$He eine besonders große Ausbeute; stehen dagegen Deuteronenenergien von mehr als 400 keV zur Verfügung, so wird die Benutzung der Reaktion $^{7}_{3}$Li (d, n) $^{8}_{4}$Be günstiger. Die Ausbeute von $^{9}_{4}$Be (d, n) $^{10}_{5}$B ist dann auch besser als die von $^{2}_{1}$D (d, n) $^{3}_{2}$He, bleibt aber hinter der Lithiumreaktion zurück. Die Ausbeute der letzteren beträgt bei einer Deuteronenenergie von 400 keV rund $4 \cdot 10^{6}$ Neutronen je sec, je μA Deuteronenstrom auf dem Lithiumauffänger, bei 600 keV schon $21 \cdot 10^{6}$ und bei 800 keV sogar $106 \cdot 10^{6}$ Neutronen je sec. Dieser schnelle Anstieg hat zwei Ursachen: Je größer die Geschoßenergie, um so tiefer dringen die Teilchen in die beschossene Schicht ein und um so näher können sie an die umzuwandelnden Kerne entgegen deren Coulombfeld herankommen.

Man sieht an diesen Zahlen sofort die gewaltige Überlegenheit der Hochspannungsanlagen gegenüber den Neutronenquellen mit natürlichen α-Strahlern: Bei 600 keV liefert die (Li + D)-Reaktion je μA ungefähr ebenso viele Neutronen wie 1 g Radium bei Mischung mit Be. Da die Stromstärken auch einer kleinen Hochspannungsanlage um 20 bis 50 μA herumliegen, ist es also nicht schwer, Neutronenintensitäten zu erhalten, die der Ausbeute an ebenso vielen Gramm Radium gleichkommen.

Für spezielle Zwecke ist es oft wichtig, über Quellen zu verfügen, die Neutronen einer bestimmten Energie liefern. Besonders wichtig ist hierfür die (D + D)-Reaktion geworden, bei der Neutronen einer einheitlichen Energie von etwas mehr als 2,5 MeV (je nach der Deuteronenenergie etwas mehr) emittiert werden. Die Reaktionen Li + D und Be + D liefern ein sehr kompliziertes Energiespektrum, das bei kleiner Deuteronenenergie bis zu 13,4 MeV bzw. 3,9 MeV reicht. Ähnlich steht es bei der Reaktion Be + α, die auch sehr schnelle Neutronen liefert. Wünscht man dagegen ziemlich energiearme Neutronen zu erzeugen, so kann man etwa die Reaktion $^{12}_{6}$C (d, n) $^{13}_{7}$N benutzen, die allerdings erst um 800 keV herum merkbar einsetzt und durchweg eine schlechte Ausbeute besitzt. Sie liefert nur Neutronen von einigen 100 keV. Ähnlich verhält es sich bei den sogenannten Photoneutronen, die von der γ-Strahlung des RaC (2,22 MeV γ-Energie) aus Beryllium herausgeschlagen werden und deren Energie rund 700 keV beträgt. Ihre Erzeugung geschieht zweckmäßig so, daß man das RaC-Präparat in ein Röhrchen einschließt und mit einer größeren Menge Be-Pulver umgibt. Infolge der räumlichen Trennung kann dann nur die γ-Strahlung auf das Beryllium einwirken, während die α-Teilchen es nicht erreichen.

Eine große Rolle spielt in der Neutronenphysik die Herstellung langsamer Neutronen. Läßt man die Neutronen von irgendeiner der hier genannten Quellen durch eine dicke Schicht von Wasser, Paraffin oder einer anderen wasserstoffhaltigen Substanz hindurchgehen, so werden sie durch die elastischen Zusammenstöße mit den Wasserstoffkernen abgebremst. Da sie die gleiche Masse wie die Protonen haben, geben sie im Mittel bei jedem solchen Zusammenstoß die Hälfte ihrer Energie an ein Proton ab. Nach 20 Stößen ist ihre Energie also im Mittel auf den Bruchteil 2^{-20} oder 10^{-6} ihrer Anfangsenergie gesunken. Dieser Bremsmechanismus funktioniert so lange, bis die Energie der Neutronen von der gleichen Größenordnung geworden ist wie die thermische Energie der Protonen, d. h. bei Zimmertemperatur etwa $1/30$ eV. Schon vorher, in der Gegend von 1 eV setzt allerdings eine Behinderung des Bremsvorganges ein, die durch die Bindung der Protonen an das Molekülgerüst bedingt ist, wodurch die Impulsübertragung beim Stoß gestört wird.

Die freie Weglänge von Stoß zu Stoß in Wasser sowohl wie in Paraffin ist von der Größenordnung $\lambda = 1$ cm. Sind nach einem Stoß alle Richtungen gleich wahrscheinlich, so hat das Neutron nach N Stößen die Strecke $\sqrt{N}\,\lambda$ in Luftlinie zurückgelegt. Bei den ersten Stößen ist λ noch etwas größer als 1 cm und die Vorwärtsstreuung stark bevorzugt. Man braucht daher Schichten von etwa 8 cm Dicke, um die Mehrzahl der Neutronen von einigen MeV Anfangsenergie bis auf thermische Energien abzubremsen. Man erhält dann eine Energieverteilung, die im thermischen Bereich mit der Maxwell-Verteilung ziemlich gut übereinstimmt, nach hohen Energien hin aber viel langsamer abfällt. Während beim Maxwellschen Verteilungsgesetz die Zahl der Neutronen mit Energien zwischen E und $E + dE$ bei großen E wie $e^{-E/kT}$ abklingt, tritt hier nur ein Abfall proportional $E^{-3/2}$ ein. Man hat daher immer noch eine beträchtliche Menge von Neutronen mit Energien zwischen 1 eV und 100 eV verfügbar.

Für viele Versuche ist es wünschenswert diesen etwas höheren Energiebereich vom thermischen Bereich trennen zu können. Das geschieht in einfachster Weise durch Vorschalten eines Cadmiumblechs von weniger als 1 mm Stärke. Cadmium hat die Eigenschaft, thermische Neutronen fast restlos zu absorbieren, dagegen für Neutronen mit höheren Energien als etwa 0,4 eV nahezu durchlässig zu sein.

c) γ-Strahlen. Als γ-Strahlung bezeichnete man ursprünglich nur die von gewissen natürlichen radioaktiven Substanzen ausgesandte sehr harte Wellenstrahlung, deren Energie mindestens einige 100 keV beträgt. Die spätere Forschung hat dann gezeigt, daß solche Strahlen auch noch bis zu sehr viel kleineren Energien von wenigen keV abwärts nachweisbar vorkommen, also in einem Frequenzbereich, den man gemeinhin der Röntgenstrahlung zurechnet. Andererseits ist es mit Hilfe der modernen Hochspannungstechnik möglich geworden auch extrem harte Röntgenstrahlen bis in die Gegend von 1 MeV aufwärts noch herzustellen.

Um Kernumwandlungen hervorzurufen, braucht man meist gerade die härtesten γ-Linien. Da diese schwer als Röntgenstrahlen erzeugt werden können, hat sich auf diesem Gebiet die Benutzung der natürlichen Quellen gegenüber der Hochspannungskonkurrenz im allgemeinen sehr viel besser behauptet als bei den Korpuskularstrahlen. Außer der γ-Linie von 2,22 MeV beim RaC, von der im Zusammenhang mit den Photoneutronen bereits die Rede war, ist für die Kernphysik besonders die härteste aus natürlichen Quellen stammende Strahlung, die von ThC'' (2,62 MeV) von Wichtigkeit. Ihre Energie genügt bereits, um aus dem ^{9}Be-Kern ein Neutron herauszuschlagen und um das Deuteron in seine beiden Bausteine zu zerlegen.

Bei der überwiegenden Mehrzahl der Kerne ist eine Umwandlung durch γ-Strahlen erst oberhalb einer Quantenenergie von etwa 8 MeV zu erwarten. Hier versagen sowohl die natürlichen Quellen als die Methode der Röntgenstrahlen. Dies Gebiet wurde erst von Bothe und Gentner zugänglich gemacht, die das Entstehen einer sehr harten γ-Strahlung bei gewissen Kernreaktionen ausnützten. Wird nämlich ein Proton von einem $^{7}_{3}$Li-Kern eingefangen, so entsteht eine γ-Strahlung von nicht weniger als 17 MeV Energie. Man kann daher Substanzen dieser harten Strahlung aussetzen, indem man sie unmittelbar hinter die mit Protonen beschossene Lithiumschicht legt. Diese Anordnung führte Bothe und Gentner zur Entdeckung der Reaktion (γ, n), des Kernphotoeffekts, an zahlreichen Elementen.

21. Energie-Reichweite-Beziehung.

Ein α-Teilchen einer Energie von einigen MeV legt in Luft einen Weg von mehreren Zentimetern zurück, Protonen und Deuteronen der gleichen Energie sogar noch längere Wege. Dabei ist es nun aber keineswegs so, daß die Intensität des von einem Präparat ausgehenden Teilchenstromes allmählich, etwa exponentiell mit wachsender Entfernung von der Quelle versiegt, sondern alle Teilchen legen fast genau den gleichen Weg zurück. Es existiert also eine scharf definierte Reichweite, die um so größer ist, je größer die Energie der Teilchen ist. Kennt man den Zusammenhang zwischen Reichweite und Energie, so kann man die unschwer ausführbare Reichweitemessung unmittelbar für die Energiebestimmung nutzbar machen. Aus diesem Grunde ist die genaue Kenntnis der Beziehung zwischen Energie und Reichweite für die Auswertung kernphysikalischer Versuche wichtig.

Die erste Theorie der Erscheinungen hat Bohr 1913 auf Grund der Vorstellung entwickelt, daß die Bremsung der Korpuskeln dadurch geschieht, daß sie beim Vorbeifliegen an den Atomen die Hüllelektronen, die Bohr sich damals noch als quasielastisch gebunden vorstellte, ,,anzupfen'' und zu erzwungenen Schwingungen anregen, die einen Teil der Korpuskelenergie verzehren.

Wir wollen innerhalb dieses klassischen Bildes den Vorgang auch quantitativ in großen Zügen zu erfassen suchen. Ist m die Masse des gebundenen Elektrons der Ladung e und ω dessen Eigenschwingungsfrequenz im Atom, so lautet die Gleichung der erzwungenen Schwingung

$$m\,(\ddot{\mathfrak{r}} + \omega^2\,\mathfrak{r}) = \mathfrak{K}\,(t),$$

wobei $\mathfrak{K}$ die von der vorbeifliegenden Korpuskel der Ladung e' und der Masse M auf das Elektron wirkende Coulombkraft ist. Ist die Bahn der Korpuskel bekannt, so kennt man auch $\mathfrak{K}$ als Funktion der Zeit; die Lösung der Schwingungsgleichung heißt dann

$$\mathfrak{r} = \frac{1}{m\,\omega} \int\limits_{-\infty}^{t} \sin \omega\,(t-t')\;\mathfrak{K}\,(t')\,dt'.$$

Diese Lösung bedeutet anschaulich einfach, daß man sich die Wirkung der dauernd vorhandenen Kraft zerlegt denkt, in lauter kurzdauernde Einzelstöße. Ein Anstoß zur Zeit t', der während des Zeitintervalls dt' andauert und die Intensität $\mathfrak{K}\,(t')$ besitzt, ruft eine Schwingung hervor, deren Amplitude proportional $\mathfrak{K}\,(t')\,dt'$, deren Frequenz ω ist und deren Phase so festgelegt werden muß, daß zur Zeit des Anstoßes, also für $t = t'$ gerade ein Knoten liegt. Die Lösung der Schwingungsgleichung ist die Superposition der Wirkung aller solchen Anstöße, erscheint also in Gestalt des angegebenen Integrals. Von der Richtigkeit des Faktors $\frac{1}{m\,\omega}$ vor dem Integral überzeugt man sich leicht durch Einsetzen in die Differentialgleichung.

Wir wollen nun lediglich die Größenordnungen abschätzen. Wir vernachlässigen dazu die Krümmung der Bahn, tun also so, als ob die Korpuskel unabgelenkt im Abstande p am Elektron vorbeiflöge. Das ist sicher keine schlechte Näherung, da die Geradlinigkeit etwa der Spuren in der Nebelkammer zeigt, daß große Einzelablenkungen sehr seltene Ereignisse sind, die den Bremsvorgang nicht merklich beeinflussen. Fliegt das Teilchen mit der Geschwindigkeit v, so können wir größenordnungsmäßig sagen: Die Coulombkraft wirkt während des Zeitintervalls $\tau = 2\,p/v$ in der Stärke $K = e\,e'/p^2$ in der Richtung senkrecht zur Bahn der Korpuskel. Die Amplitude des Elektrons in dieser Richtung wird daher, da der Sinus unter dem Integral die Größenordnung 1 hat, etwa

$$x \approx \frac{1}{m\,\omega} \cdot \frac{e\,e'}{p^2} \cdot \frac{2\,p}{v};$$

die Geschwindigkeit des schwingenden Elektrons wird im Mittel

$$\dot{x} \approx \omega\, x = \frac{2\,e\,e'}{m\,v\,p}$$

und die kinetische Energie der Schwingung

$$E_{\mathrm{kin}} = \frac{m}{2}\,\dot{x}^2 = \frac{2\,e^2\,e'^{\,2}}{m\,v^2\,p^2}\,.$$

Die kinetische Energie gewinnt das Elektron auf Kosten der Korpuskel; sie muß also gleich sein dem Energieverlust Q der Korpuskel beim Vorbeigang am Elektron im Abstande p.

Beim Durchgang der Korpuskel durch die bremsende Substanz haben wir längs eines Wegstücks Δs die Energieverluste an vielen Atomen zusammenzuzählen. Die Zahl der Atome im cm³ sei N; die Zahl der Elektronen im cm³ ist dann NZ. Legen wir nun zylindrische Zonen, also Zonen gleichen p, um die Bahn der Korpuskel, so ist die Anzahl Atome, die in einer solchen Zone längs des Wegstücks Δs enthalten sind, $2\,\pi\,p\,dp\,\Delta s\,NZ$. Die Energieabgabe längs der Strecke Δs wird also im ganzen

$$\frac{\Delta E}{\Delta s} = -\int Q\,2\,\pi\,p\,dp\,NZ = -\frac{4\,\pi\,e^2\,e'^{\,2}}{m\,v^2}\,NZ\int\frac{dp}{p}\,.$$

Man sieht dem Integral bereits an, daß hier nicht von Null bis ∞ integriert werden darf. In der Tat kann man physikalische Gründe dafür angeben, daß es sowohl ein minimales p als ein maximales p gibt.

Je kleiner p ist, um so stärker wird das Elektron angezupft, um so größer ist auch die auf das Elektron übertragene Energie. Eine Korpuskel der Masse M kann aber auf ein Elektron der Masse m niemals ihre ganze Energie $M\,v^2/2$ übertragen, wenn gleichzeitig der Impulssatz erfüllt sein soll, sondern höchstens den Betrag

$$Q_{\mathrm{max}} = \frac{2\,m\,v^2}{\left(1 + \dfrac{m}{M}\right)^2} \approx 2\,m\,v^2\,.$$

Diese Energie wird nach unserer Formel für E_{kin} übertragen, wenn p den Wert

$$p_{\mathrm{min}} = \frac{\sqrt{2}\,e\,e'}{\sqrt{m\,v^2\,Q_{\mathrm{max}}}}$$

annimmt.

Je größer p ist, um so weniger wird das Elektron angezupft, um so kleiner also auch die übertragene Energie. Hier gibt die Quantentheorie eine untere Grenze Q_{min} (und in diesem Punkt unterscheidet sich unser Gedankengang von dem ursprünglichen Bohrschen); das Elektron muß mindestens auf die nächste Anregungsstufe gehoben werden, damit es überhaupt Energie aufnimmt; ist also I eine mittlere Anregungsenergie des Atoms, so wird

$$Q_{\mathrm{min}} = I\,.$$

Hierzu gehört ein Abstand

$$p_{\mathrm{max}} = \frac{\sqrt{2}\,e\,e'}{\sqrt{m\,v^2\,Q_{\mathrm{min}}}}\,.$$

Es ergibt sich damit für den Energieverlust

$$\frac{\Delta E}{\Delta s} = -\frac{4\,\pi\,e^2\,e'^{\,2}}{m\,v^2}\,NZ\ln\frac{p_{\mathrm{max}}}{p_{\mathrm{min}}} = -\frac{2\,\pi\,e^2\,e'^{\,2}}{m\,v^2}\,NZ\ln\frac{2\,m\,v^2}{I}\,.$$

Da die mittlere Anregungsenergie I nur unter dem Logarithmus erscheint, ist die Frage der genauen Art der Mittelwertsbildung von untergeordneter Bedeutung.

Unser sehr rohes Rechenverfahren kann natürlich noch um Zahlenfaktoren falsch sein; tatsächlich liefert die exakte quantenmechanische Durchrechnung des Problems einen doppelt so großen Energieverlust:

$$\frac{dE}{ds} = -\frac{4\,\pi\,e^2\,e'^{\,2}}{m\,v^2}\,NZ\ln\frac{2\,m\,v^2}{I}\,. \tag{46}$$

Für die Geschwindigkeiten gilt dann die Bremsformel

$$\frac{dv}{ds} = -\frac{4\,\pi\,e^2\,e'^2}{M\,m\,v^3}\,N\,Z\,\ln\frac{2\,m\,v^2}{I}.$$

Aus dieser Formel können wir die Reichweite s ausrechnen, d. h. diejenige Strecke, die ein Teilchen zurücklegt, um von der Anfangsgeschwindigkeit v_0 bis auf Null abgebremst zu werden. Wir brauchen also nur zu integrieren

$$s = \frac{M\,m}{4\,\pi\,e^2\,e'^2\,N\,Z}\int_0^{v_0}\frac{v^3\,dv}{\ln\frac{2\,m\,v^2}{I}}.$$

Dieser Ausdruck hat die Form

$$s = \frac{M}{e'^2}\,f\,(v_0),\tag{47}$$

und daraus folgen zwei Sätze:

1. α-Teilchen und Protonen gleicher Geschwindigkeit haben gleiche Reichweite, denn diese beiden Teilchenarten haben das gleiche M/e'^2. Oder: Ein α-Teilchen der Energie $4\,E$ hat die gleiche Reichweite wie ein Proton der Energie E.

2. Ein Deuteron hat eine doppelt so große Reichweite wie ein Proton der gleichen Geschwindigkeit, denn M/e'^2 ist für ein Deuteron doppelt so groß wie für ein Proton. Oder: Ein Deuteron der Energie $2\,E$ hat eine doppelt so große Reichweite wie ein Proton der Energie E.

Die Ausführung des Integrals über die Geschwindigkeit ist nicht elementar möglich; es führt auf einen Integrallogarithmus. Falls aber $2\,m\,v_0^2/I \gg 1$ ist, gilt die Näherungsformel:

$$s = \frac{M\,m}{4\,\pi\,e^2\,e'^2\,N\,Z}\;\frac{v_0^4}{4\ln\frac{2\,m\,v_0^2}{I}}.\tag{48}$$

Es wird also die Reichweite etwas schneller wachsen als die dritte und etwas langsamer als die vierte Potenz der Geschwindigkeit. Das deckt sich mit der an α-Teilchen zwischen 4 und 9 MeV Energie schon frühzeitig von Geiger gefundenen empirischen Beziehung $s \propto v_0^3$. In der folgenden Tabelle ist die Reichweite als Funktion der Energie für die wichtigsten Teilchenarten in dem praktisch interessanten Energiebereich tabuliert. Dabei wurden für Proton und α-Teilchen die empirischen Zahlen benutzt; da die aus Gl. (47) folgenden Schlüsse für kleine Energien nicht gut zutreffen, wurden weiterhin die Reichweiten von Deuteron und Triton an die des Protons, die von ^{3}He an die des α-Teilchens angeschlossen und für die schwereren Kerne ein Mittelwert aus den mit Hilfe von Proton und α-Teilchen berechneten Reichweitewerten angegeben. Diese letzteren Zahlen sind daher, besonders bei kleinen Energien, ziemlich ungenau.

Energie MeV	Reichweite in cm Luft von 15° C und 760 mm Hg für							
	$^1_1$H	$^2_1$H	$^3_1$H	$^3_2$He	$^4_2$He	$^6_3$Li	$^7_3$Li	$^9_4$Be	$^{10}_5$B
2	7,06	4,6	3,8	1,10	1,05	0,42	0,41	0,24	0,14
4	23,1	14,1	10,8	2,88	2,49	0,90	0,87	0,47	0,30
6	46,3	28,1	21,2	5,51	4,61	1,56	1,50	0,77	0,48
8	77,3	46,2	34,5	8,81	7,35	2,48	2,28	1,14	0,70
10	115	68,0	50,2	12,44	10,55	3,55	3,24	1,59	0,96

Daß aus unserer Bremsformel auch die Existenz einer scharf definierten Reichweite folgt, sieht man ebenfalls leicht ein. Da je erzeugtes Ionenpaar immer etwa dieselbe Energie von rund 30 eV gebraucht wird, ist der Energieverlust dE auf der Strecke ds proportional der Zahl der auf dieser Strecke gebildeten Ionen, dE/ds ist also direkt ein Maß für die Ionisierungsdichte längs der Bahn. Dies nimmt nun aber gegen das Ende der Bahn hin zu. Benutzen wir etwa als Näherung die Geigersche Beziehung $s \propto v^3 \propto E^{3/2}$, so wird $dE/ds \propto s^{-1/3}$, wobei s jetzt die Restreichweite, d. h. die Entfernung vom Reichweitenende aus bedeutet. Wie man sieht, wächst die Ionisierungsdichte gegen das Reichweitenende hin an (Bragg). Da diese das Mittel zur Beobachtung der Korpuskeln ist (etwa in der Nebelkammer), wird die Spur gegen Ende der Reichweite stärker, um dann plötzlich abzubrechen.

Natürlich gilt unsere Betrachtung nicht mehr für das allerletzte Stück der Reichweite, wenn nämlich $Q_{max} = 2\,m\,v^2$ kleiner wird als $Q_{min} = I$. Das Teilchen ist dann gar nicht mehr in der Lage zu ionisieren, im Gegenteil wird es beginnen, Elektronen einzufangen und seine eigene Hülle aufzubauen (Umladungserscheinungen). Dadurch wird seine eigene Ladung sinken und der Bremsvorgang erst recht behindert werden. Da diese Grenze nicht völlig scharf definiert ist, ergibt sich eine leichte Verschmierung der Reichweite in der Größenordnung 1 mm Luft. Setzt man $I = 30$ eV, so gibt die Bedingung $2\,m\,v^2 = I$ folgende Energiebeträge: Für Protonen 14 keV und für ein Teilchen von M-mal größerer Masse die M-fache Energie, also für α-Teilchen rund 50 keV. Unsere Theorie wird aber schon schlecht bei dem 4- bis 5fachen dieses Wertes. Da einer α-Energie von 200 keV noch eine (empirische) Reichweite von etwa 2 mm Luft zukommt, ergibt das eine Unsicherheit aller berechneten Zahlen um Beträge dieser Größenordnung. Den Differenzen der in der obigen Tabelle angegebenen Zahlen kommt dagegen eine erheblich größere Genauigkeit zu, da die Unsicherheit im letzten Stück der Bahn bei der Differenzbildung herausfällt.

22. Energie- und Impulssatz bei Kernreaktionen.

Wir wollen uns auf den gewöhnlichen Typus der Kernreaktion beschränken, bei dem ein Geschoß der Masse m mit der Geschwindigkeit v auf einen ruhenden Kern der Masse M auftrifft und bei der ein leichtes Teilchen der Masse m' mit der Geschwindigkeit v' und ein schweres Teilchen (Rückstoßkern) der Masse M' mit der Geschwindigkeit V' entstehen. Die Winkel gegen die Anfangsrichtung, unter denen diese beiden Teilchen wegfliegen, sollen φ und Φ heißen (Abb. 18).

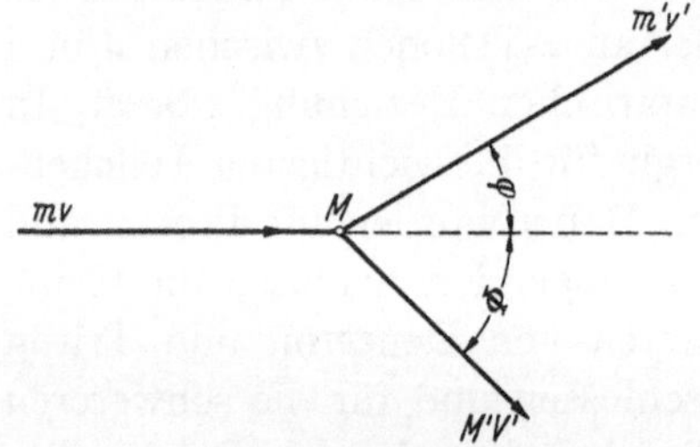

Abb. 18. Bezeichnungen für eine Kernreaktion.

Wir erwarten zunächst, daß für eine solche Kernreaktion der Impulssatz erfüllt ist, d. h. der Impuls des Geschosses, $p = m\,v$, muß nach der Reaktion in den Impulsen der beiden Trümmer, $P' = M'\,V'$ und $p' = m'\,v'$, wiederkehren. Der Impulssatz lautet also

$$p = P' \cos \Phi + p' \cos \varphi$$
$$0 = P' \sin \Phi - p' \sin \varphi .$$

In diesen beiden Gleichungen sind im Prinzip alle vorkommenden Größen experimentell bestimmbar. Der Impuls p des Geschosses folgt aus seiner Energie, die wieder von der Art der Geschoßquelle abhängt. Die Impulse der beiden Trümmer können ebenfalls aus ihren Energien in der Ionisationskammer erschlossen werden. Dann aber ist eine Bestimmung der Winkel nicht möglich, die gerade eine Prüfung der Richtigkeit beider Gleichungen gestattet. Hierfür eignet sich am besten die Beobachtung in der Nebelkammer, bei der die Impulse aus den Reichweiten (S. 51), also aus der Länge der Nebelspuren folgen, deren Richtungen durch direkte Messung die Winkel φ und Φ ergeben.

In den meisten Fällen ist die Spur des Rückstoßkerns, der nur einen kleinen Teil des Gesamtimpulses erhält, so kurz, daß eine Messung von Φ zu ungenau ausfällt. Man eliminiert daher zweckmäßigerweise Φ aus den Gleichungen und verifiziert lediglich die so entstehende Beziehung

$$P'^2 = p^2 + p'^2 - 2\,p\,p' \cos \varphi .$$

Will man darüber hinausgehende Ergebnisse erhalten, so muß man auch noch den Energiesatz hinzunehmen. Bezeichnen wir mit $\varepsilon = p^2/2\,m$ die kinetische Energie des Geschosses, mit $\varepsilon' = p'^2/2\,m'$ und $E' = P'^2/2M'$ die Energien der beiden Trümmer, so lautet der Energiesatz: Die Summe aus Ruhenergie und kinetischer Energie muß vor und nach der Reaktion übereinstimmen, also

$$(m + M)\,c^2 + \varepsilon = (m' + M')\,c^2 + \varepsilon' + E'$$

oder

$$\varepsilon = \varepsilon' + E' - (m + M - m' - M')\,c^2.$$

Die Größe

$$Q = (m + M - m' - M')\,c^2 \tag{49}$$

ist nicht gleich Null, da ja die Massen nie genau ganze Zahlen sind. Es bleibt vielmehr infolge der verschiedenen Massendefekte der einzelnen Kerne stets ein Restbetrag, der i. a. die Größenordnung von einigen MeV besitzt. Dieser Betrag Q, den man in Analogie zu chemischen Reaktionen als Wärmetönung oder Energietönung bezeichnet, kann positiv oder negativ sein. Im ersten Falle ist die Reaktion exotherm, im zweiten Falle endotherm.

Da der Rückstoßkern experimentell wegen seiner geringen Reichweite so schlecht zu erfassen ist, benutzen wir den Energiesatz, um außer Φ auch noch P' bzw. E' aus den Gleichungen zu eliminieren. Wir erhalten dann:

$$Q = \frac{m' + M'}{M'}\,\varepsilon' - \frac{M' - m}{M'}\,\varepsilon - 2\,\frac{\sqrt{m\,m'}}{M'}\,\sqrt{\varepsilon\,\varepsilon'}\,\cos\varphi. \tag{50}$$

Mit Hilfe dieser Gleichung können wir stets aus den Beobachtungsdaten φ und ε' die Wärmetönung Q ohne Kenntnis der Massendefekte berechnen, da wir ohne merkbaren Fehler die abgerundeten Massen einsetzen können. Wenn es sich nicht um Beobachtungen in der Nebelkammer handelt, empfiehlt es sich, durch geeignete Blenden einen bestimmten Winkel vorzugeben, so daß nur solche Zertrümmerungsteilchen beobachtet werden, die unter diesem Winkel die beschossene Substanz, den „Auffänger", verlassen. Dabei benutzt man im allgemeinen eine der beiden folgenden Anordnungen:

1. Hauptstellung, $\varphi = 0°$: $\quad Q = \dfrac{m' + M'}{M'}\,\varepsilon' - \dfrac{M' - m}{M'}\,\varepsilon - 2\,\dfrac{\sqrt{m\,m'}}{M'}\,\sqrt{\varepsilon\,\varepsilon'}$

2. Hauptstellung, $\varphi = 90°$: $\quad Q = \dfrac{m' + M'}{M'}\,\varepsilon' - \dfrac{M' - m}{M'}\,\varepsilon.$
$$\tag{51}$$

Kennt man die Wärmetönung und interessiert sich für die Energie ε' der Trümmer, so hat man die Gl. (50) nur nach ε' aufzulösen. Man erhält dann

$$\sqrt{\varepsilon'} = \frac{\sqrt{m\,m'}}{M' + m'}\,\sqrt{\varepsilon}\,\cos\varphi + \sqrt{\left[\frac{M' - m}{M' + m'} + \frac{m\,m'}{(M' + m')^2}\,\cos^2\varphi\right]\varepsilon + \frac{M'}{M' + m'}\,Q}. \tag{52}$$

Insbesondere ergibt sich für die zweite Hauptstellung $\varphi = 90°$, die einfachere Formel:

$$\varepsilon' = \frac{(M' - m)\,\varepsilon + M'\,Q}{M' + m'}. \tag{53}$$

Zwei Beispiele mögen die Formeln erläutern. Bei der exothermen Reaktion

$$^2_1\mathrm{D} + {}^2_1\mathrm{D} \to {}^3_2\mathrm{He} + {}^1_0\mathrm{n}$$

beträgt die Wärmetönung $Q = 3,2$ MeV. Die abgerundeten Massen sind $M = 2$, $m = 2$, $M' = 3$, $m' = 1$. Es ergibt sich aus Gl. (52) somit

$$\sqrt{\varepsilon'} = \frac{\sqrt{2}}{4}\,\sqrt{\varepsilon}\,\cos\varphi + \sqrt{\left(\frac{1}{4} + \frac{1}{8}\,\cos^2\varphi\right)\varepsilon + \frac{3}{4}\,Q}.$$

Diese Reaktion ergibt schon bei kleinen Deuteron-Energien recht gute Ausbeuten; sie ist daher auch bei Energien von nur einigen 100 keV sehr gut studiert worden. Setzen wir einen Energiewert in dieser Gegend, z. B. $\varepsilon = 0,2$ MeV ein, so ergibt sich für ε' (in MeV):

$$\sqrt{\varepsilon'} = 0,158\,\cos\varphi + \sqrt{2,45 + 0,025\,\cos^2\varphi}.$$

Man sieht, daß der wesentliche Teil der Winkelabhängigkeit von dem Gliede vor der Wurzel herrührt. Insbesondere erhält man für $\varphi = 0°$ $\varepsilon' = 3,00$ MeV, für $\varphi = 90°$ $\varepsilon' = 2,45$ MeV und für $\varphi = 180°$ $\varepsilon' = 2,00$ MeV. Die Energie der emittierten Neutronen beträgt also je nach der Richtung 2 bis 3 MeV, so daß man diese Reaktion gut als Quelle von Neutronen einheitlicher, und bis zu einem gewissen Grade variierbarer Energie, benutzen kann (vgl. auch S. 47).

Je größer die Masse der umzuwandelnden Kerne wird, um so geringer ist der Impuls, den der Rückstoßkern erhält, und damit die Richtungsabhängigkeit. Für die exotherme Reaktion

$$^{27}_{13}\text{Al} + {}^{4}_{2}\text{He} \rightarrow {}^{30}_{14}\text{Si} + {}^{1}_{1}\text{H}$$

mit $Q = 2{,}34$ MeV erhält man mit $M = 27$, $m = 4$, $M' = 30$ und $m' = 1$:

$$\sqrt{\varepsilon'} = 0{,}0645\sqrt{\varepsilon}\cos\varphi + \sqrt{2{,}26 + (0{,}838 + 0{,}004\cos^2\varphi)\,\varepsilon}\,.$$

Hier braucht man höhere Geschoßenergien, um die Umwandlung hervorzurufen. Für $\varepsilon = 8$ MeV ergeben sich die Zahlenwerte $\varepsilon' = 10{,}1$ MeV bei $\varphi = 0°$ und $\varepsilon' = 8{,}96$ MeV bei $\varphi = 90°$.

Bestimmt man umgekehrt die Wärmetönung Q nach Gl. (50) aus der Energie der in bestimmter Richtung emittierten Teilchen, so kennt man also gemäß Gl. (49) den Ausdruck $m + M - m' - M'$. **Sofern man also von den an einer Kernreaktion beteiligten Massen drei bereits kennt, ist eine Bestimmung der Wärmetönung Q gleichbedeutend mit der Neubestimmung einer vierten Masse. Diese Methode der Bestimmung genauer Kernmassen stellt eine wichtige Ergänzung der massenspektrographischen Methode dar.** Das umfangreiche auf diese Weise gewonnene Material ist in unsere Tabellen aufgenommen.

Wir haben bisher uns im wesentlichen auf exotherme Reaktionen beschränkt. Für endotherme Reaktionen gelten natürlich dieselben Formeln, nur ist dann $Q = -U$ negativ. Solche Reaktionen erfordern natürlich eine gewisse minimale Geschoßenergie, eine Schwellenenergie ε_S, um überhaupt zustande zu kommen. Mathematisch drückt sich das darin aus, daß der Radikand in Gl. (52) für negatives $Q = -U$ negativ wird, wenn ε zu klein ist. Auf diese Weise ergibt sich für die Schwelle:

$$\varepsilon_S = U\,\frac{M'}{M' - m + \dfrac{m\,m'}{M' + m'}\cos^2\varphi}\,. \tag{54}$$

Auch hierzu wollen wir ein Beispiel betrachten. Kürzlich konnten Haxby, Shoupp, Stephens und Wells zeigen, daß die Reaktion

$$^{9}_{4}\text{Be} + {}^{1}_{1}\text{H} \rightarrow {}^{9}_{5}\text{B} + {}^{1}_{0}n$$

erst stattfindet, wenn die Protonen eine Energie von mindestens $\varepsilon_S = 2{,}01$ MeV haben. Gl. (54) nimmt hier mit $M = M' = 9$ und $m = m' = 1$ die Form an:

$$U = \frac{8}{9}\left(1 + \frac{1}{80}\cos^2\varphi\right)\varepsilon_S.$$

Die Richtungsabhängigkeit ist hier sehr geringfügig; für die erste Hauptstellung $\varphi = 0°$ berechnet sich aus dem gemessenen Wert von ε_S die Wärmetönung zu $Q = -U = -1{,}81$ MeV.

23. Das Neutron.

Während wir für das Proton bereits die Bestimmung seiner Masse, seines Spins und magnetischen Moments in Abschnitt II besprochen haben, sind die dort geschilderten Methoden auf den anderen Kernbaustein, das Neutron, nicht ohne weiteres anwendbar. Da freie Neutronen nicht in der Natur vorkommen, sondern nur als Folgeprodukt von Kernreaktionen künstlich erzeugt werden können, knüpft die Entdeckungsgeschichte und die Bestimmung der wichtigsten Eigenschaften auch ganz unmittelbar an bestimmte Kernreaktionen an und soll deshalb an dieser Stelle zugleich als Beispiel derartiger Untersuchungen besprochen werden.

Die Entdeckung des Neutrons knüpft an Arbeiten von Bothe und Becker an über die Strahlung, die von einer Berylliumschicht bei Beschießung mit den α-Strahlen von Polonium ausgeht. Dabei wurden Absorptionskoeffizienten von etwa $(0{,}15 \pm 0{,}05)$ cm^{-1} in Blei gemessen. Bei den damals noch recht geringen Kenntnissen über die Absorbierbarkeit harter γ-Strahlen konnte man nur die Aussage machen, daß die Strahlung um ein Vielfaches durchdringender war als die härteste damals bekannte γ-Strahlung von $2{,}62$ MeV. Heute können wir auf Grund der wohlbekannten und berechenbaren Absorptionskoeffizienten (vgl. S. 43) die viel präzisere Aussage machen, daß die Strahlung um ein Vielfaches durchdringender ist als jede noch so energiereiche γ-Strahlung überhaupt. Die von Bothe und Becker beobachtete Strahlung kann danach keine Wellenstrahlung sein. Da eine Korpuskularstrahlung aus geladenen Teilchen erst recht nicht so durchdringend ist, bleibt nur der Ausweg, ungeladene Korpuskeln anzunehmen.

Bald darauf fanden Curie und Joliot, daß bei Zwischenschaltung einer Schicht von Paraffin oder Wasser zwischen die Be-Schicht und die zur Messung benutzte Ionisationskammer sich die Anzahl der registrierten Teilchen verdoppelte. Sie deuteten die Erscheinung so, daß aus der Schicht Protonen herausgeschlagen werden, die als stark ionisierende Sekundärstrahlung in die Kammer eintreten. Über den Charakter der Primärstrahlung blieben sie ebenfalls noch im Unklaren. Doch leiteten sie bereits ab, daß eine γ-Strahlung, die durch eine Art Compton-Effekt so schnelle Rückstoßteilchen (Protonen von einigen MeV) erzeugen kann, mindestens eine Quantenenergie von 50 MeV haben müßte. Da gar nicht einzusehen ist, woher ein so hoher Energiebetrag genommen werden könnte, deutete auch dies Experiment auf eine Korpuskularstrahlung hin.

Chadwick hat diese Versuche fortgesetzt und beobachtet, daß nicht nur Protonen, sondern auch andere Rückstoßkerne von der Strahlung ausgelöst werden können. Er maß die Energie solcher Teilchen, indem er die Reichweite der Protonen in dünnen Aluminiumfolien und die von Stickstoffkernen in der Nebelkammer untersuchte. Dabei zeigte sich, daß die Protonengeschwindigkeiten bis zu $v_H = 3,3 \cdot 10^9$ cm/sec, die Geschwindigkeiten der Stickstoffkerne bis zu $v_N = 0,47 \cdot 10^9$ cm/sec aufwärts reichen. Da nun die Massen dieser Teilchen 1 und 14 sind, kann man die maximale Geschwindigkeit v_n der auslösenden Korpuskeln und ihre Masse M_n nach dem Impuls- und Energiesatz aus den beiden Gleichungen berechnen:

$$v_H = \frac{2 M_n}{M_n + 1}\, v_n \quad \text{und} \quad v_N = \frac{2 M_n}{M_n + 14}\, v_n.$$

Mit den angegebenen rohen Zahlenwerten folgt dann $v_n \approx v_H$ und $M_n \approx 1,16$.

Wir fassen also zusammen: Bei der Beschießung von Be mit α-Teilchen werden ungeladene Teilchen emittiert, deren Masse ungefähr gleich der des Protons ist. Diese Teilchen nannte Chadwick Neutronen. Es findet also die Kernreaktion statt:

$$^{9}_{4}\text{Be} + ^{4}_{2}\text{He} \rightarrow ^{12}_{6}\text{C} + ^{1}_{0}n.$$

Ergänzend sei erwähnt, daß spätere Versuche von Rasetti zeigten, daß außerdem auch eine γ-Strahlung anwesend ist, wovon man sich heute auch dadurch leicht überzeugen kann, daß die beobachtete Geschwindigkeit v_n der Neutronen nicht mit der aus den Massen der Reaktionspartner folgenden Wärmetönung zusammenpaßt.

Wenn die Neutronen keine Ladung besitzen, muß ihre Absorption in Materieschichten von der Wechselwirkung mit Atomkernen herrühren, also etwa von elastischen Stößen, bei denen sie einen Teil ihrer Energie auf den gestoßenen Kern übertragen und dadurch gebremst werden, oder auch von Kernumwandlungen, die sie auslösen. Diese Prozesse sind uns heute direkt bekannt und reichen aus zur Erklärung der beobachteten Absorption, wenn man berücksichtigt, daß ein Teil der Be-Strahlung aus γ-Quanten besteht.

Daß die Absorption nicht durch Ionisierungsbremsung infolge einer nur sehr viel kleineren Ladung, als etwa die des Protons ist, stattfindet, zeigt die Bestimmung der Anzahl der von einem Neutron je Zentimeter seiner Bahn erzeugten Ionenpaare. Solche Messungen hat Dee in der Nebelkammer durch Auszählen der Nebeltröpfchen ausgeführt und gefunden, daß höchstens 1 Ionenpaar auf 1 m Wegstrecke von den Be-Neutronen erzeugt wird. Da diese Neutronen nach der Chadwickschen Messung eine Energie von etwa 5,7 MeV besitzen und je 30 eV durchschnittlich ein Ionenpaar entsteht, käme ihnen demnach eine Reichweite von $(5,7 \cdot 10^6/30)$ m ≈ 200 km zu, falls die Ionisierung allein wirksam wäre. Da ein Proton der gleichen Energie nach S. 51 etwa 40 cm Reichweite besitzt und die Reichweiten nach Gl. (47), S. 51 umgekehrt proportional dem Quadrat der Ladung sein sollen, folgt daraus als obere

Grenze für die Ladung des Neutrons 1/700 der Ladung des Protons. Die Ladungslosigkeit des Neutrons ist damit auch unmittelbar durch das Experiment erwiesen.

Eine genaue Bestimmung der Masse des Neutrons muß man mit Hilfe einer Kernreaktion durchführen, bei der die Massen aller Kerne bekannt sind und die Wärmetönung gemessen werden kann. Am besten hierzu geeignet ist die Zerlegung des Deuterons durch einen γ-Strahl hinreichender Energie, also die Reaktion

$$^2_1\mathrm{D} + \gamma \to {}^1_1\mathrm{H} + {}^1_0 n.$$

Chadwick und Goldhaber konnten schon früh zeigen, daß die Energie der γ-Strahlen von RaC (1,8 MeV) nicht ausreicht, um die Zerlegung herbeizuführen, während bei Verwendung der Strahlung von ThC'' (2,62 MeV) der Effekt deutlich beobachtet werden konnte. Der Schwellenwert für den Effekt liegt also bei etwa 2 MeV. Diese Zahl muß gleich sein der Bindungsenergie des Deuterons, so daß man für die Massenbilanz erhält:

$$M_\mathrm{D} + 0,002 = M_\mathrm{H} + M_n.$$

Mit den massenspektrographischen Werten von M_D und M_H ergibt sich dann $M_n = 1,0090 \pm 0,0005$.

Wesentlich genauere Werte erhält man, wenn man sich nicht auf die Bestimmung des Schwellenwerts beschränkt, sondern für eine härtere Strahlung, also z. B. die des ThC'' die Energie der ausgelösten Protonen mißt. Die besten Messungen dieser Energie in der Ionisationskammer ergaben (217 ± 11) keV. Da das Neutron die gleiche Energie bekommt wie das Proton, folgt mit der Quantenenergie 2,62 MeV der γ-Strahlung für den Massendefekt des Deuterons der Wert $(2,62 - 2 \cdot 0,217)$ MeV $= (2,19 \pm 0,02)$ MeV oder $(2,35 \pm 0,02)$ TME. Die Masse des Neutrons ergibt sich damit zu $1,00895 \pm 0,000025$. Dieser Wert wurde auch in die Tabellen aufgenommen.

Der Spin des Neutrons ist bisher nicht unmittelbar experimentell bestimmt worden. Es kann daher nicht mit völliger Sicherheit gesagt werden, daß er $\hbar/2$ beträgt. Viele indirekte Hinweise zeigen zum mindesten, daß er ein halbzahliges Vielfaches von $\hbar$ ist. Da der Kernspin des Deuterons gleich $\hbar$ ist und der des Protons $\hbar/2$, bleiben nur die beiden Möglichkeiten $\hbar/2$ und $\frac{3}{2}\hbar$ für das Neutron, von denen die erstere jedenfalls die größere Wahrscheinlichkeit für sich hat.

Die Bestimmung des magnetischen Moments erfolgt mit einem der Atomstrahlmethode nachgebildeten Verfahren. Allerdings würde die Messung der Ablenkung eines Neutronenstrahls in einem inhomogenen Magnetfelde eine ebenso scharfe Strahlbegrenzung voraussetzen wie bei den Atomstrahlen, was schon allein aus Intensitätsgründen bei Neutronen nicht möglich ist. An Stelle der Ablenkung tritt deshalb der Bloch-Effekt: Die Absorption eines Neutronenstrahls in einer magnetisierten Eisenplatte ist davon abhängig, ob die Platte parallel oder antiparallel zum magnetischen Moment der Neutronen magnetisiert ist.

Man kann diesen Effekt ziemlich leicht anschaulich verstehen. Die Neutronen werden beim Durchgang durch die Eisenplatte gestreut, und zwar gibt es zwei Streuprozesse: Die Streuung an den Kernen der Eisenatome, und die Streuung an der Elektronenhülle infolge der Wechselwirkung der magnetischen Momente. Das Wesentliche ist, daß der Wirkungsquerschnitt für beide Streuprozesse von der gleichen Größenordnung ist. Das wird dadurch erreicht, daß bei der Kernstreuung auf kleinem Raum eine starke Kraft wirkt, und bei der Streuung an der Hülle auf großem Raum eine schwache Kraft. Genau genommen ist der Wirkungsquerschnitt proportional dem Quadrat des Matrixelementes der potentiellen Energie. Für eine qualitative Abschätzung können wir auch einfach sagen: Bedeutet U den Mittelwert des Potentials im Gebiet V, und V das Volumen, in dem U merkbar von Null verschieden ist, so ist der Wirkungsquerschnitt

$$\sigma \propto (U_1 V_1 + U_2 V_2)^2.$$

Dabei deuten die Indices auf die beiden Streuprozesse hin. Für die Kernstreuung kann man nun etwa ansetzen: $U_1 = 10$ MeV $\approx 10^{-5}$ erg, $V_1 = (5 \cdot 10^{-13})^3 \approx 10^{-37}$ cm³, also $U_1 V_1 = 10^{-42}$ erg cm³. Für den zweiten Prozeß hat man das Atomvolumen $V_2 \approx (10^{-8}$ cm$)^3 = 10^{-24}$ cm³ als wirksamen Bereich anzusehen; die potentielle Energie der Wechselwirkung zweier magnetischer Momente μ_n und μ_{Fe} ist von der Größenordnung $\mu_n \mu_{Fe}/r^3$. Für das Moment des Neutrons erwartet man die Größenordnung eines Kernmagnetons (10^{-23} Gauß cm³, vgl. S. 17), für das Eisenatom hat man die Größenordnung des Bohrschen Magnetons (10^{-20} Gauß cm³), also erhält man $10^{-23} \cdot 10^{-20}/10^{-24} = 10^{-19}$ erg und $U_2 V_2 = 10^{-43}$ erg cm³. Das ist nur um einen Faktor 10 kleiner als $U_1 V_1$. Beide Effekte sind also in der Tat vergleichbar; der magnetische Effekt bedeutet eine Korrektur der Ordnung 20 % am Absorptionskoeffizienten.

Bloch und Alvarez haben eine Präzisionsbestimmung des magnetischen Moments des Neutrons ausgeführt, indem sie zwei Eisenplatten als Polarisator und Analysator in den Neutronenstrahl stellten und zwischen beiden eine Rabische Resonanzanordnung aus einem starken homogenen Magnetfelde H_0 und einem schwachen oszillierenden Magnetfelde H_1 aufbauten (vgl. S. 34). Die Beobachtungen geschehen mit Hilfe thermischer Neutronen, da der Bloch-Effekt an die Voraussetzung gebunden ist, daß die Wellenlänge der Materiewelle, die mit den Neutronen verbunden ist, nicht klein ist gegen den Durchmesser der Eisenatome. Es sei μ der Absorptionskoeffizient der Neutronen in der unmagnetisierten Eisenplatte, $\mu(1 + p)$ in der parallel und $\mu(1 - p)$ in der antiparallel zum magnetischen Moment der Neutronen magnetisierten Platte. Ist die erste Platte „nach oben" magnetisiert, so werden die Hälfte der Neutronen, deren Moment auch „nach oben" zeigt auf den Bruchteil $e^{-\mu(1+p)x}$ geschwächt, die andere Hälfte auf $e^{-\mu(1-p)x}$: In der Resonanzanordnung hinter der ersten Platte können die Spins der Neutronen mit einer gewissen Wahrscheinlichkeit P umklappen, man hat dann also mit dem Moment „nach oben" insgesamt $\frac{1}{2} e^{-\mu(1+p)x}(1 - P) + \frac{1}{2} e^{-\mu(1-p)x} P$ und mit dem Moment „nach unten" insgesamt $\frac{1}{2} e^{-\mu(1+p)x} P + \frac{1}{2} e^{-\mu(1-p)x}(1 - P)$. Diese Neutronen treten nun in die zweite Eisenplatte ein; ihre Intensitäten werden nochmals vermindert um die Faktoren $e^{-\mu(1+p)x}$ bzw. $e^{-\mu(1-p)x}$. Hinter der zweiten Platte beobachtet man also folgende Gesamtintensität an Neutronen, wenn vor der ersten Platte die Intensität 1 herrschte:

$$I = \left\{ \frac{1}{2} e^{-\mu(1+p)x}(1 - P) + \frac{1}{2} e^{-\mu(1-p)x} P \right\} e^{-\mu(1+p)x}$$
$$+ \left\{ \frac{1}{2} e^{-\mu(1+p)x} P + \frac{1}{2} e^{-\mu(1-p)x}(1 - P) \right\} e^{-\mu(1-p)x}.$$

Die Ausrechnung dieses Ausdrucks ergibt

$$I = e^{-2\mu x}\left[P + (1 - P)\, \mathfrak{Cof}\, 2\mu p x \right].$$

Bei den Messungen von Bloch und Alvarez wurde diese Intensität verglichen mit derjenigen, I_0, die sich einstellt, wenn die beiden Magnetfelder abgeschaltet sind, so daß keine Umklappprozesse auftreten und $P = 0$ ist:

$$I_0 = e^{-2\mu x}\, \mathfrak{Cof}\, 2\mu p x.$$

Für den beobachteten Effekt ergibt sich somit

$$\frac{I - I_0}{I_0} = - P\, \frac{\mathfrak{Cof}\, 2\mu p x - 1}{\mathfrak{Cof}\, 2\mu p x}.$$

Die Umklappwahrscheinlichkeit ist nach dem bereits auf S. 34 auseinandergesetzten immer sehr klein, wenn nicht gerade die Resonanzbedingung Gl. (40) erfüllt ist: $\mu = \hbar\, i\, \omega/H_0$, wobei H_0 der Wert des konstanten magnetischen Feldes und ω die Kreisfrequenz des schwachen oszillierenden Feldes ist. Man variiert also H_0 so lange, bis man einen deutlichen Effekt findet; dann folgt daraus das magnetische Moment des Neutrons.

Der von Bloch und Alvarez gemessene Effekt ist sehr klein; die Verminderung der Neutronenintensität in der Resonanzstelle beträgt noch nicht einmal 2 %. Der Resonanzbereich ist aber so schmal, daß seine Lage sehr genau angegeben werden kann. Das magnetische Moment des Neutrons ist natürlich mit der gleichen Genauigkeit dadurch festgelegt; es ergibt sich dafür $(1,935 \pm 0,02)$ KM.

Das Vorzeichen des magnetischen Moments des Neutrons haben Frisch, v. Halban und Koch schon früher mit Hilfe des Bloch-Effekts bestimmt. Auch bei dieser Messung wird der Neutronenstrahl durch zwei magnetisierte Eisenplatten als Polarisator und Analysator hindurchgeschickt. Zwischen beiden befindet sich nur ein magnetisches Feld H, das von einer Spule erzeugt wird, in Richtung des Neutronenstromes und senkrecht zur Magnetisierungsrichtung der ersten Platte. In diesem Felde präzessieren die Neutronen mit der Winkelgeschwindigkeit $\omega = \frac{\mu H}{\hbar i}$. Hat das Feld, also die Spule, eine Länge a, so haben die Neutronen der Fluggeschwindigkeit v ihre Richtung geändert um den Winkel $\varphi = \omega\, a/v = \mu\, H\, a/(i\, \hbar\, v)$. Wählt man a so, daß für die thermischen Neutronen im Mittel $\varphi = 90°$ wird und dreht den Analysator um $90°$ um den Neutronenstrahl als Achse, so gehen diejenigen Neutronen, die mit zur Magnetisierungsrichtung parallelem Moment durch den Polarisator gingen, durch den Analysator entweder parallel oder antiparallel hindurch, werden also in ihm verschieden absorbiert, je nachdem in welchem Drehsinn die Präzession im Magnetfelde erfolgt ist. Man kann aus diesem Experiment das Vorzeichen von μ/i bestimmen und hat gefunden, daß es negativ ist.

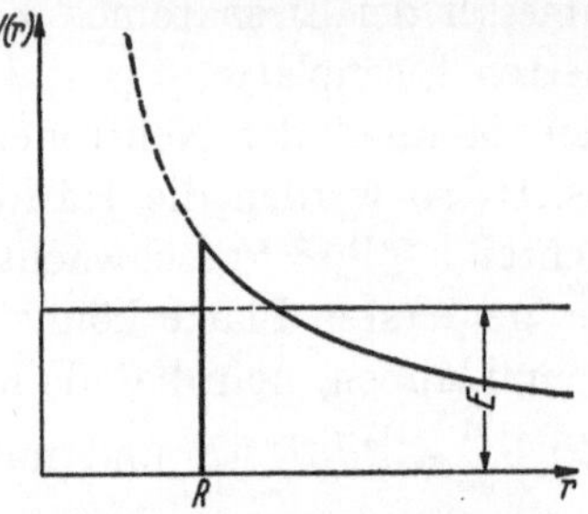

Abb. 19. Potential in der Umgebung eines Atomkerns. Außerhalb des Kernradius R Abfall gemäß dem Coulombschen Gesetz. Die Stelle r_0 ist definiert durch den Schnittpunkt der Horizontalen (Teilchen der Gesamtenergie E) mit der Potentialkurve (in der Abbildung versehentlich nicht besonders bezeichnet).

24. Die Ausbeute von Kernreaktionen.

Unsere Anschauungen über den Ablauf einer Kernreaktion fußen im wesentlichen auf dem Bilde, das Bohr 1936 davon entworfen hat. Hiernach hat man sich jede Kernreaktion in zwei Schritte zerlegt zu denken: Der erste Schritt besteht darin, daß das Geschoß vom Kern eingefangen wird und auf diese Weise ein hochangeregter Kern entsteht, den man als Zwischenkern (compound nucleus) bezeichnet. Da das auftreffende Geschoß zunächst ein Teilchen an der Kernoberfläche trifft, teilt es diesem den größten Teil seiner Energie mit, dies stößt wieder gegen die weiter innen liegenden Bausteine usw., so daß die vom Geschoß mitgebrachte Energie allmählich über alle Bausteine des Kerns ziemlich gleichmäßig verteilt wird. In einem zweiten Schritt kann dieser Zwischenkern dann in verschiedener Weise wieder zerfallen, indem sich ein beträchtlicher Teil der Anregungsenergie wieder auf ein Oberflächenteilchen vereinigt und dies emittiert wird (Proton- oder Neutronemission), oder indem sich an der Oberfläche vier Teilchen zu einem α-Teilchen zusammenschließen und den Kern verlassen (α-Emission), oder endlich, indem die Anregungsenergie abgestrahlt wird und der Kern in den Grundzustand übergeht (Einfangprozeß). Welche dieser verschiedenen Möglichkeiten eintritt, hängt lediglich davon ab, welcher Prozeß im Einzelfall am wahrscheinlichsten ist und den anderen dadurch zuvorkommt.

Die Erscheinungen, die hinsichtlich der Reaktionswahrscheinlichkeit auftreten, unterscheiden sich stark, wenn auch nicht grundsätzlich, je nachdem, ob schnelle oder langsame Teilchen als Geschosse verwendet werden.

1. Der Wirkungsquerschnitt bei schnellen Geschossen. Der Wirkungsquerschnitt für das Eindringen eines schnellen Teilchens in den Kern würde etwa gleich dessen geometrischem Querschnitt sein, also $\pi R^2 \sim 10^{-24}$ cm², wenn nicht infolge der Coulombschen Abstoßung zwischen Geschoß und Kern eine Behinderung einträte, die den Querschnitt bedeutend herabsetzt.

Den Einfluß des Coulombfeldes machen wir uns am besten klar an Hand der Abb. 19, in der das „Potentialgebirge" in der Umgebung eines Atomkerns als Funktion des Abstandes r vom Kernmittelpunkt aufgezeichnet ist. Wie man sieht, würde ein Teilchen der Energie E, das von rechts herangeflogen kommt, an der Stelle r_0 seine Energie vollständig in potentielle umgewandelt haben, also auf die Radialgeschwindigkeit Null abgebremst sein und umkehren müssen. Es würde also den Kern nicht erreichen und keine Kernreaktion auslösen können, wenn nicht diese Schlußweise der klassischen Mechanik nur genähert richtig wäre. Bekanntlich verhält sich die klassische Mechanik zur Wellenmechanik genau wie die geometrische Optik zur Wellenoptik, wobei die Rolle des Brechungsexponenten der Ausdruck

$$n = \sqrt{\frac{E - V}{E}}$$

übernimmt. Für $r > r_0$ ist der Brechungsexponent reell, für $r < r_0$ dagegen wird er imaginär. In solche Gebiete kann nach der geometrischen Optik ein Lichtstrahl nicht eindringen, wohl aber nach der Wellenoptik, die den Imaginärteil des Brechungsexponenten einfach als Absorptionskoeffizienten anspricht. Die Welle dringt also noch in das verbotene Gebiet ein, freilich gedämpft. Auch die Materiewelle des auftreffenden Teilchens dringt daher mit abnehmender Amplitude in den Berg ein. Ist der Berg schmal und niedrig genug, so hat auf seiner Innenseite die Amplitude noch nicht allzustark abgenommen und das Teilchen hat eine beträchtliche Wahrscheinlichkeit, die Schwelle zu durchdringen (Tunneleffekt). Diese Wahrscheinlichkeit, die mit sinkender Geschwindigkeit v des Teilchens und steigender Ordnungszahl Z des Kerns und z des Teilchens abnimmt, wurde zuerst von Gamow berechnet und deshalb im allgemeinen als Gamow-Faktor G bezeichnet. Wir haben sie zu dem Ausdruck πR^2 für den Wirkungsquerschnitt hinzuzufügen:

$$\sigma = \pi R^2 G, \tag{55}$$

wobei quantitativ gilt:

$$G = \frac{\alpha}{e^\alpha - 1} \tag{56}$$

mit

$$\alpha = \frac{4\, z Z e^2}{\hbar v} \left\{ \arccos \sqrt{x} - \sqrt{x(1-x)} \right\} \tag{57}$$

und

$$x = \frac{E R}{z Z e^2} = \frac{E}{B}. \tag{58}$$

Dabei ist E die kinetische Energie des stoßenden Teilchens (im Schwerpunktssystem), B die Höhe des Potentialberges an der Stelle $r = R$. An dieser Stelle soll das Coulombfeld abgeschnitten sein; für $r < R$ soll also an Stelle der Coulombschen Abstoßung eine Anziehung auf das stoßende Teilchen wirken. R ist im wesentlichen identisch mit dem Kernradius. Für kleine Geschwindigkeiten v wächst α und G sinkt rasch ab. Wird die Geschwindigkeit dagegen so groß, daß $E = B$ die Höhe der Potentialschwelle erreicht, so wird $\alpha = 0$ und $G = 1$; das Teilchen kann dann bereits klassisch das Kerninnere erreichen. Auch für größere Geschwindigkeiten hat man einfach $G = 1$ zu setzen.

Für das numerische Resultat ist von ausschlaggebender Bedeutung der Wert des Kernradius. Setzt man dafür den gut bewährten Wert

$$R = 2 \cdot 10^{-13} Z^{1/3}\ \mathrm{cm}$$

ein, so erhält man die folgende Tabelle, die einen Überblick über den Einfluß des Gamow-Faktors gewährt. Es ist darin für Protonen, Deuteronen und α-Teilchen als Geschosse jeweils diejenige Energie in MeV angegeben, für die G einen der angegebenen Werte zwischen 10^{-6} und 1 annimmt. Die Energie für $G = 1$ ist natürlich einfach identisch mit der Höhe B des Berges. Die hinzugefügte Hilfstafel enthält die entsprechenden Werte der Variablen α.

1. Energiewerte für Protonen.

G \ Z	5	10	15	20	30	40	50	60	70	80	90
10^{-4}	0,096	0,29	0,53	0,78	1,34	1,94	2,57	3,2	3,8	4,4	5,1
10^{-3}	0,135	0,39	0,68	1,01	1,68	2,37	3,06	3,8	4,5	5,2	5,8
10^{-2}	0,212	0,57	0,95	1,37	2,18	3,04	3,84	4,7	5,4	6,3	7,0
10^{-1}	0,402	0,94	1,50	2,07	3,10	4,15	5,16	6,1	7,0	7,9	8,9
1	2,12	3,37	4,41	5,34	7,00	8,47	9,85	11,1	12,3	13,5	14,5

2. Energiewerte für Deuteronen.

G \ Z	5	10	15	20	30	40	50	60	70	80	90
10^{-4}	0,15	0,43	0,76	1,10	1,84	2,57	3,30	4,0	4,8	5,5	6,2
10^{-3}	0,21	0,57	0,96	1,38	2,18	3,05	3,88	4,7	5,4	6,3	7,1
10^{-2}	0,31	0,78	1,26	1,76	2,74	3,64	4,69	5,6	6,5	7,3	8,1
10^{-1}	0,55	1,22	1,85	2,50	3,69	4,47	5,59	6,9	7,8	8,9	9,7
1	2,12	3,37	4,41	5,34	7,00	8,47	9,85	11,1	12,3	13,5	14,5

3. Energiewerte für α-Teilchen.

G \ Z	5	10	15	20	30	40	50	60	70	80	90
10^{-4}	0,70	1,71	2,74	3,84	5,86	7,90	9,8	11,7	13,5	15,2	16,8
10^{-3}	0,89	2,08	3,23	4,46	6,66	8,79	10,8	12,8	14,7	16,5	18,3
10^{-2}	1,19	2,61	3,88	5,28	7,70	9,97	12,2	14,2	16,2	18,2	20,0
10^{-1}	1,76	3,50	5,07	6,55	9,27	11,80	14,2	16,4	18,5	20,7	22,7
1	4,23	6,74	8,83	10,69	14,00	16,94	19,7	22,2	24,6	26,9	29,1

Hilfstafel.

G	10^{-6}	10^{-5}	10^{-4}	10^{-3}	10^{-2}	10^{-1}	1
α	16,63	14,16	11,67	9,12	6,48	3,62	0

Der Wirkungsquerschnitt für die Eindringung eines Teilchens in einen Atomkern kann danach roh berechnet werden. Er ist noch in einer sehr charakteristischen Weise zu modifizieren durch die schon frühzeitig von Pose beobachteten Resonanzerscheinungen.

Soll für den Zwischenkern nämlich der Energie- und Impulssatz gewahrt bleiben, so ist eine Einfangung eines Teilchens nicht für jede Energie möglich. Von der kinetischen Energie $E = \frac{m}{2} v^2$, mit der es auftrifft, wird nach dem Impulssatz der Anteil $\frac{m}{M} E$ dem Schwerpunkt des Zwischenkerns der Masse M mitgeteilt, während der Hauptanteil

$$Q = E \left(1 - \frac{m}{M} \right)$$

dessen innerer Anregung zugeführt wird. Ist die Bindungsenergie des eingefangenen Teilchens an den Atomkern gleich U, so ist $Q - U$ die Anregungsenergie des entstandenen Zwischenkerns über seinem Grundzustande. Da dieser ein gequanteltes System ist, sind nur bestimmte Werte der Anregungsenergie $Q - U$ erlaubt, d. h. der strahlungslose Einfang kann nur für bestimmte Werte der kinetischen Energie E des auftreffenden Teilchens überhaupt erfolgen, eben für die „Resonanzenergien".

Dieser Sachverhalt wird ein wenig aufgelockert durch die geringe Lebensdauer des Zwischenkerns. Zerfällt er nämlich bereits nach einer Zeit Δt wieder in irgendwelche Bestandteile, so kann man seine Anregungsenergie prinzipiell nur mit einer Unsicherheit ΔE messen, die aus der Heisenbergschen Unschärferelation

$$\Delta E \cdot \Delta t = \hbar$$

folgt. Der Energiesatz braucht daher nicht völlig scharf für den Zwischenkern erfüllt zu sein; es entstehen Resonanzgebiete der endlichen Breite $\hbar/\Delta t$.

Man kann nun allgemein etwa folgende Regeln aufstellen: Je höher die Anregungsenergie, um so kurzlebiger ist der Zwischenkern und daher um so breiter die Resonanzgebiete. Je schwerer der Kern und je höher seine Anregungsenergie, um so dichter liegen die Terme. Daher kommt es, daß bereits bei mittelschweren Kernen und Anregungsenergien von etwa 12 MeV die Terme dichter liegen als die Breite der einzelnen Terme, mit anderen Worten: In diesem Falle werden keine Resonanzerscheinungen mehr beobachtet, sondern es liegt ein Kontinuum vor. Bei leichten Kernen und Anregungsenergien dieser Größenordnung hat man etwa 10 bis 100 keV Niveauabstand und 1 bis 10 keV Niveaubreite. Tatsächlich ist es zuerst F ü n f e r und nach ihm auch anderen Forschern bei genauerer Untersuchung gelungen, die Ausbeute-kurven an leichten Kernen in die Beiträge zahlreicher solcher Niveaus aufzulösen.

Die Lücken zwischen den einzelnen Resonanzstellen bewirken natürlich, wenn es nicht gelingt sie aufzulösen, eine beträchtliche scheinbare Verminderung des Wirkungsquerschnitts gegenüber Gl. (55). An den Resonanzstellen selbst folgt aus sehr allgemeinen Grundgesetzen, daß der Wirkungsquerschnitt für die Bildung des Zwischenkerns, solange die De Broglie-Wellenlänge $\lambda = h/m\,v$ des stoßenden Teilchens größer ist als $2\,\pi\,R$, nicht größer werden kann als λ^2/π, d. h. also nicht größer als $h^2/2\,\pi\,m\,E$. Zahlenmäßig ergibt sich hieraus für Protonen und Neutronen

$$\sigma_{\max} = \frac{2,63 \cdot 10^{-24}\ \mathrm{cm}^2}{E\,(\mathrm{MeV})},$$

falls dies $> 4\,\pi\,R^2$ ist, und für α-Teilchen $^1/_4$ dieses Wertes.

Der entstandene Zwischenkern kann anschließend in verschiedener Weise spontan zerfallen. Für jede solche Zerfallsmöglichkeit gibt es wie in der Radioaktivität eine Lebensdauer τ, eine Zerfallskonstante $\lambda = 1/\tau$ oder nach der Unschärferelation eine zugehörige Niveaubreite $\Gamma = \hbar\lambda$. Für die Größenordnung der Lebensdauer gegenüber verschiedenen Zerfallsmöglichkeiten erhält man etwa: Die Lebensdauer für den Übergang in einen tieferen Zustand oder in den Grund-zustand durch γ-Strahlung ist bei Anregungsenergien von einigen MeV etwa 10^{-14} sec. Für die Emission eines Neutrons von einigen MeV, vorausgesetzt, daß dies energetisch möglich ist, beträgt sie etwa 10^{-17} sec. Die Wahrscheinlichkeit der Emission eines langsameren Neutrons ist geringer, und zwar ist sie proportional der Geschwindigkeit, die das Neutron nach dem Austritt aus dem Kern annimmt. Für Protonen und α-Teilchen gelten Zahlen der gleichen Größenordnung, nur kommt dort zur Zerfallskonstante noch der Gamow-Faktor hinzu, der die Lebensdauer beträchtlich heraufsetzen kann.

Der Prozeß, der wirklich eintritt, ist natürlich immer derjenige mit der überwiegenden Zerfallskonstante und der kürzesten Lebensdauer, da er den anderen Zerfallsmöglichkeiten zuvorkommt. Daher spielt bei schnellen Teilchen der eigentliche E i n f a n g p r o z e ß unter Abstrahlung der überschüssigen Energie des Zwischenkerns fast gar keine Rolle. Es wird fast stets vom Zwischenkern wieder ein Teilchen emittiert und im allgemeinen ein Neutron mit größerer Wahrscheinlichkeit als ein geladenes Teilchen, das bei seinem Austritt nochmals einen Potentialberg durchsetzen muß. Bei schweren Kernen treten überhaupt keine Prozesse mit Emission geladener Teilchen mehr auf.

Eine Ausnahme von dieser Regel bildet der ziemlich oft beobachtete Einfang von Protonen, $(p\,\gamma)$. Da die Reaktion $(p\,n)$ endotherm ist, kommt als konkurrierender Prozeß außer der gewöhnlichen Streuung $(p\,p)$ nur noch $(p\,\alpha)$ in Frage. Es genügt bereits, daß der Gamow-Faktor für den Austritt eines α-Teilchens 10^{-3} wird, damit die Reaktion $(p\,\gamma)$ ebenso wahr-scheinlich wird wie $(p\,\alpha)$.

Bei leichten Kernen spielt der Gamow-Faktor eine untergeordnete Rolle. Dort kommt es oft vor, daß nicht die ganze überschüssige Energie des Zwischenkerns in kinetische Energie eines emittierten Teilchens umgesetzt wird, sondern nur ein Teil. Es wird also ein langsameres Teilchen emittiert unter Zurücklassung eines angeregten Kernes, der erst nachträglich unter

γ-Strahlung in den Grundzustand übergeht. Man beobachtet daher bei leichten Kernen oft mehrere Reichweitengruppen von Protonen oder α-Teilchen.

Eine Sonderstellung nimmt die Reaktion $(d\,p)$ ein. Ein Deuteron wird auf einen Kern geschossen; das darin enthaltene Proton wird durch das Coulombfeld, welches den Kern umgibt, abgestoßen, das Neutron dagegen nicht. Das Deuteron wird daher bei Annäherung an den Kern zunehmend „polarisiert", indem das Proton hinter dem Neutron zurückbleibt. Der gleiche Effekt müßte im Grunde auch beim α-Teilchen auftreten. Da das α-Teilchen sehr fest gebunden, das Deuteron aber ein sehr lockeres Gebilde ist, kann man die Polarisation des α-Teilchens vernachlässigen, während sie beim Deuteron die Wahrscheinlichkeit für ein Eindringen des Neutrons in den Kern unter gleichzeitigem Draußenbleiben des Protons beträchtlich gegenüber der einfachen Gamowschen Theorie erhöht. Dieser Effekt wurde zuerst von Oppenheimer und Philipps studiert. Bezeichnet $E_D = 2{,}19$ MeV die Bindungsenergie des Deuterons und E seine kinetische Energie, so äußert sich die Polarisation in der Ausbeute quantitativ so, daß zu der Größe α, Gl. (57), als Faktor eine Funktion $F\,(E/E_D)$ tritt, die z. B. folgende Werte hat:

$$E/E_D = 0{,}0 \qquad 0{,}5 \qquad 1{,}0 \qquad 1{,}5 \qquad 2{,}0$$
$$F\,(E/E_D) = 1{,}00 \qquad 0{,}495 \qquad 0{,}355 \qquad 0{,}250 \qquad 0{,}189.$$

Diese Korrektur gegenüber der Gamowschen Theorie gilt aber nur für die Reaktion $(d\,p)$, nicht z. B. für $(d\,n)$, für deren Zustandekommen es ja nötig ist, daß auch das Proton in den Kern eindringt.

2. **Der Wirkungsquerschnitt bei langsamen Geschossen.** Teilchen, die weniger als etwa 100 keV Energie haben, können selbst einen leichten Atomkern nur dann noch erreichen, wenn sie ungeladen sind. Daher sind Neutronen die einzigen Geschosse, die imstande sind auch bei beliebig kleiner Energie schon Atomkerne umzuwandeln. Die Bildung des Zwischenkerns besteht dann in der Anlagerung des Neutrons an den Kern. Da die Bindungsenergie eines Neutrons an einen Kern über das ganze periodische System ziemlich konstant zwischen 8 und 9 MeV liegt, ist der Zwischenkern also mit eben diesem Energiebetrag über seinem Grundzustande angeregt. Bei dieser Anregungsenergie liegen die Energieniveaus der leichten Kerne noch um 10 bis 100 keV auseinander, während für Kerne mit Massen zwischen 100 und 200 die Abstände nur noch wenige eV bis 100 eV betragen.

Die Breite der Niveaus ist auch hier bestimmt durch die verschiedenen Zerfallsmöglichkeiten des Zwischenkerns. Dabei scheiden Protonen als zu emittierende Teilchen aus wegen des endothermen Charakters der Reaktion $(n\,p)$. Auch α-Teilchen können nur in einigen wenigen Fällen emittiert werden; im allgemeinen ist auch die Reaktion $(n\,\alpha)$ endotherm oder doch so schwach exotherm, daß der Gamow-Faktor den Austritt von α-Teilchen sehr stark behindert. Daher bleiben nur die beiden Möglichkeiten $(n\,n)$ (Streuung) und $(n\,\gamma)$ (Einfang). Wir sahen oben, daß die Zerfallskonstante des Zwischenkerns für $(n\,n)$ bei Neutronenenergien von einigen MeV etwa 10^{17} sec^{-1} beträgt und proportional v ist. Für die thermische Neutronenenergie von $1/30$ eV wird sie daher nur noch 10^{13} sec^{-1}, was einer Niveaubreite von rund $0{,}01$ eV entspricht. Der Prozeß $(n\,\gamma)$ dagegen mit seiner Zerfallskonstanten von 10^{14} sec^{-1} ist also bereits bei einer Energie von $1/30$ eV rund 10mal wahrscheinlicher als der Streuprozeß und führt auf eine Niveaubreite von rund $0{,}1$ eV.

Der einzige Prozeß, der in beträchtlichem Umfange auftritt, sollte also von ein paar Ausnahmen abgesehen für langsame Neutronen der Einfangprozeß $(n\,\gamma)$ sein. Er sollte ganz ausgesprochenen Resonanzcharakter zeigen, da die Niveaubreite von der Ordnung $0{,}1$ eV viel kleiner ist als der Abstand der Niveaus, der selbst bei den schwersten Kernen sicher noch einige eV beträgt.

Die Herstellung langsamer Neutronen (vgl. S. 48) liefert stets eine überwiegende Menge im Bereich thermischer Energien (um $1/30$ eV herum), darüber hinaus eine sacht abnehmende, aber noch merkbare Intensität bis in die Gegend von 100 eV. Man kann daher eine beachtliche Ausbeute des $(n\,\gamma)$-Prozesses an langsamen Neutronen erwarten, wenn ein oder mehrere Resonanzniveaus in diesen Energiebereich fallen, und eine extrem große Ausbeute, wenn ein Resonanzniveau zufällig gerade in dem thermischen Bereich liegt. Bei den leichten Atomkernen ist das infolge des großen Abstandes der Niveaus sehr unwahrscheinlich und infolgedessen tritt dort der Einfangprozeß $(n\,\gamma)$ auch nicht auf. Bei den Kernen mit Massenzahlen von 50 an aufwärts etwa dagegen liegen die Niveaus schon dicht genug, um bei fast jedem Kern den Einfangprozeß zu ermöglichen. Daher ist die Reaktion $(n\,\gamma)$ dort eine der häufigsten und bis zu den schwersten Kernen hinauf noch best studierten.

Bei einigen leichten Kernen, besonders ^{6}Li und ^{10}B, ist die Reaktion $(n\,\alpha)$ stark exotherm. Der Zwischenkern hat dann eine sehr beträchtliche α-Zerfallswahrscheinlichkeit, durch die eine übernormale Niveauverbreiterung hervorgerufen wird. Diese Kerne haben daher auch im thermischen Bereich noch einen sehr beträchtlichen Wirkungsquerschnitt für die Reaktion $(n\,\alpha)$, nämlich ^{6}Li einen Querschnitt von rund 900 und ^{10}B von rund $3000 \cdot 10^{-24}$ cm^2. Das sind Zahlen, die um mehrere Zehnerpotenzen höher liegen als der geometrische Kernquerschnitt, die aber andererseits noch unter der theoretischen Grenze λ^2/π bleiben.

Der experimentelle Nachweis für das Vorhandensein der Resonanzen im Gebiet langsamer Neutronen wurde zuerst von Moon und Tillman geführt mit Hilfe des aus der Optik geläufigen Verfahrens der „Selbstumkehr" der Resonanzlinie. Filtert man z. B. langsame Neutronen durch eine Silberfolie, so wird ein bestimmter Energiebereich ausgesiebt, nämlich eben derjenige um die Resonanzstelle herum. Benutzt man hinter der Folie zum Nachweis für die Neutronen die Auslösung der Reaktion $(n\,\gamma)$ in einem zweiten Silberblech[1]), dem Indikator, so registriert man dort eine sehr stark verminderte Anzahl von Neutronen, da der Indikator ja gerade auf den Energiebereich anspricht, in dem das Filter stark absorbiert. Benutzt man dagegen etwa ein Kupferblech als Indikator, so ist die Intensitätsverminderung sehr viel geringer, da das Kupfer ja auf einen anderen Bereich anspricht.

Die klassische Anordnung, um die Resonanzenergie zu messen, geht auf Weekes, Livingston und Bethe zurück. Man stellt dabei zwischen die Substanz, deren Resonanzenergie bestimmt werden soll, also z. B. wieder Silber, und die Quelle der langsamen Neutronen in vier verschiedenen Anordnungen Filter aus Bor und Cadmium auf, und zwar mißt man einmal die Intensität ohne Filter (I), dann mit einem Borfilter allein (II), dann mit einem Cadmiumfilter (III) und schließlich mit Bor- und Cadmiumfilter gemeinsam (IV). Dabei macht man sich die charakteristischen Eigenschaften von Bor und Cadmium zunutze: Bor absorbiert durch den oben erwähnten $(n\,\alpha)$-Prozeß mit einem Wirkungsquerschnitt und daher auch einem Absorptionskoeffizienten für langsame Neutronen, der umgekehrt proportional der Neutronengeschwindigkeit v ist; Cadmium dagegen hat eine Resonanzstelle im thermischen Energiebereich und absorbiert dort daher schon in ziemlich dünner Schicht vollständig, ist aber oberhalb von einigen Zehntel eV praktisch durchlässig für Neutronen. Die Filterung mit Cadmium bedeutet also, daß man die thermischen Neutronen unterdrückt und das Verhalten der Resonanzneutronen für sich allein untersucht. Im Versuch I mißt man die Summe der Primärintensitäten J_0 thermischer und J_0' schnellerer Neutronen, im Versuch II die Summe der durch Borabsorption geschwächten Intensitäten J_1 und J_1', wobei $J_1 = J_0\, e^{-\mu_{\mathrm{th}}\,d}$, $J_1' = J_0'\, e^{-\mu_{\mathrm{res}}\,d}$ (d = Dicke der Borschicht). Im Versuch III und IV ist durch das Cadmiumblech die thermische Intensität unterdrückt, man mißt also J_0' bzw. J_1' für sich allein. Aus der Kombination

$$\frac{\mathrm{II}-\mathrm{IV}}{\mathrm{I}-\mathrm{III}} = J_1/J_0 = e^{-\mu_{\mathrm{th}}\,d}$$

kann man also den Absorptionskoeffizienten thermischer Neutronen in Bor, μ_{th}, bestimmen.

---

[1]) Praktisch so: Durch die Reaktion $(n\,\gamma)$ entsteht ein β-labiles Silber, dessen Radioaktivität man beobachtet.

Aus der Kombination

$$\mathrm{IV/III} = J_1'/J_0' = e^{-\mu_{\mathrm{res}}\, d}$$

folgt genau so der Absorptionskoeffizient μ_{res} der Resonanzneutronen des Indikatormaterials (in unserem Beispiel: Silber) in Bor. Da diese Absorptionskoeffizienten sich umgekehrt wie die Geschwindigkeiten verhalten sollen:

$$\mu_{\mathrm{th}}/\mu_{\mathrm{res}} = v_{\mathrm{res}}/v_{\mathrm{th}},$$

kann man aus der bekannten mittleren Geschwindigkeit der thermischen Neutronen (2500 m/sec bei Zimmertemperatur) die Geschwindigkeit und damit auch die Energie der Resonanzneutronen (des Silbers) ausrechnen.

Sehr viel schwieriger ist es, eine saubere Aussage über die Breite der Resonanzlinien zu gewinnen. Eine gewisse experimentelle Möglichkeit bietet die teilweise Überlappung der Niveaus zweier verschiedener Elemente, z. B. von Rhodium und Iridium, die sich darin äußert, daß ein Rh-Filter die durch einen Ir-Indikator gemessene Neutronenintensität ähnlich stark schwächt wie ein Ir-Filter. Für genauere Angaben ist es notwendig, die theoretische Formel für die Energieabhängigkeit des Wirkungsquerschnitts (bzw. Absorptionskoeffizienten) in der Umgebung eines Resonanzniveaus zu benutzen. Diese Formel wurde von Breit und Wigner durch eine Art Dispersionstheorie der Neutronenwellen gewonnen und lautet:

$$\sigma = \frac{\lambda^2}{\pi}\, \frac{\Gamma_n\,\Gamma_\gamma}{(E-E_r)^2 + \left(\dfrac{\Gamma}{2}\right)^2}. \tag{59}$$

Darin bedeutet λ wieder die Wellenlänge der De Broglie-Wellenlänge der einfallenden Neutronen. Γ_n ist die Niveaubreite bezüglich des Prozesses $(n\,n)$ und Γ_γ die Breite bezüglich $(n\,\gamma)$. Während Γ_γ von der Energie unabhängig ist, ist Γ_n nach dem oben Gesagten proportional v. Der Nenner hat eine Resonanzstelle bei $E = E_r$; E_r ist also die Resonanzenergie. Die Dämpfungskonstante ist $\Gamma = \Gamma_n + \Gamma_\gamma$, also einfach der Gesamtzerfallswahrscheinlichkeit des Niveaus proportional. Da bei den kleinen Geschwindigkeiten $\Gamma_n \ll \Gamma_\gamma$, kann man Γ auch einfach durch das energieunabhängige Γ_γ ersetzen. Da λ proportional $1/v$ ist, kann man die Formel auch in die Gestalt bringen:

$$\sigma = \sqrt{\frac{E_r}{E}}\, \frac{\sigma_r\left(\dfrac{\Gamma}{2}\right)^2}{(E-E_r)^2 + \left(\dfrac{\Gamma}{2}\right)^2}. \tag{60}$$

Der Wirkungsquerschnitt ist weit links von der Resonanzstelle (d. h. meist im thermischen Bereich) proportional $1/v$, rechts von der Resonanzstelle fällt er schroff mit $1/v^5$ ab. Stellt man Absorptionsmessungen an bei Verwendung des gleichen Elements als Filter und Indikator, einmal mit und einmal ohne Cadmiumfilter, so kann man den Absorptionskoeffizienten und damit den Wirkungsquerschnitt in der Linienmitte, σ_r, sowie denjenigen für thermische Neutronen, σ_{th}, experimentell bestimmen. Da auch die Größe E_r gemessen werden kann, bleibt dann als einzige Unbekannte in Gl. (60) noch die Linienbreite Γ. Wenn nämlich, was fast immer zutrifft, $E_r \gg kT$ und $E_r \gg \Gamma/2$, so kann man schreiben

$$\sigma_{\mathrm{th}} = \sqrt{\frac{E_r}{kT}}\, \frac{\sigma_r\left(\dfrac{\Gamma}{2}\right)^2}{E_r^2}. \tag{61}$$

und aus dieser Gleichung Γ ausrechnen.

25. Übersicht über die bekannten Reaktionstypen. Die Spaltung der schwersten Kerne.

Die Hauptgruppe der Reaktionen umfaßt diejenigen Prozesse, bei denen ein Teilchen den Kern trifft, einen Zwischenkern bildet und ein anderes Teilchen den Kern wieder verläßt. Dabei wurden bisher als Geschosse benutzt: das Neutron, das Proton, das Deuteron und das α-Teilchen, neuerdings auch in einigen Fällen der Kern ^{3}He. Als Trümmer treten Neutron, Proton und α-Teilchen auf. Das Deuteron kommt als Trümmer praktisch nicht vor, da es wegen seiner kleinen Bindungsenergie unschwer in Proton und Neutron aufgespalten werden kann und dann die Emission eines dieser beiden Teilchen mit einer entsprechend höheren Energie wahrscheinlicher ist. Überdies sind die Reaktionen $(n\,d)$ und $(p\,d)$ mit durchschnittlich rund 6 MeV endotherm. Auch die Reaktion $(p\,n)$ ist stets, die Reaktion $(n\,p)$ meist, wenn auch nicht so stark, endotherm (vgl. S. 88).

Alle Reaktionen dieser Art können mit nachträglicher Strahlung gekoppelt sein, wenn nach der Teilchenemission ein angeregter Kern zurückbleibt. Dann beobachtet man die Emission von Teilchen kleinerer Energie und Reichweite als der Wärmetönung für den Übergang in den Grundzustand des Endkerns entspricht. Die Beobachtung solcher Reichweitegruppen ist eine wertvolle Informationsquelle über die Lage angeregter Terme.

Eine zweite wichtige Gruppe ist die der Reaktionen, die nicht nur γ-Strahlung als gelegentliche sekundäre Folge haben, sondern wesenhaft mit γ-Strahlung gekoppelt sind. Das sind zunächst die Einfangprozesse, besonders $(n\,\gamma)$ bei langsamen Neutronen und $(p\,\gamma)$ bei zahlreichen Kernen. Auch die Umkehrung der ersten Reaktion, der Kernphotoeffekt $(\gamma\,n)$, der von Bothe und Gentner entdeckt wurde, ist bei vielen Kernen bekannt. Die erforderliche γ-Energie muß mindestens gleich der Ablösearbeit des Neutrons sein, das ist rund 8 MeV bei den meisten Kernen. Nur bei ^2D und ^9Be ist die Ablösearbeit viel kleiner (etwa 2 MeV, vgl. S. 10). Der Prozeß $(\gamma\,p)$ ist bisher nicht beobachtet worden. Das hängt wohl damit zusammen, daß der Photoeffekt bei leichten Kernen überhaupt selten zustande kommt und bei schweren Kernen der Gamow-Berg den Austritt des Protons schon so stark behindert, daß ihm ein Neutron zuvorkommt und die Reaktion $(\gamma\,n)$ stattfindet. Der Wirkungsquerschnitt für $(\gamma\,n)$ liegt meist in der Größenordnung 10^{-28} cm^2.

Eine Reaktion, die genau zum gleichen Kern führt wie $(\gamma\,n)$ ist der Prozeß $(n,2\,n)$, der zuerst von Heyn beobachtet wurde. Auch er tritt erst auf, wenn das stoßende Neutron mindestens eine Energie von 8 MeV besitzt. Entsprechend kann man das Auftreten anderer Reaktionen, bei denen mehrere Teilchen emittiert werden, erst bei ziemlich hohen Geschoßenergien erwarten. So kann die Reaktion $(n,3\,n)$ erst oberhalb etwa 16 MeV Neutronenenergie zustande kommen. Die Reaktion $(n,p\,n)$ sollte an die gleiche Energieschwelle wie $(n,2\,n)$ geknüpft sein; (n,d) sollte dementsprechend eine um die Bindungsenergie des Deuterons tiefere Schwelle von rund 6 MeV besitzen (s. o.). Bei sehr hoher Energie des stoßenden Teilchens (um 100 MeV herum), werden schließlich sehr viele Neutronen und Protonen vom Kern emittiert; fassen wir den Kern als Flüssigkeitströpfchen auf, so können wir anschaulich diesen Vorgang als eine Art ,,Verdampfung'' beschreiben. Solche Umwandlungen kann man zwar mit den technischen Mitteln des Laboratoriums nicht mehr künstlich hervorrufen, sie können jedoch von den schnellen Teilchen der Höhenstrahlung ausgelöst werden und wurden in Form von ,,Zertrümmerungssternen'' zuerst von Blau und Wambacher beobachtet in Gestalt zahlreicher von einem Punkt ausgehender Protonenbahnen in photographischen Schichten, die längere Zeit in großer Höhe der Höhenstrahlung ausgesetzt waren.

In einer Systematik der Kernreaktionen dürfen endlich auch diejenigen nicht fehlen, bei denen ein Teilchen der gleichen Art wie das Geschoß den Kern verläßt. Man wird dann allerdings nicht mehr von einer eigentlichen Reaktion, sondern von einer Streuung sprechen. Wesentlich ist daran, daß die Streuung eines Teilchens an einem Atomkern meist die Individualität dieses Teilchens zerstört: Es wird absorbiert und damit ununterscheidbar von den anderen Teilchen des Atomkerns, von denen eines wieder emittiert wird. Je nachdem, ob das emittierte Teilchen wieder die gleiche Energie hat wie das Geschoß (nach Abzug der entsprechend dem Impulssatz auf den Schwerpunkt des gestoßenen Kerns übertragenen Energie) oder eine kleinere Energie hat, spricht man von einer elastischen oder einer unelastischen Streuung. Bei der letzteren bleibt der Kern angeregt zurück. Reaktionen dieser Art sind meist recht schwer zu beobachten und deshalb wenig bekannt, obwohl sie sicher häufig vorkommen. In einigen wenigen Fällen haben sie ein besonderes Interesse gefunden.

Ein ganz neuer Reaktionstypus endlich wurde 1939 von Hahn und Strassmann an den schwersten Atomkernen beim Studium der sogenannten „Transurane" (die sich als nicht existent herausstellten) entdeckt. Nach Ausweis der Massendefekte ist ein Zerfall der schwersten Kerne in zwei mittelschwere Kerne, also etwa eines $^{238}_{92}$U-Kerns in $^{98}_{36}$Kr und $^{140}_{56}$Ba, sicher stark exotherm mit einer Wärmetönung von 150 bis 200 MeV, da die Bindungsenergie pro Kernbaustein bei den Kernen mittlerer Massenzahl ein Maximum besitzt. Daß dieser Zerfall spontan nicht eintritt, liegt daran, daß zu seiner Durchführung der sich spaltende Atomkern erst eine gestreckte, dann eine eingeschnürte Form durchlaufen muß, die energetisch ungünstiger ist als der kugelförmige Anfangszustand. Es muß also eine „Aktivierungsenergie" aufgebracht werden, um den Kern über den Potentialwall hinwegzubringen und dadurch den Zerfall einzuleiten. Die Höhe dieses Berges beträgt bei den schwersten Kernen aber nur noch wenige MeV, so daß schon der Einfang eines Neutrons dieser Energie genügt, um den Spaltungsprozeß auszulösen. Bei noch schwereren Kernen als Uran würde wahrscheinlich auch diese geringe Aktivierungsenergie noch wegfallen und der Zerfall spontan eintreten. Es scheint, als ob darauf die Grenze des periodischen Systems der Elemente bei $Z = 92$ beruht.

Die Höhe $V_{\max}$ der zu überwindenden Potentialschwelle über dem Grundzustande des Zwischenkerns ist von Bohr und Wheeler auf Grund der Vorstellung, daß der Atomkern ein Flüssigkeitströpfchen sei, ausgerechnet worden. Der Energieinhalt eines solchen Tröpfchens wächst bei der Deformation infolge der Vergrößerung seiner Oberfläche (Oberflächenspannung, vgl. S. 91); er wird gleichzeitig verringert infolge der mit größerer Entfernung abnehmenden Coulombschen Abstoßung der im Kern gebundenen Protonen voneinander. Die Konkurrenz dieser beiden Erscheinungen ergibt quantitativ für die Höhe der Potentialschwelle in MeV:

$$V_{\max} = \left\{ 10{,}18\,(1 - x)^3 - 4{,}62\,(1 - x)^4 \right\} A^{2/3}, \tag{62}$$

wobei A die Massenzahl des Zwischenkerns und

$$x = 0{,}0209\,Z^2/A \tag{63}$$

für den Zwischenkern bedeutet.

Bei Hervorrufung der Spaltung durch Neutronen entsteht der Zwischenkern aus dem Ausgangskern einfach durch Erhöhung der Massenzahl um eine Einheit. Für diesen, bisher allein wichtigen Fall, ist in der folgenden Tabelle die Bohr-Wheelersche Funktion tabuliert und die Höhe $V_{\max}$ in MeV für einige schwere Kerne angegeben.

Ausgangskern	x	$V_{\max}\,A^{-2/3}$	$V_{\max}$	Ausgangskern	x	$V_{\max}\,A^{-2/3}$	$V_{\max}$
$^{183}_{74}$W	0,624	0,449	14,6	$^{230}_{90}$Io	0,735	0,187	7,1
$^{189}_{76}$Os	0,636	0,410	13,5	$^{232}_{90}$Th	0,729	0,200	7,6
$^{195}_{78}$Pt	0,649	0,370	12,5	$^{231}_{91}$Pa	0,747	0,163	6,2
$^{201}_{80}$Hg	0,664	0,327	11,3	$^{234}_{92}$U II	0,753	0,152	5,8
$^{207}_{82}$Pb	0,676	0,295	10,4	$^{235}_{92}$AcU	0,750	0,157	6,0
$^{226}_{88}$Ra	0,714	0,235	8,8	$^{238}_{92}$U I	0,740	0,177	6,8
$^{227}_{89}$Ac	0,726	0,207	7,8				

Man hat also durch Anlagerung eines Neutrons einen Zwischenkern herzustellen, dessen Anregungsenergie größer ist als $V_{\max}$, damit die Spaltung eintreten kann. Die mindeste kinetische Neutronenenergie, die hierzu erforderlich ist, ist $E = V_{\max} - U$, wenn U die Bindungsenergie dieses Neutrons an den Kern ist. Diese beträgt für die meisten Kerne rund 8 MeV. Nur bei den allerschwersten Kernen (oberhalb Blei, in unserer Tabelle von Ra an) ist diese Bindungsenergie U etwas kleiner, und zwar für Ausgangskerne ungerader Neutronenzahl rund 6,4 MeV, für solche gerader Neutronenzahl rund 5,4 MeV. Man sieht daraus, daß die Spaltung durch schnelle Neutronen von einigen MeV bei allen in der Tabelle angegebenen Kernen möglich sein sollte, und in der Tat wurde sie bisher bei den untersuchten Kernen von Io, Th, Pa, UI nachgewiesen. Die Spaltung durch langsame (thermische) Neutronen dagegen sollte nur in dem einzigen Falle des AcU möglich sein. Tatsächlich wurde die Spaltung von Hahn und Strassmann mit Hilfe thermischer Neutronen an Uran entdeckt, und später von Nier und Mitarbeitern durch Neutronenbestrahlung der im Massenspektrographen getrennten Uranisotope nachgewiesen, daß diese Reaktion an dem seltenen Isotop ^{235}U und nicht an dem viel häufigeren ^{238}U stattfindet. Der Wirkungsquerschnitt der Spaltung durch schnelle Neutronen ist bei allen untersuchten Elementen von der Größenordnung 10^{-25} cm^2. Der Spaltungsquerschnitt am reinen Isotop ^{235}U für langsame Neutronen ist umgekehrt proportional der Neutronengeschwindigkeit und beträgt für thermische Neutronen etwa $3 \cdot 10^{-22}$ cm^2.

Bei der Spaltung treten immer zwei schwere Trümmer auf, deren Massen um 95 und 140 herum liegen. Die Energie der leichteren Trümmer (Masse um 95) beträgt etwa 90 MeV und ihre Reichweite in Luft etwa 1,5 cm. Die Energie der schwereren Bruchstücke (Masse um 140) ist entsprechend dem Impulssatz kleiner und beträgt rund 60 MeV; ihre Reichweite ist größer, nämlich etwa 2,1 cm. Diese schweren Bruchstücke konnten chemisch in sehr viele verschiedene Isotope zerlegt werden. Bisher sind als Spaltstücke von Uran folgende Elemente mit Sicherheit nachgewiesen:

in der leichten Gruppe: $_{35}$Br, $_{36}$Kr, $_{37}$Rb, $_{38}$Sr, $_{39}$Y, $_{40}$Zr, $_{41}$Nb, $_{42}$Mo, 43,

in der schweren Gruppe: $_{57}$La, $_{56}$Ba, $_{55}$Cs, $_{54}$Xe, $_{53}$J, $_{52}$Te, $_{51}$Sb.

Alle diese Substanzen sind β-aktiv wegen ihres großen Neutronenüberschusses; die meisten von ihnen entstehen sicher nicht primär bei der Spaltung, sondern erst durch nachfolgende β-Zerfälle. Primär scheinen nach den bisherigen chemischen Erfahrungen vorzuliegen: In der leichten Gruppe mindestens ein Br-Isotop, drei Kr-Isotope und wahrscheinlich zwei Mo-Isotope, in der schweren Gruppe drei Sb-Isotope, drei Te-Isotope, drei Xe-Isotope und ein Ba-Isotop.

Spaltet der schwere Kern in nur zwei Bruchstücke auf, so müssen deren Ladungszahlen und Massenzahlen zusammengenommen natürlich gerade Ladungszahl und Massenzahl des aufgespaltenen Zwischenkerns ergeben. Da bei der Spaltung noch zwei bis drei Neutronen mit Energien von einigen MeV absplittern, ist die Massenbilanz natürlich verletzt. Geladene Teilchen scheinen dagegen nicht abgespalten zu werden; die Ladungsbilanz muß also zutreffen. Man kann daher zu jedem primären Bruchstück die Ladungszahl, aber nicht die Massenzahl seines Partners angeben.

Soweit sich heute Angaben über die Spaltungsstücke machen lassen, sind sie in die Tabelle aufgenommen.

III. Instabile Kerne.

26. Die natürliche Radioaktivität.

Die natürliche Radioaktivität wurde bekanntlich an den schwersten Elementen des periodischen Systems, an Thorium und Uran, von Becquerel sowie Marie und Pierre Curie mit Hilfe der von den ausgesandten Strahlen hervorgerufenen Ionisierung entdeckt. Dabei zeigte sich bald, daß man drei verschiedene Arten von Strahlung zu unterscheiden hat, die schon auf den ersten Blick durch ihre ganz verschiedene Durchdringungsfähigkeit getrennt werden können. Wir bezeichnen diese Strahlen als α-, β- und γ-Strahlen, von denen wir heute wissen:

α-Strahlen sind Heliumkerne des Isotops ^{4}He. Sie pflegen Energien von einigen MeV zu haben. Jeder α-labile Atomkern sendet α-Teilchen einer ganz bestimmten Energie und Reichweite aus. Es kommt allerdings vor, daß schwache Gruppen von etwas größerer oder kleinerer Reichweite auftreten, die davon herrühren, daß der Anfangs- oder Endkern des α-Zerfalls in einem angeregten Zustande vorliegt. Diese Erscheinung ist aber von untergeordneter Bedeutung.

β-Strahlen sind Elektronen, deren Energien sich über ein Kontinuum erstrecken, dessen obere Grenze meist bei einigen MeV, oft aber auch nur bei einigen 100 keV liegt.

γ-Strahlen sind eine Wellenstrahlung, also Lichtquanten, deren Energie $h\nu$ mindestens 100 keV und bei den natürlichen radioaktiven Elementen maximal 2,62 MeV beträgt. Die γ-Strahlung ist keine Radioaktivität im eigentlichen Sinne, sondern nur als Folgeerscheinung des Zurückbleibens angeregter Kerne zu verstehen. Sie ist die Ursache der sogenannten sekundären β-Strahlen, das sind Elektronen, die durch Photoeffekt von der γ-Strahlung aus Atomhüllen herausgeschlagen werden. Die γ-Strahlen und sekundären β-Strahlen haben Linienspektren. Eine γ-Aktivität im eigentlichen Sinne wurde erst vor 3 Jahren entdeckt (Isomerie, vgl. S. 86).

Die natürlich radioaktiven Kerne emittieren entweder α-Strahlen oder β-Strahlen. Nur in wenigen Fällen kommt es vor, daß die gleiche Kernart sowohl α- als β-Strahlen emittiert. Das sind die Verzweigungsstellen der radioaktiven Reihen bei RaC, ThC und AcC sowie die neu entdeckte bei Ac. In allen diesen Fällen läßt sich ein festes Abzweigungsverhältnis angeben, z. B. zerfallen 65 % aller ThC-Kerne durch β-Emission in ThC′ und 35 % aller ThC-Kerne durch α-Zerfall in ThC″.

Der radioaktive Zerfall geschieht nach rein statistischen Gesetzen, d. h. die Wahrscheinlichkeit eines Zerfalls ist in jedem Zeitelement gleich groß, etwa gleich $\lambda\,dt$. Von N zur Zeit t noch vorhandenen aktiven Kernen werden daher im Zeitintervall dt

$$-d\,N = N\lambda\,dt$$

Kerne zerfallen. Integriert man diese Differentialbeziehung, so entsteht:

$$N = N_0\,e^{-\lambda t}, \tag{64}$$

das bekannte Zerfallsgesetz der Radioaktivität. Beobachtet wird im allgemeinen nicht die Zahl der vorhandenen Kerne, sondern die Zahl der in der Zeiteinheit zerfallenden, das ist

$$a = \lambda\,N. \tag{65}$$

Diese Größe pflegt man als Aktivität zu bezeichnen; sie fällt natürlich ebenfalls exponentiell ab.

Die Größe λ heißt Zerfallskonstante. Sie gibt die Zerfallswahrscheinlichkeit in der Zeiteinheit an. Ihr Reziprokwert wird auch als mittlere Lebensdauer bezeichnet. Die Zeit T, in der die Aktivität auf die Hälfte sinkt,

$$T = \frac{\ln 2}{\lambda} = \frac{0{,}693}{\lambda} \tag{66}$$

heißt die Halbwertszeit des Zerfalls. Sie wird oft auch kurz als seine „Periode" bezeichnet.

Die natürlich aktiven Substanzen gehen nicht direkt in stabile Endprodukte über, sondern bilden lange Ketten voneinander folgenden Zerfällen, die sogenannten radioaktiven Familien. Wir unterscheiden drei solcher Familien: Die Uran-Radium-Familie, die Thorium-Familie und die Actinium-Familie. Die Übersicht Abb. 20 zeigt die Aufeinanderfolge der verschiedenen Zerfälle in den drei Familien unter Angabe der Halbwertszeiten.

Greift man aus einer solchen Reihe eine bestimmte Substanz durch eine chemische Abtrennung heraus, so bildet diese nach einiger Zeit wieder sämtliche daraus entstehenden Folgeprodukte nach. Wartet man hinreichend lange, so stellt sich ein Gleichgewicht ein. Von jedem Folgeprodukt entstehen und vergehen dann in der Zeiteinheit immer gleichviel Kerne, wie von der Muttersubstanz in der Zeiteinheit zerfallen, vorausgesetzt, daß die Muttersubstanz sehr viel langlebiger ist als ihre Folgeprodukte. Die Aktivitäten von Muttersubstanz und allen Folgeprodukten stimmen dann überein:

$$\lambda_1 N_1 = \lambda_2 N_2 = \lambda_3 N_3 = \ldots = \lambda_k N_k. \tag{67}$$

Die Anzahlen der vorhandenen Kerne verhalten sich also umgekehrt wie die Zerfallskonstanten, d. h. sie sind proportional den Halbwertszeiten. Man kann daraus z. B. die Menge Radium berechnen, die in einem Gramm mineralischen Urans enthalten ist. Da die Halbwertszeit

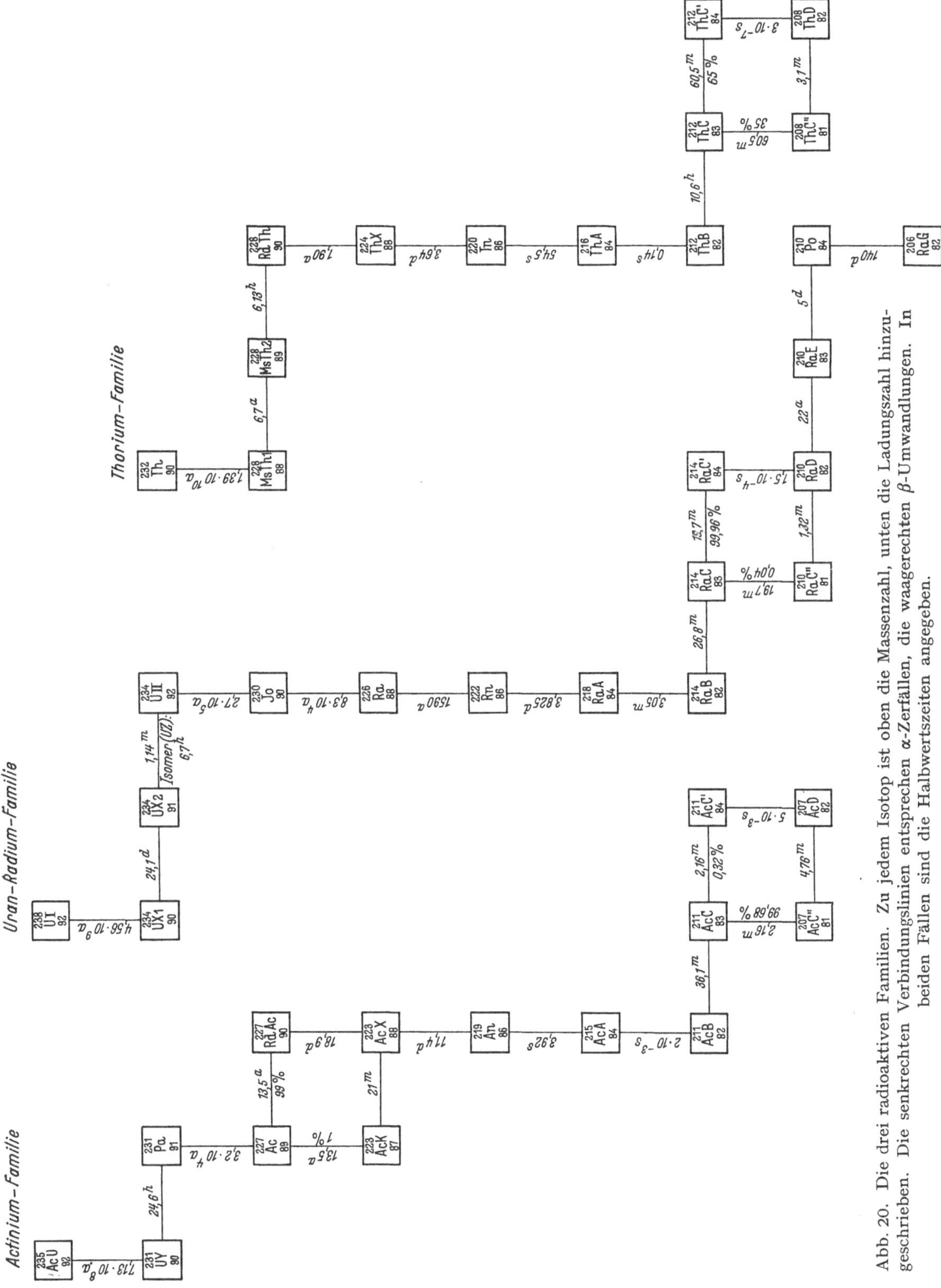

Abb. 20. Die drei radioaktiven Familien. Zu jedem Isotop ist oben die Massenzahl, unten die Ladungszahl hinzugeschrieben. Die senkrechten Verbindungslinien entsprechen α-Zerfällen, die waagerechten β-Umwandlungen. In beiden Fällen sind die Halbwertszeiten angegeben.

des Urans $4{,}56 \cdot 10^9$ Jahre und die des Radiums etwa $1{,}6 \cdot 10^3$ Jahre ist, die Atomgewichte aber 238 und 226 betragen, enthält 1 g Uran

$$\frac{226}{238} \cdot \frac{1{,}6 \cdot 10^3}{4{,}56 \cdot 10^9}\, \text{g} = 0{,}33 \cdot 10^{-6}\ \text{g Radium};$$

eine Tonne Uran enthält also nur rund $^1/_3$ g Radium. Noch kurzlebigere Substanzen von nur einigen Tagen Halbwertszeit kann man daher überhaupt nicht mehr in wägbaren Mengen herstellen.

Das zeitliche Ansteigen und Abfallen der Aktivität der Folgeprodukte kann man immer aus einem System einfacher Differentialgleichungen berechnen. Es sei etwa zur Zeit $t = 0$ von der Substanz 1 die Menge N_1^0 abgetrennt, von ihren Folgeprodukten 2, 3 usw. sei zur Zeit $t = 0$ noch nichts vorhanden. Sind λ_1, λ_2, λ_3 usw. die Zerfallskonstanten, N_1, N_2, N_3 usw. die Anzahlen vorhandener Kerne der verschiedenen Arten zur Zeit t, so bestehen die Gleichungen:

$$dN_1/dt = -\lambda_1 N_1,$$
$$dN_2/dt = -\lambda_2 N_2 + \lambda_1 N_1,$$
$$dN_3/dt = -\lambda_3 N_3 + \lambda_2 N_2 \quad \text{usw.}$$

Die Lösung dieses Systems von Differentialgleichungen zu den angegebenen Randbedingungen lautet:

$$\left. \begin{aligned} N_1 &= N_1^0\, e^{-\lambda_1 t}, \\ N_2 &= N_1^0\, \frac{\lambda_1}{\lambda_2 - \lambda_1} \left\{ e^{-\lambda_1 t} - e^{-\lambda_2 t} \right\}, \\ N_3 &= N_1^0\, \frac{\lambda_1 \lambda_2}{(\lambda_1 - \lambda_2)(\lambda_2 - \lambda_3)(\lambda_3 - \lambda_1)} \left\{ (\lambda_3 - \lambda_2)\, e^{-\lambda_1 t} + (\lambda_1 - \lambda_3)\, e^{-\lambda_2 t} + (\lambda_2 - \lambda_1)\, e^{-\lambda_3 t} \right\} \quad \text{usw.} \end{aligned} \right\} \tag{68}$$

Die zugehörigen Aktivitäten ergeben sich hieraus jeweils durch Multiplikation mit den Zerfallskonstanten λ_1, λ_2, λ_3.

Die Halbwertszeit ist meist das geeignete Hilfsmittel, um eine bestimmte radioaktive Substanz leicht zu erkennen. Von physikalisch größerem Interesse ist oft die Zerfallsenergie. Sie ist abgesehen von eventuell vorhandener γ-Strahlung beim β-Zerfall gleich der oberen Grenzenergie der Zerfallselektronen zu setzen (vgl. S. 76); für den α-Zerfall ist sie nicht einfach gleich der kinetischen Energie des emittierten α-Teilchens, sondern noch um den Energiebetrag zu erhöhen, mit dem der Kern beim Zerfall zurückgestoßen wird. Ist Q die Zerfallsenergie und E_α die Energie des α-Teilchens, das einen Kern der Massenzahl A verläßt, so folgt aus der Gleichheit der entgegengerichteten Impulse von α-Teilchen und Rückstoßkern:

$$Q = E_\alpha \left(1 + \frac{4}{A - 4} \right) = \frac{A}{A - 4}\, E_\alpha. \tag{69}$$

Man kann die Kenntnis der Zerfallsenergien benutzen, um die Massendefekte der schwersten Atomkerne relativ zueinander mit recht beträchtlicher Genauigkeit zu berechnen. Wir machen das am besten an einem Beispiel klar.

Der α-Zerfall von Radium in Radon erfolgt mit einer Zerfallsenergie $Q = 4{,}88$ MeV $= 5{,}25$ TME. Der Radiumkern möge einen Massendefekt D_{Ra} haben. Seine Masse ist dann, da er aus 88 Protonen und 138 Neutronen besteht,

$$M_{\mathrm{Ra}} = 88\, M_p + 138\, M_n - D_{\mathrm{Ra}}.$$

Genau so ist die Masse des aus 86 Protonen und 136 Neutronen bestehenden Radonkerns

$$M_{\mathrm{Rn}} = 86\, M_p + 136\, M_n - D_{\mathrm{Rn}}.$$

Beide unterscheiden sich um die verlorengegangene Masse, d. h. die Masse des α-Teilchens

$$M_\alpha = 2\, M_p + 2\, M_n - D_\alpha$$

und die Masse, die in kinetische Energie umgesetzt ist, also Q/c^2. Es sind also

$$M_{\mathrm{Ra}} - M_{\mathrm{Rn}} = 2\, M_p + 2\, M_n - D_{\mathrm{Ra}} + D_{\mathrm{Rn}}$$

und

$$M_\alpha + Q/c^2 = 2\, M_p + 2\, M_n - D_\alpha + Q/c^2$$

einander gleich:

$$D_{\mathrm{Ra}} - D_{\mathrm{Rn}} = D_\alpha - Q/c^2.$$

Der Massendefekt des α-Teilchens ist wohlbekannt, nämlich gleich 30,32 TME. Die Größe Q/c^2 ist die Zerfallsenergie, gemessen in der Massenskala, also 5,25 TME. Mithin wird

$$D_\text{Ra} - D_\text{Rn} = 30,32 - 5,25 = 25,07\ \text{TME}$$

die Differenz der Massendefekte von Radium und Radon.

Für die β-labilen Elemente kann man im Prinzip nach dem gleichen Schema verfahren. Man erhält auf diese Weise die Massendefekte aller Kerne einer Familie bis auf eine gemeinsame additive Konstante, die man nicht mit der gleichen Genauigkeit angeben kann. Man kann diese Konstante bestimmen, wenn man z. B. den Massendefekt von Uran oder Thorium kennt. Es genügt aber eine einzige solche Konstante für alle drei Reihen, da man durch Verwendung einfacher theoretischer Gesichtspunkte, die drei Reihen relativ zueinander ebenfalls festlegen kann. Es kommen nämlich z. B. in allen drei Reihen Isotope des Thoriums vor, nämlich: RdAc (227) in der Ac-Reihe, RdTh (228) und Th (232) in der Th-Reihe, Io (230) und UX 1 (234) in der U-Reihe. Man kann nun erwarten, daß die Anlagerung von Neutronen an das leichteste dieser Isotope (RdAc) immer etwa den gleichen Betrag an Bindungsenergie frei macht, daß also innerhalb dieser Serie von Isotopen der Massendefekt ungefähr linear mit der Masse anwächst. Dabei sollte noch eine kleine Unterscheidung hinsichtlich gerader und ungerader Massen bestehen, derart, daß die ungerade Masse (RdAc) eine etwas geringere Bindungsenergie besitzt als ihr nach der linearen Beziehung zu kommen würde[1]).

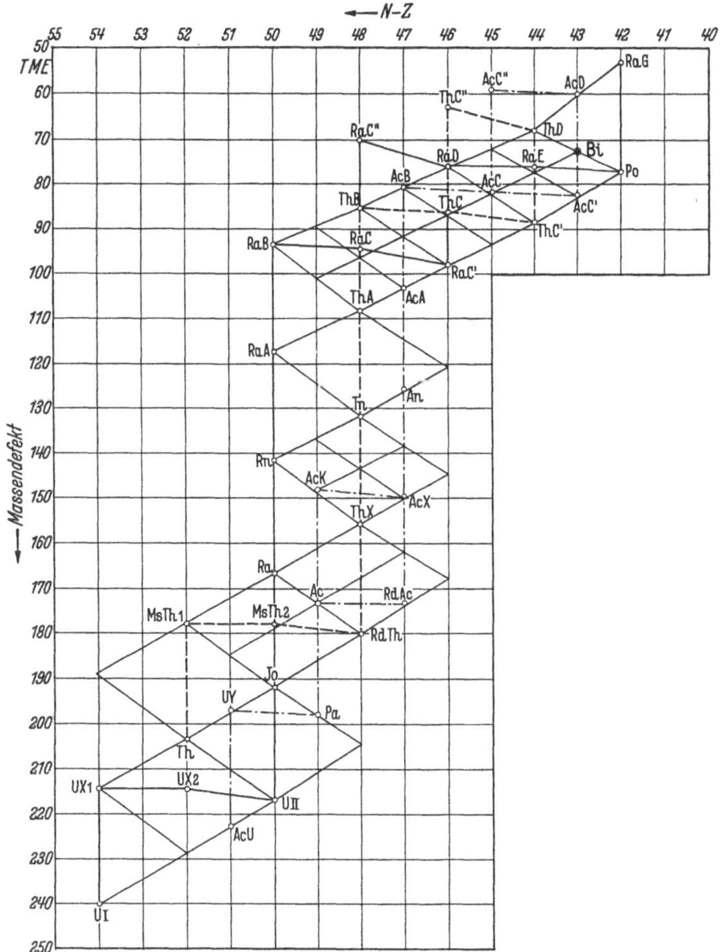

Abb. 21. Die Massendefekte der natürlichen Radioaktiven. α-Zerfall führt senkrecht nach oben, β-Umwandlung um zwei Plätze nach rechts. Ausgezogen: Uran-Radium-Reihe, gestrichelt: Thorium-Reihe, strichpunktiert: Actinium-Reihe.

Zahlen, die auf diese Weise gewonnen sind, wurden in die Tabellen aufgenommen. Abb. 21 zeigt dies Gebiet der schwersten Kerne in einer anschaulichen Form: Von oben nach unten ist der Massendefekt in TME aufgetragen, von rechts nach links der Neutronenüberschuß $N - Z$ der Kerne als bequeme Variable. Die starken Linien bezeichnen das Zerfallsschema der drei Familien; die schwachen Linien entsprechen der eben erwähnten Linearitätsforderung für Isotope (konstante Protonenzahl) und „Isotone" (konstante Neutronenzahl).

---

[1]) Die Zahlen innerhalb einer Familie sind relativ zueinander bis auf wenige Zehntel TME sicher; die drei Familien können relativ zueinander auf etwa 1 TME genau festgelegt werden; die Absolutwerte der Massendefekte, die sich um 1800 TME herum bewegen, sind nur auf etwa ± 10 TME genau.

27. Der α-Zerfall.

Die beiden Größen, die einen α-Strahler charakterisieren, sind seine Zerfallskonstante λ und die Energie der emittierten α-Teilchen. Da bei der Emission der zurückbleibende Kern einen Rückstoß erhält, ist die Zerfallsenergie Q nach Gl. (69) etwas größer als die kinetische Energie des α-Teilchens. Es ist zweckmäßig, diese Größe neben der Zerfallskonstanten zur Charakterisierung heranzuziehen.

Die Gamowsche Theorie, die wir bereits auf S. 59 kennenlernten, als vom künstlichen Hervorrufen einer α-Emission (allerdings in sehr kurzen Zeiträumen) die Rede war, ist ursprünglich am Problem des radioaktiven α-Zerfalls entstanden. Betrachten wir etwa den Urankern. Wir wissen, daß Uran α-Teilchen von 4,1 MeV Energie emittiert. Läßt man nun die viel schnelleren α-Teilchen des ThC' von 8,8 MeV Energie auf Urankerne auffallen und streut sie daran, so beobachtet man eine Richtungsverteilung der gestreuten Teilchen, die genau der in einem Coulombfeld erwarteten Richtungsverteilung gleich ist, die durch die Rutherfordsche Streuformel beschrieben wird. Zeichnen wir uns in Abb. 22 den Potentialberg in der Umgebung des Urankerns auf, so müssen wir also als experimentell gesichert annehmen, daß bis zu den kurzen Abständen vom Kernmittelpunkt, bis zu denen das schnelle ThC'-α-Teilchen noch vordringen kann, die Coulombsche Abstoßung wirksam bleibt. Wie kann dann das viel langsamere α-Teilchen des spontanen Uranzerfalls den Kern verlassen? Nach den Grundgesetzen der klassischen Mechanik ist das unmöglich; nach der Wellenmechanik bleibt die Möglichkeit eines „Tunneleffekts", wie wir ihn auf S. 59 bereits besprochen haben. Er bedeutet, daß die Emissionswahrscheinlichkeit durch einen Gamow-Faktor herabgesetzt wird.

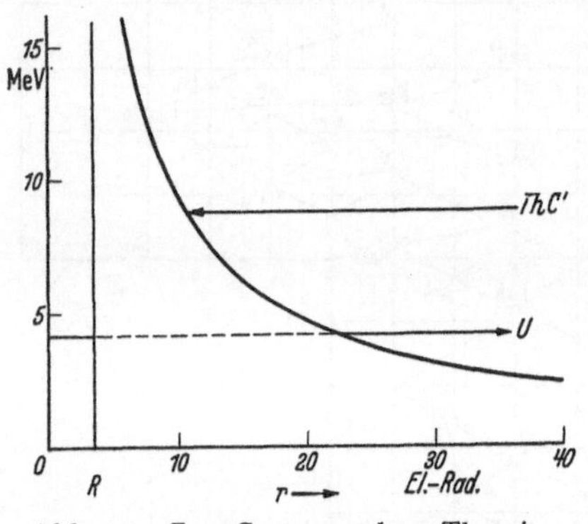

Abb. 22. Zur Gamowschen Theorie des α-Zerfalls.

Wir können demnach für die Zerfallskonstante eines α-labilen Atomkerns unter Bezugnahme auf die Gln. (56) bis (58) und die Ausführungen von S. 61 unmittelbar schreiben

$$\lambda = \lambda_0\, G = \lambda_0\, \frac{\alpha}{e^\alpha - 1}, \tag{70}$$

wobei wir erwarten, daß λ_0 etwa von der Größenordnung 10^{17} sec^{-1} wird. Natürlich wird die Größe λ_0 von Kern zu Kern noch individuellen Schwankungen unterworfen sein, die sich aber nicht über viele Zehnerpotenzen erstrecken werden[1]. In der folgenden Übersicht haben wir die Ergebnisse zusammengestellt. Unter λ ist die empirisch bestimmte Zerfallskonstante des betreffenden α-Strahlers angegeben. Zur Berechnung des Gamow-Faktors ist die Kenntnis der Zerfallsenergie Q, des Kernradius R und der Ladungszahl Z des entstehenden Folgekerns erforderlich. Für den Kernradius darf man annehmen, daß er etwa der dritten Wurzel aus der Massenzahl proportional anwächst; größere Abweichungen von dieser Gesetzmäßigkeit sollten sich in recht erheblichen Unregelmäßigkeiten der Massendefekte äußern. Abb. 21 zeigt auf den ersten Blick, daß solche Unregelmäßigkeiten höchstens bei den C- und C'-Elementen vorkommen können. Wir haben den Ansatz gemacht

$$R = 1,6 \cdot 10^{-13}\, \sqrt[3]{A}\ \text{cm}; \tag{71}$$

---

[1] Die Zeit $1/\lambda_0$, die für den Zerfall charakteristisch ist, wenn wir vom Gamow-Berg absehen, muß gleich der Zeit sein, die vergeht, bis die in einem Atomkern ziemlich gleichmäßig über alle Bausteine verteilte Überschußenergie sich auf einen Baustein an der Oberfläche konzentriert. Da die Kinetik eines solchen Vorganges schwer zu erfassen ist, fehlt bisher eine auch nur rohe theoretische Abschätzung dieser Zeit. Nur eins scheint klar zu sein: Daß nämlich diese Zeit beträchtlich größer sein muß als die von einem α-Teilchen zur Durchquerung des Atomkerns gebrauchte, die ohne die einschränkende Forderung der Energiekonzentration das α-Teilchen an die Oberfläche brächte. Diese ist etwa 10^{-20} sec.

er deckt sich gut mit einer später auf S. 91 für die mittelschweren Kerne abgeleiteten Formel. Die Konstante haben wir hier etwas größer gewählt[1]), was sicher vernünftig ist, obwohl man schwer sagen kann, um wieviel sie größer sein sollte als dort. Die Logarithmen der so berechneten Gamow-Faktoren sind in die folgende Tabelle mit aufgenommen. Man sieht, daß sie sich in einer ganz anderen Größenordnung bewegen als die auf S. 60 zur Diskussion stehenden. Endlich zeigt die letzte Spalte die Werte von $\lambda_0 = \lambda/G$. Die Werte hierfür liegen zwischen den Grenzen $3 \cdot 10^{16}\ \mathrm{sec}^{-1} < \lambda_0 < 5 \cdot 10^{18}\ \mathrm{sec}^{-1}$, streuen also über etwas mehr als zwei Zehnerpotenzen. Würden wir die Konstante in Gl. (71) nicht gleich 1,6 sondern gleich 1,5 setzen, so würden alle λ_0-Werte etwa um den Faktor 10 größer werden; an der Breite des Streubereichs würde sich nichts ändern.

Da für die natürlichen α-Strahler Z und R nur in recht engen Grenzen variieren, wird der jeweilige Wert der Variablen α im wesentlichen durch die Zerfallsenergie bestimmt. Wir können Gl. (70) daher auch als eine Korrelation zwischen der Zerfallsenergie und der Zerfallskonstante ansprechen, wobei infolge des Eingehens der Exponentialfunktion die Zerfallskonstante über viele Zehnerpotenzen variiert, während die Zerfallsenergie sich um nicht viel mehr als den Faktor 2 ändert. Diese Korrelation war unter dem Namen Geiger-Nuttall-Beziehung bereits vor der Gamowschen Theorie empirisch bekannt; ihre Erklärung war der entscheidendste Prüfstein für die Richtigkeit dieser Betrachtungsweise.

Übersicht über die α-Strahler [2]).

Zerfallender Kern	Zerfallskonstante λ, sec^{-1}	Zerfallsenergie Q, MeV	$-\operatorname{Log} G$	λ_0 $10^{17}\ \mathrm{sec}^{-1}$
U I	$4,81 \cdot 10^{-18}$	4,21	36,1	55
U II	$0,82 \cdot 10^{-13}$	4,79	31,7	42
Io	$2,6\ \cdot 10^{-13}$	4,76	30,7	13
Ra	$1,39 \cdot 10^{-11}$	4,88	28,0	1,4
Rn	$2,10 \cdot 10^{-6}$	5,59	23,8	13
RaA	$3,78 \cdot 10^{-3}$	6,11	20,5	12
RaC	$2,34 \cdot 10^{-7}$	5,61	22,5	0,07
RaC′	$4,6\ \cdot 10^{+3}$	7,83	14,7	23
Po	$0,57 \cdot 10^{-7}$	5,40	24,0	0,6
Th	$1,3\ \cdot 10^{-18}$	4,28	34,5	0,4
RdTh	$1,16 \cdot 10^{-8}$	5,52	25,9	9
ThX	$2,20 \cdot 10^{-6}$	5,79	23,2	3,5
Tn	$1,27 \cdot 10^{-2}$	6,40	20,3	25
ThA	4,95	6,90	17,5	15
ThC	$4,3\ \cdot 10^{-5}$	6,20	19,8	0,026
ThC′	$2,3\ \cdot 10^{+6}$	8,95	11,9	16
AcU	$3,08 \cdot 10^{-17}$	4,59	33,2	0,5
Pa	$6,86 \cdot 10^{-13}$	5,14	28,9	0,5
Ac	$1,6\ \cdot 10^{-11}$	5,1	27,8	1
RdAc	$4,24 \cdot 10^{-7}$	6,16	22,9	0,34
AcX	$7,06 \cdot 10^{-7}$	5,82	23,0	0,7
An	$1,77 \cdot 10^{-1}$	6,95	18,1	2,3
AcA	$3,47 \cdot 10^{+2}$	7,51	15,5	11
AcC	$1,54 \cdot 10^{-5}$	6,74	17,9	0,00012
AcC′	$1,4\ \cdot 10^{+2}$	7,58	15,5	4,2
Sm	$1,6\ \cdot 10^{-19}$	2,4	36,2	3

Wir haben bisher immer nur von einer einheitlichen α-Energie gesprochen, deuteten aber schon am Ende von S. 67 an, daß die Energie mancher α-Strahler nicht ganz einheitlich ist, sondern mehrere Reichweitengruppen beobachtet werden. Das umfangreiche experimentelle Material über diese Energiegruppen wurde durch Ablenkungsversuche mit α-Strahlen in magnetischen und elektrischen Feldern vor allem in den Instituten von Cambridge (Rutherford, Briggs) und Paris (Rosenblum) gewonnen. Die Ergebnisse zeigen, daß vor allem zwei charakteristische Erscheinungen dabei auftreten:

---

[1]) Wegen der Coulombkräfte und der etwas verschiedenen begrifflichen Bedeutung der Größe R hier und auf S. 91.

[2]) Die C-Elemente fallen aus der Regelmäßigkeit heraus, am stärksten AcC. Das ist nicht sehr verwunderlich, da in diesem Gebiet auch die Massendefekte eine starke Unregelmäßigkeit zeigen. Bei Samarium, dem einzigen α-Strahler der nicht zu den allerschwersten Kernen gehört ($A = 148$), ist die Reichweite der α-Strahlen mit $(1,13 \pm 0,02)$ cm recht genau gemessen; die Energie-Reichweite-Beziehung ist bei so kurzen Reichweiten aber ziemlich ungenau bekannt. Die Zahl 2,4 MeV für die Zerfallsenergie ist daher auch unsicher und entsprechend der daraus berechnete Wert von λ_0. Die C-Elemente und Ac sind zugleich β-Strahler; die angegebene Zerfallskonstante λ ist unter Benützung des Verzweigungsverhältnisses $\beta : \alpha$ für die α-Emission allein berechnet.

1. Es kommen manchmal mehrere Reichweitegruppen vergleichbarer Intensität vor, z. B. werden beim Zerfall des ThC in ThC″ α-Teilchen folgender Energien beobachtet:

$$E_\alpha = 6{,}084 \text{ MeV}; \quad \text{Intensität} \quad 27{,}2\%$$
$$6{,}044 \qquad\qquad 69{,}8\%$$
$$5{,}762 \qquad\qquad 1{,}80\%$$
$$5{,}620 \qquad\qquad 0{,}16\%$$
$$5{,}601 \qquad\qquad 1{,}10\%.$$

Die Erklärung liegt auf der Hand: Emittiert der ThC-Kern ein α-Teilchen kleinerer Energie als der größtmöglichen, so entsteht der ThC″-Kern in einem angeregten Zustande. Man wird also mit den Energiedifferenzen der Zerfallsenergien (Q, nicht E_α) das Termschema des ThC″-Kerns konstruieren können. Damit ergeben sich die in Abb. 23 dargestellten Niveaus, zwischen denen offenbar die eingezeichneten γ-Übergänge möglich sein müßten und als Folgeerscheinungen des α-Zerfalls auftreten sollten. Tatsächlich beobachtet man eine Reihe von γ-Linien, deren Energien genau mit den angeschriebenen Differenzen übereinstimmen. Die nicht eingezeichneten Übergänge dagegen werden nicht beobachtet, kommen also, wenn überhaupt, dann nur mit sehr viel geringerer Intensität vor. Dieser Ausfall einer Reihe von Linien deutet darauf hin, daß auch im Atomkern so etwas wie Auswahlregeln für Strahlungsübergänge existieren muß, ganz ähnlich wie in der Elektronenhülle des Atoms.

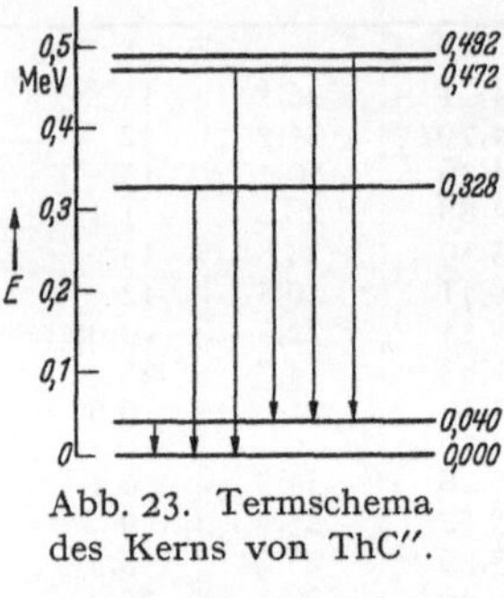

Abb. 23. Termschema des Kerns von ThC″.

2. Bei den sehr kurzlebigen Kernen ThC′ und RaC′, deren Halbwertszeiten etwa $3 \cdot 10^{-7}$ sec und $1{,}5 \cdot 10^{-4}$ sec sind, treten neben einer Hauptgruppe von α-Strahlen einige Gruppen von Strahlen übernormaler Reichweite auf, deren Intensität rund 10^5 bis 10^6mal geringer ist als die der Hauptgruppe. Wenn die Hauptgruppe diejenige ist, die vom Grundzustande des ThC′-Kerns zum Grundzustande des Folgekerns ThD führt, so müssen die Gruppen größerer Reichweite solchen Übergängen zugesprochen werden, die von einem angeregten Niveau des ThC′-Kerns ihren Ausgang nehmen. Im Gegensatz zu den eben unter 1. behandelten Reichweitegruppen erhalten wir hier also nicht über das Termschema des Folgekerns, sondern des Ausgangskerns Auskunft.

Die kleine Intensität dieser übernormalen Reichweitegruppen verstehen wir folgendermaßen: Ein angeregter ThC′-Kern geht im allgemeinen durch einen γ-Übergang in seinen Grundzustand über. Nur in ganz seltenen Fällen kommt es vor, daß der α-Zerfall dem γ-Übergang zuvorkommt und ein α-Strahl übernormaler Reichweite emittiert wird. Daß das überhaupt vorkommt, liegt daran, daß auch der α-Zerfall bereits eine recht kurze Halbwertszeit hat; daher wird die Erscheinung auch nur bei den beiden extrem kurzlebigen α-Strahlern ThC′ und RaC′ überhaupt beobachtet.

28. Der β-Zerfall.

Die Zahl der radioaktiven Elemente, die Elektronen emittieren, ist gewaltig vermehrt worden, seitdem im Jahre 1934 die künstliche Radioaktivität entdeckt wurde (Curie-Joliot). Wir kennen heute nicht nur die natürlichen β-Strahler im Gebiet der schwersten Kerne oberhalb Blei sowie die exzeptionell anmutenden natürlichen β-Strahler ^{40}K, ^{87}Rb und ^{176}Cp, sondern gleichmäßig über das ganze periodische System verteilt eine große Anzahl künstlicher β-aktiver Isotope, so daß es wohl kaum mehr ein Element gibt, das nicht wenigstens ein β-aktives Isotop besäße. Dazu kommen, besonders bei den leichteren Elementen, bei denen die Mannigfaltigkeit der möglichen Kernreaktionen sehr groß ist, mit deren Hilfe aktive Kerne künstlich hergestellt werden können, zahlreiche solche Kerne, die positive Elektronen (Positronen) emittieren.

Allen diesen β-Strahlern ist gemeinsam, daß sie nicht Elektronen einheitlicher Energie emittieren, sondern ein kontinuierliches Spektrum von Elektronenenergien, das von der Energie Null hinauf reicht bis zu einer oberen Grenzenergie, die meist um ein bis zwei MeV herum liegt, aber auch kleiner oder größer sein kann. Die Kerne mit den extremsten Werten der oberen Grenze sind wohl $^{210}_{82}$RaD (0,026 MeV) und $^{12}_{5}$B (12 MeV).

Das Auftreten eines Kontinuums ist nun höchst merkwürdig. Haben alle Ausgangskerne einer radioaktiven Substanz den gleichen Energieinhalt — und das müssen wir wohl annehmen, besonders wenn sie als Folgeprodukt eines einheitlichen α-Zerfalls entstanden sind — und treten verschiedene β-Zerfallsenergien auf, so sollten die Folgekerne zunächst verschiedene Energie haben und es müßte nachträglich ein ganzes Kontinuum von γ-Strahlung abgestrahlt werden, um alle Folgekerne in den gleichen Grundzustand zu bringen. Das ist aber nicht der Fall. Es gibt zwar zahlreiche β-Strahler, von denen nach dem β-Zerfall noch γ-Strahlen ausgehen, aber bei ihnen handelt es sich immer um wenige scharfe γ-Linien einheitlicher Energien, nicht um ein γ-Kontinuum. Außerdem aber gibt es eine ganze Reihe von β-Strahlern ohne begleitende γ-Strahlung, unter denen das $^{210}_{83}$RaE am besten untersucht ist.

Es schien von vornherein nicht ausgeschlossen, daß der merkwürdige Widerspruch sich dadurch erklären ließ, daß das beobachtete β-Kontinuum nur durch sekundäre Einflüsse, etwa durch Bremsung der ursprünglichen Elektronen und eine Dissipation ihrer Anfangsenergie über Sekundärelektronen vorgetäuscht, primär aber in Wirklichkeit eine scharfe β-Linie vorhanden sei. Ellis und Wooster haben 1927 durch ein geeignetes Experiment gezeigt, daß dieser Ausweg nicht möglich ist. Sie schlossen in einem Kalorimeter eine bekannte Zahl N von RaE-Atomen während einer Zeit t ein. In dieser Zeit zerfallen $N\,(1 - e^{-\lambda t})$ Atome; ebenso viele primäre β-Strahlen werden also zweifellos emittiert. Haben alle diese Strahlen die einheitliche Energie E, so sollte die ganze in der Beobachtungszeit im Kalorimeter entwickelte Wärmemenge

$$Q = N\,(1 - e^{-\lambda t})\,E$$

betragen. Diese Wärmemenge kann man messen und daraus E berechnen. Im Falle eines primären Linienspektrums sollte diese Energie E mit der oberen Grenzenergie des β-Kontinuums übereinstimmen. Ist das Kontinuum dagegen primären Ursprungs, so muß sich für E die mittlere β-Energie im Kontinuum ergeben. Der Versuch wurde unter noch besseren Bedingungen von Meitner und Orthmann 1930 wiederholt; es ergab sich dabei $E = (0,337 \pm 0,020)$ MeV, während nach den besten derzeitigen Messungen von Flammersfeld die obere Grenzenergie des β-Kontinuums von RaE bei $E_{\mathrm{max}} = 1,170$ MeV und seine mittlere Energie bei 0,331 MeV liegt. Die Übereinstimmung des kalorimetrischen Wertes mit der mittleren β-Energie ist also ganz vorzüglich.

Damit ist eindeutig bewiesen, daß die beobachteten β-Spektren primäre Kontinua sind. Die Gültigkeit des Energiesatzes scheint hier also zunächst durchbrochen. Wir können uns sofort überlegen, daß auch der Drehimpulssatz beim β-Zerfall augenscheinlich verletzt ist. Die experimentelle Erfahrung lehrt uns nämlich, daß die Atomkerne gerader Massenzahl ganzzahligen, die ungerader Massenzahl halbzahligen Kernspin haben (vgl. Tabelle I). Da bei einem β-Zerfall die Massenzahl ungeändert bleibt, sollte also immer eine Änderung des Drehimpulses nur um eine ganze Zahl (0, 1, 2 usw.) eintreten können, während doch andererseits das fortfliegende Elektron den Spin $1/2$ besitzt und dem System entzieht, so daß hiernach die Änderung halbzahlig sein sollte.

Beide Schwierigkeiten werden gemeinsam gelöst, wenn man mit Pauli den Fehlbetrag in Energie und Drehimpuls einem zweiten Teilchen zuschreibt, das bei jedem β-Zerfall gleichzeitig mit dem Elektron den Kern verläßt und dessen Eigenschaften so beschaffen sind, daß es sich der experimentellen Erfassung bisher entziehen konnte. Dies Teilchen bezeichnet man als Neutrino; es darf keine Ladung haben, da man es sonst an seiner Ionisation längst bemerkt hätte, und seine Masse darf höchstens gleich der des Elektrons sein, da es sich sonst in ähnlicher Weise wie das Neutron bemerkbar machen würde. Es darf insbesondere nicht merkbar in den Wänden des Kalorimeters bei dem oben geschilderten Versuch absorbiert werden, da es sich nicht in der Energiebilanz dieser Messungen bemerkbar macht. Es soll den Spin $1/2\,\hbar$ besitzen, so daß es gemeinsam mit dem Elektron in der Lage ist, die Ganzzahligkeit der Drehimpulsdifferenzen wieder herzustellen. Die gesamte Zerfallsenergie des β-Zerfalls soll dann gleich sein der oberen Energiegrenze des Kontinuums, zusätzlich der Massen von Elektron und Neutrino, die bei diesem Vorgang entstehen. Wird ein Elektron der kinetischen Energie E_{max} emittiert, so bleibt für das Neutrino nur noch die kinetische Energie Null übrig; hat das Elektron kleinere Energie, so erhält das Neutrino entsprechend größere, so daß die Summe beider immer gerade gleich E_{max} ist.

Ein experimenteller Beweis für diese Identifizierung von E_{max} mit der Zerfallsenergie läßt sich überall dort geben, wo es möglich ist, die Energiedifferenz von Anfangs- und Endkern außer durch den β-Zerfall selbst noch auf irgendeinem anderen Wege zu messen. Am anschaulichsten besteht diese Möglichkeit an den Verzweigungsstellen der radioaktiven Zerfallsreihen. So zerfällt der ThC-Kern entweder zuerst durch β-Zerfall mit $E_{max} = 2{,}25$ MeV in ThC′ und anschließend durch α-Zerfall mit der Zerfallsenergie $8{,}95$ MeV in ThD. Oder aber er geht zuerst durch α-Zerfall mit $6{,}20$ MeV in ThC″ über, anschließend durch β-Zerfall mit $1{,}79$ MeV oberer Grenzenergie in einen angeregten ThD-Kern. Alsdann werden noch nacheinander zwei γ-Quanten mit den Energien $0{,}58$ MeV und $2{,}62$ MeV emittiert, wie Ellis nachweisen konnte. Es ergibt sich also folgende Bilanz:

Erster Zerfallsweg:		Zweiter Zerfallsweg:	
ThC → C′: β	2,25 MeV	ThC → C″: α	6,20 MeV
ThC′ → D: α	8,95 ,,	ThC″ → D: β	1,79 ,,
		γ	2,62 ,,
		γ	0,58 ,,
Summe:	11,20 MeV	Summe:	11,19 MeV

Man sieht, daß die Übereinstimmung vorzüglich ist. Ähnliche, aber nicht so genaue Vergleichsmessungen existieren für RaC und AcC mit den anschließenden Verzweigungen. Die neu entdeckte Verzweigung bei Ac ist noch nicht genau genug untersucht, um eine weitere Bestätigung zu ergeben.

Da aus der Energiebilanz des β-Zerfalls nicht nur die kinetische Energie, sondern auch die Massen von Elektron und Neutrino bestritten werden müssen, ist die Energiedifferenz von Anfangs- und Endkern gleich der Summe von oberer Grenzenergie, Elektron- und Neutrinomasse. Man hat versucht, das zu einer experimentellen Bestimmung der Neutrinomasse auszunutzen; die Genauigkeit des vorliegenden Zahlenmaterials gestattet aber nur die Aussage, daß die Masse des Neutrinos sicher nicht größer und wahrscheinlich kleiner ist als die des Elektrons.

Fermi hat 1934 versucht, die Idee des Neutrinos zu einer quantitativen Theorie des β-Zerfalls auszugestalten. Offenbar ist hierzu eine Aussage darüber erforderlich, wie wahrscheinlich es ist, daß ein Elektron und Neutrino in einem Atomkern gebildet und anschließend emittiert werden. Da nach unseren nun schon bewährten Anschauungen die Bausteine des Atomkerns lediglich Neutronen und Protonen sind, macht Fermi die plausible Annahme, daß die beiden „leichten" Teilchen Elektron und Neutrino erst im Augenblick ihrer Emission erschaffen werden, indem ein „schweres" Teilchen aus dem ladungslosen Zustand (Neutron) in den geladenen Zustand (Proton) übergeht:

$$N \to P + e^- + \nu,$$

oder im Falle der Positronemission umgekehrt

$$P \to N + e^+ + \nu.$$

Dieser Gedanke stellt eine völlige Analogie dar zu den Vorgängen der Strahlungsemission in der Elektronenhülle: Dort geht ein Elektron aus einem Zustand höherer Energie in einen Zustand tieferer Energie über unter „Erschaffung" eines Lichtquants, das ja auch emittiert wird, ohne ein Baustein der Elektronenhülle gewesen zu sein. Eine wesentliche Komplikation der Fermischen Theorie gegenüber der Theorie der Lichtquantenerzeugung besteht darin, daß hier Proton und Neutron, die uns bisher als zwei verschiedene Teilchen gegolten haben, lediglich als zwei verschiedene Erscheinungsformen der gleichen Art, nämlich der „schweren" Teilchen, begriffen werden.

Die Erschaffung der Lichtquanten wird durch das Maxwellsche Feld zwischen den Elektronen geregelt. Die Erschaffung der „leichten" Teilchen im Kern soll in analoger Weise durch das Feld der „schweren" Teilchen geregelt werden, das wir als das Fermische Feld bezeichnen können. Genau wie das Maxwellsche Feld nicht nur Anlaß gibt zur Erschaffung der Lichtquanten, sondern auch zur Coulombschen Abstoßungskraft zwischen den Elektronen, so muß auch das Fermische Feld neben der Erschaffung der leichten Teilchen Anlaß geben zur Kraftwirkung

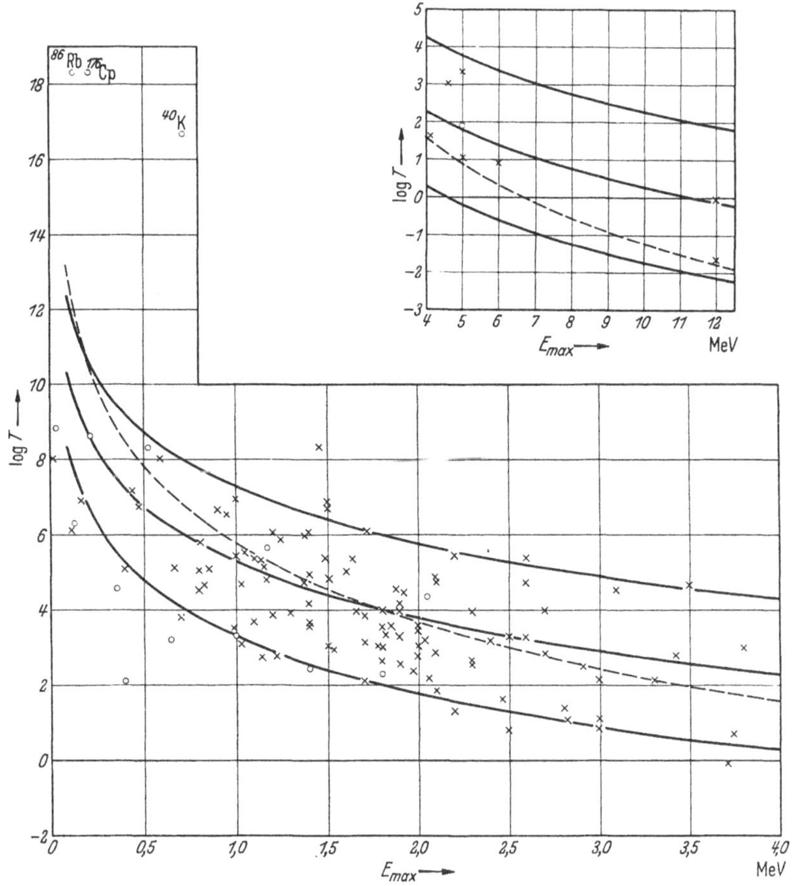

Abb. 24. Das Sargent-Diagramm des β-Zerfalls. Kreuze: künstliche, Kreise: natürliche β-Strahler. Die ausgezogenen Kurven entsprechen den Erwartungen der Fermischen Theorie ($\lambda \propto E_{\max}^{5}$), die gestrichelte der Formel von Konopinski und Uhlenbeck ($\lambda \propto E_{\max}^{7}$).

zwischen den schweren Teilchen, d. h. also zu den Kräften, welche die Atomkerne zusammenhalten. Es ist daher ein sehr wichtiger Prüfstein für die Fermische Theorie, daß es gelingt, die absolute Größe dieser Kernkräfte und die Wahrscheinlichkeit des β-Zerfalls aus einem einheitlichen Gesichtspunkt zu verstehen.

Die ursprüngliche Theorie von Fermi gibt zwar qualitativ Antwort auf alle diese Fragen, sie hat aber in quantitativer Hinsicht nahezu vollständig versagt. Der Grund dafür liegt natürlich in unserer völligen Unkenntnis, welche Annahmen wir über das Fermische Feld zugrunde legen sollen. Die weiteren Ausgestaltungen der Theorie unterscheiden sich daher auch nur hinsichtlich dieses Ansatzes von der ursprünglichen Fassung. Unter ihnen ist bemerkenswert die Form, die ihr von Konopinski und Uhlenbeck gegeben wurde, da die von ihnen vorausgesagte Intensitätsverteilung über das β-Kontinuum sich zuerst vollständig mit den Beobachtungen zu decken schien. Als sich im weiteren Verlauf der experimentellen Untersuchungen Abweichungen in der Umgebung der oberen Grenze herausstellten, glaubte man zunächst lediglich experimentelle Irrtümer in diesem intensitätsschwachen Gebiet vor sich zu haben.

Man pflegte daher eine Zeitlang nicht mehr die beobachteten oberen Grenzen, sondern die nach der Formel von Konopinski und Uhlenbeck extrapolierten oberen Grenzen als die richtigen Werte anzugeben (sogenannte K.U.-Werte). Beim weiteren Fortschritt der experimentellen Untersuchung zeigte sich dann aber, daß die Abweichungen von der K.U.-Theorie reell waren, so daß man heute wieder, und mit größerer Berechtigung als zuvor, die experimentellen oberen Grenzenergien auch für die zuverlässigsten hält.

Eine weitere, qualitativ bestätigte Folgerung aus der Theorie von Fermi sowie aus ihrer K.U.-Erweiterung ist das Bestehen einer Beziehung zwischen der Zerfallsenergie E_{max} und der Zerfallswahrscheinlichkeit, die zuerst empirisch von Sargent aufgefunden wurde und ein Analogon zu der Geiger-Nuttallschen Beziehung beim α-Zerfall darstellt. In Abb. 24 sind die Werte von Log λ und E_{max} für zahlreiche Kerne eingezeichnet; man sieht, daß sie in einen ziemlich engen Bereich fallen, derart, daß der Zerfall mit wachsender Zerfallsenergie immer wahrscheinlicher wird. In den quantitativen Angaben ist der Unterschied zwischen beiden Formen der Theorie wieder beträchtlich: Während sich in der ursprünglichen Fassung von Fermi für nicht zu kleine Zerfallsenergien ($E_{max} \gg 0,5$ MeV) ergab: $\lambda \propto E_{max}^5$, fordert die Ausgestaltung von K.U. ein Gesetz der Form $\lambda \propto E_{max}^7$. Die beobachteten Punkte streuen über einen so weiten Bereich, daß eine Entscheidung zwischen beiden Formeln kaum möglich ist. Diese Streuung wird theoretisch verständlich daraus, daß noch zwei weitere Parameter in die Beziehung eingehen, die nicht für alle Kerne übereinstimmen, nämlich erstens ein Matrixelement, das die Eigenfunktionen der schweren Teilchen enthält und damit der Tatsache Rechnung trägt, daß der β-Zerfall nicht die Umwandlung eines freien Neutrons in ein Proton, sondern die eines im Kern gebundenen Neutrons in ein gebundenes Proton ist. Dies Matrixelement ist zwar stets von der gleichen Größenordnung, zeigt aber doch von Kern zu Kern individuelle Schwankungen. Zweitens besteht eine Spinauswahlregel, die besagt, daß ein Übergang bei dem ein Kern in einen solchen mit einem um Δi veränderten Kernspin übergeht, etwa um den Faktor $100^{\Delta i}$ unwahrscheinlicher sei als ein Übergang, bei dem der Spin erhalten bleibt.

Die Herleitung der Kraftwirkung zwischen den schweren Teilchen aus dem Fermischen Felde haben zuerst Tamm und Iwanenko versucht. Der Gedankengang ist dabei etwa folgender: Die Wechselwirkung zwischen einem Proton und einem Neutron kommt dadurch zustande, daß das Proton sich virtuell[1]) aufspaltet in ein Neutron, ein Positron und ein Neutrino und daß die beiden so entstandenen leichten Teilchen nach Ablauf einer sehr kurzen Zeitspanne von dem Neutron wieder absorbiert werden. Das Schema ist also:

$$P + N \to (N' + e^+ + \nu) + N \to N' + (e^+ + \nu + N) \to N' + P'.$$

Daneben kann auch der entsprechende Prozeß ablaufen:

$$P + N \to P + (e^- + \nu + P') \to (P + e^- + \nu) + P' \to N' + P'.$$

Wie man sieht, tauschen Proton und Neutron dabei ihren Ort. Man nennt die mit einem derartigen Austausch der beiden leichten Teilchen verknüpfte Kraftwirkung eine Austauschkraft. Man sieht auch sofort ein, daß es zwei verschiedene Arten solcher Austauschkräfte geben kann. Da die Teilchen außer der Ladung, die vom einen zum anderen hinüber wandert, auch einen Spin besitzen, kann man die beiden Möglichkeiten unterscheiden, daß der Spin beim Ort bleibt oder bei der Ladung. Das äußert sich, natürlich nur bei antiparallelen Spins,

---

[1]) Ein virtueller Zwischenzustand ist ein solcher, der nur sehr kurze Zeit besteht. Wegen der Heisenbergschen Unschärferelation $\Delta E \cdot \Delta t \gtrsim \hbar$ ist es unmöglich, seine Energie genau anzugeben. Er braucht daher nicht dem Energiesatz zu genügen. Für den Endzustand, in den das System nach der Zeit Δt übergeht, muß dagegen der Energiesatz wieder gelten. Beispiele für solche virtuelle Zustände sind in der Quantenmechanik ziemlich häufig. Beim Raman-Effekt führt die Absorption des eingestrahlten Lichtquants zu einem solchen Zustande. Sie ist in der Tat nicht mit dem Energiesatz verträglich, da die Energie des Primärlichts ja nicht in das Termschema des Moleküls paßt. Ein anderes Beispiel ist der bereits auf S. 58 behandelte Zwischenkern bei Kernreaktionen. Vgl. auch die virtuelle Erzeugung der Yukawaschen Teilchen im Kern, S. 79f.

in einer Spinabhängigkeit der Kernkräfte. Den ersten Typus bezeichnet man als Heisenberg-Kraft, den zweiten als Majorana-Kraft.

Dies Schema versagt, sowie wir die Wechselwirkung zweier Protonen untereinander betrachten. Da aus dem β-Zerfall nur die Existenz der beiden Reaktionen $P \rightleftharpoons N + e^+ + \nu$ und $N \rightleftharpoons P + e^- + \nu$ folgt, brauchten wir in diesem Falle insgesamt vier leichte Teilchen, die zwischen den beiden schweren Kernen ausgetauscht werden müßten nach dem Schema:

$$P_1 + P_2 \rightarrow (N_1 + e_1^+ + \nu_1) + (N_2 + e_2^+ + \nu_2) \rightarrow (N_1 + e_2^+ + \nu_2) + (N_2 + e_1^+ + \nu_1) \rightarrow P_1' + P_2'.$$

Es ist plausibel, daß ein Austausch von vier Teilchen viel unwahrscheinlicher ist als ein solcher von zwei Teilchen, so daß die Kraft zwischen gleichartigen Teilchen größenordnungsmäßig kleiner sein sollte als die zwischen verschiedenartigen. Das Experiment hat diese Schlußfolgerung widerlegt. Aus den Versuchen von Tuve, Heydenburg und Hafstad über die Streuung von Protonen an Protonen wissen wir, daß zwischen diesen Teilchen außer ihrer Coulombschen Abstoßung noch eine Kraft wirksam ist, die nicht nur von gleicher Größenordnung ist wie die Kraft zwischen Proton und Neutron, sondern sogar quantitativ völlig mit ihr übereinstimmt. ·

Es ist also eine Erweiterung der ursprünglichen Fermischen Theorie notwendig. Gestattet man nämlich auch noch die Elementarprozesse $P \rightleftharpoons P' + e^+ + e^-$, $P \rightleftharpoons P' + \nu_1 + \nu_2$ und entsprechend am Neutron $N \rightleftharpoons N' + e^+ + e^-$, $N \rightleftharpoons N' + \nu_1 + \nu_2$, so kann man auch die Kraft zwischen zwei gleichartigen schweren Teilchen mit dem Austausch von lediglich zwei leichten Teilchen erklären, z. B.

$$P_1 + P_2 \rightarrow (P_1' + e^+ + e^-) + P_2 \rightarrow P_1' + (e^+ + e^- + P_2) \rightarrow P_1' + P_2'.$$

Allerdings sollten dann auch neben dem β-Zerfall noch andere Prozesse möglich sein, nämlich solche bei denen ein Elektron-Positron-Paar emittiert wird oder zwei Neutrinos. Da bei diesen Prozessen aber der Kern in einen solchen übergeht, den er auch durch einen γ-Übergang erreichen könnte, und da die Wahrscheinlichkeit für eine γ-Emission ja viel größer ist als für β-Zerfälle und ähnliche Prozesse, würde es keine wesentliche Schwierigkeit bieten, daß derartige Prozesse nie beobachtet werden. Daher ist verschiedentlich versucht worden, auf diesem Wege die Fermische Theorie auszugestalten (Kemmer, Heitler).

Ein anderer Zugang zu den Problemen bietet sich dar durch eine im Jahre 1935 von Yukawa begründete Abwandlung der Fermischen Theorie, die tiefer in deren Grundlagen eingreift. Yukawa denkt sich den Vorgang der β-Emission in zwei Schritte zerlegt. Zunächst soll ein einziges geladenes Teilchen (Y^+ oder Y^-) erzeugt werden, das aber nur virtuell existiert, also nach kurzer Zeit in ein positives oder negatives Elektron und ein Neutrino zerfällt, also

$$P \rightarrow N + Y^+; \quad Y^+ \rightarrow e^+ + \nu.$$
$$N \rightarrow P + Y^-; \quad Y^- \rightarrow e^- + \nu.$$

Die Kraftwirkung zwischen Proton und Neutron entspricht dann dem Schema:

$$P + N \rightarrow (N' + Y^+) + N \rightarrow N' + (Y^+ + N) \rightarrow N' + P'$$

oder auch:

$$P + N \rightarrow P + (Y^- + P') \rightarrow (P + Y^-) + P' \rightarrow N' + P'.$$

Das virtuelle Y-Teilchen wird also wieder absorbiert, sofern es energetisch nicht die Möglichkeit des weiteren Zerfalles besitzt. Um die Kraftwirkung zwischen Proton und Proton mit dem Austausch nur eines Teilchens zu erfassen, muß man offenbar noch ein drittes ungeladenes Teilchen Y^0 einführen:

$$P_1 + P_2 \rightarrow (P_1' + Y^0) + P_2 \rightarrow P_1' + (Y^0 + P_2) \rightarrow P_1' + P_2'.$$

Dies Teilchen, das Neutretto, könnte analog zum β-Zerfall zwar in ein positives und ein negatives Elektron zerfallen, ein Zerfall, der wiederum nicht beobachtet wird, da ihm die Zerstrahlung des Neutretto in Lichtquanten zuvorkommt.

Der Vorzug der Yukawaschen Betrachtungsweise gegenüber der ursprünglichen von Fermi war zunächst rein theoretisch: Der Prozeß der Erzeugung und des Austauschs lediglich eines einzigen Teilchens zeigt eine viel stärkere Analogie zur Elektrodynamik. Man kann nämlich in der Maxwellschen Theorie die Wechselwirkung zwischen zwei Elektronen auch so verstehen: Das eine Elektron erzeugt virtuell ein Lichtquant, das vom anderen Elektron wieder absorbiert wird:

$$e_1 + e_2 \rightarrow (e_1' + h\,v) + e_2 \rightarrow e_1' + (h\,v + e_2) \rightarrow e_1' + e_2'\,.$$

Yukawa hat diese Analogie noch viel weiter auch bis ins Quantitative hinein ausgenützt. Für die Lichtquanten besteht z. B. die bekannte Wellengleichung

$$\Delta\,\varphi - \frac{1}{c^2}\,\frac{\partial^2\,\varphi}{\partial t^2} = 0\,.$$

Für das Y-Teilchen muß eine Wellengleichung gelten, die sich hiervon nur durch ein Massenglied unterscheidet. Eine solche Wellengleichung ist aus der De Broglieschen Theorie der Materiewellen wohlbekannt; sie lautet für ein Teilchen der Masse μ:

$$\Delta\,\varphi - \left(\frac{\mu\,c}{\hbar}\right)^2 \varphi - \frac{1}{c^2}\,\frac{\partial^2\,\varphi}{\partial t^2} = 0\,.$$

Unter μ wollen wir also jetzt die Masse des Y-Teilchens verstehen. Von der Wellengleichung kommen wir in der Maxwellschen Theorie zur Elektrostatik, indem wir das Glied wegstreichen, das die Ableitung nach der Zeit enthält. Es entsteht dann für die potentielle Energie der Kraftwirkung zwischen zwei Elektronen die Differentialgleichung

$$\Delta\,\varphi = 0$$

mit der Lösung

$$\varphi = \frac{e^2}{\hbar\,c}\,\frac{\hbar\,c}{r}\,,$$

wobei wir die Integrationskonstante e^2 willkürlich mit $\hbar\,c$ erweitert haben. In der Yukawaschen Theorie heißt es analog

$$\Delta\,\varphi - \left(\frac{\mu\,c}{\hbar}\right)^2 \varphi = 0$$

mit der Lösung

$$\varphi = \frac{g^2}{\hbar\,c}\,\frac{\hbar\,c}{r}\,e^{-\frac{\mu\,c}{\hbar}\,r}\,. \tag{72}$$

Das sollte also die potentielle Energie der Kraftwirkung zwischen zwei schweren Teilchen im Kern sein[1]). Wir wissen nun experimentell, daß diese Kraft tatsächlich etwa exponentiell abklingt, und zwar auf Entfernungen von der Größenordnung des Elektronenradius $e^2/m\,c^2 = 2{,}81 \cdot 10^{-13}$ cm. Daher muß genähert die Gleichung gelten:

$$\frac{\hbar}{\mu\,c} \approx \frac{e^2}{m\,c^2}$$

oder

$$\mu/m \approx \hbar\,c/e^2 = 137\,. \tag{73}$$

Das Y-Teilchen muß also etwa die 137fache Masse des Elektrons besitzen. Die Theorie von Yukawa hat dadurch außerordentlich an Wahrscheinlichkeit gewonnen, daß solche Teilchen

---

[1]) Die Spinabhängigkeit der Kernkräfte kommt hier noch nicht zum Ausdruck. Das liegt daran, daß wir uns begnügt haben, auch die Lichtwelle durch eine einzige skalare Wellengleichung zu beschreiben. In Wirklichkeit muß man ja eine vektorielle Theorie aufbauen, um der Transversalität der Lichtwellen Rechnung zu tragen. Die analoge Methode beim Y-Teilchen führt zu einer vektoriellen Theorie, bei der der Spin die Rolle der Transversalität übernimmt. Dieser Gedankengang ist, befreit von allem quantentheoretischen Beiwerk, sehr klar herausgearbeitet bei H. Jensen: Verh. Dtsch. physik. Ges. (3) **20** (1939) 113. Die Spinabhängigkeit ist hier von anderer Art wie in der ursprünglichen Fermischen Theorie. Sie enthält eine Spin-Bahnkopplung, die z. B. die Beobachtung erklärt, daß das Deuteron ein kleines Quadrupolmoment besitzt.

in der Höhenstrahlung beobachtet werden. Man nennt sie Mesotronen oder Mesonen; ihre Masse liegt nach den bisher noch recht unsicheren Experimenten zwischen 50 und 200 Elektronenmassen. Man weiß nicht, ob alle die gleiche Masse haben oder ob verschiedene Massen auftreten. Jedenfalls haben sie aber die richtige Größenordnung. Man weiß von ihnen außerdem aus den experimentellen Erfahrungen über die Höhenstrahlen, daß sie in etwa 10^{-6} sec spontan zerfallen.

Die absolute Größe der Kernkräfte legt offenbar den Wert der Integrationskonstanten g^2 in genau der gleichen Weise fest, wie die absolute Größe der Coulombschen Kraft die Integrationskonstante e^2 festlegt. Es ergibt sich im Gegensatz zu dem sehr kleinen Wert $e^2/\hbar c = 1/137$ für die Kernkräfte ein viel größerer Wert von etwa $g^2/\hbar c \approx 1/3$.

Die β-Zerfallswahrscheinlichkeit wird von dieser Konstante noch nicht beherrscht. Hierin liegt ein wesentlicher Unterschied zwischen der ursprünglichen Fermischen Theorie und der Umgestaltung von Yukawa. Der β-Zerfall ist in zwei Schritte zerlegt, deren erster durch die Konstante g charakterisiert wird, von der Wechselwirkung des Y-Teilchens mit den schweren Teilchen handelt und die Bestimmung von g aus der Größe der empirischen Kräfte zwischen den schweren Teilchen gestattet. Der zweite Schritt bringt den Zerfall des Y-Teilchens in zwei leichte, handelt also nur von der Wechselwirkung der leichten mit dem Y-Teilchen, die durch eine andere Konstante g' beschrieben wird. Mit Hilfe dieser Konstanten muß man nun zwei verschiedene experimentelle Erscheinungen erklären: Die Größenordnung der β-Lebensdauern von Atomkernen und die Lebensdauer des spontanen Zerfalls des freien Mesotrons. Da die Größe $\hbar/\mu c^2$ die einzige Größe von der Dimension einer Zeit ist, die man aus den für das Y-Teilchen charakteristischen Elementarkonstanten bilden kann, muß die Zerfallskonstante für den spontanen Zerfall

$$\lambda = \frac{g'^2}{\hbar c}\,\frac{\mu c^2}{\hbar}$$

werden. Daraus, daß λ von der empirischen Größenordnung 10^6 sec^{-1} ist, kommt man auf $g'^2/\hbar c = 10^{-17}$. Die Kleinheit dieses Wertes führt auch die langen Lebensdauern für den normalen β-Zerfall der Atomkerne herbei, allerdings ist die quantitative Wiedergabe der Lebensdauern eher mit $\lambda = 10^8$ sec^{-1} verträglich[1]).

Eine Folgerung, die sich endlich noch aus der Theorie des β-Zerfalls ergibt — und zwar ganz ähnlich bei Fermi wie bei Yukawa — betrifft das magnetische Moment von Proton und Neutron. Wir erwähnten bereits auf S. 18, daß das magnetische Moment des Protons nach der Diracschen Theorie 1 KM betragen sollte, während es experimentell gleich 2,78 KM ist. Ebenso ist das Moment des Neutrons — 1,94 KM, obwohl es nach der Diracschen Theorie $= 0$ werden müßte. Nun lehren uns aber beide Fassungen der β-Zerfallstheorie, daß der ursprünglich scharfe Begriff „Elementarteilchen" sich etwas verwischt, indem zeitweilig z. B. das Neutron aufgespalten ist in ein Proton und ein Y^--Teilchen. In diesem aufgespaltenen Zustande nun, der während eines Bruchteils $g^2/\hbar c$ der Zeit andauert, wird sein magnetisches Moment im wesentlichen herrühren von dem Y-Teilchen, also etwa gleich sein $e\hbar/2\mu c = M/\mu$ KM. Im Zeitmittel ergibt sich also für das magnetische Moment des Neutrons:

$$|\mu_n| = \frac{g^2}{\hbar c}\,\frac{e\hbar}{2\mu c} \quad \text{oder} \quad |\mu_n| = \frac{g^2}{\hbar c}\,\frac{M}{\mu}\ \text{KM}.$$

Dies soll gleich dem empirischen Wert von 1,94 KM werden; setzt man für $M/\mu \approx 1840/137$, so entsteht damit $g^2/\hbar c \approx 1/7$. Das ist in der Tat ein vernünftiger, mit der absoluten Größe der Kernkräfte vereinbarer Wert. Das magnetische Moment des Protons entsteht durch die Überlagerung eines solchen Moments im aufgespaltenen Zustande mit dem Moment von 1 KM im nichtaufgespaltenen. Es sollte danach nicht 2,78, sondern 2,94 KM betragen. Der kleine

---

[1]) Eine eingehende Besprechung aller mit dem Meson zusammenhängenden grundsätzlichen Fragen und quantitativen Folgerungen findet sich in zwei Arbeiten von H. A. Bethe, Physic. Rev. **57** (1940) 260, 390.

Unterschied hängt vielleicht damit zusammen, daß infolge der Spinabhängigkeit der Kernkräfte die Momente von Proton und Neutron im Deuteron nicht exakt additiv zusammengesetzt werden dürfen. Hierauf deutet auch die Existenz eines kleinen Quadrupolmoments beim Deuteron hin.

29. Der K-Einfang.

Betrachten wir zwei isobare Atomkerne, deren Massenzahlen also übereinstimmen, und die sich in ihren Ladungszahlen um eine Einheit unterscheiden. Auf den ersten Blick erwarten wir dann, daß der eine der beiden Kerne instabil sein muß und sich in den anderen umwandelt, entweder unter Positron- oder Elektronemission, je nachdem, ob der instabile, schwerere Kern das größere oder kleinere Z hat als der stabile, leichtere. Das trifft aber nicht ganz zu, da ja beim β-Zerfall die Massen von Elektron und Neutrino aus der Masse des Ausgangskerns ebenfalls bestritten werden müssen. Ein β-Zerfall setzt deshalb voraus, daß der schwerere Kern mindestens um die Summe aus Elektron- und Neutrinomasse schwerer sei als der stabile, leichtere Kern.

Danach hätte es zunächst den Anschein, als ob ein Zwischengebiet von mindestens 1 TME Breite bliebe, innerhalb dessen zwei benachbarte Isobare gleichzeitig stabil sein könnten. Bei näherer Betrachtung hat sich aber herausgestellt, daß auch in diesem Bereich noch ein Prozeß möglich ist, der den schwereren Kern in den leichteren umwandelt.

Es sei ein Kern der Ladung $Z+1$ vorgelegt. Wir wollen diesen Kern mit Elektronen beschießen. Dann besteht die Möglichkeit, daß der Kern infolge der Wechselwirkung, die zwischen leichten und schweren Teilchen nach S. 78 besteht, ein Elektron einfängt, also in einen isobaren Kern der Ladung Z übergeht. Aus Gründen der Impulserhaltung kann der so entstandene Kern nur ein virtueller Zwischenkern sein; er geht in den endgültigen Kern über, indem er entweder einen γ-Strahl oder ein Neutrino emittiert. Es soll also folgende Reaktion stattfinden:

$$\substack{A \\ Z+1} \text{Kern} \ (e^-,\ \nu)\ \substack{A \\ Z} \text{Kern}.$$

Reaktionen, die durch Elektronen ausgelöst werden, sind bisher kaum bekannt. Nur ein einziger Fall ist sicher nachgewiesen: Elektronen von mehr als 1,6 MeV Energie können den Kern ^{9}Be so hoch anregen, daß er ein Neutron emittiert. Das Elektron wird hierbei nur unelastisch gestreut, ohne eingefangen zu werden. Man darf erwarten, daß ein solcher Vorgang immer noch bedeutend wahrscheinlicher ist, als die obige Reaktion im eigentlichen Sinne. Dennoch beträgt der Wirkungsquerschnitt nur 10^{-31} cm^2.

Erscheint es danach hoffnungslos, Kernumwandlungen durch Elektronen hervorzurufen, so wird die Lage in dem Augenblick anders, wo wir bedenken, daß jeder Atomkern ja ständig von den Elektronen seiner Hülle umgeben ist. Zwei K-Elektronen halten sich jahraus, jahrein in nächster Nachbarschaft jedes Atomkerns auf. Wir brauchen also gar keine Elektronen auf einen Kern zu schießen, wenn es uns nicht darauf ankommt, dem Kern ihre kinetische Energie zuzuführen. Eine durch Elektronen auslösbare exotherme Reaktion, wie es die obige Reaktion an Positronenstrahlern ist, sollte daher durch Einfang eines K-Elektrons stets vor sich gehen können.

Bei der genannten endothermen Reaktion am Beryllium ist das nicht der Fall, weil das K-Elektron nicht nur keine positive kinetische Energie mitbringt, sondern sogar negative Energie besitzt, nämlich die Bindungsenergie $-E_K$ der K-Schale. Wäre das nicht der Fall, so könnte man die Einfangwahrscheinlichkeit aus dem Wirkungsquerschnitt σ nach der einfachen Formel berechnen:

$$w = \sigma\, v/V\,,$$

wobei V das Volumen ist, in dem das Elektron eingeschlossen ist, d. h. also das Volumen der K-Schale (10^{-25} cm^3) und v seine Geschwindigkeit ($v = 10^9$ cm/sec). Die Einfangwahrscheinlichkeit ergäbe sich dann aus $\sigma = 10^{-31}$ cm^2 zu $w = 10^{-31} \cdot 10^9/10^{-25} = 10^3$ sec^{-1}. Man hätte also eine Umwandlung, die bereits nach einer tausendstel Sekunde eintreten müßte! Tatsächlich sind nun die Reaktionen, bei denen ein Elektron wirklich in den Kernverband aufgenommen wird, indem ein Proton sich in ein Neutron umwandelt und ein Neutrino emittiert wird zweifellos viel unwahrscheinlicher. In der Tat werden sie in vielen Fällen beobachtet mit Halbwertszeiten von den gleichen Größenordnungen wie sie bei den β-Strahlern auftreten.

Es ergibt sich also für benachbarte Isobare folgendes Bild: Der Kern der Masse M_1 und Ladung $(Z + 1)$ kann ein Positron emittieren und in den Kern der Masse M_2 und Ladung Z übergehen, wenn

$$M_1 \geqq M_2 + m_e + m_\nu.$$

Der Kern der Masse M_1 kann auch ein K-Elektron aus seiner Hülle einfangen unter gleichzeitiger Emission eines Neutrinos, wenn

$$M_1 - E_K/c^2 + m_e \geqq M_2 + m_\nu,$$

also wenn

$$M_1 \geqq M_2 - m_e + m_\nu + E_K/c^2.$$

Soll er ein Elektron aus der L-Schale einfangen, so ist E_K sinngemäß durch E_L zu ersetzen. Die Wahrscheinlichkeit dafür ist allerdings beträchtlich kleiner, weil das L-Elektron dem Kern nicht so nahe kommt. Endlich kann noch der umgekehrte Prozeß eintreten; wenn die Masse des Kerns M_2 hinreichend überwiegt, wird dieser ein negatives Elektron emittieren, dazu muß

$$M_2 \geqq M_1 + m_e + m_\nu, \quad \text{also} \quad M_1 \leqq M_2 - m_e - m_\nu$$

sein.

Der Einfang eines K-Elektrons besitzt eine Wahrscheinlichkeit, die von der gleichen Größenordnung ist wie die des β-Zerfalls, sofern die Zerfallsenergie groß genug ist. Ist die Zerfallsenergie kleiner, so überwiegt der K-Einfang an Wahrscheinlichkeit. Unterschreiten wir die Grenze, unterhalb deren die Positronenemission überhaupt verboten ist, so bleibt schließlich der K-Einfang als einzige Möglichkeit bestehen.

Man darf daher wohl annehmen, daß die meisten Positronenstrahler auch durch K-Einfang zerfallen. Es ist nur sehr schwer von diesem Einfang etwas zu bemerken, da er nahezu unbeobachtbar ist. Am ehesten wird es vielleicht noch gelingen, eine bekannte Anzahl N radioaktiver Atome mit der Zerfallskonstanten λ während einer Zeit t zu beobachten. In dieser Zeit zerfallen offenbar $N(1 - e^{-\lambda t})$ Atome; stimmt diese Zahl überein mit der der während dieser Zeit emittierten Positronen, so liegt ein reiner Positronenstrahler vor, ist sie aber größer, so muß ein Teil der Kerne durch K-Einfang zerfallen sein. Das Experiment ist bisher nicht durchgeführt; die eigentliche Schwierigkeit liegt in der Bestimmung der Anzahl N.

Die unmittelbare Beobachtung des K-Einfangs ist nicht möglich. Man kann ihn allein an seinen Folgeerscheinungen erkennen. Diese Folgeerscheinungen können doppelter Art sein: In manchen Fällen (oft, aber nicht immer) wird ein γ-Strahl entstehen, ähnlich wie das beim β-Zerfall auch oft eintritt. Dieser γ-Strahl ist oft in eine Elektronenlinie umgewandelt; er löst durch Photoeffekt in der K- oder L-Schale des eigenen Atoms, in dem er entstanden ist, ein Elektron aus. So findet man z. B. bei dem gut untersuchten ^{67}Ga zwei Elektronenlinien bei 90 keV und 99 keV, die von der inneren Umwandlung eines γ-Strahls von 100 keV herrühren müssen.

Viel charakteristischer für den K-Einfang ist die von ihm hervorgerufene Röntgenstrahlung. Durch das Verschwinden des K-Elektrons entsteht eine Lücke in der untersten Elektronenschale, die durch nachstürzende Elektronen aus den höheren Schalen aufgefüllt werden muß. Es entstehen also alle die Erscheinungen des charakteristischen Röntgenspektrums: Die K_α-Linie (Übergang von L nach K) in größter Intensität, daneben die K_β-Linie (Übergang von M nach K) in geringerer Intensität, unter Umständen sogar Auger-Elektronen, die von den Röntgenstrahlen wiederum sekundär ausgelöst werden.

Man kann die Wellenlänge dieser Röntgenstrahlung durch eine Methode recht genau
messen, die von Alvarez vorgeschlagen und zuerst am Falle des ^{67}Ga ausprobiert wurde.
Die Röntgenstrahlung muß offenbar dem entstehenden Folgeprodukt zugehören, in diesem
Falle also ^{67}Zn. Die K_α-Linie von Zn liegt bei 1,432 Å, die K_β-Linie bei 1,293 Å. In Abb. 25
ist der Absorptionskoeffizient der vier Elemente Ni, Cu, Zn und Ga für Röntgenstrahlen ver-

schiedener Wellenlänge gezeichnet. Er hat eine
Unstetigkeit bei derjenigen Wellenlänge, die der
Bindungsenergie der K-Schale des absorbierenden
Elements entspricht gemäß $h\,\nu = E_K$ („K-Kante");
kurzwelligere Strahlung kann Photoelektronen
aus der K-Schale des absorbierenden Elements
auslösen und wird deshalb viel stärker absorbiert
als langwelligere Strahlung, die nur Photoeffekte
an der L-Schale und höheren Schalen auszulösen
imstande ist. Unter den vier Diagrammen der
Abb. 25 sind die Wellenlängen der charakteristischen Röntgenlinien einiger Elemente gezeichnet. Man sieht, daß für die K_α-Linie des
Zinks, die den Hauptanteil bei unserem K-Ein-
fang ausmacht, eine Unstetigkeit im Absorptionskoeffizienten zwischen den Elementen Nickel und
Kupfer eintritt: Sie wird in Nickel noch stark
absorbiert, in Kupfer dagegen nur noch schwach.
Diese Erwartung wird durch das Experiment voll-
auf bestätigt. Für die Nachbarelemente würde sich
die Unstetigkeit nicht an dieser Stelle ergeben;
so sollte z. B. die K_α-Linie des Galliums in Ni
und Cu stark, dagegen in Zn schwach absorbiert
werden. Man kann daher in diesem Falle mit
Sicherheit sagen, daß die beobachtete Röntgenstrahlung dem Folgeelement Zink angehört.

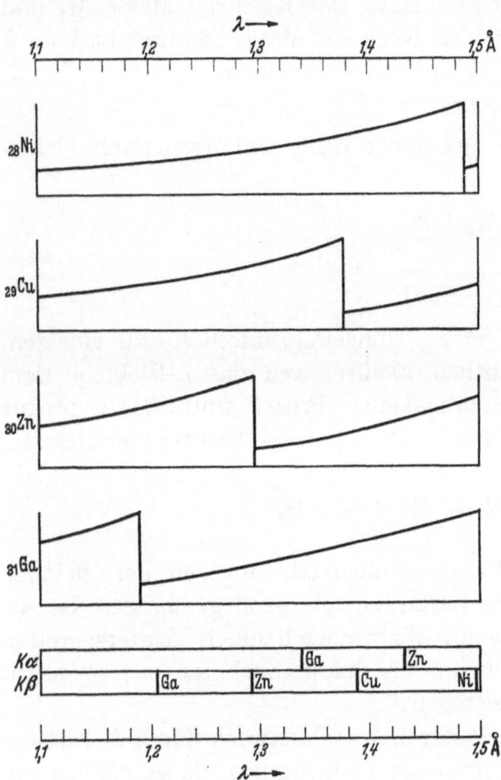

Abb. 25. Röntgen-Absorptions- und Emissions-
spektren einiger Elemente. Schematisiert.

30. Der γ-Zerfall und das Isomerieproblem.

Im Jahre 1923 fand Hahn, daß das UX 1 nicht nur in UX 2 übergeht, dessen Halbwertszeit 1,15 min beträgt, sondern daß es in einem Teil der Fälle auch in eine andere Substanz von
6,7 h Halbwertszeit zerfällt. Da beide Substanzen durch β-Strahlung entstehen und auch durch
β-Strahlung in das gemeinsame Endprodukt U II weiter zerfallen, mußte man dem UX 2 und
dem 6,7 h-Körper, der den Namen UZ erhielt, nicht nur die gleiche Ladungszahl, sondern
auch die gleiche Massenzahl zuordnen. Die beiden Kerne bestehen also aus den gleichen Bausteinen und können sich offenbar nur dadurch voneinander unterscheiden, daß diese Bausteine
sich in verschiedener Anordnung im Kern befinden. Entsprechend der analogen Erscheinung
bei organischen Molekülen bezeichnete Hahn zwei solche Kerne als Isomere.

Diese Entdeckung erfolgte zu einer Zeit, in der noch sehr unklare Vorstellungen über den
Bau der Atomkerne herrschten und blieb auch lange Zeit hindurch vereinzelt. Die eigentliche
Geschichte des Isomerieproblems beginnt daher viel später mit dem Jahre 1937. Bei der Akti-
vierung von Brom durch Einfang langsamer Neutronen beobachtete man nämlich drei Halb-
wertszeiten von 18 min, 4,5 h und 34 h, deren Zuordnung große Schwierigkeit machte, da
Brom aus nur zwei stabilen und etwa gleichhäufigen Isotopen der Massen 79 und 81 besteht.
Durch Neutroneneinfang konnten daraus nur die beiden Isotope 80 und 82 entstehen, und es
blieb die Frage offen, woher die dritte Halbwertszeit rührte. Man suchte sich zunächst mit

der Annahme zu helfen, daß es vielleicht noch ein drittes, sehr seltenes, stabiles Bromisotop gäbe, aber diese Annahme schien von vornherein sehr unwahrscheinlich. Auf eine Aufklärung des Sachverhalts durfte man hoffen, sobald es gelang, durch andere Kernreaktionen an Brom und seinen Nachbarelementen sich genauere Auskunft über die Zuordnung dieser drei Halbwertszeiten zu beschaffen. Den ersten und entscheidenden Schritt hierzu taten Bothe und Gentner, die den Kernphotoeffekt ($\gamma\,n$) entdeckt hatten und damit in der Lage waren, ein Neutron von den stabilen Bromisotopen abzuspalten. Sie mußten damit auf die beiden Isotope 78 und 80 geführt werden. Sie fanden aber wiederum drei Halbwertszeiten statt zwei, nämlich eine neue von 6 min und die beiden schon bekannten von 18 min und 4,5 h. Sie zogen aus diesen Beobachtungen den einzig möglichen Schluß, daß die nur bei der Anlagerung auftretende Halbwertszeit von 34 h dem ^{82}Br, die nur bei der Abspaltung auftretende von 6 min dem ^{78}Br, die beiden Halbwertszeiten von 18 min und 4,5 h aber, die sowohl bei der Abspaltung als bei der Anlagerung auftreten, beide dem ^{80}Br zugeordnet werden müssen. Diese Zuordnung ist inzwischen durch andere Autoren noch weiter gesichert, z. B. durch die Zuhilfenahme der Reaktion $^{80}_{34}$Se ($p\,n$) $^{80}_{35}$Br. Der Kern ^{80}Br liegt also jedenfalls in zwei isomeren Formen vor.

Da von den beiden Zuständen jedenfalls der eine die größere Energie haben muß, kann man das eigentliche Isomerieproblem folgendermaßen stellen: Wie kommt es, daß ein angeregter Kern nicht durch γ-Strahlung in seinen Grundzustand übergeht, sondern so langlebig ist, daß er die Möglichkeit hat, einen β-Zerfall mit vielen Minuten oder Stunden Lebensdauer auszuführen, der dem γ-Übergang zuvorkommt? Oder, mit anderen Worten: Wie kann man es verstehen, daß es bei den Atomkernen so hoch verbotene γ-Übergänge gibt, daß ein metastabiler Zustand entsteht?

Um das zu verstehen, schätzen wir die Übergangswahrscheinlichkeit zwischen zwei Niveaus im Kern ab. Normalerweise erfolgt der γ-Übergang in 10^{-14} sec, nämlich dann, wenn Dipolstrahlung abgestrahlt wird. Die dazu erforderliche Auswahlregel verlangt einen Drehimpulsunterschied der beiden Niveaus von $\Delta i = 1$. Ist der Drehimpulsunterschied größer, so werden die Übergänge zunehmend unwahrscheinlicher, und zwar treten dann steigende Potenzen des Verhältnisses von Kernabmessung zu Wellenlänge hinzu. Die Formel für die Lebensdauer eines angeregten Niveaus heißt daher allgemein etwa so:

$$\tau = 10^{-14} \left(\frac{\lambda}{2\,\pi\,R}\right)^{2\,(\Delta i - 1)} \text{sec}. \tag{74}$$

Nun ist $\lambda = c/\nu = h\,c/E$, wenn E die Energiedifferenz der beiden Terme ist. Die Kernradien sind von der Größenordnung $8 \cdot 10^{-13}$ cm für nicht zu leichte Kerne. Wir erhalten dann

$$\frac{\lambda}{2\,\pi\,R} = \frac{\hbar\,c}{E\,R} = \frac{25}{E},$$

wenn E in MeV gemessen wird. Die Formel für die Größenordnung der Lebensdauer nimmt also die Form an:

$$\tau = 10^{-14}\,(25/E)^{2\,(\Delta i - 1)}\,\text{sec}. \tag{75}$$

Wir sehen daraus: Je größer die Drehimpulsdifferenz Δi und je kleiner die Energiedifferenz E der beiden Zustände, um so länger wird die Lebensdauer des angeregten Zustandes. Einige Zahlen mögen das veranschaulichen:

$\Delta i =$	2	3	4	5	6	7
$E = 2{,}5$ MeV	$\tau = 10^{-12}$	10^{-10}	10^{-8}	10^{-6}	10^{-4}	10^{-2} sec
$E = 0{,}25$ MeV	$\tau = 10^{-10}$	10^{-6}	10^{-2}	10^{+2}	10^{+6}	10^{+10} sec

Für eine Energiedifferenz von einigen 100 keV, wie sie bei mittelschweren Kernen durchaus wahrscheinlich ist, erhält man also bereits γ-Lebensdauern, die mit den Halbwertszeiten von β-Zerfällen vergleichbar sind, falls die Drehimpulsdifferenzen um 5 herum liegen[1]).

Da der γ-Übergang nicht vollständig verboten ist, könnte man natürlich daran denken, doch eine schwache γ-Strahlung neben dem β-Zerfall des metastabilen Zustandes zu beobachten. Die Aussicht dafür ist aber sehr gering, da gerade für kleine Energie und hohe Drehimpulsdifferenz die Wahrscheinlichkeit einer inneren Umwandlung der γ-Strahlung (durch Photoeffekt an der K-Schale des eigenen Atoms) sehr groß ist. Man sollte aber doch wenigstens die dabei entstehenden Umwandlungselektronen beobachten können und aus ihrer Energie auf die Energiedifferenz E zwischen metastabilem und Grundzustand schließen. Das ist zuerst Pontecorvo 1938 am Beispiel des Rhodiums gelungen. Rhodium besitzt ein instabiles Isotop ^{104}Rh mit den beiden Halbwertszeiten 44 sec und 4,2 min. Während nun die kurze Periode ein einfaches β-Kontinuum aufweist, ist der langen Periode eine Elektronenlinie bei etwa 60 keV überlagert. Deutet man sie als Umwandlungselektronen einer γ-Strahlung an der K-Schale, so muß die ursprüngliche γ-Energie um die Bindungsenergie der K-Schale (25 keV) größer sein. Das führt auf $E \approx 85$ keV im Falle des Rhodiums.

Die kontinuierlichen β-Spektren, die von den beiden Isomeren emittiert werden, stimmen hier ebenso wie beim Brom völlig überein. In der Tat sollte sich bei einer so kleinen Energiedifferenz von nur 85 keV auch sehr nahe die gleiche obere Grenze ergeben. Es ist aber auch durchaus möglich, daß beide β-Spektren von dem kurzlebigen Grundzustande (44 sec) herrühren und daß das Auftreten des einen β-Spektrums mit der Halbwertszeit von 4,2 min nur dadurch vorgetäuscht wird, daß infolge ihres genetischen Zusammenhanges nach einiger Zeit beide Zustände im radioaktiven Gleichgewicht vorliegen und mit der gemeinsamen Halbwertszeit von 4,2 min abnehmen (vgl. S. 70).

Auf jeden Fall stellt das Vorhandensein der Umwandlungselektronen eine genetische Beziehung zwischen den beiden Isomeren sicher. Das Vorhandensein einer solchen Beziehung ist keineswegs auf das Rhodium beschränkt, sondern ist z. B. auch für das Brom nachgewiesen, wo die Energiedifferenz zwischen den beiden Niveaus 45 keV beträgt. Es laufen also in diesem Falle nacheinander folgende Prozesse ab: Der Kern ^{79}Br fängt ein Neutron ein und es entsteht der hochangeregte Zwischenkern ^{80}Br. Dieser strahlt seinen Energieüberschuß in sehr kurzer Zeit (10^{-14} sec) ab, und zwar in mehreren Quantensprüngen, da die auftretende γ-Strahlung nicht die volle Energie von rund 8 MeV hat, sondern viel weicher, also in mehrere Quanten zersplittert ist. Am Ende dieser ,,Kaskaden" wird von manchen Atomkernen der Grundzustand, von manchen auch der metastabile Zustand erreicht. Der Grundzustand zerfällt mit der kurzen Periode von 18 min. Der langlebige metastabile Zustand dagegen zerfällt mit der langen Periode von 4,5 h vielleicht zum Teil durch β-Zerfall in ^{80}Kr, sicher (mindestens zum Teil) durch Emission von umgewandelter γ-Strahlung in den Grundzustand. Der 18 min-Zustand wird also aus dem metastabilen Zustand nachgebildet. Während er anfänglich dadurch im Überschuß war, daß er primär ebenfalls entstand, ist er nach Ablauf einiger Zeit primär verschwunden und nur noch die aus dem metastabilen Zustand nachgebildete Gleichgewichtsmenge vorhanden. Wir beobachten daher zuerst einen Abfall von 18 min, dann von 4,5 h, beide verbunden mit β-Strahlung.

Nach dem Austritt des Umwandlungselektrons befindet sich das Atom, dem ein K-Elektron fehlt, in einem hoch angeregten Zustande. Nachdem durch Emission von Röntgenstrahlen die Lücke aufgefüllt ist, fehlt ein äußeres Hüllelektron, also eines von

---

[1]) Die hier wiedergegebene Drehimpulsüberlegung geht im wesentlichen auf v. Weizsäcker zurück. Natürlich kann man statt des Drehimpulses auch jede andere Symmetrieeigenschaft der Atomkerne zu Auswahlregeln in ähnlicher Weise heranziehen, nur ist die Drehimpulseigenschaft die einfachste und am besten bekannte. Einen Versuch, die Isomerie aus einer anderen Eigenschaft zu erklären, hat kürzlich Sachs unternommen [Physic. Rev. 57 (1940) 194].

den Elektronen, die gerade die chemische Bindung des Atoms im molekularen Verband verursachen. Man darf daher erwarten, daß ein Molekül, in dem ein Kern einen isomeren Übergang erfahren hat, mit einiger Wahrscheinlichkeit hinterher auch chemisch sich anders verhält, als die ursprünglich vorliegenden Moleküle. Diese Erscheinung läßt sich benutzen, um eine Trennung der beiden Isomere mit chemischen Mitteln durchzuführen.

Als derartige Trennungen 1939 zuerst in Berkeley gelangen, glaubte man, daß das abgetrennte Atom unmittelbar durch den Rückstoß bei der Emission des K-Elektrons aus dem molekularen Verband herausgeworfen wird. Man ließ sich dabei leiten von der Analogie zu dem 1934 von Szilard und Chalmers begründeten Verfahren, bei dem radioaktive Atome, die durch Einfang eines langsamen Neutrons entstehen, von ihrer Muttersubstanz abgetrennt werden durch Ausnutzung der Rückstoßenergie, die sie erhalten, wenn der Zwischenkern durch Emission eines γ-Strahls in den Grundzustand übergeht. Diese γ-Rückstoßenergie ε folgt aus dem Impulssatz zu

$$\varepsilon = \frac{(h\,v)^2}{(2\,M\,c^2)}.$$

Für einen mittelschweren Kern ($M = 100\ M_H$) und eine normale γ-Energie von 4 bis 5 MeV führt das auf eine Rückstoßenergie von $\varepsilon \approx 100$ eV, einen Betrag, der völlig genügt zur Überwindung der chemischen Bindungsenergie. Benutzt man daher z. B. als Ausgangssubstanz eine organische Verbindung, so liegen die inaktiven Atome nach wie vor im homöopolaren Molekülverbande vor, während sich die aktiven Atome ionisiert im Lösungsmittel befinden und chemisch von den inaktiven getrennt werden können. Das Verfahren der Isomerentrennung ist zwar in der chemischen Methodik ganz ähnlich; daß aber der zugrunde liegende physikalische Vorgang nicht der Rückstoß ist, rechnet man leicht nach. So ist z. B. im Falle des ^{80}Br die Rückstoßenergie

$$\varepsilon = (m/M)\cdot(E - |E_K|) \text{ bei } E = 45 \text{ keV und } |E_K| = 13 \text{ keV nur } \varepsilon = 0{,}22 \text{ eV}.$$

Obwohl dieser Betrag kleiner ist als die Bindungsenergie der C—Br-Bindung, hatten die Versuche der Berkeley-Gruppe an tertiärem Butylbromid Erfolg. Andererseits gelang die Trennung nicht beim ^{69}Zn, das keine K-Elektronen, sondern nur γ-Strahlen bei seinem isomeren Übergange emittiert.

Dies Trennexperiment belehrt uns darüber, welche der beiden Halbwertszeiten der Mutter- und welche der Tochtersubstanz zuzuordnen ist. Im Augenblick der Entstehung wurden beide primär erzeugt. Ist nun z. B. beim Brom die kurzlebige Substanz metastabil, so wird sie nach etwa 2 h verschwunden sein und nur noch die langlebige Tochtersubstanz (der Grundzustand) existieren. Da nur noch ein Zustand existiert, wird also auch die Trennung nur eine Halbwertszeit von 4,5 h zeigen können. Anders aber, wenn der metastabile Zustand die längere Lebensdauer hat. Dann ist zwar nach 2 h der primär gebildete Grundzustand verschwunden, statt dessen ist aber die aus dem metastabilen nachgebildete Gleichgewichtsmenge des Grundzustandes vorhanden und es gelingt, diesen 18 min-Zustand von dem metastabilen 4,5 h-Zustand zu trennen. Die Fraktion, die den Grundzustand enthält, wird dann in 18 min abfallen; die andere Fraktion zeigt eine durch die Störung des Gleichgewichts verringerte Aktivität. Es erfolgt dann zunächst ein 18 min-Anstieg, bis die fehlende Tochtersubstanz wieder nachgebildet ist und der gemeinsame Abfall der Gleichgewichtsmischung mit 4,5 h Halbwertszeit aufs neue eintritt. Dies Bild hat sich im Falle des Broms auch beim Trennversuch genau ergeben, womit die genetische Beziehung zwischen den beiden isomeren Zuständen sichergestellt ist.

IV. Systematik der stabilen Atomkerne.

31. Existenzregeln.

Die Existenz stabiler Kerne ist an die Erfüllung einer Reihe von Regeln geknüpft, die wir im folgenden aufzählen wollen:

1. Die Schalenregel. Protonen und Neutronen bilden im Atomkern wegen des Kernspins 1/2 Zweierschalen. Lagert man daher an einen Kern, der nur abgeschlossene Schalen besitzt, also einen Kern mit gerader Protonen- und Neutronenzahl (g—g-Typ), etwa ein Neutron an, so ist dies unpaare Neutron lockerer gebunden als es dem Schalendurchschnitt entspricht. Ein zweites angelagertes Neutron wird wieder fester gebunden. Daher sind Kerne mit abgeschlossenen Schalen energetisch günstiger, d. h. fester gebunden als solche, die unabgeschlossene

Schalen, d. h. ein unpaares Neutron (Z gerade, N ungerade, g—u-Typ) oder ein unpaares Proton (Z ungerade, N gerade, u—g-Typ) oder gar ein unpaares Neutron und Proton (Z ungerade, N ungerade, u—u-Typ) enthalten.

Von dieser Tatsache ist bereits bei der Konstruktion der Abb. 21 (S. 71) Gebrauch gemacht worden. Derselbe Zweierrhythmus prägt sich auch aus, wenn man in der gleichen Weise die Massendefekte der leichtesten Atomkerne gegen den Neutronenüberschuß $N - Z$ aufträgt, wie das in Abb. 26 geschehen ist. Diagramme dieser Art sind sehr nützlich, um mit einiger Genauigkeit die Massendefekte unbekannter Kerne zu interpolieren.

2. **Die Isobarenregel.** Als isobar bezeichnet man zwei Kerne der gleichen Massenzahl. Sie können durch β-Zerfall und K-Einfang ineinander übergehen (vgl. S. 82), wobei sich ihre Ladung jeweils um ± 1 Einheit ändert. Es gelten die folgenden drei Regeln:

a) Es gibt keine stabilen Isobarenpaare, deren Ladung sich nur um eine Einheit unterscheidet (Mattauch).

Ausnahmen von dieser Regel scheinen die Isobarenpaare Cd—In bei der Massenzahl 113, In—Sn bei 115, Sb—Te bei 123 und Re—Os bei 187. In diesen vier Fällen ist das zweitgenannte Isobar immer relativ selten. Man vermutet daher, daß es sich jeweils in das erstgenannte durch einen sehr langsam erfolgenden K-Einfang umwandelt, also gar nicht stabil ist.

b) Kerne gerader Massenzahl haben stets gerades Z und N (g—g-Typ). Meist gibt es mehrere Isobare.

Von dieser Regel, die einfach die Nichtexistenz stabiler Kerne vom u—u-Typ behauptet, gibt es vier Ausnahmen bei den leichtesten Elementen, nämlich die Isotope $^2_1$D, $^6_3$Li, $^{10}_5$B und $^{14}_7$N. Diese Abweichungen erklären sich daraus, daß bei den leichtesten Kernen noch starke individuelle Schwankungen möglich sind, wie sie ja auch das Diagramm Abb. 26 zeigt.

c) Zu ungeraden Massenzahlen gibt es keine Isobare ungerader Ladungszahl: Jede ungerade Massenzahl ist daher durch nur einen stabilen Kern ungerader Ladungszahl vertreten.

Diese Regel gilt streng und ausnahmslos.

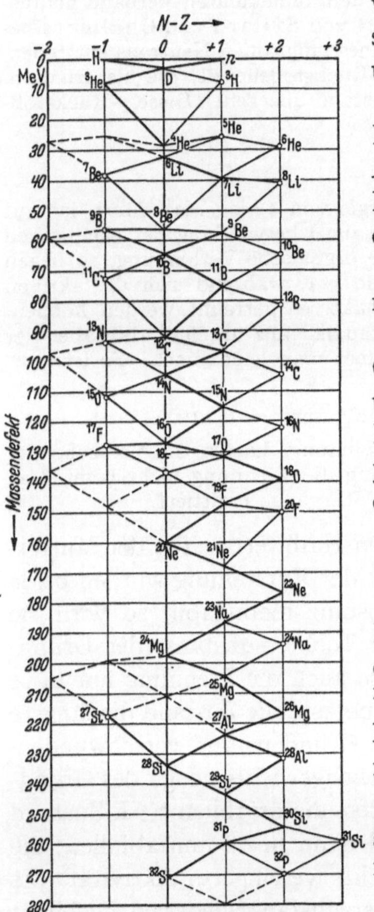

Abb. 26. Die Massendefekte der leichten Atomkerne. Instabile Kerne sind durch kleine Kreise hervorgehoben. Das eingezeichnete Geradennetz verbindet die isotopen und isotonen Kerne untereinander.

Die drei Isobarenregeln lassen sich einheitlich verstehen aus einer Betrachtung der Energiefläche. Zeichnen wir nämlich den Energieinhalt der Kerne über einer N-Z-Ebene auf, so ergibt sich ein „Energietal" längs des von den stabilen Kernen besetzten schmalen Bereichs der N-Z-Ebene. Da die Kerne vom g—g-Typ nach der Schalenregel systematisch tiefer liegen als die u—g-Kerne und g—u-Kerne, und diese wiederum tiefer als die u—u-Kerne, muß man streng genommen nicht eine Energiefläche, sondern drei Energieflächen übereinanderzeichnen. Wir wollen nun durch diese Flächen Schnitte konstanter Massenzahl A legen, und zwar einmal (Abb. 27a) bei einer geraden Massenzahl, das andere Mal (Abb. 27b) bei einer ungeraden Massenzahl. Auf den ersten Schnitt fallen dann sowohl Kerne vom g—g- als vom u—u-Typus, wir haben also zwei Schnittkurven von ungefähr Parabelgestalt zu zeichnen. Der zweite Schnitt kann nur Kerne vom g—u-Typus enthalten, die sich auf einer einzigen parabelähnlichen Kurve anordnen lassen müssen. Man sieht sofort aus Abb. 27a, daß jeder u—u-Kern instabiler ist als einer seiner beiden Nachbarn vom g—g-Typ; er kann deshalb durch β-Zerfall oder K-Einfang in ihn übergehen und kommt unter den stabilen Kernen nicht vor. Die g—g-Kerne dagegen müßten zu einem Zerfall immer um zwei Plätze auf einmal springen, da der benachbarte u—u-Platz energetisch höher liegt. Da das nicht möglich ist, sind sie links und rechts an der Seite noch weit hinauf stabil, so daß es zu einer geraden Massenzahl meist mehrere Isobare gibt. Für die ungeraden Massenzahlen dagegen gelten keine analogen Betrachtungen; Abb. 27b zeigt, daß man dort, solange man nicht im Minimum der parabelähnlichen Kurve ist, immer durch Schritte um nur eine Einheit, also durch β-Zerfall und K-Einfang, auf das Minimum hin fortschreiten kann. Es existiert daher jeweils nur ein einziger Kern zu jeder ungeraden Masse, der die Lage der „Rinne" des „Energietals" angibt.

3. Symmetrieregel. Der Bau der Kerne ist in erster Näherung symmetrisch in Protonen und Neutronen.

Von dieser Regel weichen die Kerne mit zunehmender Massenzahl infolge der Coulombschen Abstoßung der Protonen systematisch immer stärker ab zugunsten eines bevorzugten Einbaus von Neutronen.

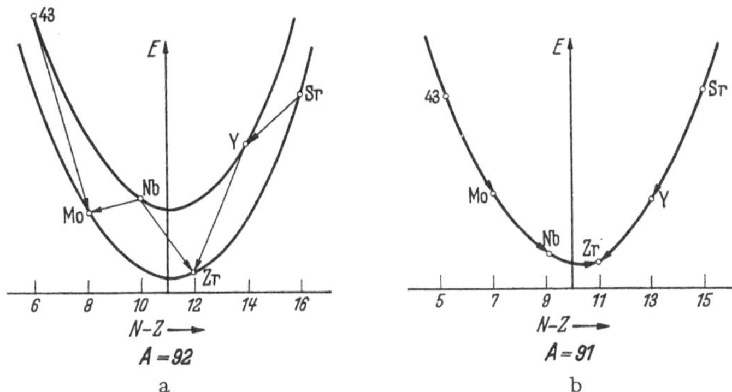

Abb. 27a und b. Zwei Querschnitte $A =$ constans durch das Energietal; a) bei einer geraden Massenzahl (zwei stabile Isobare, Mo und Zr); b) bei einer ungeraden Massenzahl (ein stabiles Isobar, Zr).

Die stabilen Kerne enthalten etwa gleichviel Protonen und Neutronen; ihre Massenzahl ist daher etwa gleich der doppelten Ladungszahl. Mit zunehmender Masse wächst dies Verhältnis von 2 bis auf 2,6 an.

Bei Anordnung der Kerne nach dem Parameter Z (chemische Anordnung; Kerne zum gleichen Z heißen Isotope) und bei Anordnung nach dem Parameter N (Kerne gleicher Neutronenzahl N heißen Isotone) muß sich in großen Zügen das gleiche Bild ergeben. Wie weit das der Fall ist, zeigt die folgende Gegenüberstellung:

a) Z läuft für stabile Kerne von 1 bis 83.

b) Zu jedem ungeraden Z gibt es stets nur ein oder zwei Isotope und wenn zwei, dann unterscheiden sich ihre Massenzahlen um zwei Einheiten. Ihre Massenzahl ist stets ungerade (Aston).

Ausnahmen: Die vier leichten u—u-Kerne ($Z = 1, 3, 5, 7$).

c) Zu jedem geraden Z gibt es stets höchstens ein oder zwei stabile Isotope ungerader Massenzahl, und wenn zwei, dann unterscheiden sich ihre Massenzahlen um zwei Einheiten.

Ausnahme: $Z = 50$ (^{115}Sn, ^{117}Sn und ^{119}Sn. Das erste ist wahrscheinlich instabil gegen K-Einfang).

a) N läuft für stabile Kerne von 1 bis 126.

b) Zu jedem ungeraden N gibt es stets nur ein Isoton und in seltenen Fällen zwei, deren Massenzahlen sich um zwei Einheiten unterscheiden. Ihre Massenzahl ist stets ungerade.

Ausnahmen: Die vier leichten u—u-Kerne ($Z = 1, 3, 5, 7$).

Fälle mit 2 Isotonen: $N = 55$ (^{97}Mo und ^{99}Ru), $N = 85$ (^{145}Nd und ^{147}Sm) und $N = 65$ (^{115}Sn und ^{113}Cd. ^{115}Sn ist wahrscheinlich instabil durch K-Einfang.)

c) Zu jedem geraden N gibt es stets höchstens ein stabiles Isoton ungerader Massenzahl. In seltenen Fällen gibt es zwei, deren Massenzahlen sich um zwei Einheiten unterscheiden.

Ausnahmen: keine.

Fälle mit 2 Isotonen: $N = 20$ (^{37}Cl und ^{39}K) und $N = 82$ (^{139}La und ^{141}Pr).

d) Fast alle Z zwischen 1 und 83 sind auch wirklich mit stabilen Kernen besetzt.

Ausnahmen: $Z = 43$, 61.

e) Zu jedem Kern von ungeradem Z gibt es je ein Isoton mit einem Proton weniger und einem Proton mehr.

Die Regel gilt oberhalb Sauerstoff ohne Ausnahme.

d) Fast alle N zwischen 1 und 126 sind auch wirklich mit stabilen Kernen besetzt.

Ausnahmen: $N = 19$, 21, 35, 39, 45, 61, 89, 115 und 123. Die Zahl der Ausnahmen ist hier allerdings auffallend hoch.

e) Zu jedem Kern von ungeradem N gibt es je ein Isotop mit einem Neutron weniger und einem Neutron mehr.

Die Regel gilt oberhalb Sauerstoff mit Ausnahme von $N = 85$ (^{146}Sm und ^{148}Sm zu ^{147}Sm, das erste unbekannt, das zweite α-labil) und $N = 87$ (^{148}Sm und ^{150}Sm zu ^{149}Sm, das erste α-labil).

32. Die Bindungsenergie der Atomkerne.

Aus der Tatsache, daß die Massen der Atomkerne sehr nahe an ganzen Zahlen liegen, obwohl die Massen von Proton und Neutron um 0,8 bis 0,9% größer sind, folgt unmittelbar, daß die Bindungsenergie in erster Näherung proportional mit der Teilchenzahl im Atomkern anwächst, oder aber, daß die mittlere Bindungsenergie je Teilchen im Kern immer etwa denselben Wert von rund 8 MeV hat. Da diese Zahl sehr viel charakteristischer ist als der in den Tabellen angegebene Massendefekt selbst oder der in experimentellen Arbeiten meist angegebene Packungsanteil (vgl. S. 11), ist im folgenden in Abb. 28 diese Bindungsenergie je Teilchen als Funktion der Massenzahlen aufgetragen.

Die nahezu erfüllte Konstanz der Bindungsenergie je Teilchen ist durchaus keine Selbstverständlichkeit. Sie tritt immer dann auf, wenn Kräfte nur zwischen jedem Teilchen und seinen unmittelbaren Nachbarn wirken, d. h. also wenn die Reichweite der Kraftwirkung zwischen den Elementarbausteinen Neutron und Proton viel kleiner ist als der Durchmesser des Kerns. Wir können uns daher einen Atomkern veranschaulichen durch folgendes Modell:

Die Teilchen sind im Kern in Gestalt einer dichtesten Kugelpackung angeordnet, so daß jedes Teilchen im Kerninnern zwölf Nachbarn hat. Wir können jedes Teilchen mit seinen Nachbarn durch „Valenzstriche" verbinden; dann entfällt auf jeden solchen Strich, entsprechend der Wechselwirkung der beiden Teilchen, der gleiche Beitrag U_0 zur Gesamtbindungsenergie des Kerns. In diese Größe U_0 haben wir der Einfachheit halber den Anteil der kinetischen Nullpunktsenergie gleich mit einbezogen. Wenn wir jeden der 12 von einem Teilchen ausgehenden Valenzstriche bei den beiden Teilchen an seinen Endpunkten je zur Hälfte mitzählen, entfällt auf jedes Teilchen im Kern die Bindungsenergie $-6\,U_0$. Die gesamte Bindungsenergie $-6\,U_0\,A$ eines Kerns aus A Teilchen ist in dieser Näherung proportional der Teilchenzahl A.

Hieran hat man einige Korrekturen anzubringen. Zunächst muß man berücksichtigen, daß diese einfache Abzählung an der Oberfläche des Kerns nicht mehr zutrifft. Dort tritt eine der Größe der Oberfläche ($4\,\pi\,R^2$) proportionale Störung der kinetischen Nullpunktsenergie auf. Außerdem muß auch die potentielle Energie hier eine Korrektur erfahren, die wir anschaulich leicht abschätzen können. Ist der mittlere Abstand der Teilchen im Kern a, so befinden sich in einer Oberflächenschicht der Dicke a, also im Volumen $4\,\pi\,R^2\,a$ insgesamt

$$\frac{4\,\pi\,R^2\,a}{\dfrac{4\,\pi}{3}\,R^3}\,A = 3\,\frac{a}{R}\,A$$

Teilchen. Von diesen Teilchen sind sechs Valenzstriche nach außen gekehrt und durch die Oberfläche abgeschnitten, so daß ihr Anteil zur Bindungsenergie ausfällt. Da jeder mit dem

Gewicht 1/2 in unsere Rechnung eingeht, haben wir also den Betrag

$$E_O = 3\,\frac{a}{R}\,A\,\frac{6}{2}\,U_0 = 9\,\frac{a}{R}\,A\,U_0$$

von der Bindungsenergie abzusetzen. Wir bezeichnen ihn als Oberflächenspannung, da er genau analog zur Oberflächenspannung eines Flüssigkeitstropfens berechnet ist. In der Tat ist E_O der Größe der Oberfläche proportional, da ja A proportional R^3 ist.

Weiterhin haben wir noch die Coulombsche Abstoßung der Protonen voneinander zu berücksichtigen. Die Energie einer homogen geladenen Kugel vom Radius R mit der Gesamtladung Ze ist nach einer bekannten Formel der klassischen Elektrostatik

$$E_C = \frac{3}{5}\,\frac{Z^2\,e^2}{R}\,.$$

Diese Energie ist proportional dem Quadrat der Teilchenzahl (Z) im Gegensatz zu dem Hauptanteil der Kernbindungsenergie. Das rührt davon her, daß die große Reichweite der Coulombschen Kraftwirkung es gestattet, daß jedes Teilchen mit jedem in Beziehung tritt.

Die Zusammensetzung der drei Beiträge ergibt für die gesamte Bindungsenergie eines Atomkerns die Formel

$$E = -\,6\,U_0\,A + 9\,\frac{a}{R}\,U_0\,A + \frac{3}{5}\,\frac{Z^2\,e^2}{R}$$

oder für die Bindungsenergie je Teilchen:

$$\varepsilon = \frac{E}{A} = -\,6\,U_0 + 9\,\frac{a}{R}\,U_0 + \frac{3}{5}\,\frac{Z^2\,e^2}{A\,R}\,.$$

Diese Formel gibt uns bereits ein qualitatives Verständnis für den Gang der Massendefekte mit der Massenzahl: Setzen wir, was ja genähert gilt, $R \sim A^{1/3}$ und $Z \sim A$, so entsteht für ε ein Ausdruck der Form

$$\varepsilon = -\,\varepsilon_1 + \varepsilon_2 \cdot A^{-1/3} + \varepsilon_3 \cdot A^{2/3}\,.$$

Bei leichten Kernen wird eine Verringerung der Bindungsenergie hervorgerufen durch die Oberflächenspannung, die bei großen Kernen relativ wenig ausmacht. Bei großen Kernen wird eine Verringerung der Bindungsenergie, also eine Auflockerung des Kerngefüges hervorgerufen durch die Coulombsche Abstoßung der Protonen, die bei den kleinen Kernen relativ wenig ausmacht. Ein Blick auf Abb. 28 zeigt, daß sich diese Voraussage vollständig deckt mit der experimentellen Erfahrung; die Kerne mit den Massenzahlen zwischen 50 und 80 etwa sind die stabilsten.

Unsere Formel wäre schon eine ausreichende Näherung, wenn wir nicht noch berücksichtigen müßten, daß die Kerne in Neutronen und Protonen nicht völlig symmetrisch sind, sondern daß sich bei schweren Kernen in zunehmendem Maße ein Neutronenüberschuß ausbildet. Solange wir von der Coulombenergie absehen, besitzen offenbar die Kerne mit $N = Z$ die größte Bindungsenergie; Kerne mit $N - Z \gtrless 0$ müssen für $A = N + Z =$ constans auf parabelähnlichen Kurven liegen, wie sie auf S. 88 diskutiert und in Abb. 27 gezeichnet wurden. Das bedeutet die Ersetzung unserer Formel durch die etwas allgemeinere:

$$\varepsilon = -\,6\,U_0\left[1 - \gamma\left(\frac{N-Z}{N+Z}\right)^2\right] + 9\,\frac{a}{R}\,U_0 + \frac{3}{5}\,\frac{Z^2\,e^2}{A\,R}\,.$$

Benutzt man außerdem noch die Näherung $R \propto A^{1/3}$, so entsteht eine Formel, die mit folgenden Zahlenwerten in MeV eine sehr gute Näherung darstellt:

$$\varepsilon = -\,14{,}66\left[1 - 1{,}40\left(\frac{N-Z}{A}\right)^2\right] + 15{,}4\,A^{-1/3} + 0{,}602\,A^{-4/3}\,Z^2\,.$$

Das entspricht der Formel für den Kernradius

$$R = 1{,}42 \cdot 10^{-13}\,A^{1/3}\ \mathrm{cm},$$

die eine recht gute Übereinstimmung zeigt mit den aus der Gamowschen Theorie des α-Zerfalls abgeleiteten Radien der schwersten Kerne (vgl. S. 72).

Die Reihe der stabilsten Kerne, d. h. also diejenigen Z, die bei vorgegebenem A das Minimum der Energie ergeben (die „Rinne"), liegt wegen des Coulombgliedes natürlich nicht mehr bei $N - Z = 0$ oder $Z = A/2$, sondern man erhält sie aus der Forderung

$$\left(\frac{\partial \varepsilon}{\partial Z}\right)_A = 0.$$

Daraus ergibt sich zahlenmäßig der Zusammenhang

$$Z = \frac{A}{2 + 0{,}0146\,A^{2/3}}.$$

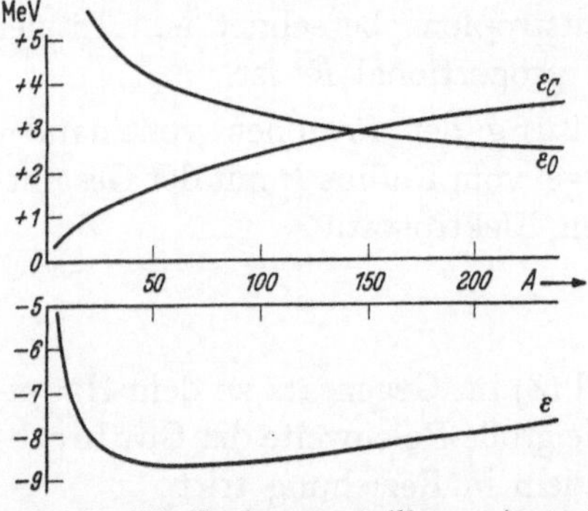

Abb. 28. Die Packungsanteilkurve (unten) und ihre additiven Bestandteile Coulombenergie und Oberflächenspannung (oben).

Die aus dieser Formel folgenden Werte für Z sind in der folgenden Tabelle den empirisch vorkommenden Z-Werten gegenübergestellt. Man sieht, daß die Übereinstimmung vollkommen ist. Ferner enthält die Tabelle die Bindungsenergie je Teilchen in ihre drei Bestandteile (Volumenergie, Oberflächenenergie, Coulombenergie) zerlegt und insgesamt in MeV, berechnet jeweils für den fettgedruckten Z-Wert. Die sich daraus ergebende Kurve ist in Abb. 28 eingezeichnet.

A	Z theoretisch	Z empirisch	Anteile von ε in MeV			ε MeV
			Volumenergie	Oberflächenenergie	Coulombenergie	
20	9,5	**10**	$-14{,}66$	$+5{,}67$	$+1{,}11$	$-7{,}88$
40	18,4	**18**, 20	$-14{,}46$	$+4{,}50$	$+1{,}43$	$-8{,}53$
60	27,0	**28**	$-14{,}56$	$+3{,}94$	$+2{,}02$	$-8{,}60$
80	35,2	34, **36**	$-14{,}46$	$+3{,}58$	$+2{,}25$	$-8{,}63$
100	43,1	42, **44**	$-14{,}36$	$+3{,}32$	$+2{,}52$	$-8{,}52$
120	50,9	**50**, 52	$-14{,}09$	$+3{,}12$	$+2{,}55$	$-8{,}42$
140	58,4	**58**	$-14{,}06$	$+2{,}97$	$+2{,}78$	$-8{,}31$
160	65,8	64, **66**	$-14{,}02$	$+2{,}84$	$+3{,}02$	$-8{,}16$
180	73,0	**72**, 74	$-13{,}83$	$+2{,}72$	$+3{,}06$	$-8{,}05$
200	80,0	**80**	$-13{,}83$	$+2{,}63$	$+3{,}29$	$-7{,}91$
220	86,9	(86)	$-13{,}67$	$+2{,}55$	$+3{,}34$	$-7{,}78$
240	93,6	(94 ? ?)	$-13{,}68$	$+2{,}48$	$+3{,}57$	$-7{,}63$

33. Häufigkeitsregeln.

Die Häufigkeiten der stabilen Kerne sind jedenfalls durch ihre Entstehungsgeschichte bedingt. Damit liegt dieser ganze Problemkreis eigentlich schon jenseits der Kernphysik und gehört der Kosmologie und Astrophysik an. Nimmt man einmal an, daß die Entstehung der Elemente bei einer so hohen Temperatur erfolgt sei, daß sich thermische Gleichgewichte einstellen konnten zwischen den Kernen und ihren freien Bausteinen, so darf man erwarten, daß die Häufigkeit der Elemente und Isotope unmittelbar mit ihrer Bindungsenergie zusammenhängt, derart nämlich, daß die häufigsten Atomkerne auch die stabilsten sind. Ein solcher Zusammenhang zeigt sich empirisch recht deutlich. Von hierher leitet sich ein rein kernphysikalisches Interesse an dem Problem, nämlich die Möglichkeit, vielleicht auch aus den Häufigkeiten einmal nähere Aufschlüsse über Kernbindungsenergien zu erhalten. Reizvoller scheint die andere Aufgabe, in einer späteren Zeit, in der das empirische Material über die Bindungsenergien und die absoluten Häufigkeiten noch reichhaltiger geworden ist, wertvolle Aufschlüsse über die Entstehung der Elemente zu gewinnen.

Halten wir an dem Gedanken fest, die Häufigkeiten aus einem thermodynamischen Gleichgewicht abzuleiten, so ist von vornherein klar, daß dies Gleichgewicht stark auf Seiten der Kerne liegt, die nur eine geringe Dissoziation in Neutronen und Protonen gezeigt haben können.

Es wird daher insbesondere auf die Bindungsenergie des lockersten Neutrons im Kern ankommen und nicht auf die mittlere Bindungsenergie, die aus der Kurve der Packungsanteile folgt. Wahrscheinlich ist auf diesen Unterschied bisher noch viel zu wenig geachtet worden[1]). Vielleicht hängt es damit zusammen, daß die absoluten Häufigkeiten der Elemente, abgesehen von den starken individuellen Schwankungen, monoton mit wachsender Ordnungszahl abfallen und kein ausgeprägtes Maximum in dem Massenbereich zwischen 50 und 60 zeigen, wo nach Ausweis der Packungsanteilkurve die mittlere Bindungsenergie pro Teilchen ein Maximum besitzt.

Auf jeden Fall läßt sich die folgende Hauptregel aussprechen: Die Kerne vom g—g-Typ überwiegen sowohl an Zahl wie an Häufigkeit diejenigen vom g—u-Typ und u—g-Typ, die untereinander etwa gleich häufig sind. Die vom u—u-Typ kommen praktisch überhaupt nicht vor.

Diese Regel ist eine unmittelbare Folge der Schalenregel (S. 87). Von 272 stabilen Kernen sind 160 vom g—g-Typ, 56 vom g—u-Typ, 52 vom u—g-Typ und nur die vier extrem leichten Kerne ^{2}D, ^{6}Li, ^{10}B und ^{14}N sind vom u—u-Typ.

Die Elemente mit ungeradem Z enthalten also nur Isotope vom u—g-Typ, während die Elemente mit geradem Z außer den g—u-Kernen vor allem die häufigen g—g-Kerne umfassen. Man kann daher aus der Hauptregel auch folgende wichtige Regel folgern: Die absolute Häufigkeit der Elemente mit geradem Z ist größer als diejenige der Elemente mit ungeradem Z (Harkins).

Quantitativ gilt, wenn man einmal von den starken individuellen Schwankungen von Element zu Element absieht, daß die ungeraden Elemente durchschnittlich etwa um eine Zehnerpotenz seltener sind als ihre geraden Nachbarelemente. Die leichtesten Elemente kommen sowohl auf der Erde als auf der Sonne am häufigsten vor; die absolute Häufigkeit nimmt von Element zu Element durchschnittlich etwa um den Faktor 1,2 bis 1,3 ab; daraus folgt, daß die schwersten stabilen Elemente ($Z = 83$) um den Faktor $(1,2)^{83} = 10^7$ seltener sind als die leichtesten.

Als Beispiel für die starken individuellen Schwankungen der Häufigkeit wollen wir die Edelgase betrachten. Die absoluten Häufigkeiten der Edelgase nehmen von Helium über Neon, Krypton, Xenon monoton um etwa zwei Zehnerpotenzen ab. Auch Argon würde in diese Reihe gut hineinpassen, wenn es nur seine beiden Isotope ^{36}A und ^{38}A hätte. Dagegen fälllt sein Hauptisotop ^{40}A vollständig heraus, dessen Häufigkeit mindestens um einen Faktor 300 zu groß ist. Diese sehr auffällige Erscheinung hat gar nichts mit den Bindungsenergien zu tun. Sie wird vielmehr dadurch hervorgerufen, daß ^{40}A wahrscheinlich aus dem instabilen Isotop ^{40}K, dessen Zerfall in ^{40}Ca unter Elektronenemission die natürliche β-Aktivität des Kaliums verursacht, durch K-Einfang nachgebildet worden ist und seine Häufigkeit damit im Laufe der Zeit enorm gestiegen ist (v. Weizsäcker).

Sehr viel besser als die absoluten Häufigkeiten sind dank der Massenspektrographie die relativen Häufigkeiten der einzelnen Isotope ein und desselben Elements bekannt. Hier lassen sich vor allem folgende zwei Regeln aussprechen:

1. Da nur bei geraden Ordnungszahlen Serien von vielen Isotopen existieren (z. B. bei Cd oder Sn), und auch dort nur infolge der häufigen Kerne vom g—g-Typ, ist es zweckmäßig diese g—g-Kerne getrennt zu betrachten. Trägt man sich dann also die Häufigkeiten der g—g-Kerne eines Elements gegen ihre Massenzahlen auf, so ergibt sich im allgemeinen eine Art Glockenkurve, die bei einer mittleren Massenzahl ein Maximum besitzt und nach links und rechts hin ziemlich monoton abfällt. Diese „Glockenkurve" ist allerdings durchaus nicht immer symmetrisch, sondern fällt oft nach der einen Seite flach, nach der anderen steil ab, z. B. beim Barium, wo das schwerste Isotop zugleich das häufigste ist. Es treten aber nie zwei Maxima auf.

---

[1]) In einer kürzlich erschienenen Arbeit teilen Krishnan und Mitarbeiter mit, daß ihnen die Erzeugung der Reaktion ^{63}Cu (d, $2n + p$) ^{62}Cu von einer Schwellenenergie der Deuteronen von 7 MeV an gelungen ist. Das entspricht, wenn man die Bindungsenergie des Deuterons von rund 2 MeV berücksichtigt, einer Bindungsenergie des lockersten Neutrons im ^{63}Cu-Kern von nur etwa 5 MeV. Andererseits fällt Cu nach Ausweis der Packungsanteile in das Gebiet der stärksten mittleren Bindungsenergie von 8,63 MeV.

Diese Regel erklärt sich daraus, daß eine solche Serie von Isotopen einen schrägen Schnitt durch das Energietal darstellt, so daß bei einer mittleren Massenzahl besondere Bindungsfestigkeit zu erwarten ist und links und rechts davon mit der etwas lockereren Struktur auch die Häufigkeiten abnehmen.

Die einzige sehr auffällige Ausnahme von dieser Regel ist das Samarium. Die relat:ven Häufigkeiten sind dort zwar nicht sehr genau bekannt, trotzdem zeigt sich ein ausgeprägtes Minimum in der Mitte und links und rechts davon größere Häufigkeiten:

Massenzahl	144	146	148	150	152	154
Relative Häufigkeiten	3 %	0 %	14 %	5 %	26 %	20 %

Es ist nicht ganz klar, wie diese Anomalie zustande kommt. Man weiß jedoch, daß beim Samarium die Regelmäßigkeit der Energiefläche auch gestört ist: Das Isotop 148 zeigt als einziger Kern unterhalb Polonium α-Aktivität. Seine ursprüngliche Häufigkeit war also bestimmt etwas größer, allerdings infolge seiner sehr langen Lebensdauer selbst vor 10^{10} Jahren höchstens um einige Prozent. Daß das Isotop 146 nicht vorkommt, deutet vielleicht darauf hin, daß es durch einen kurzlebigeren α-Zerfall ausgestorben ist. Endlich sei noch erinnert an den merkwürdigen Sprung in der Kernstruktur, den Schüler und Schmidt auf Grund ihrer Beobachtungen im Atomspektrum des Samariums zwischen den Isotopen 150 und 152 fanden (vgl. den Schluß von S. 12).

2. Betrachten wir die Elemente ungerader Ordnungszahl, so treten bekanntlich immer nur ein Isotop oder zwei Isotope vom u—g-Typ auf, deren Massenzahlen sich um zwei Einheiten unterscheiden. Auch die Elemente gerader Ordnungszahl verhalten sich genau so bezüglich der Isotope ungerader Massenzahl, also vom g—u-Typ (vgl. S. 89). Wir können nun die Regel aussprechen, daß die relative Häufigkeit dieser beiden Isotope meist nahezu gleich groß ist. Sehen wir nämlich ab von den 4 Fällen, in denen das eine Isotop ein Isobar beim Nachbarelement besitzt, so daß ein säkularer K-Einfang die Häufigkeitsverhältnisse verschoben haben kann, so bleiben 25 Fälle, in denen das Häufigkeitsverhältnis der beiden Isotope folgende Werte hat: In 13 Fällen zwischen 1,0 und 1,3, in weiteren 8 Fällen zwischen 1,3 und 2,0, in nur 2 Fällen zwischen 2 und 3 und in ebenfalls nur 2 Fällen jenseits 3, nämlich bei Chlor (3,06) und K (14,3). Das sehr extreme Häufigkeitsverhältnis von ^{41}K und ^{39}K ist also die einzige sehr auffällige Ausnahme von dieser Regel. Es erklärt sich wohl zwanglos (wie auch beim Chlor) daraus, daß bei den leichten Kernen derjenige mit dem kleineren Neutronenüberschuß energetisch noch merklich bevorzugt ist.

Die vier hier abgesonderten Fälle, bei denen wahrscheinlich K-Einfang eine Rolle spielt (S. 88), sind im einzelnen die folgenden:

a) $^{113}_{48}$Cd zeigt keine Häufigkeitsanomalie, wohl aber $^{113}_{49}$In, das zu selten ist. Es kann sein, daß ^{113}In durch K-Einfang verarmt ist, während ^{113}Cd keine entsprechende Vermehrung zeigen kann, da die absolute Häufigkeit von Cd beträchtlich größer ist als die von In.

b) $^{115}_{49}$In kann aus $^{115}_{50}$Sn entstehen. ^{115}Sn ist ausgesprochen verarmt. Da Zinn absolut häufiger ist als Indium, soll man beim Folgeprodukt ^{115}In eine zu große Häufigkeit beobachten, die auch tatsächlich vorhanden ist, wenn sie auch wohl teilweise von der erwähnten Verarmung an ^{113}In herrührt.

c) $^{123}_{51}$Sb kann aus $^{123}_{52}$Te entstehen. Hier ist das ^{123}Te verarmt, während das Folgeprodukt keine Anreicherung zeigt, da Antimon absolut beträchtlich häufiger ist als Tellur.

d) $^{187}_{75}$Re kann aus $^{187}_{76}$Os entstehen. Das Isotop ^{187}Os ist rund 10mal seltener als das stabile $^{189}_{76}$Os, es muß also eine beträchtliche Verarmung eingetreten sein. Die absolute Häufigkeit von Osmium ist rund eine Zehnerpotenz größer als die von Rhenium. Man sollte daher eine recht beträchtliche Anreicherung von ^{187}Re erwarten. Merkwürdigerweise ist es aber nur 1,62mal häufiger als das andere Isotop ^{185}Re. Hier scheint also eine echte Ausnahme von der Regel vorzuliegen.

Die Regel spricht dafür, daß im allgemeinen die „Rinne" des Energietals (S. 89) für die Kerne vom g—u-Typ und u—g-Typ etwa in der Mitte zwischen beiden Isotopen hindurchläuft.

Erläuterungen zu den Tabellen.

Die Einteilung der Tabellen ist so getroffen, daß die erste Gruppe (Tabelle I—III) im wesent
lichen die Beobachtungsdaten der stabilen Kerne (Abschnitt I des Textes) enthält, während
die zweite Gruppe (Tabelle IV—VI) in der Hauptsache den Kernreaktionen und den instabilen
Kernen (Abschnitte II und III des Textes) gewidmet ist. Wegen der geringen Zahl der Über-
schneidungen besitzen beide Gruppen je ein getrenntes (alphabetisch geordnetes) Literatur-
verzeichnis, auf das sich die in den Tabellen angegebenen Literaturvermerke durch Angabe
des Anfangsbuchstaben des (ersten) Autors und einer für jeden Buchstaben fortlaufenden
Nummer beziehen. Bei Zahlenangaben sind in der Regel nur Bestwerte, die nach den
am zuverlässigsten erscheinenden Methoden gewonnen wurden, aufgeführt, womöglich mit
dem vom Autor angegebenen Fehler. Runde Klammern bedeuten durchwegs unsichere
Angaben.

Tabelle I enthält außer dem Neutron und den in der Natur vorkommenden (massenspektrographisch erfaßbaren) Isotopen auch die β-stabilen α-Strahler der natürlichen Zerfallsreihen,
weil sie zur Festlegung der Packungsanteilkurve zwischen Blei und Uran notwendig sind. Als
einzige Vertreter der Ordnungszahlen 87 und 89 wurden ferner der β-Strahler AcK und das
dual zerfallende Ac eingetragen.

Die ersten Spalten enthalten die Ordnungs-(Protonen-)zahl Z, die Bezeichnung des Elements,
das chemische Symbol, ferner die Neutronenzahl N und die Massenzahl A des Isotops. Es
folgen die Angabe der Art des Zerfalls (β oder α) und der Wert des mechanischen Kernmoments
(Spin i in Einheiten von $\hbar = h/2\pi$). Auf beide beziehen sich die Vermerke in der anschließenden
Literatur-Spalte. Die Angabe mehrerer Literaturvermerke deutet darauf hin, daß der Spin
nach mehreren der in Abschnitt Ie des Textes beschriebenen Methoden gemessen wurde. Hierauf
kommen die Spalten für das magnetische Moment des Kerns μ in Kernmagnetonen (1 KM =
$\hbar e/2M_p c$) und das Quardupolmoment q (gemessen in 10^{-24} cm²), beide mit den zugehörigen
Literaturvermerken. Ist von einem Kern der Spin noch nicht bekannt, so ist in der Spalte
für μ der Kern-g-Faktor (sofern er gemessen wurde) angegeben; da $g = \mu/i$ ist (s. S. 34 des
Textes), kann daraus, wenn der Spin bekannt wird, das magnetische Kernmoment μ leicht
erhalten werden.

Die Spalte für die relative Häufigkeit der Isotope eines Elements enthält die unmittelbaren
Angaben der zitierten Beobachter mit den (manchmal in % angegebenen) Fehlern. Unter-
einanderstehende Angaben bedeuten dabei stets Verhältniszahlen, wobei oft die relat. Häufigk.
eines Isotops gleich 1 oder 100 gesetzt wird. Jedoch ist das Bezugsisotop nicht immer für alle
Isotope eines Elements das gleiche; dann treten in dieser Spalte 2 Zahlenkolonnen auf. Auch
die Beobachtungen stammen manchmal von verschiedenen Autoren. (Die aus diesen Angaben
berechnete prozentuelle Häufigkeit findet sich in Tabelle IV, Spalte 5.)

Beispiele: Relative Häufigkeit von ^{32}S : ^{33}S : ^{34}S $= 100 : 78 \pm 2\,\%$: $4,4 \pm 2\,\%$ und
^{32}S : ^{36}S $= 6000 \pm 10\,\%$: 1 (Beobachter N 8) oder rel. Häufigk. von ^{182}W : ^{183}W : ^{184}W : ^{186}W =
74,8 : 57,1 : 100 : 99 (Beobachter A 8) und ^{180}W : ^{183}W $= 0,01 : 1$ (Beobachter D 5). Wo dies
durch das Zeichen % ausdrücklich vermerkt ist, bedeuten die Angaben Prozente der Gesamtintensität aller Isotope.

Die Bedeutung der übrigen Spalten von Tabelle I geht aus den Angaben am Kopf der Tabelle (und dem im Text auf S. 10f. und 15f. Gesagten) unmittelbar hervor. Das gesamte Beobachtungsmaterial von Tabelle III und VI wurde zur Berechnung der Isotopengewichte (s. Tabelle IV, Spalte 10) bzw. der Packungsanteile f und der Massendefekte verwendet[1].

Tabelle II enthält die bisher gemachten Angaben über die maximal mögliche Häufigkeit (in % der Gesamtintensität) von nicht aufgefundenen Isotopen; denn es ist für die Deutung und Zuordnung von Kernreaktionen und künstlichen, radioaktiven Kernen oft erforderlich zu wissen, mit welcher Sicherheit wahrscheinlich nicht in der Natur vorkommende Isotope ausgeschlossen werden können.

In Tabelle III ist das für die Berechnung der Isotopengewichte bisher vorliegende massenspektrographische Material zusammengefaßt. In der ersten (unbezeichneten) Spalte ist das Isotop angegeben, für dessen Massenberechnung das Dublett (oder die Gabelung) benutzt wurde; unter A ist die (nicht notwendigerweise ganzzahlige) „Massenzahl" zu verstehen, bei der die Messung vorgenommen wurde; es folgt dann die Bezeichnung der beiden das Dublett bildenden Linien, wobei die Linie, die der schwereren Masse entspricht, stets zuerst angeschrieben ist, so daß die Massendifferenz $\Delta M = M_1 - M_2 = A\,(f_1 - f_2)$ der nächsten Spalte stets positiv ist; bei höheren Massenzahlen (in der Regel weniger genauen Messungen) wurde nur die meist unmittelbar gemessene Größe $\Delta M/A$ angegeben, die gleich ist der Differenz der Packungsanteile $f_1 - f_2$ der beiden das Dublett bildenden Linien.

Für die schweren Elemente müssen vielfach noch sogenannte Gabelungen (brackets) verwendet werden. Dabei wird die Linie für das Isotop eines Elements zu beiden Seiten von den Linien zweier Isotope eines anderen Elements eingeschlossen. (In seltenen Fällen liegt die erste Linie auch knapp außerhalb der „Gabel".) Die (gedachte) „Mitte" der Gabel bildet dann mit der eingegabelten Linie, deren „Massenzahl" unter A angegeben ist, ein „Dublett"; da in der mit „Gabelung" bezeichneten Spalte stets die eingeklammerte Linie zuerst geschrieben ist, kann die folgende Differenz der Packungsanteile $\Delta M/A = f_1 - \overline{f}_2$ positiv oder negativ sein. Unter $\overline{f}_2$ ist streng genommen nur dann das arithmetische Mittel der Packungsanteile f_2' und f_2'' der beiden Linien der Gabel, welch letztere in der Regel zum selben Element gehören, zu verstehen, wenn die „Massenzahl" der eingegabelten Linie in der Mitte der „Massenzahlen" der beiden Gabellinien liegt. Im allgemeinen ist $\overline{f}_2 = \frac{1}{2}\,(f_2' + f_2'')$, $\overline{f}_2 = \frac{1}{3}\,(2f_2' + f_2'')$, $\overline{f}_2 = \frac{1}{4}\,(3f_2' + f_2'')$, ..., je nachdem, ob die Massenzahl der ersten Linie die Differenz der beiden anderen im Verhältnis $1:2, 1:3, 1:4 \ldots$ teilt. Jedoch übersteigt der Fehler nicht den Beobachtungsfehler, wenn unter $\overline{f}_2$ stets das arithmetische Mittel verstanden wird.

Tabelle IV enthält soweit bisher bekannt die stabilen und instabilen Kerne nebst den wichtigsten Eigenschaften und die zwischen ihnen durchgeführten Kernreaktionen; jeder Atomart ist eine Zeile gewidmet, wobei der besseren Übersichtlichkeit halber am rechten Rand der Tabelle die Bezeichnung des Kerns in der üblichen Weise (chemisches Symbol mit der Massenzahl als linker oberer Index) wiederholt ist. Unter dieser Bezeichnung zusammen mit der Spaltennummer (rote Zahl in eckiger Klammer) sind in den Anmerkungen unten die Literaturstellen für jede Angabe in der Tabelle zu finden.

In Spalte 2 ist das chemische Symbol, das für alle Isotope eines Elements gilt und das mit A und Z als Indices auch sonst durchweg verwendet wurde, **fett** gedruckt, während die evtl. speziellen Symbole für einzelne Kerne in gewöhnlichem Druck erscheinen; gewöhnlicher Druck des chemischen Symbols am Beginn einer neuen Seite zeigt ferner die Fortsetzung einer schon auf der vorhergehenden Seite begonnenen Isotopenfolge an. In den Spalten 3 und 4 sind die Neutronenzahl N und Massenzahl A für die stabilen Isotope **fett**, für die natürlich radioaktiven *kursiv* und für die künstlich erzeugten Kerne gewöhnlich gedruckt. Isomerie mit dem vorangehenden Kern ist durch die Angabe „isomer" gekennzeichnet und jeweils durch die

---

[1] Wegen Einzelheiten dieser Berechnung siehe S. Flügge und J. Mattauch, Physikal. Z. **42** (1941) 1.

Angabe der Literaturstelle belegt; in der Bezeichnung am rechten Tabellenrand sind die beiden isomeren Zustände durch einen Stern * bei dem einen Zustand unterschieden, z. B. ^{80}Br und ^{80}Br*. Welcher von beiden Zuständen der angeregte ist, geht in den besser bekannten Fällen aus den Angaben über die emittierte β- und γ-Strahlung oder aus Spalte 12 hervor. Ist die Zuordnung einer Aktivität zu einer bestimmten Massenzahl ungewiß, so ist diese und die Neutronenzahl in runde Klammern gesetzt; ebenso deutet die Angabe „(isomer)" an, daß der Isomeriefall fraglich ist. Vielfach ist die Zuordnung nur zu zwei Massenzahlen möglich oder wahrscheinlich; dann sind die beiden Zeilen durch das Zeichen └─oder─┘ (in Spalte 8) miteinander verbunden; in den Literaturanmerkungen erscheint der Kern dann unter Angabe beider Massenzahlen z. B. $^{79,\,81}$Se, lies: entweder ^{79}Se oder ^{81}Se. Ist die Zuordnung einer Aktivität nur oberhalb oder unterhalb einer bestimmten Massenzahl oder überhaupt nicht möglich, so ist dies durch die Zeichen > oder < oder ? vermerkt. Mehrere solche Isotope beim gleichen Element sind durch rechte obere Indices voneinander unterschieden, z. B. $^{>82}$Br^1, $^{>82}$Br^2, $^{>82}$Br^3 oder $^{?}$Kr^1, $^{?}$Kr^2; diese Unterscheidung wurde auch dann gemacht, wenn zwei Aktivitäten zwar vernünftigerweise derselben Massenzahl zugeordnet werden müssen, ohne daß aber diese Zuordnung sicher genug wäre, um eine Isomerie wahrscheinlich zu machen. Aktivitäten, bei denen auch die Zuordnung zu einem bestimmten Element nicht sicher ist, sind nicht in die Tabelle aufgenommen worden.

Spalte 5 enthält die aus den Daten von Tabelle I (rel. Häufigk.) berechnete Häufigkeit in Prozenten für die massenspektrographisch erfaßbaren Isotope jedes Elements. Spalte 6 gibt den vermutlich am besten gemessenen Wert der Halbwertszeit der instabilen Kerne, wobei in den Literaturanmerkungen jedesmal die betreffende Arbeit angegeben ist; wo diese Angabe fehlt (das ist bei denjenigen Isotopen der natürlichen Zerfallsreihen der Fall, bei denen es keine neueren Messungen gibt), sind die Halbwertszeiten dem „Bericht der int. Radium-Standard-Kommission, Physikal. Z. **32** (1931) 569" entnommen. In Spalte 7 ist die Art des Zerfalls (α, β^+, β^-, K-Einfang, γ-Zerfall) angegeben (s. darüber die Abschnitte 27—30 des Textes). Hier ist nur bei K-Einfang, dualem Zerfall oder γ-Zerfall die zugehörige Literaturstelle vermerkt. Spalte 8 enthält Messungen über die Energie der oberen Grenze des kontinuierlichen β-Spektrums in MeV. Hier sind auch (zum Teil einander widersprechende) Angaben verschiedener Autoren aufgenommen, die jedesmal (auch in den Literaturvermerken) durch Semikolon voneinander getrennt sind. Zahlenwerte, die nur durch Komma voneinander getrennt sind, bedeuten obere Grenzen eines Komplexspektrums, d.h. β-Übergänge zu zwei (oder drei) verschiedenen Zuständen des Folgekerns, wobei die Differenz stets als γ-Strahl beobachtet werden sollte. In der Regel sind (s. S. 77/78 des Textes) die beobachteten oberen Grenzen (limits by inspection) aufgenommen (gewöhnlicher Druck), in manchen Fällen aber auch nach Konopinski und Uhlenbeck extrapolierte (sog. $K.U.$-) Werte (kursiv gedruckt). In Spalte 9 sind — und zwar nur bei instabilen Kernen — die Energien der bei der betreffenden Aktivität beobachteten γ-Strahlquanten in MeV zusammengefaßt (obwohl sie in der Regel vom Folgekern ausgesandt werden), gleichgültig, ob sie innere Umwandlung erlitten haben (also als sekundäre β-Teilchen beobachtet werden) oder nicht. Von Tl an sind in dieser Spalte die α-Zerfallsenergien (s. S. 70 des Textes) eingetragen; evtl. Angaben über γ-Zerfall wurden unter besonderer Bezeichnung aufgenommen. Die α-Zerfallsenergien der natürlichen radioaktiven Kerne sind zum größten Teil der Tabelle 5 des Buches von K. Philipp, Kernspektren (Hand- und Jahrbuch der chemischen Physik, Bd. 9/V) entnommen. Wo neuere Werte Aufnahme gefunden haben, ist dies durch die Angabe der Literaturstelle vermerkt[1]). Die Spalten 10 und 11 enthalten die aus dem Material der Tabellen III und VI berechneten Isotopengewichte[2]).

---

[1]) Ich möchte auch an dieser Stelle Herrn Prof. Philipp für die freundliche Zusammenstellung dieses Materials meinen besten Dank aussprechen.

[2]) Näheres über diese Berechnung s. S. 8ff. und 52ff. des Textes, sowie S. Flügge und J. Mattauch, Physikal. Z. **42** (1941) 1.

Die Spalten 12 bis 25 sind den Kernreaktionen gewidmet. Obwohl die Anzahl der Spalten die gleiche bleibt, wechseln die Reaktionstypen, die am Kopf in der üblichen (Bothe-Fleischmannschen) Bezeichnung eingetragen sind, manchmal den Bedürfnissen entsprechend von einer Seite zur nächsten. Wo dies aus Raummangel erforderlich ist, ist auch manchmal eine neuauftretende Reaktionstype in einer sonst leerstehenden Spalte aufgenommen. In diesem Teil der Tabelle bedeutet Rotdruck das Ausgangsprodukt, schwarzer Druck das Endprodukt der am Kopf der Spalte vermerkten Reaktion; der andere Reaktionspartner ist dabei stets das am rechten Rand der Tabelle angegebene Isotop der betreffenden Zeile; z. B. S. 117, Zeile für ^{10}B Spalte 13 lies: $^{7}_{3}$Li (α, n) $^{10}_{5}$B (hierzu Literaturvermerke unter ^{10}B [13]) und $^{10}_{5}$B (α, n) $^{13}_{7}$N (ohne Literaturangabe); jede Reaktion erscheint auf diese Weise zweimal (die beiden eben genannten z. B. in Spalte 13 auch noch in den Zeilen für ^{7}Li und ^{13}N), so daß die einmalige Literaturangabe beim Endprodukt genügt. Diese Schreibweise der Tabelle gestattet es auf den ersten Blick anzugeben, aus welchen Ausgangsisotopen (roter Druck) und durch welche Reaktionen (Kopf der Spalte) ein bestimmter Kern (rechter Tabellenrand) als Endprodukt erzeugt worden ist und umgekehrt welche Kerne (schwarzer Druck) durch welche Reaktionen (Kopf der Spalte) aus einem bestimmten Isotop (rechter Tabellenrand) als Ausgangsprodukt hergestellt worden sind. Da Reaktionen. die durch die gleiche Geschoßart hervorgerufen werden, wie z. B. (n, γ), (n, α), (n, p), $(n, 2n)$ möglichst nebeneinander angeordnet sind, kann leicht angegeben werden, was zu erwarten ist, wenn ein bestimmtes Element z. B. mit Neutronen beschossen wird. Ferner sind solche Reaktionen möglichst nebeneinander angeordnet, die vom gleichen Anfangs- zum gleichen Endprodukt führen, wie z. B. Einbau eines Protons durch (p, γ) oder (d, n), Neutronenanlagerung durch (d, p) oder (n, γ), Abspaltung eines Neutrons durch $(n, 2n)$ oder (γ, n).

Ist bei einem Symbol die Massenzahl in runde Klammern gesetzt, dann ist zwar der Reaktionstyp, nicht aber die Zuordnung zu einem bestimmten Isotop gesichert; ist das ganze Symbol eingeklammert, dann ist es nicht sicher, daß diese Reaktion beobachtet wurde. In der Spalte „rad. Zerfall" sind nur solche Zerfallsketten aufgenommen, bei denen die Entstehung der Tochtersubstanz tatsächlich beobachtet wurde. Auch hier bedeutet roter Druck wieder das Ausgangsprodukt (die Muttersubstanz), schwarzer Druck das Endprodukt (die Tochtersubstanz) des am rechten Tabellenrande angegebenen Kerns. Welcher rad. Zerfall (α-, β-, γ-Zerfall oder K-Einfang) gemeint ist, kann mit Hilfe von Spalte 7 leicht festgestellt werden. In den Spalten „Spaltung von" sind in Rotdruck diejenigen schweren Kerne angegeben, durch deren Spaltung mit Neutronen (oder evtl. γ-Quanten) der betreffende Kern der Zeile erhalten wurde. Die Angaben $^{235}_{92}$U bzw. $^{238}_{92}$U bedeuten dabei: Beschießung von Uran mit langsamen bzw. mit schnellen Neutronen (also eigentlich Spaltung von ^{236}U und ^{239}U, vgl. Text S. 66f.). Die Spaltprodukte der schweren Kerne (schwarzer Druck) sind aus Raummangel nicht bei diesen, sondern (unter gleichzeitiger Angabe der Zerfallskette) am Schluß der Tabelle zusammengestellt.

In den Literaturvermerken, die für jede Reaktion, soweit angängig, historisch geordnet sind, sind auch die Arbeiten aufgenommen, die sich mit der betreffenden Reaktion beschäftigen, ohne daß dies zunächst bekannt war, da die richtige Zuordnung der Reaktion erst später getroffen wurde. Um den Umfang nicht zu groß werden zu lassen, wurden aber ältere Arbeiten, die sich nach Feststellung der Reaktion und Messung der Energietönung nur mit Detailfragen z. B. Bestimmung des Wirkungsquerschnitts beschäftigen, in der Regel nicht aufgenommen; diesbezüglich sei auf den Artikel von M. S. Livingston und H. A. Bethe, Rev. of Modern Physics 9 (1937) 245 oder die Tabellen von K. Diebner und E. Grassmann, Leipzig 1939 und Physikal. Z. 41, (1940) 157 hingewiesen.

Tabelle V enthält die wenigen Kernreaktionen und Literaturangaben, die im Schema der Tabelle IV nicht aufgenommen werden konnten.

In Tabelle VI schließlich ist das gesamte bisher bekannte Material über Energietönungen Q von Kernreaktionen zusammengestellt. Dabei wurden auch die Beobachtungen von Schwellenwerten bei (p, n) Reaktionen verwendet; ist in der betreffenden Arbeit nur der Schwellenwert angegeben, so wurde der mit $A/(A + 1)$ multiplizierte Wert unter Q eingetragen (s. S. 54 des Textes).

Von den farbigen Figurentafeln enthält die erste die Packungsanteile (Kurven A und B, Achsenbezeichnung schwarz) und die Massendefekte (Kurven C und D, Achsenbezeichnung rot) in Abhängigkeit von der Massenzahl A; bei der Kurve C (und D) deuten die von links oben nach rechts unten verlaufenden Geraden die kritische Neigung für α-Labilität (die Verbindungslinie des Nullpunktes mit dem Punkt für ^{4}He) an. Die Tafeln II—VIII geben eine Darstellung der bekannten Atomkerne (unter Angabe der prozentuellen Häufigkeit bzw. der Halbwertszeit), der Art des Zerfalls und der zwischen ihnen durchgeführten Kernreaktionen im Z-N-Diagramm wieder.

Tabelle I.

Z	Element	Symbol	N	A	Aktivität	Spin i $\hbar$	Literatur	Magnetisches Moment μ $\hbar\,e/2\,M_p\,c$	Literatur
0	Neutron	n	1	1	β	1/2	theoret.	$-\,1{,}93_5 \pm 0{,}02$	A 2, F 3, P 4, H 13
1	Wasserstoff	H	0	1	—	1/2	H 14, K 1	$+\,2{,}785 \pm 0{,}02$	K 3
		D	1	2	—	1	M 30	$+\,0{,}855 \pm 0{,}006$	K 3
2	Helium	He	1	3	—	—	—	—	—
			2	4	—	0	B 13	—	—
3	Lithium	Li	3	6	—	1	M 2	$+\,0{,}820 \pm 0{,}005$	R 2, R 3, M 22
			4	7	—	3/2	H 3, G 7, S 8, F 2	$+\,3{,}250 \pm 0{,}016$	R 2, R 3, M 22, J 4a
4	Beryllium	Be	5	9	—	—	—	$g\,[=\mu/i] = -\,0{,}783 \pm 0{,}003$	K 14
5	Bor	B	5	10	—	—	—	$g\,[=\mu/i] = +\,0{,}597 \pm 0{,}003$	M 23
			6	11	—	—	—	$g\,[=\mu/i] = +\,1{,}788 \pm 0{,}005$	M 23
6	Kohlenstoff	C	6	12	—	0	B 13	—	—
			7	13	—	(3/2)	T 8	$g\,[=\mu/i] = +\,1{,}401 \pm 0{,}004$ [1]	H 4
7	Stickstoff	N	7	14	—	1	O 3	$+\,0{,}402 \pm 0{,}002$	M 21, K 15
			8	15	—	1/2	K 13, W 3	$(-)\,0{,}280 \pm 0{,}003$	Z 1
8	Sauerstoff	O	8	16	—	0	B 13	—	—
			9	17	—	—	—	—	—
			10	18	—	—	—	—	—
9	Fluor	F	10	19	—	1/2	G 1, C 1	$+\,2{,}622 \pm 0{,}014$	R 2, R 3, M 22
10	Neon	Ne	10	20	—	—	—	—	—
			11	21	—	—	—	—	—
			12	22	—	—	—	—	—
11	Natrium	Na	12	23	—	3/2	J 1, G 4, L 1, E 1, R 1	$+\,2{,}216 \pm 0{,}011$	K 15
12	Magnesium	Mg	12	24	—	—	—	—	—
			13	25	—	—	—	—	—
			14	26	—	—	—	—	—
13	Aluminium	Al	14	27	—	5/2	H 9, M 24	$+\,3{,}628 \pm 0{,}010$	M 24
14	Silicium	Si	14	28	—	—	—	—	—
			15	29	—	—	—	—	—
			16	30	—	—	—	—	—
15	Phosphor	P	16	31	—	1/2	J 5a, A 5a	—	—
16	Schwefel	S	16	32	—	0	B 13	—	—
			17	33	—	—	—	—	—
			18	34	—	—	—	—	—
			20	36	—	—	—	—	—
17	Chlor	Cl	18	35	—	5/2	E 2, S 33a	$1{,}365 \pm 0{,}005$	K 16
			20	37	—	5/2	S 33a	$1{,}135 \pm 0{,}005$	K 16
18	Argon	A	18	36	—	—	—	—	—
			20	38	—	—	—	—	—
			22	40	—	—	—	—	—
19	Kalium	K	20	39	—	3/2	M 18, F 2	$+\,0{,}391 \pm 0{,}002$	K 15
			21	40	β	—	N 4, H 7, S 35	—	—
			22	41	—	3/2	M 1	$+\,0{,}217 \pm 0{,}001$	M 1, K 15
20	Calcium	Ca	20	40	—	—	—	—	—
			22	42	—	—	—	—	—
			23	43	—	—	—	—	—
			24	44	—	—	—	—	—
			26	46	—	—	—	—	—
			28	48	—	—	—	—	—
21	Scandium	Sc	24	45	—	7/2	S 17, K 8	$+\,4{,}8$	K 11
22	Titan	Ti	24	46	—	—	—	—	—
			25	47	—	—	—	—	—
			26	48	—	—	—	—	—
			27	49	—	—	—	—	—
			28	50	—	—	—	—	—

[1]) Nur vereinbar mit $i = 1/2$. Dann ist $\mu = +\,0{,}700 \pm 0{,}002$ s. H 4. Siehe auch I 1.

Quadrupolmoment q 10^{-24} cm²	Literatur	Relative Häufigkeit	Literatur	Packungsanteil f 10^{-4} ME	Massendefekt TME	Massendefekt MeV	Mittlere Massenzahl	Chem. Atomgewicht für O = 16 berechnet aus der mittl. Massenzahl	Chem. Atomgewicht für O = 16 int. Tab. 1940	Z
—	—	—	—	+ 89,45 ± 0,25	—	—	—	—	—	0
2,73	K 2	6970 ± 50 1	} S 37 [1]	+ 81,31 ± 0,032 + 73,63 ± 0,032	— 2,35	— 2,19	1,0083	1,0080	1,0080	1
— —	—	10^{-7} 1	} A 1 [2]	+ 56,77 ± 0,18 + 9,65 ± 0,08	8,18 30,29	7,61 28,20	4,0038	4,0027	4,003	2
— —	—	1 11,60 ± 0,06	} B 18	+ 28,20 ± 0,09 + 25,95 ± 0,08	34,31 42,01	31,94 39,11	6,939	6,937	6,940	3
—	—	—	—	+ 16,62 ± 0,07	62,3	58,0	9,0150	9,0125	9,02	4
— —	—	1 4,04	} A 9	+ 16,17 ± 0,07 + 11,73 ± 0,05	69,2 81,4	64,4 75,8	10,814	10,81	10,82	5
— —	—	89,3 ± 1 bis 2% 1	} M 29 [3]	+ 3,233 ± 0,020 + 5,82 ± 0,03	98,6 103,8	91,8 96,7	12,015	12,012	12,010	6
— —	—	265 ± 8 1	} V 6	+ 5,368 ± 0,013 + 3,29 ± 0,05	112,0 123,5	104,3 115,0	14,011	14,007	14,008	7
— — —	—	503±10 — — 1 1 4,9±0,2	S 34 M 28	0 per def. + 2,65 ± 0,04 + 2,73 ± 0,10	136,6 141,1 149,6	127,2 131,3 139,3	16,0044	16,0000	16,0000	8
—	—	—	—	+ 2,39 ± 0,06	158,1	147,2	19,0045	18,9993	19,00	9
— — —	337 ± 20, 1 —	9,25 ± 0,08 — 1	} V 6	— 0,553 ± 0,030 + 0,01 ± 0,1 — 0,65 ± 0,14	171,9 179,7 190,1	160,0 167,3 177,0	20,196	20,191	20,183	10
—	—	—	—	— 1,55 ± 0,08	200,3	186,5	22,996	22,990	22,997	11
— — —	—	6,7 — 1, 1,04 — 1	} D 1	— 2,92 ± 0,16 — 2,15 ± 0,18 — 3,80 ± 0,1	211,9 219,2 232,7	197,3 204,1 216,6	24,330	24,323	24,32	12
—	—	—	—	— 3,45 ± 0,16	240,2	223,7	26,991	26,984	26,97	13
— — —	—	89,6 ⎫ vor- 6,2 ⎬ läufige 4,2 ⎭ Werte	} M 11	— 4,56 ± 0,16 — 4,65 ± 0,21 — 5,34 ± 0,17	251,8 261,5 273,0	234,5 243,5 254,1	28,133	28,125	28,06	14
—	—	—	—	— 5,03 ± 0,09	280,7	261,3	30,984	30,976	30,974 [4]	15
— — — —	6000 ± 10%, — — 1	100 0,78 ± 2% 4,4 ± 2% —	} N 8	— 5,46 ± 0,08 — — 5,94 ± 0,11 —	290,7 — 311,3 —	270,6 — 289,8 —	32,074	32,065	32,06	16
— —	—	3,07 ± 0,03 1	} N 3	— 6,05 ± 0,06 — 6,03 ± 0,02	320,4 339,4	298,3 316,0	35,470	35,460	35,457	17
— — —	—	1, 5,1 — 1 325, —	} N 2	— 6,31 ± 0,10 — 6,68 ± 0,09 — 6,127 ± 0,031	330,1 350,6 367,7	307,3 326,4 342,3	39,962	39,951	39,944	18
— — —	8600 ± 10%, 1 —	14,20 ± 0,03 — 1	N 4 B 19 [5]	— 6,1 ± 0,4 — — 6,58 od. 6,22	357 — 378,3 oder 376,8	333 — 352,2 oder 350,8	39,131	39,097	39,096	19
— — — — — —	—	100 0,66 ± 3% 0,150 ± 3% 2,13 ± 3% 0,0034 ± 15% 0,191 ± 3%	} N 8	(— 6,2)	—	—	40,115	40,08	40,08	20
—	—	—	—	— 6,72 ± 0,14	415,7	387,0	45	44,96	45,10	21
— — — — —	—	10,82 ± 2% 10,56 ± 2% 100 7,50 ± 2% 7,27 ± 2%	} N 8	— — — 7,13 ± 0,08 — 7,4 ± 0,4 — 7,4 ± 0,4	— — 445,7 457 466	— — 414,9 425 434	47,925	47,88	47,90	22

[1] Für normales Lake Michigan Wasser. [2] Für spektroskopisch reines (atmosphärisches) Helium. [3] Für Seewasser (Muscheln und Kalkstein). [4] Neubestimmung von H11. [5] Aus Proben von Ozeanwasser verschiedener Herkunft und Tiefe.

Tabelle I.

Z	Element	Symbol	N	A	Aktivität	Spin $i/\hbar$	Literatur	Magnetisches Moment μ ($\hbar\,e/2\,M_p\,c$)	Literatur
23	Vanadium	V	28	51	—	(7/2)	K 10	—	—
24	Chrom	Cr	26	50	—	—	—	—	—
			28	52	—	—	—	—	—
			29	53	—	—	—	—	—
			30	54	—	—	—	—	—
25	Mangan	Mn	30	55	—	5/2	W 2, F 1	3,0	F 1
26	Eisen	Fe	28	54	—	—	—	—	—
			30	56	—	—	—	—	—
			31	57	—	—	—	—	—
			32	58	—	—	—	—	—
27	Kobalt	Co	32	59	—	7/2	K 9, M 25, R 5	2 bis 3	M 25
28	Nickel	Ni	30	58	—	—	—	—	Intensitätsverh.
			32	60	—	—	—	—	60/58 =
			33	61	—	—	—	—	62/60 =
			34	62	—	—	—	—	64/62 =
			36	64	—	—	—	—	64/61 =
29	Kupfer	Cu	34	63	—	3/2	R 7	$\left.\begin{array}{l} +\,2,5 \\ +\,2,6 \end{array}\right\}\mu^{65}/\mu^{63} = 1,04$	S 25, S 30
			36	65	—	3/2	R 7		S 25, S 30
30	Zink	Zn	34	64	—	—	—	—	—
			36	66	—	—	—	—	—
			37	67	—	5/2	L 6	+ 0,9	L 6
			38	68	—	—	—	—	—
			40	70	—	—	—	—	—
31	Gallium	Ga	38	69	—	3/2	J 1, C 2	$\left.\begin{array}{l} +\,2,11 \\ +\,2,69 \end{array}\right\}\mu^{71}/\mu^{69} = 1,270$	S 27, R 5a
			40	71	—	3/2	J 1, C 2		S 27, R 5a
32	Germanium	Ge	38	70	—	—	—	—	—
			40	72	—	—	—	—	—
			41	73	—	—	—	—	—
			42	74	—	—	—	—	—
			44	76	—	—	—	—	—
33	Arsen	As	42	75	—	3/2	T 2, C 5, C 6	+ 1,5	C 6, S 26
34	Selen	Se	40	74	—	—	—	—	—
			42	76	—	—	—	—	—
			43	77	—	—	—	—	—
			44	78	—	—	—	—	—
			46	80	—	0	W 5	—	—
			48	82	—	—	—	—	—
35	Brom	Br	44	79	—	3/2	T 1	$\left.\begin{array}{l} 2,6 \\ 2,6 \end{array}\right\}\mu^{79}/\mu^{81} = 1,0$	T 1, S 4
			46	81	—	3/2	T 1		T 1, S 4
36	Krypton	Kr	42	78	—	—	—	—	—
			44	80	—	—	—	—	—
			46	82	—	—	—	—	—
			47	83	—	9/2	K 12	− 1,0	K 12, S 31
			48	84	—	—	—	—	—
			50	86	—	—	—	—	—
37	Rubidium	Rb	48	85	—	5/2	K 6, J 2, M 19	+ 1,345 ± 0,005	K 16
			50	87	β	3/2	H 1, M 4a, H 6	+ 2,741 ± 0,009	K 16
38	Strontium	Sr	46	84	—	—	—	—	—
			48	86	—	—	—	—	—
			49	87	—	9/2	H 8	− 1,1	H 8
			50	88	—	—	—	—	—
39	Yttrium	Y	50	89	—	—	—	—	—
40	Zirkonium	Zr	50	90	—	—	—	—	—
			51	91	—	—	—	—	—
			52	92	—	—	—	—	—
			54	94	—	—	—	—	—
			56	96	—	—	—	—	—
41	Niob	Nb	52	93	—	9/2	B 11	(3,7)	B 11

Quadrupolmoment q 10^{-24} cm²	Literatur	Relative Häufigkeit	Literatur	Packungsanteil f 10^{-4} ME	Massendefekt TME	Massendefekt MeV	Mittlere Massenzahl	Chem. Atomgewicht für O = 16, berechnet aus der mittl. Massenzahl	Chem. Atomgewicht für O = 16, int. Tab. 1940	Z
—	—	—	—	− 7,78 ± 0,12	477,1	444,2	51	50,95	50,95	23
— — — —	— — — —	5,36 100 11,26 2,75	N 12	— − 7,9 ± 0,2 — —	— 487 — —	— 453 — —	52,051	52,00	52,01	24
—	—	—	—	(− 7,3)	—	—	55	54,94	54,93	25
— — — —	— — — —	6,37 100 2,37 0,34	V 2 (N 12)	− 7,3 ± 0,4 − 7,7 ± 0,3 — —	501 523 — —	466 487 — —	55,911	55,85	55,85	26
—	—	jedoch:	—	(− 7,0)	—	—	59	58,94	58,94	27
der Massenzahlen: 0,470 ± 0,020 0,154 ± 0,007 0,272 ± 0,01 0,745 ± 0,015		62,8 67,4 29,5 26,7 1,7 1,2 4,7 3,8 1,3 0,88	V 3 S 36; (G 2)	− 6,95 ± 0,07 − 8,37 ± 0,06 − 7,5 ± 0,3 − 8,13 ± 0,06 − 8,21 ± 0,09	536,3 564,1 568,8 582,2 602,2	499,3 525,2 529,6 542,1 560,7	58,861 nach S 36; 58,720 nach V 3	58,84 jedoch: 58,71	58,69	28
−0,1 ± 0,1 −0,1 ± 0,1	S 25 S 25	2,5 1	A 6	− 6,9 ± 0,2 − 6,9 ± 0,2	583 603	543 561	63,64	63,58	63,57	29
— — — — —	— — — — —	50,9 27,3 3,9 17,4 0,5	N 4	− 6,7 ± 0,4 − 7,2 ± 0,4 — − 6,6 ± 0,5 − 6,6 ± 0,5	591 613 — 629 648	550 571 — 586 603	65,389	65,33	65,38	30
0,20 0,13	R 5a R 5a	61,2 ± 1 % 38,8 ± 1 %	S 1	− 6,4 ± 0,5 − 6,5 ± 0,5	636 656	592 611	69,776	69,71	69,72	31
— — — — —	— — — — —	21,2 27,3 7,9 37,1 6,5	A 8, B 5, B 6, A 9	(− 6,7)	—	—	72,657	72,59	72,60	32
+ 0,3	S 26	—	—	(− 6,9)	—	—	75	74,93	74,91	33
— — — — — —	— — — — — —	1,8 20,0 17,4 50,1 100 19,5	A 8	(− 7,2)	—	—	79,023	78,94	78,96	34
— —	— —	1 0,975 ± 0,025	B 17	(− 7,3)	—	—	79,988	79,91	79,916	35
— — — + 0,15 — —	— — — K 12, S 30 — —	0,608 ± 2 % 3,52 ± 1 % 20,2 ± 1 % 20,2 ± 1 % 100 30,6 ± 1 %	N 7	− 7,0 ± 0,2 — − 7,5 ± 0,2 — − 7,3 ± 0,2 − 7,1 ± 0,2	724 — 756 — 783 801	674 — 713 — 729 746	83,902	83,82	83,7	36
— —	— —	2,68 ± 0,02 1	N 4	(− 7,2)	—	—	85,544	85,46	85,48	37
— — — —	— — — —	0,68 ± 2 % 11,94 ± 1 % 8,50 ± 1 % 100	N 9	(− 6,9)	—	—	87,710	87,63	87,63	38
—	—	—	—	(− 6,7)	—	—	89	88,92	88,92	39
— — — — —	— — — — —	48 11,5 22 17 1,5	A 11	(− 6,4)	—	—	91,325	91,24	91,22	40
—	—	—	—	(− 6,2)	—	—	93	92,92	92,91	41

Tabelle I.

Z	Element	Symbol	N	A	Aktivität	Spin i $\hbar$	Literatur	Magnetisches Moment μ $\hbar\, e/2\, M_p\, c$		Literatur
42	Molybdän	Mo	50	92	—	—	—	—		—
			52	94	—	—	—	—		—
			53	95	—	—	—	—		—
			54	96	—	—	—	—		—
			55	97	—	—	—	—		—
			56	98	—	—	—	—		—
			58	100	—	—	—	—		—
44	Ruthenium	Ru	52	96	—	—	—	—		—
			54	98	—	—	—	—		—
			55	99	—	—	—	—		—
			56	100	—	—	—	—		—
			57	101	—	—	—	—		—
			58	102	—	—	—	—		—
			60	104	—	—	—	—		—
45	Rhodium	Rh	58	103	—	—	—	—		—
46	Palladium	Pd	56	102	—	—	—	—		—
			58	104	—	—	—	—		—
			59	105	—	—	—	—		—
			60	106	—	—	—	—		—
			62˙	108	—	—	—	—		—
			64	110	—	—	—	—		—
47	Silber	Ag	60	107	—	1/2	J 4	$-\,0{,}10$	$\mu^{109}/\mu^{107} = 1{,}93$	J 4
			62	109	—	1/2	J 4	$-\,0{,}19$		J 4
48	Cadmium	Cd	58	106	—	—	—	—		—
			60	108	—	—	—	—		—
			62	110	—	—	—	—		—
			63	111	—	1/2	S 7, S 9, S 13	$-\,0{,}65$	$\mu^{113}/\mu^{115} = 1{,}0$	J 6, B 13
			64	112	—	—	—	—		—
			65	113	—	1/2	S 7, S 9, S 13	$-\,0{,}65$		J 6, B 13
			66	114	—	—	—	—		—
			68	116	—	—	—	—		—
49	Indium	In	64	113	—	9/2	B 1, M 20	$+\,6{,}4$		B 1, M 20
			66	115	—	9/2	J 3, P 1, M 20	$+\,5{,}43 \pm 0{,}03$		H 2
50	Zinn	Sn	62	112	—	—	—	—		—
			64	114	—	—	—	—		—
			65	115	—	—	—	—		—
			66	116	—	—	—	—		—
			67	117	—	1/2	T 3, S 14	$-\,0{,}89$	$\mu^{117}/\mu^{119} = 1{,}0$	T 3
			68	118	—	—	—	—		—
			69	119	—	1/2	T 3, S 14	$-\,0{,}89$		T 3
			70	120	—	—	—	—		—
			72	122	—	—	—	—		—
			74	124	—	—	—	—		—
51	Antimon	Sb	70	121	—	5/2	B 3, T 4, C 6	$3{,}7$	$\mu^{121}/\mu^{123} = 1{,}316$	C 6, B 13 } T 7
			72	123	—	7/2	B 3, C 6	$2{,}8$		C 6, B 13
52	Tellur	Te	68	120	—	—	—	—		—
			70	122	—	—	—	—		—
			71	123	—	—	—	—		—
			72	124	—	—	—	—		—
			73	125	—	—	—	—		—
			74	126	—	—	—	—		—
			76	128	—	—	—	—		—
			78	130	—	—	—	—		—
53	Jod	J	74	127	—	5/2	T 5, M 26	$2{,}8$		S 5
54	Xenon	X	70	124	—	—	—	—		—
			72	126	—	—	—	—		—
			74	128	—	—	—	—		—
			75	129	—	1/2	K 7, J 7	$-\,0{,}9$	$\mu^{129}/\mu^{131} = -\,1{,}11$	K 7, J 7, B 13
			76	130	—	—	—	—		—
			77	131	—	3/2	K 7, J 7	$+\,0{,}8$		K 7, J 7, B 13
			78	132	—	—	—	—		—
			80	134	—	—	—	—		—
			82	136	—	—	—	—		—

Tabelle I.

Quadrupolmoment q 10^{-24} cm²	Literatur	Relative Häufigkeit	Literatur	Packungsanteil f 10^{-4} ME	Massendefekt TME	Massendefekt MeV	Mittlere Massenzahl	Chem. Atomgewicht für O = 16 berechnet aus der mittl. Massenzahl	Chem. Atomgewicht für O = 16 int. Tab. 1940	Z
—	—	14,9 ± 1 %	V 1 (L 3)	—	—	—	96,004	95,92	95,95	42
—	—	9,40 ± 1 %		− 5,8 ± 0,5	862	803				
—	—	16,1 ± 1 %		− 5,8 ± 0,5	871	811				
—	—	16,6 ± 1 %		− 5,6 ± 0,5	879	818				
—	—	9,65 ± 1 %		− 5,7 ± 0,3	889	828				
—	—	24,1 ± 1 %		− 5,7 ± 0,3	899	837				
—	—	9,25 ± 1 %		− 6,1 ± 0,3	922	858				
—	—	5	A 8	− 5,7 ± 0,3	878	817	101,180	101,10	101,7	44
—	—	?		—	—	—				
—	—	12		− 5,7 ± 0,3	906	843				
—	—	14		—	—	—				
—	—	22		—	—	—				
—	—	30		—	—	—				
—	—	17		—	—	—				
—	—	—	—	− 5,0 ± 0,5	936	871	103	102,92	.102,91	45
—	—	0,8 ± 1 %	S 2	—	—	—	106,631	106,55	106,7	46
—	—	9,3 ± 1 %		—	—	—				
—	—	22,6 ± 1 %		—	—	—				
—	—	27,2 ± 1 %		− 5,1 ± 0,4	965	898				
—	—	26,8 ± 1 %		—	—	—				
—	—	13,5 ± 1 %		− 5,1 ± 0,4	1003	934				
—	—	52,5	A 11	− 4,7 ± 0,3	969	902	107,950	107,87	107,880	47
	—	47,5		− 4,7 ± 0,3	988	920				
—	—	1,4	N 4	(− 5,0)	—	—	112,465	112,38	112,41	48
—	—	1,0								
—	—	12,8								
—	—	13,0								
—	—	24,2								
—	—	12,3								
—	—	28,0								
—	—	7,3								
—	—	1	B 16, S 1	(− 4,9)	—	—	114,910	114,82	114,76	49
+ 0,82	B 1, S 28	21 ± 1								
—	—	1,1	A 7, B 8, A 12	—	—	—	118,785	118,70	118,70	50
—	—	0,8		—	—	—				
—	—	0,4		—	—	—				
—	—	15,5		− 4,9 ± 0,4	1054	981				
—	—	9,1		—	—	—				
—	—	22,5		− 5,1 ± 0,3	1075	1001				
—	—	9,8		− 5,2 ± 0,3	1086	1011				
—	—	28,5		—	—	—				
—	—	5,5		− 4,4 ± 0,4	1105	1029				
−−	—	6,8		− 4,4 ± 0,4	1124	1046				
nein	T 7	100	A 8	(− 4,7)	—	—	121,880	121,79	121,76	51
ja	T 7	78,5								
—	—	sehr selten	D 4	(− 4,4)	—	—	127,668	127,58	127,61	52
—	—	2,9								
—	—	1,6								
—	—	4,5	B 4							
—	—	6,0								
—	—	19,0	A 8							
—	—	32,8								
—	—	33,1								
$-0{,}4_6 \pm 0{,}15$	S 5, S 6, M 27	—	—	(− 4,4)	—	—	127	126,91	126,92	53
—	—	0,347 ± 3 %	N 7	—	—	—	131,400	131,31	131,3	54
—	—	0,327 ± 3 %		—	—	—				
—	—	7,06 ± 1 %		—	—	—				
—	—	97,3 ± 1 %		− 4,2 ± 0,1	1164	1084				
—	—	15,1 ± 1 %		—	—	—				
0 ± 0,1	K 12, S 30	78,5 ± 1 %		—	—	—				
—	—	100,0		− 4,1	1191	1109				
—	—	39,1 ± 1 %		—	—	—				
—	—	33,2 ± 1 %		—	—	—				

Tabelle I.

Z	Element	Symbol	N	A	Aktivität	Spin i $\hbar$	Literatur	Magnetisches Moment μ $\hbar\,e/2\,M_p\,c$	Literatur
55	Caesium	Cs	78	133	—	7/2	K 4, C 4	$+\,2{,}572 \pm 0{,}013$	K 15
56	Barium	Ba	74	130	—	—	—	—	—
			76	132	—	—	—		—
			78	134	—	—	—	$g^{137}/g^{135} = 1{,}1174 \pm 0{,}1\%$	
			79	135	—	3/2	B 12	$g\,[=\mu/i] = +\,0{,}558 \pm 0{,}002$	
			80	136	—	—	—	$\mu^{135} = +\,0{,}837 \pm 0{,}003$	H 5
			81	137	—	(3/2)	B 12	$g\,[=\mu/i] = +\,0{,}624 \pm 0{,}002$	
			82	138	—	—	—	$\mu^{137} = +\,(0{,}936 \pm 0{,}003)$	
57	Lanthan	La	82	139	—	7/2	A 3	2,5 bis 2,8	A 4, C 7, C 8
58	Cer	Ce	78	136	—	—	—	—	—
			80	138	—	—	—	—	—
			82	140	—	—	—	—	—
			84	142	—	—	—	—	—
59	Praseodym	Pr	82	142	—	5/2	W 1 a	—	—
60	Neodym	Nd	82	142	—	—	—	—	Intensitätsverh.
			83	143	—	—	—	—	142/144 =
			84	144	—	—	—	—	142/146 =
			85	145	—	—	—	—	146/143 =
			86	146	—	—	—	—	143/145 =
			88	148	—	—	—	—	145/148 =
			90	150	—	—	—	—	148/150 =
62	Samarium	Sm	82	144	—	—	—	—	—
			85	147	—	—	—	—	—
			86	148	α	—	W 2 a	—	—
			87	149	—	—	—	—	—
			88	'150	—	—	—	—	—
			90	152	—	—	—	—	—
			92	154	—	—	—	—	—
63	Europium	Eu	88	151	—	5/2	S 20	$\left.\begin{array}{l}3{,}4\\1{,}5\end{array}\right\}\ \mu^{151}/\mu^{153} = 2{,}24$	S 20, S 4
			90	153	—	5/2	S 20		S 20, S 4
64	Gadolinium	Gd	88	152	—	—	—	—	—
			90	154	—	—	—	—	—
			91	155	—	—	—	—	—
			92	156	—	—	—	—	—
			93	157	—	—	—	—	—
			94	158	—	—	—	—	—
			96	160	—	—	—	—	—
65	Terbium	Tb	94	159	—	3/2	S 16	—	—
66	Dysprosium	Dy	92	158	—	—	—	—	—
			94	160	—	—	—	—	—
			95	161	—	—	—	—	—
			96	162	—	—	—	—	—
			97	163	—	—	—	—	—
			98	164	—	—	—	—	—
67	Holmium	Ho	98	165	—	7/2	S 21	—	—
68	Erbium	Er	94	162	—	—	—	—	—
			96	164	—	—	—	—	—
			98	166	—	—	—	—	—
			99	167	—	—	—	—	—
			100	168	—	—	—	—	—
			102	170	—	—	—	—	—
69	Thulium	Tm	100	169	—	1/2	S 18	—	—
70	Ytterbium	Yb	98	168	—	—	—	—	—
			100	170	—	—	—	—	—
			101	171	—	1/2	S 30	$\left.\begin{array}{l}+\,0{,}4_5\\-\,0{,}6_5\end{array}\right\}\ \mu^{173}/\mu^{171} = 1{,}4$	S 31
			102	172	—	—	—		—
			103	173	—	5/2	S 30		S 31
			104	174	—	—	—	—	—
			106	176	—	—	—	—	—

Quadrupolmoment q 10^{-24} cm²	Literatur	Relative Häufigkeit	Literatur	Packungsanteil f 10^{-4} ME	Massendefekt		Mittlere Massenzahl	Chem. Atomgewicht für O = 16		Z
					TME	MeV		berechnet aus der mittl. Massenzahl	int. Tab. 1940	
$\leqslant |0,3|$	S6a, K4	—	—	(— 4,0)	—	—	133	132,91	132,91	55
—	—	0,141 ± 4 %	N 9	(— 3,7)	—	—	137,422	137,33	137,36	56
—	—	0,136 ± 4 %								
—	—	3,37 ± 2 %								
—	—	9,2 ± 2 %								
—	—	10,9 ± 2 %								
—	—	15,8 ± 2 %								
—	—	100								
—	—	—	—	— 3,2 ± 0,2	1241	1155	139	138,92	138,92	57
—	—	selten	D 3	(— 3,5)	—	—	140,22	140,13	140,13	58
—	—	selten								
—	—	89	A 10							
—	—	11								
—	—	—	—	(— 3,4)	—	—	141	140,91	140,92	59
der Massenzahlen:		25,9₅	M 6	—	—	—	144,402	144,32	144,27	60
1,15 ± 0,01		13,0		—	—	—				
1,57 ± 0,03		22,6		—	—	—				
1,27 ± 0,03		9,2		—	—	—				
1,42 ± 0,02		16,5		— 2,5 ± 0,2	1294	1204				
1,34 ± 0,03		6,8		— 2,4 ± 0,2	1311	1220				
1,15 ± 0,01		5,9₅		— 2,0 ± 0,2	1323	1232				
—	—	3	A 10	(— 2,4)	—	—	150,200	150,12	150,37 [1]	62
—	—	17								
—	—	14								
—	—	15								
—	—	5								
—	—	26								
—	—	20								
~ + 1,2	S 20, C 3,	96,3 ± 1,2	L 2	(— 2,2)	—	—	152,020	151,94	152,0	63
~ + 2,5	S 30	100								
—	—	0,2 %	D 7	—	—	—	157,005	156,94	156,9	64
—	—	1,5 %		—	—	—				
—	—	21	A 10	— 1,5 ± 0,2	1358	1264				
—	—	23		— 1,5 ± 0,2	1367	1273				
—	—	17		— 1,5 ± 0,2	1376	1281				
—	—	23		— 1,5 ± 0,2	1386	1290				
—	—	16		— 1,5 ± 0,2	1404	1307				
—	—	—	—	(— 1,4)	—	—	159	158,93	159,2	65
—	—	0,1 %	D 7	(— 1,0)	—	—	162,548	162,49	162,46	66
—	—	1,5 %								
—	—	22	A 10							
—	—	25								
—	—	25								
—	—	28								
—	—	—	—	(— 0,8)	—	—	165	164,94	164,94 [2]	67
—	—	0,25 %	D 7	(— 0,6)	—	—	167,167	167,11	167,2	68
—	—	2 %								
—	—	36	A 10							
—	—	24								
—	—	30								
—	—	10								
—	—	—	—	(— 0,4)	—	—	169	168,95	169,4	69
—	—	0,06	D 7	(— 0,0)	—	—	173,068	173,02	173,04	70
—	—	4,21								
—	—	14,26								
—	—	21,49	W 1							
+ 3,9 ± 0,4	S 30	17,02								
—	—	29,58								
—	—	13,38								

[1] O. Hönigschmid, private Mitteilung. [2] Neubestimmung von H 12.

Tabelle I.

Z	Element	Symbol	N	A	Aktivität	Spin i $\hbar$	Literatur	Magnetisches Moment μ $\hbar\,e/2\,M_p\,c$	Literatur
71	Cassiopeium	Cp	104	175	—	7/2	S 22, G 3	+ 2,6 ± 0,5	G 3
			105	176	β	⩾ 7	H 10, M 9, L 4, S 32	+ 3,8 ± 0,7	S 32
72	Hafnium	Hf	102	174	—	—	—	—	—
			104	176	—	—	—	—	—
			105	177	—	(⩽3/2)	R 4	—	—
			106	178	—	—	—	—	—
			107	179	—	(⩽3/2)	R 4	—	—
			108	180	—	—	—	—	—
73	Tantal	Ta	108	181	—	7/2	M 15	—	—
74	Wolfram	W	106	180	—	—	—	—	—
			108	182	—	—	—	—	—
			109	183	—	—	—	—	—
			110	184	—	—	—	—	—
			112	186	—	—	—	—	—
75	Rhenium	Re	110	185	—	5/2	M 16, M 17, G 6	+ 3,3	S 29, S 30
			112	187	—	5/2	Z 2	+ 3,3 $\;\mu^{187}/\mu^{185} = 1,011$	S 29, S 30
76	Osmium	Os	108	184	—	—	—	—	—
			110	186	—	—	—	—	—
			111	187	—	—	—	—	—
			112	188	—	—	—	—	—
			113	189	—	—	—	—	—
			114	190	—	—	—	—	—
			116	192	—	—	—	—	—
77	Iridium	Ir	114	191	—	1/2	V 2	$\mu^{191}/\mu^{193} = -\,1,0$	V 2
			116	193	—	3/2	V 2		
78	Platin	Pt	114	192	—	—	—	—	—
			116	194	—	—	—	—	—
			117	195	—	1/2	F 4, V 1, J 5, T 6	+ 0,6	J 5, T 6, S 3
			118	196	—	—	—	—	—
			120	198	—	—	—	—	—
79	Gold	Au	118	197	—	(3/2)	R 6, W 4	+ 0,3	R 6, W 4, S 19, B 13
80	Quecksilber	Hg	116	196	—	—	—	—	—
			118	198	—	—	—	—	—
			119	199	—	1/2	S 11, S 12	+ 0,547 ± 0,002	M 25 a
			120	200	—	—	—	$\mu^{199}/\mu^{201} = -\,0,9018$	S 19
			121	201	—	3/2	S 11, S 12	− 0,607 ± 0,003	M 25 a
			122	202	—	—	—	—	—
			124	204	—	—	—	—	—
81	Thallium	Tl	122	203	—	1/2	M 12, M 13	+ 1,45	S 28
			124	205	—	1/2	S 10	+ 1,45 $\;\mu^{205}/\mu^{203} = 1,0097$	S 28
82	Blei	Pb	122	204	—	—	—	—	—
			124	206	—	—	—	—	—
			125	207	—	1/2	K 5	+ 0,6	M 14, R 8, S 19, B 13
			126	208	—	—	—	—	—
83	Wismut	Bi	126	209	—	9/2	B 2	+ 3,6	S 19, S 30
84	Polonium	Po	126	210	α	—	—	—	—
		AcC′	127	211	α	—	—	—	—
		ThC′	128	212	α	—	—	—	—
		RaC′	130	214	α	—	—	—	—
		AcA	131	215	α	—	—	—	—
		ThA	132	216	α	—	—	—	—
		RaA	134	218	α	—	—	—	—
86	Emanation	An	133	219	α	—	—	—	—
		Tn	134	220	α	—	—	—	—
		Rn	136	222	α	—	—	—	—
87		AcK	136	223	β	—	P 2, P 3	—	—

Quadrupolmoment q 10⁻²⁴ cm²	Literatur	Relative Häufigkeit	Literatur	Packungsanteil f 10⁻⁴ ME	Massendefekt TME	Massendefekt MeV	Mittlere Massenzahl	Chem. Atomgewicht für O = 16 berechnet aus der mittl. Massenzahl	Chem. Atomgewicht für O = 16 int. Tab. 1940	Z
+ 5,9	G 3	100	M 9	(+ 0,2)	—	—	175,025	174,98	174,99	71
+ 6 bis 8	S 32	2,58 ± 0,07								
—	—	0,3 %	D 9	(+ 0,5)	—	—	178,477	178,44	178,6	72
—	—	5	A 11							
—	—	19								
—	—	28								
—	—	18								
—	—	30								
~ + 6	S 6a	—	—	(+ 0,8)	—	—	181	180,96	180,88	73
—	—	— 0,01	D 5	(+ 1,0)	—	—	183,963	183,93	183,92	74
—	—	74,8 —								
—	—	57,1, 1	A 8							
—	—	100 —								
—	—	99 —								
+ 2,8	S 29, S 30	1	A 8	(+ 1,2)	—	—	186,236	186,21	186,31	75
+ 2,6	S 29, S 30	1,62								
—	—	0,043 ± 10 %	N 6	(— 1,6)	—	—	190,276	190,25	190,2	76
—	—	3,87 ± 3 %								
—	—	4,01 ± 3 %								
—	—	32,4 ± 1 %								
—	—	39,4 ± 1 %								
—	—	64,4 ± 1 %		+ 2,0 ± 0,9	1600	1490				
—	—	100		+ 2,0 ± 0,3	1618	1506				
—	—	38,5	S 2	+ 2,0 ± 0,5	1608	1497	192,230	192,22	193,1	77
—	—	61,5		+ 2,0 ± 0,5	1625	1513				
—	—	0,8 ± 1 %	S 2	—	—	—	195,156	195,14	195,23	78
—	—	30,2 ± 1 %		+ 2,0 ± 0,3	1633	1520				
—	—	35,3 ± 1 %		+ 2,0 ± 0,2	1642	1529				
—	—	26,6 ± 1 %		+ 2,0 ± 0,4	1651	1537				
—	—	7,2 ± 1 %		+ 2,2 ± 0,3	1664	1549				
—	—	—	—	+ 2,0 ± 0,3	1659	1545	197	196,99	197,2	79
—	—	0,50 ± 3 %	N 7	(+ 2,4)	—	—	200,613	200,61	200,61	80
—	—	34,2 ± 1 %								
—	—	57,6 ± 1 %								
—	—	78,7 ± 1 %								
+ 0,5	S 23	44,6 ± 1 %								
—	—	100								
—	—	22,7 ± 1 %								
—	—	0,410 ± 2 %	N 9	+ 2,9 ± 0,5	1692	1575	204,413	204,42	204,39	81
—	—	1		+ 2,9 ± 0,5	1710	1592				
—	—	1,000	N 10¹)	+ 3,0 ± 0,5	1698	1581	207,242	207,24	207,21	82
—	—	15,93 ± 0,5 %		—	—	—				
—	—	15,30 ± 0,5 %		—	—	—				
—	—	35,3 ± 0,5 %		+ 2,9 ± 0,4	1734	1614				
— 0,39	S 24	—	—	+ 2,7 ± 0,4	1747	1626	209	209,00	209,00	83
—	—	—	—	+ 2,90	1750	1629	—	210,00	—	84
—	—	—	—	+ 3,18	1752	1631	—	—	—	
—	—	—	—	+ 3,25	1759	1638	—	—	—	
—	—	—	—	+ 3,55	1770	1649	—	—	—	
—	—	—	—	+ 3,77	1774	1653	—	—	—	
—	—	—	—	+ 3,94	1779	1658	—	—	—	
—	—	—	—	+ 4,27	1789	1667	—	—	—	
—	—	—	—	+ 4,25	1796	1673	—	—	—	
—	—	—	—	+ 4,32	1803	1679	—	—	—	
—	—	—	—	+ 4,59	1813	1688	—	222,04	—	86
—	—	—	—	+ 4,62	1820	1694	—	—	—	87

¹) Für geologisch sehr alte Bleiproben (präkambrischen Ursprunges).

Tabelle I.

Z	Element	Symbol	N	A	Aktivität	Spin i ($\hbar$)	Literatur	Magnetisches Moment μ ($\hbar\,e/2\,M_p\,c$)	Literatur
88	Radium	AcX	135	223	α	—	—	—	—
		ThX	136	224	α	—	—	—	—
		Ra	138	226	α	—	—	—	—
89	Actinium	Ac	138	227	β,α	—	P 2	—	—
90	Thorium	RdAc	137	227	α	—	—	—	—
		RdTh	138	228	α	—	—	—	—
		Io	140	230	α	—	—	—	—
		Th	142	232	α	—	—	—	—
91	Protactinium	Pa	140	231	α	3/2	S 15	—	—
92	Uran	U II	142	234	α	—	—	—	—
		AcU	143	235	α	—	—	—	—
		U I	146	238	α	—	—	—	—

Tabelle II.

Element		A	Maximale Häufigkeit in Prozenten	Literatur
1	H	3	10^{-10}	S 33
2	He	5	0,0001	B 15
3	Li	5	0,001	S 1
4	Be	8	0,001	N 7
10	Ne	23	0,001	B 14
11	Na	20, 21, 22, 24, 25	0,002	B 20
16	S	30, 35	0,002	} N 8
		31	0,005	
		37, 38	0,0005	
17	Cl	39	0,004	N 3
18	A	37	0,005	} N 4
		39, 41	0,01	
		42	0,0003	N 8
19	K	42, 43	0,0006	N 1
20	Ca	38	0,0017	} N 8
		39	0,0025	
		41	0,0007	
		45, 47, 49, 50	0,0005	
22	Ti	42, 51, 52, 53	0,0007	} N 8
		43	0,007	
		44, 45	0,0014	
		54	0,003	
24	Cr	49, 51, 56	0,001	} N 12
		55	0,006	
25	Mn	53, 57	0,007	S 2
26	Fe	52, 53	0,002	} N 12
		55	0,005	
		59	0,013	
		60	0,003	
27	Co	57	0,17	S 2

Element		A	Maximale Häufigkeit in Prozenten	Literatur
30	Zn	63	0,0013	} N 4
		65	0,0025	
		69	0,0017	
33	As	71, 72, 73, 77, 78, 79	0,001	} N 7
		74	0,005	
		76	0,002	
35	Br	73, 87	0,004	} N 5
		74; 86	0,008	
		75, 84, 85	0,013	
		76	0,017	
		77, 83	0,03	
		78, 82	0,25	
		80	0,05	
36	Kr	76, 77, 79, 81, 88	0,0012	} N 7
		87	0,0023	
37	Rb	80, 81, 89, 90	0,0007	} N 4
		83	0,0012	
		84	0,0060	
		86	0,0056	
		88	0,0033	
38	Sr	80, 81, 82	0,0004	} N 9
		83, 89	0,0008	
		85	0,0017	
		90, 91, 92	0,0003	
39	Y	91	0,05	D 9
41	Nb	91, 95	0,25	S 2
42	Mo	88—91, 93, 99, 102—105	0,02	} M 10
		101	0,03	
45	Rh	101	0,08	} S 2
		105	0,10	

Quadrupolmoment q 10^{-24} cm²	Literatur	Relative Häufigkeit	Literatur	Packungsanteil f 10^{-4} ME	Massendefekt TME	Massendefekt MeV	Mittlere Massenzahl	Chem. Atomgewicht für O = 16 berechnet aus der mittl. Massenzahl	Chem. Atomgewicht für O = 16 int. Tab. 1940	Z
—	—	—	—	+ 4,62	1820	1694	—	—	—	
—	—	—	—	+ 4,73	1825	1699	—	—	—	
—	—	—	—	+ 4,96	1838	1711	—	226,05	226,05	88
—	—	—	—	+ 5,02	1845	1718	227	227,05	—	89
—	—	—	—	+ 4,98	1845	1718	—	—	—	
—	—	—	—	+ 5,09	1850	1723	—	—	—	
—	—	—	—	+ 5,35	1862	1734	—	—	—	
—	—	—	—	+ 5,60	1873	1744	—	232,06	232,12	90
—	—	—	—	+ 5,45	1868	1739	231	231,06	231	91
—	1	—		+ 5,60	1886	1756				
—	—	1	N 11	+ 5,79	1891	1762	237,978	238,06	238,07	92
—	17.000 ± 10 %, 139 ± 1 %			+ 6,18	1908	1776				

Tabelle II.

Element	A	Maximale Häufigkeit in Prozenten	Literatur	Element	A	Maximale Häufigkeit in Prozenten	Literatur
48 Cd	107, 109	0,043		80 Hg	194, 195	0,0015	N 7
	115	0,125	N 4		197	0,0037	
	118	0,0068			203	0,0006	N 9
49 In	110, 111	0,01			205, 206	0,0016	N 7
	112, 116, 117	0,02		81 Tl	199—201, 206—209	0,002	N 9
	114	0,5	S 1		203, 204	0,003	
	118	0,012		82 Pb	203	0,002	
	119	0,003			205	0,01	N 5
53 J	123, 124, 125	0,002			209	0,0009	
	126	0,004			210	0,009	
	128	0,007		83 Bi	205—207, 211—213	0,001	N 9
	129	0,0025	N 7		208, 210	0,002	
	130	0,0008		92 U	231—233, 236	0,003	
	131	0,0004			237, 239	0,0083	N 11
54 X	122, 123, 125	0,00045			240—242	0,0016	
	127	0,0009	N 7				
	133, 135, 137, 138	0,0018					
55 Cs	129, 130, 136, 137	0,001					
	131	0,005					
	132	0,025	N 7				
	134	0,017					
	135	0,002					
56 Ba	128, 129, 131, 133, 140, 141	0,0007					
	139	0,002	N 9				
	142	0,0004					
71 Cp	177	0,1	D 9				
73 Ta	179	0,1	D 9				
76 Os	182, 183, 185	0,003					
	191	0,011	N 6				
	193	0,007					
	194	0,004					
79 Au	199	0,01	D 2				

Tabelle III.

	A	Dublett	ΔM (10^{-4} ME)	Lit.
¹H, ²D, ¹²C	2	$^1\mathrm{H}_2-\,^2\mathrm{D}$	15,2 ± 0,4	A 13
	2	$^1\mathrm{H}_2-\,^2\mathrm{D}$	15,3 ± 0,4	B 7, L 5
	2	$^1\mathrm{H}_2-\,^2\mathrm{D}$	15,39 ± 0,021	M 8
	6	$^2\mathrm{D}_3-\,^{12}\mathrm{C}^{2+}$	423,6 ± 1,2	A 13
	6	$^2\mathrm{D}_3-\,^{12}\mathrm{C}^{2+}$	421,9 ± 0,5	B 9, L 5
	6	$^2\mathrm{D}_3-\,^{12}\mathrm{C}^{2+}$	422,39 ± 0,21	M 8
	16	$^{12}\mathrm{C}^1\mathrm{H}_4-\,^{16}\mathrm{O}$	360,1 ± 1,6	A 13
	16	$^{12}\mathrm{C}^1\mathrm{H}_4-\,^{16}\mathrm{O}$	364,9 ± 0,8	J 8, L 5
	16	$^{12}\mathrm{C}^1\mathrm{H}_4-\,^{16}\mathrm{O}$	364,06 ± 0,40	M 8
	16	$^{12}\mathrm{C}^1\mathrm{H}_4-\,^{16}\mathrm{O}$	364,2 ± 0,9	A 5
⁴He	6	$^4\mathrm{He}_2-\,^{16}\mathrm{O}^{2+}$	77,2 ± 1,2	B 10
	4	$^2\mathrm{D}_2-\,^4\mathrm{He}$	255,1 ± 0,8	A 13
	4	$^2\mathrm{D}_2-\,^4\mathrm{He}$	256,1 ± 0,4	B 9, L 5
⁷Li	7	$^7\mathrm{Li}-\,^{14}\mathrm{N}^{2+}$	144,3 ± 1	B 9, L 5
⁹Be	10	$^9\mathrm{Be}^1\mathrm{H}-\,^{10}\mathrm{B}$	69,6 ± 2,0	J 10, L 5
	10	$^9\mathrm{Be}^1\mathrm{H}-\,^{20}\mathrm{Ne}^{2+}$	239,1 ± 2,0	J 10, L 5
¹⁰B	10	$^{10}\mathrm{B}-\,^{20}\mathrm{Ne}^{2+}$	168,4 ± 1,5	A 13
	10	$^{10}\mathrm{B}-\,^{20}\mathrm{Ne}^{2+}$	167,5 ± 1,5	J 10, L 5
	12	$^{10}\mathrm{B}^1\mathrm{H}_2-\,^{12}\mathrm{C}$	287,5 ± 2,0	J 10, L 5
¹¹B	11	$^{10}\mathrm{B}^1\mathrm{H}-\,^{11}\mathrm{B}$	116,0 ± 1,0	J 10, L 5
	12	$^{11}\mathrm{B}^1\mathrm{H}-\,^{12}\mathrm{C}$	171,4 ± 1,0	J 10, L 5
¹³C	13	$^{12}\mathrm{C}^1\mathrm{H}-\,^{13}\mathrm{C}$	45 ± 1	B 7, L 5
	13	$^{12}\mathrm{C}^1\mathrm{H}-\,^{13}\mathrm{C}$	44,7	M 5
¹⁴N	14	$^{12}\mathrm{C}^1\mathrm{H}_2-\,^{14}\mathrm{N}$	124,5 ± 0,7	A 13
	14	$^{12}\mathrm{C}^1\mathrm{H}_2-\,^{14}\mathrm{N}$	127,4 ± 0,8	J 8, L 5
	14	$^{12}\mathrm{C}^1\mathrm{H}_2-\,^{14}\mathrm{N}$	125,81 ± 0,23	M 8
	14	$^{12}\mathrm{C}^1\mathrm{H}_2-\,^{14}\mathrm{N}$	125,7 ± 0,6	A 5
	14	$^{12}\mathrm{C}^1\mathrm{H}_2-\,^{14}\mathrm{N}$	125,6 ± 0,15	J 11
Kontroll-Dubletts für ¹⁴N, ¹H, ¹²C	15	$^{12}\mathrm{C}^1\mathrm{H}_3-\,^{14}\mathrm{N}^1\mathrm{H}$	125,63 ± 0,27	M 8
	16	$^{14}\mathrm{N}^1\mathrm{H}_2-\,^{16}\mathrm{O}$	236,9 ± 1,5	J 8, L 5
	16	$^{14}\mathrm{N}^1\mathrm{H}_2-\,^{16}\mathrm{O}$	237,80 ± 0,32	M 8
	17	$^{14}\mathrm{N}^1\mathrm{H}_3-\,^{16}\mathrm{O}^1\mathrm{H}$	236,61 ± 0,39	M 8
	28	$^{14}\mathrm{N}_2-\,^{12}\mathrm{C}^{16}\mathrm{O}$	111,7 ± 2,0	J 8, L 5
	28	$^{14}\mathrm{N}_2-\,^{12}\mathrm{C}^{16}\mathrm{O}$	112,22 ± 0,40	M 8
¹⁵N	15	$^{14}\mathrm{N}^1\mathrm{H}-\,^{15}\mathrm{N}$	107,4 ± 2	J 9, L 5
	(15	$^{12}\mathrm{C}^1\mathrm{H}_3-\,^{15}\mathrm{N}$	238,2 ± 0,7₅)	M 3
¹⁸O	(18	$^{16}\mathrm{O}^1\mathrm{H}_2-\,^{18}\mathrm{O}$	125,7 ± 1,8)	M 3
	(18	$^{16}\mathrm{O}^1\mathrm{H}_2-\,^{18}\mathrm{O}$	104,4 ± 1,8)	A 13
	(18	$^{16}\mathrm{O}^1\mathrm{H}_2-\,^{18}\mathrm{O}$	120)	M 7
¹⁹F	19	$^{16}\mathrm{O}^2\mathrm{D}^1\mathrm{H}-\,^{19}\mathrm{F}$	104,4 ± 1,8	A 13
²⁰Ne	20	$^{16}\mathrm{O}^2\mathrm{D}_2-\,^{20}\mathrm{Ne}$	308,3 ± 4,0	A 13
	20	$^{16}\mathrm{O}^2\mathrm{D}_2-\,^{20}\mathrm{Ne}$	306,5 ± 1,0	J 10, L 5
	20	$^{12}\mathrm{C}^2\mathrm{D}_4-\,^{20}\mathrm{Ne}$	638,16 ± 0,50	M 8
²¹Ne	21	$^{20}\mathrm{Ne}^1\mathrm{H}-\,^{21}\mathrm{Ne}$	72,6 ± 2,0	J 10, L 5
²²Ne	11	$^{10}\mathrm{B}^1\mathrm{H}-\,^{22}\mathrm{Ne}^{2+}$	251 ± 5,0	J 10, L 5
	11	$^{11}\mathrm{B}-\,^{22}\mathrm{Ne}^{2+}$	136,0 ± 1,5	J 10, L 5
²⁷Al	(27	$^{12}\mathrm{C}_2^1\mathrm{H}_3-\,^{27}\mathrm{Al}$	405)	A 13
²⁸Si	28	$^{12}\mathrm{C}^{16}\mathrm{O}-\,^{28}\mathrm{Si}$	172 ± 6	A 13
²⁹Si	29	$^{10}\mathrm{B}^{19}\mathrm{F}-\,^{29}\mathrm{Si}$	342 ± 6	A 13
³¹P	31	$^{12}\mathrm{C}^{19}\mathrm{F}-\,^{31}\mathrm{P}$	244 ± 5	A 13
³²S	32	$^{16}\mathrm{O}_2-\,^{32}\mathrm{S}$	177 ± 3	A 13
³⁵Cl	36	$^{12}\mathrm{C}_3-\,^{35}\mathrm{Cl}^1\mathrm{H}$	225 ± 7	A 13
	37	$^{12}\mathrm{C}_3-\,^{35}\mathrm{Cl}^1\mathrm{H}$	246,7 ± 1,7	O 1
³⁷Cl	37	$^{12}\mathrm{C}_3^1\mathrm{H}-\,^{37}\mathrm{Cl}$	412 ± 7	A 13
	37	$^{12}\mathrm{C}_3^1\mathrm{H}-\,^{37}\mathrm{Cl}$	421,7 ± 0,9	O 1
	38	$^{12}\mathrm{C}_3^1\mathrm{H}_2-\,^{37}\mathrm{Cl}^1\mathrm{H}$	419,8 ± 1,1	O 1
		Mittel	420,8 ± 0,7	O 1
³⁶A	(18	$^{16}\mathrm{O}^1\mathrm{H}_2-\,^{36}\mathrm{A}^{2+}$	271 ± 3,6)	A 13
	36	$^{12}\mathrm{C}_3-\,^{36}\mathrm{A}$	326 ± 7	A 13
⁴⁰A	20	$^{16}\mathrm{O}^2\mathrm{D}_2-\,^{40}\mathrm{A}^{2+}$	418,9 ± 2,0	J 10, L 5
	20	$^{20}\mathrm{Ne}-\,^{40}\mathrm{A}^{2+}$	108,8 ± 3,0	A 13
	20	$^{20}\mathrm{Ne}-\,^{40}\mathrm{A}^{2+}$	113,0 ± 2,0	J 10, L 5
	20	$^{20}\mathrm{Ne}-\,^{40}\mathrm{A}^{2+}$	111,42 ± 0,38	M 8
	40	$^{12}\mathrm{C}_3^1\mathrm{H}_4-\,^{40}\mathrm{A}$	679 ± 6	A 13
	40	$^{12}\mathrm{C}_3^1\mathrm{H}_4-\,^{40}\mathrm{A}$	679,3 ± 0,7	O 1
	41	$^{12}\mathrm{C}_3^1\mathrm{H}_5-\,^{40}\mathrm{A}^1\mathrm{H}$	693,0 ± 2,3	O 1
⁴⁸Ti	16	$^{16}\mathrm{O}-\,^{48}\mathrm{Ti}^{3+}$	115,5 ± 1,5	D 6
	24	$^{12}\mathrm{C}_2-\,^{48}\mathrm{Ti}^{2+}$	244,7 ± 3,6	A 14
⁵⁶Fe	56	$^{12}\mathrm{C}_4^1\mathrm{H}_8-\,^{56}\mathrm{Fe}$	1235 ± 17	O 1
⁵⁸Ni	58	$^{12}\mathrm{C}_4^1\mathrm{H}_{10}-\,^{58}\mathrm{Ni}$	1371,2 ± 3,9	O 2
⁶⁰Ni	60	$^{12}\mathrm{C}_5-\,^{60}\mathrm{Ni}$	695,9 ± 3,1	O 2
⁶¹Ni	61	$^{12}\mathrm{C}_5^1\mathrm{H}-\,^{61}\mathrm{Ni}$	735 ± 15	O 2
⁶²Ni	62	$^{12}\mathrm{C}_5^1\mathrm{H}_2-\,^{62}\mathrm{Ni}$	860,7 ± 3,7	O 2
⁶⁴Ni	64	$^{12}\mathrm{C}_5^1\mathrm{H}_4-\,^{64}\mathrm{Ni}$	1044,8 ± 5,4	O 2

	A	Dublett	$\Delta M/A = f_1 - f_2$ (10^{-4} ME)	Lit.
⁴⁸Ti	16	$^{16}\mathrm{O}-\,^{48}\mathrm{Ti}^{3+}$	7,22 ± 0,1	D 6
	24	$^{12}\mathrm{C}_2-\,^{48}\mathrm{Ti}^{2+}$	10,20 ± 0,15	A 14
	12	$^{12}\mathrm{C}-\,^{48}\mathrm{Ti}^{4+}$	9,8 ± 0,4	D 6
⁵²Cr	52	$^{12}\mathrm{C}^1\mathrm{H}_3^{37}\mathrm{Cl}-\,^{52}\mathrm{Cr}$	9,22 ± 0,15	A 14
⁵⁶Fe	14	$^{14}\mathrm{N}-\,^{56}\mathrm{Fe}^{4+}$	12,3 ± 0,4	D 6
⁷⁸Kr	39	$^{12}\mathrm{C}_3^1\mathrm{H}_3-\,^{78}\mathrm{Kr}^{2+}$	16,28 ± 0,2	A 13
⁸²Kr	41	$^{12}\mathrm{C}_3^1\mathrm{H}_5-\,^{82}\mathrm{Kr}^{2+}$	20,20 ± 0,15	A 13
⁸⁴Kr	42	$^{12}\mathrm{C}_3^1\mathrm{H}_6-\,^{84}\mathrm{Kr}^{2+}$	21,73 ± 0,15	A 13
⁸⁶Kr	43	$^{12}\mathrm{C}_3^1\mathrm{H}_7-\,^{86}\mathrm{Kr}^{2+}$	23,10 ± 0,15	A 13
⁸⁶Sr	(86	$^{29}\mathrm{Si}^{19}\mathrm{F}_3-\,^{86}\mathrm{Sr}$	9,0)	M 4
⁸⁷Sr	(87	$^{30}\mathrm{Si}^{19}\mathrm{F}_3-\,^{87}\mathrm{Sr}$	8,5)	M 4
⁹⁴Mo	94	$^{188}\mathrm{Os}^{2+}-\,^{94}\mathrm{Mo}$	7,78 ± 0,3	D 6
⁹⁵Mo	95	$^{190}\mathrm{Os}^{2+}-\,^{95}\mathrm{Mo}$	7,76 ± 0,3	D 6
⁹⁶Mo	96	$^{192}\mathrm{Os}^{2+}-\,^{96}\mathrm{Mo}$	7,58 ± 0,3	D 6
	96	$^{192}\mathrm{Pt}^{2+}-\,^{96}\mathrm{Mo}$	8,3 ± 0,3	D 6
⁹⁷Mo	97	$^{194}\mathrm{Pt}^{2+}-\,^{97}\mathrm{Mo}$	7,7 ± 0,2	D 6
⁹⁸Mo	98	$^{196}\mathrm{Pt}^{2+}-\,^{98}\mathrm{Mo}$	7,68 ± 0,2	D 6
¹⁰³Rh	103	$^{206}\mathrm{Pb}^{2+}-\,^{103}\mathrm{Rh}$	7,96 ± 0,15	D 6
¹²⁹X	43	$^{12}\mathrm{C}_3^1\mathrm{H}_7-\,^{129}\mathrm{X}$	20,16 ± 0,1	A 13
¹⁵⁰Nd	50	$^{150}\mathrm{Nd}^{3+}-\,^{50}\mathrm{Ti}$	5,16 ± 0,1	D 8
¹⁵⁶Gd	52	$^{156}\mathrm{Gd}^{3+}-\,^{52}\mathrm{Cr}$	6,37 ± 0,11	G 5
¹⁹²Os	96	$^{192}\mathrm{Os}^{2+}-\,^{96}\mathrm{Ru}$	7,91 ± 0,2	D 6
	96	$^{192}\mathrm{Os}^{2+}-\,^{96}\mathrm{Ru}$	7,65 ± 0,14	G 5
¹⁹⁵Pt	65	$^{195}\mathrm{Pt}^{3+}-\,^{65}\mathrm{Cu}$	8,93 ± 0,1	D 6
¹⁹⁸Pt	99	$^{198}\mathrm{Pt}^{2+}-\,^{99}\mathrm{Ru}$	8,26 ± 0,2	D 6
	99	$^{198}\mathrm{Pt}^{2+}-\,^{99}\mathrm{Ru}$	7,92 ± 0,10	G 5
²⁰⁴Pb	102	$^{204}\mathrm{Pb}^{2+}-\,^{102}\mathrm{Pd}$	8,07 ± 0,2	D 6
²⁰⁸Pb	104	$^{208}\mathrm{Pb}^{2+}-\,^{104}\mathrm{Pd}$	7,96 ± 0,15	D 6
²³²Th	116	$^{232}\mathrm{Th}^{2+}-\,^{116}\mathrm{Sn}$	10,14 ± 0,1	D 6
²³⁸U	119	$^{238}\mathrm{U}^{2+}-\,^{119}\mathrm{Sn}$	10,41 ± 0,1	D 6
	119	$^{238}\mathrm{U}^{2+}-\,^{119}\mathrm{Sn}$	10,12 ± 0,09	G 5
	86	$^{172}\mathrm{Yb}^{2+}-\,^{86}\mathrm{Sr}$	6,20 ± 0,15	G 5
	87	$^{174}\mathrm{Yb}^{2+}-\,^{87}\mathrm{Sr}$	6,18 ± 0,14	G 5
	91	$^{182}\mathrm{W}^{2+}-\,^{91}\mathrm{Zr}$	7,85 ± 0,2	D 6
	92	$^{184}\mathrm{W}^{2+}-\,^{92}\mathrm{Zr}$	8,05 ± 0,2	D 6

	A	Gabelung	$\Delta M/A = f_1 - \overline{f_2}$ (10^{-4} ME)	Lit.
³⁹K	19½	$^{39}\mathrm{K}^{2+}-\overline{^{96,99}\mathrm{Ru}}^{5+}$	− 0,4 ± 0,3	D 6
$\overline{^{39,50}\mathrm{Ti}}$	49¼	$^{197}\mathrm{Au}^{2+}-\overline{^{49,50}\mathrm{Ti}}$	+ 9,36 ± 0,2	D 6
⁵⁴Fe	54	$^{54}\mathrm{Fe}-\overline{^{107,109}\mathrm{Ag}}^{2+}$	− 2,55 ± 0,3	D 6
⁶⁰Ni	20	$^{60}\mathrm{Ni}^{3+}-\overline{^{99,101}\mathrm{Ru}}^{5+}$	− 1,1 ± 0,3	D 6
$\overline{^{63,65}\mathrm{Cu}}$	16	$^{16}\mathrm{O}-\overline{^{63,65}\mathrm{Cu}}^{4+}$	− 6,9 ± 0,2	D 6
⁶⁴Zn	21⅓	$^{64}\mathrm{Zn}^{3+}-\overline{^{107,109}\mathrm{Ag}}^{5+}$	− 2,0 ± 0,3	D 6
⁶⁶Zn	22	$^{66}\mathrm{Zn}^{3+}-\overline{^{109,107}\mathrm{Ag}}^{5+}$	− 2,5 ± 0,3	D 6
$\overline{^{68,70}\mathrm{Zn}}$	23	$^{23}\mathrm{Na}-\overline{^{68,70}\mathrm{Zn}}^{3+}$	+ 4,9 ± 0,5	D 6
⁶⁹Ga	69	$^{69}\mathrm{Ga}-\overline{^{104,102}\mathrm{Pd}}^{3/2+\,1)}$	− 1,29 ± 0,3	D 6
⁷¹Ga	71	$^{71}\mathrm{Ga}-\overline{^{106,108}\mathrm{Pd}}^{3/2+\,1)}$	− 1,37 ± 0,3	D 6
$\overline{^{97,100}\mathrm{Mo}}$	98½	$^{197}\mathrm{Au}^{2+}-\overline{^{97,100}\mathrm{Mo}}$	+ 7,95 ± 0,06	G 5
$\overline{^{98,100}\mathrm{Mo}}$	98½	$^{197}\mathrm{Au}^{2+}-\overline{^{98,100}\mathrm{Mo}}$	+ 8,13 ± 0,07	G 5
$\overline{^{96,99}\mathrm{Ru}}$	97½	$^{195}\mathrm{Pt}^{2+}-\overline{^{96,99}\mathrm{Ru}}$	+ 7,71 ± 0,20	G 5
$\overline{^{106,110}\mathrm{Pd}}$	27	$^{27}\mathrm{Al}-\overline{^{106,110}\mathrm{Pd}}^{4+}$	+ 1,6 ± 0,3	D 6
$\overline{^{107,109}\mathrm{Ag}}$	27	$^{27}\mathrm{Al}-\overline{^{107,109}\mathrm{Ag}}^{4+}$	+ 1,2 ± 0,2	D 6
$\overline{^{116,118}\mathrm{Sn}}$	23½	$^{47}\mathrm{Ti}^{2+}-\overline{^{118,116}\mathrm{Sn}}^{5+}$	− 2,23 ± 0,4	D 8
$\overline{^{118,119}\mathrm{Sn}}$	39⅖	$^{197}\mathrm{Au}^{5+}-\overline{^{118,119}\mathrm{Sn}}^{3+}$	+ 7,2 ± 0,3	D 8
$\overline{^{122,124}\mathrm{Sn}}$	24½	$^{49}\mathrm{Ti}^{2+}-\overline{^{122,124}\mathrm{Sn}}^{5+}$	− 2,73 ± 0,4	D 8
¹³⁹La	46⅓	$^{139}\mathrm{La}^{3+}-\overline{^{46,47}\mathrm{Ti}}$	+ 3,97 ± 0,2	D 8
$\overline{^{146,048}\mathrm{Nd}}$	49	$^{49}\mathrm{Ti}-\overline{^{46,1148}\mathrm{Nd}}^{3+}$	− 4,60 ± 0,1	D 8

¹) Pd-Ionen, die das elektrische Ablenkfeld des Massenspektrographen 6-fach geladen durchlaufen und vor Eintritt in das Magnetfeld 3 Elektronenladungen aufgefangen haben; bezüglich ihrer Masse verhalten sie sich wie $3^2/_6 = {}^3/_2$-fach geladene Ionen.

	A	Gabelung	$\Delta M/A = f_1 - \overline{f}_2$ 10^{-4} ME	Lit.		A	Gabelung	$\Delta M/A = f_1 - \overline{f}_2$ 10^{-4} ME	Lit.
^{148}Nd	$49^1/_3$	^{148}Nd$^{3+}-\overline{^{49,\,50}\text{Ti}}$	$+\ 4,79 \pm 0,1$	D 8	$\overline{^{203,\,205}\text{Tl}}$	102	^{102}Pd$-\overline{^{203,\,205}\text{Tl}}^{2+}$	$-\ 8,03 \pm 0,2$	D 6
$\overline{^{155,\,157}\text{Gd}}$	52	^{52}Cr$-\overline{^{155,\,157}\text{Gd}}^{3+}$	$-\ 6,39 \pm 0,09$	G 5	^{209}Bi	$104^1/_2$	^{209}Bi$^{2+}-\overline{^{104,\,105}\text{Pd}}$	$+\ 7,84 \pm 0,1$	D 6
$\overline{^{158,\,160}\text{Gd}}$	53	^{53}Cr$-\overline{^{158,\,160}\text{Gd}}^{3+}$	$-\ 6,38 \pm 0,13$	G 5	^{235}U	$117^1/_2$	^{235}U$^{2+}-\overline{^{117,\,118}\text{Sn}}$	$+\ 10,5 \pm 0,3$	D 6
^{160}Gd	$53^1/_3$	^{160}Gd$^{3+}-\overline{^{53,\,54}\text{Cr}}$	$+\ 6,33 \pm 0,26$	G 5	^{238}U	119	^{238}U$^{2+}-\overline{^{118,\,120}\text{Sn}}$	$+\ 10,12 \pm 0,13$	G 5
^{190}Os	96	^{96}Ru$-\overline{^{190}\text{Os}^{2+},\,^{194}\text{Pt}^{2+}}$	$-\ 7,70 \pm 0,11$	G 5		86	^{86}Sr$-\overline{^{171,\,173}\text{Yb}}^{2+}$	$-\ 6,48 \pm 0,19$	G 5
^{191}Ir	$95^1/_2$	^{191}Ir$^{2+}-\overline{^{95,\,96}\text{Mo}}$	$+\ 7,68 \pm 0,2$	D 6		87	^{87}Sr$-\overline{^{173}\text{Yb}^{2+},\,^{175}\text{Cp}^{2+}}$	$-\ 6,37 \pm 0,16$	G 5
$\overline{^{191,\,193}\text{Ir}}$	96	^{96}Mo$-\overline{^{191,\,193}\text{Ir}}^{2+}$	$-\ 7,72 \pm 0,2$	D 6		$90^1/_2$	^{181}Ta$^{2+}-\overline{^{90,\,91}\text{Zr}}$	$+\ 7,71 \pm 0,09$	G 5
^{194}Pt	97	^{194}Pt$^{2+}-\overline{^{96,\,99}\text{Ru}}$	$+\ 7,72 \pm 0,17$	G 5		$90^1/_2$	^{181}Ta$^{2+}-\overline{^{90,\,92}\text{Zr}}$	$+\ 7,77 \pm 0,08$	G 5
^{196}Pt	98	^{196}Pt$^{2+}-\overline{^{99,\,96}\text{Ru}}$	$+\ 7,69 \pm 0,20$	G 5		174	^{174}Yb$-\overline{^{173}\text{Yb},\,^{175}\text{Cp}}$	$+\ 0,05 \pm 0,20$	G 5
^{197}Au	$65^2/_3$	^{197}Au$^{3+}-\overline{^{65,\,63}\text{Cu}}$	$+\ 8,90 \pm 0,2$	D 6		175	^{175}Cp$-\overline{^{176,\,173}\text{Yb}}$	$+\ 0,00 \pm 0,34$	G 5

Literatur

zu den Tabellen I bis III.

(1) Alvarez, L. W. u. R. Cornog: Physic. Rev. **56** (1939) 379, 613.

(2) Alvarez, L. W. u. F. Bloch: Physic. Rev. **57** (1940) 111.

(3) Anderson, O. E.: Physic. Rev. **45** (1934) 685.

(4) Anderson, O. E.: Physic. Rev. **46** (1934) 473.

(5) Asada, T., T. Okuda, K. Ogata u. S. Yoshimoto: Nature, London **143** (1939) 797. Proc. physic.-math. Soc. Japan (3) **22** (1940) 41.

(5a) Ashley, M.: Physic. Rev. **44** (1933) 919.

(6) Aston, F. W.: Phil. Mag. J. Sci. **47** (1924) 385.

(7) Aston, F. W.: Proc. roy. Soc. London (A) **130** (1931) 302.

(8) Aston, F. W.: Proc. roy. Soc. London (A) **132** (1931) 487.

(9) Aston, F. W.: Mass-Spectra and Isotopes, London 1933.

(10) Aston, F. W.: Proc. roy. Soc. London (A) **146** (1934) 46.

(11) Aston, F. W.: Proc. roy. Soc. London (A) **149** (1935) 396.

(12) Aston, F. W.: Nature, London **137** (1936) 613.

(13) Aston, F. W.: Proc. roy. Soc. London (A) **163** (1937) 391.

(14) Aston, F. W.: Nature, London **141** (1938) 1096.

(1) Bacher, R. F. u. D. H. Tomboulian: Physic. Rev. **50** (1936) 1096; **52** (1937) 836.

(2) Back, E. u. S. Goudsmit: Z. Physik **47** (1928) 174.

(3) Badami, J. S.: Z. Physik **79** (1932) 206, 224.

(4) Bainbridge, K. T.: Physic. Rev. **39** (1932) 1021.

(5) Bainbridge, K. T.: Physic. Rev. **43** (1933) 1056.

(6) Bainbridge, K. T.: J. Franklin Inst. **215** (1933) 509.

(7) Bainbridge, K. T. u. E. B. Jordan: Physic. Rev. **49** (1936) 883.

(8) Bainbridge, K. T. u. E. B. Jordan: Physic. Rev. **50** (1936) 282.

(9) Bainbridge, K. T. u. E. B. Jordan: Physic. Rev. **51** (1937) 384.

(10) Bainbridge, K. T.: Physic. Rev. **53** (1938) 922.

(11) Ballard, S. S.: Physic. Rev. **46** (1934) 806.

(12) Benson, A. N. u. R. A. Sawyer: Physic. Rev. **52** (1937) 1127.

(13) Bethe, H. A. u. R. F. Bacher: Rev. mod. Physic. **8** (1936) 82.

(14) Bleakney, W.: Physic. Rev. **43** (1933) 1056.

(15) Bleakney, W., G. P. Harnwell, W. W. Lozier, P. T. Smith u. H. D. Smyth: Physic. Rev. **46** (1934) 81.

(16) Blewett, J. P. u. M. B. Sampson: Physic. Rev. **49** (1936) 778.

(17) Blewett, J. P.: Physic. Rev. **49** (1936) 900.

(18) Brewer, A. K.: Physic. Rev. **47** (1935) 571.

(19) Brewer, A. K.: J. Amer. chem. Soc. **58** (1936) 370.

(20) Brewer, A. K.: Physic. Rev. **49** (1936) 56.

(1) Campbell, J. S.: Z. Physik **84** (1933) 393.

(2) Campbell, J. S.: Nature, London **131** (1933) 204.

(3) Casimir, H.: Physica **2** (1935) 719.

(4) Cohen, V. W.: Physic. Rev. **46** (1934) 713.

(5) Crawford, M. F. u. A. M. Crooker: Nature, London **131** (1933) 655.

(6) Crawford, M. F. u. S. Bateson: Canad. J. Res. **10** (1934) 693.

(7) Crawford, M. F. u. N. S. Grace: Physic. Rev. **47** (1935) 536.

(8) Crawford, M. F.: Physic. Rev. **47** (1935) 768.

(1) Dempster, A. J.: Physic. Rev. **17** (1921) 427; **18** (1921) 415. Proc. Amer. Nat. Acad. **7** (1921) 45.

(2) Dempster, A. J.: Proc. Amer. Nat. Acad. **75** (1935) 755. Nature, London **136** (1935) 65.

(3) Dempster, A. J.: Physic. Rev. **49** (1936) 947.

(4) Dempster, A. J.: Physic. Rev. **50** (1936) 186.

(5) Dempster, A. J.: Physic. Rev. **52** (1937) 1074.

(6) Dempster, A. J.: Physic. Rev. **53** (1938) 64.

(7) Dempster, A. J.: Physic. Rev. **53** (1938) 727.

(8) Dempster, A. J.: Physic. Rev. **53** (1938) 869.

(9) Dempster, A. J.: Physic. Rev. **55** (1939) 794.

(1) Ellett, A. u. N. P. Heydenburg: Physic. Rev. **46** (1934) 583.

(2) Elliot, A.: Proc. roy. Soc. London (A) **127** (1930) 638.

(1) Fisher, R. A. u. E. R. Peck: Physic. Rev. **55** (1939) 270.

(2) Fox, M. u. I. I. Rabi: Physic. Rev. **48** (1935) 746.

(3) Frisch, O. R., H. v. Halban jr. u. J. Koch: Physic. Rev. **53** (1938) 719. Nature, London **139** (1937) 756, 1021; **140** (1937) 360.

(4) Fuchs, B. u. H. Kopfermann: Naturwiss. **23** (1935) 372.

(1) Gale, H. G. u. G. S. Monk: Astrophysic. J. **69** (1929) 77.

(2) Gier, J. de u. P. Zeeman: Kon. Akad. Wetensch. Amsterdam **38** (1935) 810.

(3) Gollnow, H.: Z. Physik **103** (1936) 443.

(4) Granath, L. P. u. C. M. Van Atta: Physic. Rev. **44** (1933) 935.

(5) Graves, A. C.: Physic. Rev. **55** (1939) 863.

(6) Gremmer, W. u. R. Ritschl: Z. Instr.-Kd. **51** (1931) 170.

(7) Güttinger, P.: Z. Physik **64** (1930) 749.

(1) Hahn, O., F. Straßmann u. E. Walling: Naturwiss. **25** (1937) 189.

(2) Hardy, T. C.: Physic. Rev. **59** (1941) 686 (abs. 20).

(3) Harvey, A. u. F. A. Jenkins: Physic. Rev. **35** (1930) 789.
(4) Hay, R. H.: Physic. Rev. **58** (1940) 180.
(5) Hay, R. H.: Physic. Rev. **59** (1941) 686 (abs. 19).
(6) Hemmendinger, A. u. W. R. Smythe: Physic. Rev. **51** (1937) 1052.
(7) Hevesy, G. v.: Naturwiss. **35** (1935) 583.
(8) Heyden, M. u. H. Kopfermann: Z. Physik **108** (1938) 232.
(9) Heyden, M. u. R. Ritschl: Z. Physik **108** (1938) 739.
(10) Heyden, M. u. W. Wefelmeier: Naturwiss. **26** (1938) 612.
(11) Hönigschmid, O. u. F. Hirschbold-Wittner: Z. anorg. allg. Chem. **243** (1940) 355.
(12) Hönigschmid, O. u. F. Hirschbold-Wittner: Z. anorg. allg. Chem. **244** (1940) 63.
(13) Hoffman, J. G., M. St. Livingston u. H. A. Bethe: Physic. Rev. **51** (1937) 214.
(14) Hori, T.: Z. Physik **44** (1927) 834.

(1) Inglis, D. R.: Physic. Rev. **58** (1940) 577.

(1) Jackson, D. A.: Z. Physik **75** (1932) 229.
(2) Jackson, D. A.: Proc. roy. Soc. London (A) **139** (1933) 673.
(3) Jackson, D. A.: Z. Physik **80** (1933) 59.
(4) Jackson, D. A. u. H. Kuhn: Proc. roy. Soc. London (A) **158** (1937) 372.
(4a) Jackson, D. A. u. H. Kuhn: Proc. roy. Soc. London (A) **173** (1939) 278.
(5) Jaeckel, B.: Z. Physik **100** (1936) 513.
(5a) Jenkins, F. A. u. M. Ashley: Physic. Rev. **39** (1932) 552.
(6) Jones, E. G.: Proc. physic. Soc. London **45** (1938) 625.
(7) Jones, E. G.: Proc. roy. Soc. London (A) **144** (1934) 587.
(8) Jordan, E. B. u. K. T. Bainbridge: Physic. Rev. **49** (1936) 883.
(9) Jordan, E. B. u. K. T. Bainbridge: Physic. Rev. **50** (1936) 98.
(10) Jordan, E. B. u. K. T. Bainbridge: Physic. Rev. **51** (1937) 385.
(11) Jordan, E. B.: Physic. Rev. **58** (1940) 1009.

(1) Kapuscinski, W. u. J. G. Eymers: Proc. roy. Soc. London (A) **122** (1929) 58.
(2) Kellogg, J. M. B., I. I. Rabi, N. F. Ramsey jr. u. J. R. Zacharias: Physic. Rev. **55** (1939) 318; **57** (1940) 677.
(3) Kellogg, J. M. B., I. I. Rabi, N. F. Ramsey jr. u. J. R. Zacharias: Physic. Rev. **56** (1939) 728.
(4) Kopfermann, H.: Z. Physik **73** (1931) 437.
(5) Kopfermann, H.: Z. Physik **75** (1932) 363.
(6) Kopfermann, H.: Z. Physik **83** (1933) 417.
(7) Kopfermann, H. u. E. Rindal: Z. Physik **87** (1934) 460.
(8) Kopfermann, H. u. E. Rasmussen: Z. Physik **92** (1934) 82.
(9) Kopfermann, H. u. E. Rasmussen: Naturwiss. **22** (1934) 291. Z. Physik **94** (1935) 58.
(10) Kopfermann, H. u. E. Rasmussen: Z. Physik **98** (1936) 624.
(11) Kopfermann, H. u. H. Wittke: Z. Physik **105** (1937) 16.
(12) Korsching, H.: Z. Physik **109** (1938) 349.
(13) Krüger, H.: Z. Physik **111** (1939) 467.
(14) Kusch, P., S. Millman u. I. I. Rabi: Physic. Rev. **55** (1939) 666.
(15) Kusch, P., S. Millman u. I. I. Rabi: Physic. Rev. **55** (1939) 1176.
(16) Kusch, P. u. S. Millman: Physic. Rev. **56** (1939) 527.

(1) Larrich, L.: Physic. Rev. **46** (1934) 581.
(2) Lichtblau, H.: Naturwiss. **27** (1939) 260.
(3) Lichtblau, H. u. J. Mattauch: Z. Physik **117** (1941) 502.
(4) Libby, W. F.: Physic. Rev. **56** (1939) 21.
(5) Livingston, M. St. u. H. A. Bethe: Rev. mod. Physic. **9** (1937) 245.
(6) Lyshede, J. M. u. E. Rasmussen: Z. Physik **104** (1937) 434.

(1) Manley, J. H.: Physic. Rev. **49** (1936) 921.
(2) Manley, J. H. u. S. Millman: Physic. Rev. **51** (1937) 19.
(3) Mattauch, J.: S. B. Akad. Wiss. Wien **145** (1936) 461. Physic. Rev. **50** (1936) 617.
(4) Mattauch, J.: Naturwiss. **25** (1937) 170.
(4a) Mattauch, J.: Naturwiss. **25** (1937) 189.
(5) Mattauch, J. u. R. Herzog: Naturwiss. **25** (1937) 747.
(6) Mattauch, J. u. V. Hauk: Naturwiss. **25** (1937) 780.
(7) Mattauch, J.: Physikal. Z. **38** (1937) 951.
(8) Mattauch, J.: Physikal. Z. **39** (1938) 892.
(9) Mattauch, J. u. H. Lichtblau: Z. Physik **111** (1939) 514.
(10) Mattauch, J. u. H. Lichtblau: Z. physik. Chem. B **42** (1939) 288.
(11) McKellar, A.: Physic. Rev. **49** (1934) 761.
(12) McLennan, J. C. u. E. J. Allin: Proc. roy. Soc. London (A) **129** (1930) 43.
(13) McLennan, J. C. u. M. F. Crawford: Proc. roy. Soc. London (A) **132** (1931) 10.
(14) McLennan, J. C., M. F. Crawford u. L. B. Leppard: Nature, London **128** (1931) 301.
(15) McMillan, E. u. N. S. Grace: Physic. Rev. **44** (1933) 949.
(16) Meggers, W. F.: Physic. Rev. **37** (1931) 219.
(17) Meggers, W. F., A. S. King u. R. F. Bacher: Physic. Rev. **38** (1931) 1258.
(18) Millman, S.: Physic. Rev. **47** (1935) 739.
(19) Millman, S. u. M. Fox: Physic. Rev. **50** (1936) 220.
(20) Millman, S., I. I. Rabi u. J. R. Zacharias: Physic. Rev. **53** (1938) 384.
(21) Millman, S., P. Kusch u. I. I. Rabi: Physic. Rev. **54** (1938) 968.
(22) Millman, S.: Physic. Rev. **55** (1939) 628.
(23) Millman, S., P. Kusch u. I. I. Rabi: Physic. Rev. **56** (1939) 165.
(24) Millman, S. u. P. Kusch: Physic. Rev. **56** (1939) 303.
(25) More, K. R.: Physic. Rev. **46** (1934) 470.
(25a) Mrozowski, S.: Physic. Rev. **57** (1940) 207.
(26) Murakawa, K.: Z. Physik **109** (1938) 162.
(27) Murakawa, K.: Z. Physik **112** (1939) 234; **114** (1939) 651.
(28) Murphey, B. F.: Physic. Rev. **59** (1941) 320.
(29) Murphey, B. F. u. A. O. Nier: Physic. Rev. **59** (1941) 771.
(30) Murphy, G. M. u. H. Johnston: Physic. Rev. **46** (1934) 95.

(1) Nier, A. O.: Physic. Rev. **48** (1935) 283.
(2) Nier, A. O.: Physic. Rev. **49** (1936) 272.
(3) Nier, A. O. u. E. E. Hanson: Physic. Rev. **50** (1936) 722.
(4) Nier, A. O.: Physic. Rev. **48** (1935) 283; **50** (1936) 1041.
(5) Nier, A. O.: Physic. Rev. **51** (1937) 1007.
(6) Nier, A. O.: Physic. Rev. **52** (1937) 885.
(7) Nier, A. O.: Physic. Rev. **52** (1937) 933.
(8) Nier, A. O.: Physic. Rev. **53** (1938) 282.
(9) Nier, A. O.: Physic. Rev. **54** (1938) 275.
(10) Nier, A. O.: J. Amer. chem. Soc. **60** (1938) 1571.
(11) Nier, A. O.: Physic. Rev. **55** (1939) 150.
(12) Nier, A. O.: Physic. Rev. **55** (1939) 1143.

(1) **Okuda, T.,** K. Ogata, K. Aoki u. Y. Sugawara: Physic. Rev. **58** (1940) 578.
(2) **Okuda, T.,** K. Ogata, H. Kuroda, S. Shima u. S. Shindo: Physic. Rev. **59** (1941) 104.
(3) **Ornstein, L. S.** u. W. R. van Wijk: Z. Physik **49** (1928) 315.

(1) **Paschen, F.** u. J. S. Campbell: Naturwiss. **22** (1934) 136.
(2) **Perey, Mlle M.:** C. R. Séances Acad. Sci. Paris **208** (1939) 97. J. Physiq. Radium **10** (1939) 435.
(3) **Perey, Mlle M.** u. M. M. Lecoin: J. Physiq. Radium **10** (1939) 439.
(4) **Powers, P. N.,** H. Carrol, H. Bayer u. J. R. Dunning: Physic. Rev. **51** (1937) 51, 371, 1112; **52** (1937) 38.

(1) **Rabi, I. I.** u. V. W. Cohen: Physic. Rev. **46** (1934) 707.
(2) **Rabi, I. I.,** S. Millman, P. Kusch u. J. R. Zacharias: Physic. Rev. **53** (1938) 495.
(3) **Rabi, I. I.,** S. Millman, P. Kusch u. J. R. Zacharias: Physic. Rev. **55** (1939) 526.
(4) **Rasmussen, E.:** Naturwiss. **23** (1935) 69.
(5) **Rasmussen, E.:** Z. Physik **104** (1936) 229.
(5a) **Renzetti, N. A.:** Physic. Rev. **57** (1940) 753.
(6) **Ritschl, R.:** Naturwiss. **19** (1931) 690.
(7) **Ritschl, R.:** Z. Physik **79** (1932) 1.
(8) **Rose, J. L.:** Physic. Rev. **47** (1935) 122.

(1) **Sampson, M. B.** u. W. Bleakney: Physic. Rev. **50** (1936) 456.
(2) **Sampson, M. B.** u. W. Bleakney: Physic. Rev. **50** (1936) 732.
(3) **Schmidt, Th.:** Z. Physik **101** (1936) 486.
(4) **Schmidt, Th.:** Z. Physik **108** (1938) 408.
(5) **Schmidt, Th.:** Z. Physik **112** (1939) 199.
(6) **Schmidt, Th.:** Z. Physik **113** (1939) 140.
(6a) **Schmidt, Th.:** Naturwiss. **28** (1940) 565.
(7) **Schüler, H.** u. H. Brück: Z. Physik **56** (1929) 291.
(8) **Schüler, H.:** Z. Physik **66** (1930) 431.
(9) **Schüler, H.** u. J. E. Keyston: Z. Physik **67** (1931) 433; **71** (1931) 413.
(10) **Schüler, H.** u. J. E. Keyston: Z. Physik **70** (1931) 1.
(11) **Schüler, H.** u. J. E. Keyston: Z. Physik **72** (1931) 423.
(12) **Schüler, H.** u. E. G. Jones: Z. Physik **74** (1932) 631.
(13) **Schüler, H.** u. H. Westmeyer: Z. Physik **82** (1933) 685.
(14) **Schüler, H.** u. H. Westmeyer: Naturwiss. **21** (1933) 660.
(15) **Schüler, H.** u. H. Gollnow: Naturwiss. **22** (1934) 511.
(16) **Schüler, H.** u. H. Gollnow: Naturwiss. **22** (1934) 730.
(17) **Schüler, H.** u. Th. Schmidt: Naturwiss. **22** (1934) 758.
(18) **Schüler, H.** u. Th. Schmidt: Naturwiss. **22** (1934) 838.
(19) **Schüler, H.:** Z. Physik **88** (1934) 323.
(20) **Schüler, H.** u. Th. Schmidt: Z. Physik **94** (1935) 457.
(21) **Schüler, H.** u. Th. Schmidt: Naturwiss. **23** (1935) 69.
(22) **Schüler, H.** u. Th. Schmidt: Z. Physik **95** (1935) 265.
(23) **Schüler, H.** u. Th. Schmidt: Z. Physik **98** (1935) 239.
(24) **Schüler, H.** u. Th. Schmidt: Z. Physik **99** (1936) 717.

(25) **Schüler, H.** u. Th. Schmidt: Z. Physik **100** (1936) 113.
(26) **Schüler, H.** u. M. Marketu: Z. Physik **102** (1936) 703.
(27) **Schüler, H.** u. H. Korsching: Z. Physik **103** (1936) 434.
(28) **Schüler, H.** u. Th. Schmidt: Z. Physik **104** (1937) 468.
(29) **Schüler, H.** u. H. Korsching: Z. Physik **105** (1937) 168.
(30) **Schüler, H.,** J. Roig u. H. Korsching: Z. Physik **111** (1938) 165.
(31) **Schüler, H.** u. H. Korsching: Z. Physik **111** (1938) 386.
(32) **Schüler, H.** u. H. Gollnow: Z. Physik **113** (1939) 1.
(33) **Sherr, R.,** L. G. Smith u. W. Bleakney: Physic. Rev. **54** (1938) 388.
(33a) **Shrader, E. F.:** Physic. Rev. **58** (1940) 475. — Shrader, E. F., S. Millman u. P. Kusch: Physic. Rev. **58** (1940) 925.
(34) **Smythe, W. R.:** Physic. Rev. **45** (1934) 299.
(35) **Smythe, W. R.** u. A. Hemmendinger: Physic. Rev. **51** (1937) 178.
(36) **Straus, H. A.:** Physic. Rev. **59** (1941) 102, 430.
(37) **Swartout, J. A.** u. M. Dole: J. Amer. chem. Soc. **61** (1939) 2025.

(1) **Tolansky, S.:** Proc. roy. Soc. London (A) **136** (1932) 585.
(2) **Tolansky, S.:** Proc. roy. Soc. London (A) **137** (1932) 541.
(3) **Tolansky, S.:** Proc. roy. Soc. London (A) **144** (1934) 574.
(4) **Tolansky, S.:** Proc. roy. Soc. London (A) **146** (1934) 182.
(5) **Tolansky, S.:** Proc. roy. Soc. London (A) **149** (1935) 262; **152** (1935) 663. Proc. physic. Soc. London **48** (1936) 49. — Tolansky, S. u. G. O. Forester: Proc. roy. Soc. London (A) **168** (1938) 78.
(6) **Tolansky, S.** u. E. Lee: Proc. roy. Soc. London (A) **158** (1937) 110.
(7) **Tomboulian, D. H.** u. R. F. Bacher: Physic. Rev. **58** (1940) 52.
(8) **Townes, C. H.** u. W. R. Smythe: Physic. Rev. **56** (1939) 1210.

(1) **Valley, G. E.:** Physic. Rev. **57** (1940) 945 (abs. 22).
(2) **Valley, G. E.** u. H. H. Anderson: Physic. Rev. **59** (1941) 113 (abs. 41).
(3) **Valley, G. E.:** Physic. Rev. **59** (1941) 836.
(4) **Venkatesaschar, B.** u. L. Sibaiya: Nature, London **136** (1935) 65. Proc. Indian Acad. Sci. (A) **1** (1935) 955; **2** (1935) 101.
(5) **Venkatesaschar, B.** u. L. Sibaiya: Nature, London **136** (1935) 437. Proc. Indian Acad. Sci. (A) **2** (1935) 203.
(6) **Vaughan, A. L.,** J. H. Williams u. J. T. Tate: Physic. Rev. **46** (1934) 327.

(1) **Wahl, W.:** Naturwiss. **29,** (1941) 536.
(1a) **White, H. E.:** Physic. Rev. **34** (1929) 1397.
(2) **White, H. E.** u. R. Ritschl: Physic. Rev. **35** (1930) 1146.
(2a) **Wilkins, T. R.** u. A. J. Dempster: Physic. Rev. **54** (1938) 315.
(3) **Wood, R. W.** u. G. H. Dieke: J. chem. Physics **6** (1938) 908; **8** (1940) 351.
(4) **Wulff, J.:** Physic. Rev. **44** (1933) 512.
(5) **Wurm, K.:** Naturwiss. **20** (1932) 85.

(1) **Zacharias, J. R.** u. J. M. B. Kellogg: Physic. Rev. **57** (1940) 570 (abs. 74).
(2) **Zeeman, P.,** J. H. Gisolf u. T. L. de Bruin: Nature, London **128** (1931) 637.

Z	Symbol	N	A	Häufigkeit in %	Halbwertszeit	Zerfall	Energie der Strahlung MeV β	Energie der Strahlung MeV γ	Isotopengewicht M — ME	Fehler von M — TME
1	2	3	4	5	6	7	8	9	10	11
0	n	1	1	—	—	—	—	—	1,008945	0,025
1	H	0	1	$99,98_5$	—	—	—	—	1,008131	0,0032
	D	1	2	$0,01_5$	—	—	—	—	2,014725	0,0064
	T	2	3	—	$[31 \pm 8]\,a$	β^-	$0,015 \pm 0,003;\ 0,013 \pm 0,005;$ $0,0095 \pm 0,0020;$	—	3,017004	0,020
2	He	1	3	10^{-5}	—	—	—	—	3,016988	0,020
		2	4	~ 100	—	—	—	—	4,003860	0,031
		3	5	—	$\sim 6 \cdot 10^{-20}\,s$	$\alpha + n$	—	—	5,015428	—
		4	6	—	$[0,8 \pm 0,1]\,s$	β^-	3,7	—	6,0209	—
3	Li	3	6	7,9	—	—	—	—	6,016917	0,051
		4	7	92,1	—	—	—	—	7,018163	0,057
		5	8	—	$[0,9 \pm 0,1]\,s$	β^-, α	12	—	8,024967	0,066
4	Be	3	7	—	$[53 \pm 2]\,d$	K	—	$0,425 \pm 0,025$	7,019089	0,066
		4	8	—	instabil $< 1\,s$	$2\,\alpha$	—	—	8,007807	0,039
		5	9	100	—	—	—	—	9,014958	0,062
		6	10	—	$\sim 10^6\,a$	β^-	0,55	—	10,016622	0,136
5	B	4	9	—	instabil	$2\alpha + p$	—	—	9,016104	0,068
		5	10	20	—	—	—	—	10,016169	0,070
		6	11	80	—	—	—	—	11,012901	0,050
		7	12	—	$[0,022 \pm 0,002]\,s$	β^-	12	—	12,0168	—
6	C	4	10	—	$[8,8 \pm 0,8]\,s$	β^+	$3,36 \pm 0,1$	—	10,02086	—
		5	11	—	$21\,m$	β^+	$0,981 \pm 0,005;\ 0,95 \pm 0,03;\ 1,03 \pm 0,03$	—	11,015017	0,075
		6	12	98,9	—	—	—	—	12,003880	0,025
		7	13	1,1	—	—	—	—	13,007561	0,043
		(isomer)	—	—	?	—	—	—	—	—
		8	14	—	10^3 bis $10^5\,a$	β^-	$0,145 \pm 0,015;$ $0,090 \pm 0,015$	keine	14,007741	0,043
7	N	6	13	—	$[9,93 \pm 0,03]\,m$	β^+	$1,218 \pm 0,004;\ 1,198 \pm 0,006;\ 0,92,\ 1,20$	$0,285 \pm 0,010$	13,009904	0,044
		7	14	99,62	—	—	—	—	14,007530	0,016
		8	15	0,38	—	—	—	—	15,004870	0,072
		9	16	—	$8,4\,s$	β^-	6,0	—	16,00645	
8	O	7	15	—	$[125 \pm 5]\,s$	β^+	1,7	—	15,0078	—
		8	16	99,76	—	—	—	—	16,— Standard	
		9	17	0,04	—	—	—	—	17,00450	0,06
		10	18	0,20	—	—	—	—	18,00485	0,18
		11	19	—	$31\,s$	β^-	—	—	—	—

[1]H: [25] C 10, R 8, S 52, R 21, K 11, N 22, V 3c. — [2]H: [21] L 24, F 18, K 8. — [3]H: [6] O 12; [8] O 11, O 12; L 30; B 59a; [20] O 5, D 10, O 9, N 9, A 22, B 43, H 63, H 69, A 24, B 59a, M 7a; [22] A 27, C 17, L 52, T 5, R 26, D 35, L 54, R 34. — [3]He: [14] O 4, O 7, N 8, R 34, A 18, P 7, M 43a, A 18a; [18] O 1, D 11, B 32, B 34, B 38, B 4, P 1, B 40b. — [4]He: [14] D 9, L 50, K 16, O 9, C 23, G 9, R 34, S 40, N 9, Y 6, Y 7; [19] O 4, D 9, L 28, O 6, O 9, R 34, S 40, N 9. — [5]He: [6] W 19; [19] W 19, S 50, R 34, S 47. — [6]He: [6] B 29; [8] B 27, B 29; [22] B 25, B 26, B 27, P 10, B 29; [23] K 20, V 7, N 2. — [6]Li: [14] D 25, K 17, O 10, A 13, D 27, A 15. — [7]Li: [19] O 10, M 11, F 16, A 17, G 17, S 38; [20] L 15, O 4, O 6, C 19, D 15, R 32, R 34, N 9; [22] A 28, D 35, T 4, T 5, R 26, F 27, H 31, L 54, M 11, W 20. — [8]Li: [6] L 29, R 33; [8] B 15; [20] C 45, D 15, L 29, R 33, B 15, R 34; [21] K 20, V 7, N 2; [22] W 1, N 2, L 14. — [7]Be: [6] H 55; [7] R 20; [9] R 20, M 4; [14] R 20, M 4; [16] D 29, H 53, H 54, H 25, H 55, H 56, H 27a; [18] R 32, R 20, R 34, R 31a. — [8]Be: [6] G 11; [14] K 15, O 10, G 11, L 1, Y 4, C 26, S 39, N 9; [15] O 8, O 10, K 18, A 16; [17] T 10, L 12, R 32, G 3, D 16, G 6, C 58, H 67; [18] B 31, K 5, R 7a; [19] C 18, Y 4, S 39, B 18c; [21] O 10, M 22, L 30, O 11; [24] R 35; [25] B 57, S 60, C 10, M 36, G 11, C 26, N 22, S 21a. — [9]Be: [19] C 23; [22] F 9, H 23. — [10]Be: [6] C 27b; [8] C 27b; [20] O 8, O 10, P 20; [23] M 11, F 16, B 58a. — [9]B: [6] H 55, H 26; [16] H 54, H 55, H 26, H 56, H 27a. — [10]B: [13] B 44, C 52; [17] C 43, C 47, C 57; [18] C 38, B 34, R 34. — [11]B: [19] C 24, H 63; [20] C 19, C 42, C 23, Y 4, S 39; [22] F 7, H 22, K 34, B 35, W 18, O 15, B 4, H 66, H 21a. — [12]B: [6] B 16; [8] B 15; [20] C 44, F 20, B 15, B 16. — [10]C: [6] B 7; [8] D 18a; [16] B 7, D 18a. — [11]C: [6] D 18a; [8] T 9a; D 18a; M 43; [14] B 5, W 16, D 18a;

In Spalte 12 bis 25 bedeutet Rotdruck das Anfangsprodukt, gewöhnlicher Druck das Endprodukt einer Reaktion; Bei diesem Literaturangaben unter Beifügung der Spalten-Nr. in [ ];

	(α,p)	(α,n)	(p,α)	(p,d)	(p,n)	(p,γ)	(d,n)	(d,α)	(d,p)	(n,γ)	(n,α)	(n,p)	(n,2n)	(γ,n)	
	12	13	14	15	16	17	18	19	20	21	22	23	24	25	
															^{1}n
										$^2_1$H			$^2_1$H	$^2_1$H	^{1}H
							$^3_2$He		$^3_1$H	$^1_1$H				$^1_1$H	^{2}H
							$^2_1$H			$^6_3$Li					^{3}H
		$^6_3$Li					$^2_1$H								^{3}He
		$^7_3$Li					$^7_3$Li								^{4}He
															^{5}He
										$^8_4$Be		$(^8_3$Li$)$			^{6}He
		$^9_4$Be	$^3_2$He				$^7_4$Be	$^4_2$He	$^7_3$Li	$^3_1$H		$(^6_2$He$)$			^{6}Li
		$^{10}_5$B	$^4_2$He		$^7_4$Be	$^8_4$Be	$^8_4$Be	$^5_2$He	$^8_3$Li	$^8_3$Li	$(^8_3$Li$)$	$^{10}_5$B			^{7}Li
										$(^7_3$Li$)$	$^{11}_5$B				^{8}Li
		$^{10}_5$B			$^7_3$Li		$^6_3$Li			$(d, {}^3_1$H$)$					^{7}Be
		$^{11}_5$B	$^8_4$Be		$^7_3$Li	$^7_3$Li	$^{10}_5$B		$^9_4$Be		$^8_4$Be	$^8_4$Be	$^8_4$Be		^{8}Be
		$^{12}_6$C	$^6_3$Li	$^8_4$Be	$^9_5$B	$^{10}_5$B	$^{10}_5$B	$^{11}_5$B	$^7_3$Li	$^{10}_4$Be	$^8_4$Be	$^{12}_6$C	$^6_2$He	$^8_4$Be	^{9}Be
					$^9_4$Be				$^9_4$Be			$(^{10}_5$B$)$			^{10}Be
	$^{13}_6$C	$^7_3$Li $^{13}_7$N	$^7_4$Be		$^{10}_6$C $^9_4$Be$(^{11}_6$C$)$	$^9_4$Be	$^{11}_6$C	$^8_4$Be	$^{11}_5$B		$^7_3$Li	$(^{10}_4$Be$)$			^{10}B
	$^{14}_6$C	$^{14}_7$N	$^8_4$Be		$^{11}_6$C	$^{12}_6$C	$^{12}_6$C $^{13}_6$C	$^9_4$Be	$^{10}_5$B $^{12}_5$B		$^{14}_7$N	$^8_3$Li			^{11}B
							$^{11}_5$B								^{12}B
			$(d, γ)$ $^{10}_5$B												^{10}C
		$^{14}_7$N			$^{11}_5$B	$(^{10}_5$B$)$	$^{10}_5$B						$^{12}_6$C		^{11}C
	$^9_4$Be $^{15}_8$O $^{15}_7$N		$^{14}_7$N		$^{11}_5$B $^{13}_7$N $^{11}_5$B	$^{13}_7$N $^{14}_7$N	$^{13}_6$C		$^9_4$Be			$^{11}_6$C			^{12}C
$^{10}_5$B					$^{13}_7$N	$^{14}_7$N	$^{14}_7$N $^{15}_7$N	$^{11}_5$B $^{12}_6$C	$^{14}_6$C		$^{16}_8$O				^{13}C
$^{10}_5$B															(13)C*
$^{11}_5$B									$^{13}_6$C		$^{14}_7$N			^{14}C
		$^{10}_5$B			$^{13}_6$C	$^{12}_6$C	$^{12}_6$C			$^{14}_7$N			$^{14}_7$N		^{13}N
	$^{17}_8$O $^{11}_5$B	$^{17}_9$F	$^{11}_6$C $^{12}_6$C		$^{13}_6$C	$^{15}_8$O $^{13}_6$C	$^{15}_8$O $^{16}_8$O	$^{12}_6$C	$^{15}_7$N	$^{13}_7$N	$^{11}_5$B	$^{14}_6$C	$^{13}_7$N	^{14}N
		$^{18}_8$O	$^{12}_6$C		$(^{15}_8$O$)$			$^{13}_6$C $^{14}_7$N	$^{16}_7$N					^{15}N
								$^{15}_7$N			$^{19}_9$F	$^{16}_8$O		^{16}N
	$^{12}_6$C			$(^{15}_7$N$)$	$^{14}_7$N	$^{14}_7$N						$^{16}_8$O	$^{16}_8$O	^{15}O
		$^{19}_9$F			$^{17}_9$F	$^{17}_9$F	$^{14}_7$N	$^{17}_8$O		$^{13}_6$C	$^{16}_7$N	$^{15}_8$O	$^{15}_8$O	^{16}O
$^{14}_7$N						$^{18}_9$F $^{19}_9$F	$^{16}_8$O		$^{20}_{10}$Ne					^{17}O
		$^{15}_7$N			$^{18}_9$F									^{18}O
									$^{19}_9$F					^{19}O

[16] B 5, B 7, H 26, D 18a, H 27a; [17] C 41, C 46, B 5, C 57; [18] C 40, Y 5, F 20, B 34, C 57, T 9a; [24] P 28. — **¹²C**: [13] D 34, B 19, B 20, N 5a, S 59; [14] B 65, H 62, F 22, L 13a; [17] C 46, G 6; [18] B 34, C 57; [19] L 28, L 19, C 24, H 60, H 61, G 4, H 63a. — **¹³C**: [12] R 36, B 45, M 34, P 3, B 60, M 3, B 20, S 59; [19] H 60, H 63a; [20] C 19, C 24, H 63, R 22, S 23a, S 23b, B 40a, B 18a; [22] M 27, F 8, F 9, M 28, W 18, H 21a. — **¹³C***: [3, 4] B 50; [12] B 50. — **¹⁴C**: [6] R 31b; [8] R 31b; R 30, K 3; [12] M 34, L 53, P 19; [20] M 22, P 19, B 53, R 30, K 3, B 18, S 23b, R 31b; B 18a; [23] K 33, B 33, B 62, B 4, H 66, R 31b, H 21a. — **¹³N**: [6] W 12; [8] T 9a; L 56; L 56, O 13; [9] R 12, W 12a; [13] C 53, B 30, A 10, F 1, E 3, R 16, M 10, S 58, B 20; [16] B 6, H 25, H 27a; [17] H 33, C 21, C 41, C 20, H 1, A 14, C 57; [18] H 33, C 40, N 11, Y 5, B 34, C 24, F 20, K 35, R 10, N 12, B 37, R 12, L 56, R 9,

W 12, K 10, O 13, W 12a, H 67, N 14, B 40, R 31a, B 18a, T 9a; [21] B 43a; [24] P 26, P 28. — **¹⁴N**: [13] C 6, C 54, C 7, B 30, M 10, B 20; [15] B 17; [17] D 15, R 24, C 57, L 13, L 13a; [18] B 34, B 40a, B 18a; [19] C 20, C 24. — **¹⁵N**: [14] B 65; [20] L 19, C 24, H 60, G 4. — **¹⁶N**: [6] N 2; [8] F 20; [20] F 20, H 61; [22] F 14, H 23, N 2, W 18, P 10; [23] C 13, W 18. — **¹⁵O**: [6] L 51, M 21; [8] F 20; [13] K 12; [16] D 28, B 6; [17] D 28, C 59; [18] L 51, M 21, F 20, N 12; [24] P 26, P 28; [25] C 13, B 53. — **¹⁶O**: [14] C 17, O 3, M 19, H 2, D 17, H 39, G 6, B 63, C 57, D 14, B 65, B 20, M 14, B 66, F 21, C 60, H 25, E 2, M 15, V 3b, B 16a, L 13a, S 56a, B 18b. — **¹⁷O**: [12] P 12, S 49, S 19, H 30, S 48, S 51, F 15, P 14; [19] L 28, B 63; [20] C 19, C 24, H 63; [22] H 23, J 1, O 15. — **¹⁹O**: [6] N 2; [23] B 24, A 27, N 2.

der jeweils andere Reaktionspartner ist das am Zeilenanfang und -ende in Blockschrift angegebene Isotop. da alle Reaktionen doppelt erscheinen, Literatur für Spalte 12 bis 25 zum **Rotdruck**.

Tabelle IV.

Z	Symbol	N	A	Häufigkeit in %	Halbwertszeit	Zerfall	Energie der Strahlung MeV β	Energie der Strahlung MeV γ	Isotopengewicht M ME	Fehler von M TME
1	2	3	4	5	6	7	8	9	10	11
9	F	8	17	—	$[1,23 \pm 0,1]\ m$	β^+	2,1	—	17,00758	—
		9	18	—	$[107 \pm 4]\ m$	β^+	0,7	—	18,00670	0,19
		10	19	100	—		—	—	19,00454	0,12
		11	20	—	$12\ s$	β^-	5,0	2,2	20,00654	
10	Ne	9	19	—	$[20,3 \pm 0,5]\ s$	β^+	2,20	—	19,00798	—
		10	20	90,00	—		—	—	19,998895	0,061
		11	21	0,27	—		—	—	19,00002	0,2
		12	22	9,73	—		—	—	21,99858	0,30
		13	23	—	$[43 \pm 5]\ s$	β^-	$4,1 \pm 0,3$	—	23,00084	0,35
11	Na	10	21	—	$[23 \pm 2]\ s$	β^+	—	—	—	—
		11	22	—	$[3,0 \pm 0,2]\ a$	β^+	$0,55; 0,58; 0,6 \pm 0,06$	1,3	22,00032	0,31
		12	23	100	—		—	—	22,99644	0,18
		13	24	—	$14,8\ h$	β^-	$1,37 \pm 0,03; 1,43 \pm 0,05; 1,36 \pm 0,05$	0,8, 1,5, 2,0, 3,0	23,99774	0,37
12	Mg	11	23	—	$[11,6 \pm 0,5]\ s$	β^+	2,82	—	23,00055	0,35
		12	24	77,4	—		—	—	23,99300	0,38
		13	25	11,5	—		—	—	24,99462	0,46
		14	26	11,1	—		—	—	25,99012	0,3
		15	27	—	$[10,0 \pm 0,1]\ m$	β^-	$1,74 \pm 0,05; 1,8; 1,96; 2,05$	0,88	26,99256	0,44
13	Al	13	26	—	$[7,0 \pm 0,5]\ s$	β^+	$2,99; 1,8; 4,6; 1,5$	—	25,99443	—
		14	27	100	—		—	—	26,99069	0,43
		15	28	—	$2,3\ m$	β^-	3,3	2,3	27,99077	0,37
		16	29	—	$6,7\ m$	β^-	2,5	—	28,9892	—
14	Si	13	27	—	$4,92\ s$	β^+	$3,54 \pm 0,1; 3,74$	—	26,99611	0,45
		14	28	89,6	—		—	—	27,98723	0,45
		15	29	6,2	—		—	—	28,98651	0,62
		16	30	4,2	—		—	—	29,98399	0,50
		17	31	—	$[157,3 \pm 1,3]\ m$	β^-	1,8	keine	30,9866	—
15	P	14	29	—	$[4,6 \pm 0,2]\ s$	β^+	$3,63 \pm 0,07$	—	28,99151	—
		15	30	—	$[130,6 \pm 1,5]\ s$	β^+	$3,5 \pm 0,35; 3,0 \pm 0,1$	—	29,9885	—
		16	31	100	—		—	—	30,98441	0,27
		17	32	—	$14,295\,d \pm 2^0/_{00}$	β^-	$1,69; 1,72; 1,72 \pm 0,03$	keine	31,98437	0,27
		>16	>31	—	$12,7\ s$	β^-	—	—	—	—
16	S	15	31	—	$[3,18 \pm 0,04]\ s$	β^+	$3,85 \pm 0,07; 3,87 \pm 0,15$	—	30,98965	0,28
		16	32	95,1	—		—	—	31,98252	0,26
		17	33	0,74	—		—	—	32,9819	0,3
		18	34	4,2	—		—	—	33,97981	0,37
		19	35	—	—		—	—	—	—
		20	36	0,016	—		—	oder	—	—
		21	37	—	$[88 \pm 5]\ d$	β^-	$0,107 \pm 0,020$	—	—	—

[17]F: [6] D 28; [8] K 35; [13] D 1, W 15, E 3, H 30, K 35, R 16, P 16; [17] D 28, C 59; [18] N 11, K 35, F 20, N 12, Y 2. — [18]F: [6] D 28; [8] Y 2, D 8; [16] D 28, B 6; [18] Y 2, D 8, W 14a; [19] S 42; [24] P 28. — [20]F: [6] C 45; [8] F 20, C 61; [9] C 61; [20] H 33, C 45, F 20, B 63, B 54, C 61; [21] A 27, B 24, B 23, N 2; [22] N 2. — [19]Ne: [6] W 16; [8] W 16; [16] W 16. — [20]Ne: [18] L 16, T 12, B 39, B 18b. — [21]Ne: [19] L 18, M 44; [20] P 21, W 12d, P 23, S 23b. — [22]Ne: [12] C 5, C 8, H 30, M 12. — [23]Ne: [6] P 23; [8] P 23, W 12d; [20] P 21, W 12d, P 23, S 23b; [22] A 27, N 2, B 25; [23] A 27, N 2, P 10. — [21]Na: [6] C 48; [16] C 48; [18] P 23. — [22]Na: [6] L 10; [8] O 13; L 10; M 2; [9] O 13; [13] B 30, F 26, M 2; [18] L 9; [19] L 9, L 10, O 13. — [23]Na: [12] R 37, P 14; [19] L 28, L 53. — [24]Na: [6] V 4; [8] K 9; L 4; M 43; [9] K 35, R 10, R 11, K 9, C 60; [19] H 35; [20] L 17, L 18, K 35, V 4, A 25, R 11, L 21, M 44, L 4, K 9, C 60, Y 0; [21] A 27, B 24; [22] A 27, K 19, P 33, B 41, F 11; [23] A 27, B 41. — [23]Mg: [6] W 16; [8] W 16; [16] W 16. — [24]Mg: [17] H 39, G 6, C 58; [18] L 18. — [25]Mg: [19] L 28, M 20. — [26]Mg: [12] K 21, M 12, H 68a; [20] P 23a. — [27]Mg: [6] C 51; [8] M 43; C 51; W 17; H 35; [9] R 11; [20] H 33, H 35, R 11, C 51; [21] A 27; [23] A 27, B 41, H 54, H 56. — [26]Al: [6] F 25, W 16; [8] W 16; F 25; M 2; B 56; [13] C 54, F 25, S 20, M 2, B 56; [16] W 16; [17] C 58, H 58. —

In Spalte 12 bis 25 bedeutet **Rotdruck** das Anfangsprodukt, gewöhnlicher Druck das Endprodukt einer Reaktion; Bei diesem Literaturangaben unter Beifügung der Spalten-Nr. in [ ];

(α, p)	(α, n)	(p, α)	$(^{3}_{2}\mathrm{He}, p)$	(p, n)	(p, γ)	(d, n)	(d, α)	(d, p)	(n, γ)	(n, α)	(n, p)	$(n, 2n)$	(γ, n)	
12	13	14	15	16	17	18	19	20	21	22	23	24	25	
—	$^{14}_{7}$N	—	—	—	$^{16}_{8}$O	$^{16}_{8}$O	—	—	—	—	—	—	—	^{17}F
—	—	—	—	$^{18}_{8}$O	—	$^{17}_{8}$O	$^{20}_{10}$Ne	—	—	—	—	$^{19}_{9}$F	—	^{18}F
$^{22}_{10}$Ne	$^{22}_{11}$Na	$^{16}_{8}$O	—	$^{19}_{10}$Ne	—	$^{20}_{10}$Ne	$^{17}_{8}$O	$^{20}_{9}$F	$^{20}_{9}$F	$^{16}_{7}$N	$^{19}_{8}$O	$^{18}_{9}$F	—	^{19}F
—	—	—	—	—	—	—	—	$^{19}_{9}$F	$^{19}_{9}$F	$^{23}_{11}$Na	—	—	—	^{20}F
—	—	—	—	$^{19}_{9}$F	—	—	—	—	—	—	—	—	—	^{19}Ne
$^{23}_{11}$Na	—	—	—	—	$^{19}_{9}$F	$^{21}_{11}$Na	$^{18}_{9}$F	$^{21}_{10}$Ne	—	$^{17}_{8}$O	—	—	—	^{20}Ne
—	—	—	$^{19}_{9}$F	$^{21}_{11}$Na	—	$(^{22}_{11}$Na$)$	$^{23}_{11}$Na	$^{20}_{10}$Ne	—	—	—	—	—	^{21}Ne
$^{19}_{9}$F	—	—	—	—	—	—	—	$^{23}_{10}$Ne	—	—	—	—	—	^{22}Ne
—	—	—	—	—	—	—	—	—	—	$^{26}_{12}$Mg	$^{23}_{11}$Na	—	—	^{23}Ne
—	—	—	—	—	$^{20}_{10}$Ne	—	—	—	—	—	—	—	—	^{21}Na
—	—	—	—	—	—	$(^{21}_{10}$Ne$)$	$^{24}_{12}$Mg	—	—	—	—	—	—	^{22}Na
$^{20}_{10}$Ne	$^{26}_{13}$Al	$^{26}_{12}$Mg	$^{21}_{10}$Ne	$^{23}_{12}$Mg	—	$^{24}_{12}$Mg	$^{21}_{10}$Ne	$^{24}_{11}$Na	$^{24}_{11}$Na	$^{20}_{9}$F	$^{23}_{10}$Ne	—	—	^{23}Na
—	$^{27}_{13}$Al	—	—	—	—	—	$^{26}_{12}$Mg	$^{23}_{11}$Na	$^{23}_{11}$Na	$^{27}_{13}$Al	$^{24}_{12}$Mg	—	—	^{24}Na
—	—	—	—	—	—	—	—	—	—	—	—	—	—	^{23}Mg
—	$^{27}_{14}$Si	—	$^{22}_{11}$Na	—	—	$^{23}_{11}$Na	—	—	—	—	$^{24}_{11}$Na	—	—	^{24}Mg
—	—	—	$^{23}_{11}$Na	—	—	$^{26}_{13}$Al	$^{27}_{13}$Al	$^{26}_{12}$Mg	—	—	—	—	—	^{25}Mg
$^{23}_{11}$Na	—	$^{29}_{13}$Al	—	—	—	$^{25}_{12}$Mg	$^{24}_{11}$Na	$^{27}_{12}$Mg	$^{27}_{12}$Mg	$^{23}_{10}$Ne	—	—	—	^{26}Mg
—	—	—	—	—	—	—	—	$^{26}_{12}$Mg	$^{26}_{12}$Mg	—	$^{27}_{13}$Al	—	—	^{27}Mg
—	—	—	—	—	—	—	—	—	—	—	—	—	—	^{26}Al
$^{24}_{12}$Mg	$^{30}_{15}$P	$^{30}_{14}$Si	$^{25}_{12}$Mg	—	—	$^{28}_{14}$Si	$^{29}_{14}$Si	$^{28}_{13}$Al	$^{28}_{13}$Al	$^{24}_{11}$Na	$^{27}_{12}$Mg	—	—	^{27}Al
$^{25}_{12}$Mg	—	—	—	—	—	—	—	$^{27}_{13}$Al	$^{27}_{13}$Al	$^{31}_{15}$P	$^{28}_{14}$Si	—	—	^{28}Al
$^{26}_{12}$Mg	—	—	—	—	—	—	—	—	—	—	$(^{29}_{14}$Si$)$	—	—	^{29}Al
—	$^{24}_{12}$Mg	—	—	—	$^{27}_{13}$Al	—	—	—	—	—	—	—	—	^{27}Si
—	—	—	—	—	—	—	—	—	—	—	$^{28}_{13}$Al	—	—	^{28}Si
—	—	—	—	—	—	—	—	$^{30}_{14}$Si	—	$^{32}_{16}$S	$(^{29}_{13}$Al$)$	—	—	^{29}Si
$^{27}_{13}$Al	—	—	—	—	—	—	$^{29}_{14}$Si	$^{31}_{14}$Si	$^{31}_{14}$Si	—	—	—	—	^{30}Si
—	—	—	—	—	—	—	—	$^{30}_{14}$Si	$^{30}_{14}$Si	$^{34}_{16}$S	$^{31}_{15}$P	—	—	^{31}Si
—	—	—	(n, p2n)	—	—	—	—	—	—	—	—	—	—	^{29}P
—	$^{27}_{13}$Al	$^{32}_{16}$S	—	—	—	—	$^{32}_{16}$S	—	—	—	—	$^{31}_{15}$P	$^{31}_{15}$P	^{30}P
$^{28}_{14}$Si	$^{34}_{16}$S	$^{34}_{17}$Cl	—	$^{31}_{16}$S	—	—	—	$^{32}_{15}$P	$^{32}_{15}$P	$^{28}_{13}$Al	$^{31}_{14}$Si	$^{30}_{15}$P	$^{30}_{15}$P	^{31}P
$^{29}_{14}$Si	—	—	(α, d) od. (α, p n)	—	—	—	$^{34}_{16}$S	$^{31}_{15}$P	$^{31}_{15}$P	$^{35}_{17}$Cl	$^{32}_{16}$S	—	—	^{32}P
—	—	—	—	—	—	—	—	—	—	$^{32}_{16}$S	—	—	—	$> ^{31}$P
—	$^{28}_{14}$Si	—	—	—	—	—	—	$^{31}_{15}$P	—	—	—	—	—	^{31}S
$^{35}_{17}$Cl	$^{35}_{18}$A	$^{30}_{15}$P	$^{34}_{17}$Cl	$^{31}_{15}$P	$^{33}_{17}$Cl	$^{33}_{17}$Cl	$^{30}_{15}$P	$^{33}_{16}$S	—	$^{29}_{14}$Si	$^{32}_{15}$P	—	—	^{32}S
—	—	—	—	$^{33}_{17}$Cl	$^{34}_{17}$Cl	$^{35}_{17}$Cl	—	$^{32}_{16}$S	—	—	—	—	—	^{33}S
$^{31}_{16}$P	—	—	—	—	—	—	$^{32}_{15}$P	$^{35}_{16}$S	—	$^{31}_{14}$Si	—	—	—	^{34}S
—	—	—	—	—	—	—	$^{34}_{16}$S	oder	—	$^{35}_{17}$Cl	—	—	—	^{35}S
—	—	—	—	—	—	—	oder	$^{37}_{16}$S	oder	—	—	—	—	^{36}S
—	—	—	—	—	—	—	$^{36}_{16}$S	$^{37}_{17}$Cl	—	—	—	—	—	^{37}S

²⁷Al: [12] D 33, H 29; [17] C 58, H 58. — **²⁸Al**: [6] H 38; [8] C 28; [9] C 28; [12] C 55, D 33, A 9, A 10, F 2, E 4, E 1, C 14, M 32, R 16, H 38; [20] L 16, M 20, C 28; [21] A 27, F 18, B 43, S 23a; [22] A 27; [23] A 27, B 23, K 19, B 41. — **²⁹Al**: [6] B 22; [8] B 22; [12] C 55, S 20, F 2, E 4, E 1, M 32, H 38, B 22; [23] P 28. — **²⁷Si**: [6] K 13a; [8] B 9; M 2; [13] K 13a, K 13b; [16] K 32, M 13, C 48, B 9. — **²⁸Si**: [17] H 39, G 6, P 9; [18] M 20. — **²⁹Si**: [22] W 18. — **³⁰Si**: [12] P 32, C 5, D 21, O 14, D 33, H 30, K 4, S 59, H 68a; [20] P 23a. — **³¹Si**: [6] C 15; [8] K 35; [9] N 13; [20] N 10, K 35, N 13; [21] A 27; [22] C 15; [23] A 27, B 23, C 15, W 17, R 7. — **²⁹P**: [6] W 16a; [8] W 16a; [16] W 16a. — **³⁰P**: [6] C 15; [8] M 2; B 9; [13] C 55, S 18, A 10, F 1, M 32, M 2, R 13, R 16, S 58; [14] C 36; [15] A 22; [16] L 53, B 5, B 9, W 16a; [19] S 1, H 57; [24] B 23, P 28, C 15; [25] B 46, B 51, B 53. — **³¹P**: [12] H 28, H 29. — **³²P**: [6] C 3; dagegen $T = [14{,}07 \pm 0{,}01]$ d: M 43a; [8] L 55; L 21; M 43; [9] K 35; [12] F 2, K 12; [19] S 1; [20] N 10, K 35, N 13, L 55, C 3, L 21, P 22, W 22; [21] F 14, P 34, E 9; [22] A 27; [23] A 27, A 12, W 18, B 41, L 30, E 10, N 5a, G 14. — **>³¹P**: [6] C 36; [23] C 36. — **³¹S**: [6] E 2a; [8] W 16a; E 2a; [13] K 13a, K 13b, E 2a; [16] W 16a. **³²S**: [17] C 58, H 59. — **³³S**: [19] S 34b; [20] P 18, S 39a. **³⁴S**: [12] P 2, M 12, P 13. — **³⁵, ³⁷S**: [6] L 27; [8] L 30; [20] V 10; [23] A 29, A 30, L 30, T 11, L 27, O 12a.

der jeweils andere Reaktionspartner ist das am Zeilenanfang und -ende in Blockschrift angegebene Isotop. da alle Reaktionen doppelt erscheinen, Literatur für Spalte 12 bis 25 zum **Rotdruck**.

Z	Symbol	N	A	Häufigkeit in %	Halbwertszeit	Zerfall	β	γ	Isotopengewicht M ME	Fehler von M TME
1	2	3	4	5	6	7	8	9	10	11
17	Cl	16	33	—	$[2,4 \pm 0,2]\,s$	β^+	$4,13 \pm 0,07$	—	—	—
		17	34	—	$[32 \pm 1]\,m$	β^+	2,5	—	—	—
		18	**35**	75,4	—	—	—	—	34,97884	0,19
		19	36	—	$(> 1a)$ *)	β^+, K, β^-	$0,7\ (\beta^-)$	—	35,97803	0,36
		20	**37**	24,6	—	—	—	—	36,97770	0,09
		21	38	—	$37,5\,m$	β^-	$1,1,\ 4,99 \pm 0,06$	1,65, 2,15	37,97999	0,32
18	A	17	35	—	$[1,88 \pm 0,04]\,s$	β^+	$4,38 \pm 0,07;\ 4,41 \pm 0,09$	—	—	—
		18	**36**	0,31	—	—	—	—	35,97728	0,37
		20	**38**	0,06	—	—	—	—	37,97463	0,33
		22	**40**	99,63	—	—	—	—	39,97549	0,12
		23	41	—	$[110 \pm 1]\,m$	β^-	*1,5*, (5)	1,37	40,97740	—
19	K	19	38	—	$[7,65 \pm 0,1]\,m$	β^+	2,3	—	—	—
		20	**39**	93,44	—	—	—	—	38,976	1,6
		21	40	0,012	$[14,2 \pm 3,0] \cdot 10^8 a$	β^-	$0,725 \pm 0,1$	—	—	—
		22	**41**	6,55	—	—	—	—	—	—
		23	42	—	$[12,4 \pm 0,2]\,h$	β^-	3,5	—	—	—
		24	43	—	$[18 \pm 1]\,m$	β^-	oder	—	—	—
		25	44	—	—	—	—	—	—	—
20	Ca	(19)	(39)	—	$[4,5 \pm 0,5]\,m$	β^+	—	—	—	—
		20	**40**	96,96	—	—	—	—	—	—
		21	41	—	$[8,5 \pm 0,8]\,d$	K	—	$1,1 \pm 0,1$	—	—
		22	**42**	0,64	—	—	—	—	—	—
		23	**43**	0,15	—	—	—	—	—	—
		24	**44**	2,07	—	—	—	—	—	—
		25	45	—	$[180 \pm 10]\,d$	β^-	$0,19 \pm 0,01$ (95%) $0,91 \pm 0,03$ (5%)	$0,71 \pm 0,03$	44,97075	0,64
		26	**46**	0,003	—	—	—	—	—	—
		28	**48**	0,185	—	—	—	—	—	—
		29	49	—	$[2,5 \pm 0,1]\,h$	β^-	$2,3 \pm 0,1$	$0,8 \pm 0,1$	—	—
		(isomer)		—	$[30 \pm 1]\,m$	β^-	—	—	—	—
21	Sc	20	41	—	$[0,87 \pm 0,03]\,s$	β^+	$4,94 \pm 0,07$	—	—	—
		21	42	—	$[13,4 \pm 0,3]\,d$	β^+	1,4	—	—	—
		22	43	—	$[4,0 \pm 0,1]\,h$	β^+	0,4, 1,4	1,0	—	—
		23	44	—	$[4,1 \pm 0,1]\,h$	β^+	$1,45 \pm 0,02;\ 1,6;\ 1,9$	—	—	—
		isomer		—	$[52 \pm 2]\,h$	γ	—	$0,268 \pm 0,005;\ 0,25$	—	—
		24	**45**	100	—	—	—	—	44,96977	0,63
		25	46	—	$[85 \pm 1]\,d$	β^-, K	0,26, 1,5	1,25	45,96909	0,70
		26	47	—	$[63 \pm 2]\,h$	β^-	1,1	—	—	—
		27	48	—	$[44 \pm 1]\,h$	β^-	$0,5[90\%],\ 1,4[10\%];\ 0,640 \pm 0,007$	0,9	—	—
		28	49	—	$[57 \pm 2]\,m$	β^-	$1,8 \pm 0,1$	keine	—	—

[33]Cl : [6] W 16a; [8] W 16a; [16] W 16a; [18] H 57. — [34]Cl: [6] R 16; [8] B 56; [14] F 25, R 16, B 56, S 34; [15] S 34; [18] S 1; [24] P 28; [25] B 53. — [35]Cl: [13] H 29, B 58. — [36]Cl: [6] G 16; [8] G 16; [20] G 16, P 22, S 32, S 34b; [21] G 16. *) Aktivität existiert jedoch nicht nach O 12a; T müßte $> 1000\,a$ sein. — [38]Cl: [6] H 70; [8] W 12b; [9] C 60; [19] K 35, K 7; [20] K 35, V 4, W 12b, C 60, P 22, S 32, S 34b; [21] A 27, A 11, R 3, E 7, E 8, K 7, S 32, O 12a; [22] H 70. — [35]A: [6] E 2a; [8] W 16a; E 2a; [14] K 13a, K 13b, E 2a; [16] W 16a. — [38]A: [13] P 13, M 2; [15] C 58. — [40]A: [13] P 13. — [41]A: [6] S 41; [8] K 35; [9] R 10; [20] K 35, S 41, R 10, D 6; [21] S 20; [23] H 70. — [38]K: [6] R 16; [8] R 16; [14] H 70, H 36, R 16, P 16; [19] H 70; [24] P 28. — [40]K: [6] B 55; [8] L 30; [14] P 15, P 16; [16] B 6; [20] P 22. — [42]K: [6] H 70; [8] K 35; [20] K 35, H 70; [21] A 27, W 2, H 70; [22] A 27, H 40, H 41, H 45, W 4, H 46; [23] H 42, H 70, B 41, H 46, W 5, W 10. — [43, 44]K: [6] W 5; [23] W 5, W 10. — [39]Ca: [6] W 10; [24] P 28, W 10. — [41]Ca: [6] W 10; [7] W 10; [9] W 10; [20] D 4, W 10; [24] W 10. — [42]Ca: [13] P 13. — [43]Ca: [14] P 15, P 16. — [45]Ca: [6] W 10; [8] W 10; [9] W 10;

In Spalte 12 bis 25 bedeutet **Rotdruck** das Anfangsprodukt, gewöhnlicher Druck das Endprodukt einer Reaktion; Bei diesem Literaturangaben unter Beifügung der Spalten-Nr. in [ ];

Radioaktiver Zerfall	(α, p)	(α, n)	(p, γ)	(p, n)	(d, 2n)	(d, n)	(d, α)	(d, p)	(n, γ)	(n, α)	(n, p)	(n, 2n)	(γ, n)	Isotop
12	13	14	15	16	17	18	19	20	21	22	23	24	25	
—	—	—	(α, d) oder (α, pn) $^{33}_{16}$S	—	—	$^{32}_{16}$S	—	—	—	—	—	—	—	^{33}Cl
—	—	$^{31}_{15}$P	$^{32}_{16}$S	—	—	$^{33}_{16}$S	—	—	—	—	—	$^{35}_{17}$Cl	$^{35}_{17}$Cl	^{34}Cl
—	$^{32}_{16}$S	$^{38}_{18}$A	$^{38}_{19}$K ⟶	$^{35}_{18}$A	—	—	$^{33}_{16}$S	$^{36}_{17}$Cl	($^{36}_{17}$Cl) *)	$^{32}_{15}$P	$^{35}_{16}$S	$^{34}_{17}$Cl	$^{34}_{17}$Cl	^{35}Cl
—	—	—	—	—	—	—	—	$^{35}_{17}$Cl	($^{35}_{17}$Cl) *)	—	—	oder	—	^{36}Cl
—	$^{40}_{18}$A	($^{40}_{19}$K)	$^{38}_{18}$A	—	—	—	—	$^{38}_{17}$Cl	$^{38}_{17}$Cl	—	—	$^{37}_{16}$S	—	^{37}Cl
—	—	—	—	—	—	—	$^{40}_{18}$A	$^{37}_{17}$Cl	$^{37}_{17}$Cl	$^{41}_{19}$K	—	—	—	^{38}Cl
—	—	$^{32}_{16}$S	—	$^{35}_{17}$Cl	—	—	—	—	—	—	—	—	—	^{35}A
—	—	—	—	—	—	—	—	—	—	—	—	—	—	^{36}A
—	($^{35}_{17}$Cl)	—	$^{37}_{17}$Cl	—	—	—	—	—	—	—	—	—	—	^{38}A
—	($^{37}_{17}$Cl)	$^{43}_{20}$Ca	—	$^{40}_{19}$K	—	—	$^{38}_{17}$Cl	$^{41}_{18}$A	$^{41}_{18}$A	—	—	—	—	^{40}A
—	—	—	—	—	—	—	—	$^{40}_{18}$A	$^{40}_{18}$A	—	$^{41}_{19}$K	—	—	^{41}A
—	—	$^{35}_{17}$Cl	—	—	—	—	$^{40}_{20}$Ca	—	—	—	—	—	$^{39}_{19}$K	^{38}K
—	$^{42}_{20}$Ca	$^{42}_{21}$Sc	—	—	—	—	—	—	$^{40}_{19}$K	—	—	—	$^{38}_{19}$K	^{39}K
—	—	($^{37}_{17}$Cl)	—	$^{40}_{18}$A	—	—	—	$^{39}_{19}$K	—	—	—	—	—	^{40}K
—	—	$^{44}_{21}$Sc	—	—	—	—	—	$^{42}_{19}$K	$^{42}_{19}$K	$^{38}_{17}$Cl	$^{41}_{18}$A	—	—	^{41}K
—	—	—	—	—	—	—	—	$^{41}_{19}$K	$^{41}_{19}$K	$^{45}_{21}$Sc	$^{42}_{20}$Ca	—	—	^{42}K
—	—	—	—	—	—	—	—	—	—	—	$^{43}_{20}$Ca (oder	—	—	^{43}K
—	—	—	—	—	—	—	—	—	—	—	$^{44}_{20}$Ca)	—	—	^{44}K
—	—	—	—	—	—	—	—	—	—	—	—	($^{40}_{20}$Ca)	—	(^{39}Ca)
—	$^{43}_{21}$Sc	—	—	—	—	$^{41}_{21}$Sc	$^{38}_{19}$K	$^{41}_{20}$Ca	—	—	—	($^{39}_{20}$Ca)	—	^{40}Ca
—	—	—	—	—	—	—	$^{40}_{20}$Ca	—	—	—	—	$^{42}_{20}$Ca	—	^{41}Ca
$^{39}_{19}$K	—	—	—	—	—	$^{43}_{21}$Sc oder $^{44}_{21}$Sc	—	—	—	—	$^{42}_{19}$K	$^{41}_{20}$Ca	—	^{42}Ca
—	$^{46}_{21}$Sc	$^{40}_{18}$A	—	—	—	—	—	—	—	—	$^{43}_{19}$K	oder	—	^{43}Ca
—	$^{47}_{21}$Sc	—	—	$^{44}_{21}$Sc	$^{44}_{21}$Sc	—	—	$^{45}_{20}$Ca	$^{45}_{20}$Ca	—	$^{44}_{19}$K	—	—	^{44}Ca
—	—	—	—	—	—	—	—	$^{44}_{20}$Ca	$^{44}_{20}$Ca	—	$^{45}_{21}$Sc	—	—	^{45}Ca
—	—	—	—	—	—	—	—	—	—	—	—	—	—	^{46}Ca
—	—	—	($^{49}_{21}$Sc)	—	$^{48}_{21}$Sc	$^{49}_{21}$Sc	—	$^{49}_{20}$Ca	$^{49}_{20}$Ca	—	—	—	—	^{48}Ca
$^{49}_{21}$Sc	—	—	—	—	—	—	—	$^{48}_{20}$Ca	$^{48}_{20}$Ca	—	—	—	—	^{49}Ca
—	—	—	—	—	—	—	—	$^{48}_{20}$Ca	$^{48}_{20}$Ca	—	—	—	—	^{49}Ca*
—	—	—	—	—	—	$^{40}_{20}$Ca	—	—	—	—	—	—	—	^{41}Sc
—	—	$^{39}_{19}$K	—	—	—	—	—	—	—	—	—	—	—	^{42}Sc
—	$^{40}_{20}$Ca	—	—	—	—	$^{42}_{20}$Ca oder	—	—	—	—	—	—	—	^{43}Sc
$^{44}_{21}$Sc*	—	$^{41}_{19}$K	—	$^{44}_{20}$Ca	$^{44}_{20}$Ca	$^{43}_{20}$Ca	—	—	—	—	—	$^{45}_{21}$Sc	$^{45}_{21}$Sc	^{44}Sc
$^{44}_{21}$Sc	—	$^{41}_{19}$K	—	$^{44}_{20}$Ca	$^{44}_{20}$Ca	$^{43}_{20}$Ca	($^{46}_{22}$Ti)	—	—	—	—	$^{45}_{21}$Sc	—	^{44}Sc*
—	—	—	$^{48}_{22}$Ti	$^{48}_{23}$V	—	—	—	$^{46}_{21}$Sc	$^{46}_{21}$Sc	$^{42}_{19}$K	$^{45}_{20}$Ca	$^{44}_{21}$Sc	$^{44}_{21}$Sc	^{45}Sc
—	$^{43}_{20}$Ca	—	—	—	—	—	($^{46}_{22}$Ti)	$^{45}_{21}$Sc	$^{45}_{21}$Sc	—	($^{46}_{22}$Ti)	—	—	^{46}Sc
—	$^{44}_{20}$Ca	—	—	—	—	—	—	—	—	—	($^{47}_{22}$Ti)	—	—	^{47}Sc
—	—	—	—	—	—	$^{48}_{20}$Ca	—	—	—	—	$^{51}_{23}$V	$^{48}_{22}$Ti	—	^{48}Sc
$^{49}_{20}$Ca	—	—	($^{48}_{20}$Ca)	—	—	$^{48}_{20}$Ca	—	—	—	—	—	$^{49}_{22}$Ti	—	^{49}Sc

[20] W 10; [21] W 10; [23] W 10. — **^{49}Ca**: [6] W 10; [8] W 10; [9] W 10; [20] W 2, W 10; [21] H 45, W 2, W 10. — **^{49}Ca***: [3, 4] W 10; [6] W 10; [20] W 2, W 10; [21] W 2, W 10. — **^{41}Sc**: [6] E 2a; [8] E 2a; [18] K 13b, E 2a. — **^{42}Sc**: [6] W 8; [8] W 8; [14] W 8. — **^{43}Sc**: [6] W 3; [8] W 3, W 8; [9] W 8; [13] F 26, P 14, W 2, W 3, S 12, W 8; [18] W 2. — **^{44}Sc**: [6] W 2; [8] S 40a; W 3; M 2; [12] W 8; [14] Z 2, W 2, W 3, M 2, W 8; [16] D 28; [17] S 40a; [18] W 2; [24] P 28, W 4, C 32; [25] G 7, B 64, B 53. — **^{44}Sc***: [3, 4] B 64, C 32, W 8; [6] W 2; [7] W 8; [9] S 40a; W 8; [14] Z 2, W 2, W 8; [16] D 28; [17] S 40a; [18] W 2; [19] W 6; [24] P 28, W 4, C 32. — **^{46}Sc**: [6] W 4, W 7; [8] W 8; [9] W 8; [13] W 8; [19] W 6; [20] W 4, C 32, D 5, W 7; [21] H 45, W 4, H 46, C 32, W 8; [23] W 6. — **^{47}Sc**: [6] W 8; [8] W 8; [13] W 8; [23] W 8. — **^{48}Sc**: [6] W 8; [8] W 8; S 40a; [9] W 8; [17] S 40a; [22] P 28, W 6, W 8; [23] W 6, W 8. — **^{49}Sc**: [6] W 8; [8] W 8; [9] W 8; [12] W 8; [15] D 28; [18] W 2, W 6, W 8; [23] P 28, W 8.

der jeweils andere Reaktionspartner ist das am Zeilenanfang und -ende in Blockschrift angegebene Isotop.
da alle Reaktionen doppelt erscheinen, Literatur für Spalte 12 bis 25 zum **Rotdruck.**

Tabelle IV.

Z	Symbol	N	A	Häufigkeit in %	Halbwertszeit	Zerfall	Energie der Strahlung MeV β	Energie der Strahlung MeV γ	Isotopengewicht M ME	Fehler von M TME
1	2	3	4	5	6	7	8	9	10	11
22	Ti	24	46	7,95	—	—	—	—	—	—
		25	47	7,75	—	—	—	—	—	—
		26	48	73,45	—	—	—	—	47,96570	0,38
		27	49	5,51	—	—	—	—	48,964	2,0
		28	50	5,34	—	—	—	—	49,963	2,0
		29	51	—	$[72 \pm 2]\,d$	} β^-	0,36	1,0	—	—
		isomer		—	$[2,9 \pm 0,1]\,m$		—	—	—	—
23	V	(24)	(47)	—	—	—	⌐ oder	—	—	—
		25	48	—	$[16,0 \pm 0,2]\,d$	$\beta^+,\ K$	1,0$_5$	1,05	—	—
		26	49	—	$[600 \pm 50]\,d$	K	⌐ keine β^+ oder e^-	keine	—	—
		isomer		—	$[33 \pm 1]\,m$	β^+	1,9	—	—	—
		27	50	—	$[3,7 \pm 0,2]\,h$	β^+	—	—	—	—
		28	51	100	—	—	—	—	50,96035	0,63
		29	52	—	$[3,9 \pm 0,1]\,m$	β^-	1,98	—	51,95857	0,70
24	Cr	26	50	4,49	—	—	—	—	—	—
		27	51	—	$[26,5 \pm 1,0]\,d$	$K, (\beta^+)$	$< 0,1$	(0,5), 1	—	—
		28	52	83,78	—	—	—	—	51,959	0,9
		29	53	9,43	—	—	—	—	—	—
		30	54	2,30	—	—	—	—	—	—
		31	55	—	$1,7\,h$	β^-	—	—	—	—
25	Mn	26	51	—	$[46 \pm 2]\,m$	β^+	2,0	—	—	—
		27	52	—	$[6,5 \pm 1,0]\,d$	K, β^+	$K[95\%], \beta^+[5\%]:0,77$	1,0	—	—
		isomer		—	$[21 \pm 2]\,m$	β^+	2,2	1,2	—	—
		29	54	—	$[310 \pm 20]\,d$	K	—	0,85	—	—
		30	55	100	—	—			—	—
		31	56	—	$[2,59 \pm 0,02]\,h$	β^-	{ 1,035 ± 0,15, 2,88 ± 0,01; (0,6), 1,15, 2,84 ± 0,05; 1,2, 2,9; 2,7 ± 0,2	{ 1,65; 1,2; 0,91, 2,03; 0,6—0,7, 1,7 }	—	—
26	Fe	27	53	—	$[8,9 \pm 0,2]\,m$	β^+	—	—	—	—
		28	54	5,84	—	—	—	—	53,961	2,4
		29	55	—	$\sim 4\,a$	(K, β^+)	—	—	—	—
		30	56	91,68	—	—	—	—	55,9571	1,8
		31	57	2,17	—	—	—	—	—	—
		32	58	0,31	—	—	—	—	—	—
		33	59	—	$[57 \pm 3]\,d$	β^-	0,4, 0,9	1	—	—
27	Co	29	56	—	$270\,d$	$K, (\beta^+)$	$(\beta^+):0,4;\ 1,36 \pm 0,10$	0,1, (0,9); 0,119, 0,132	}⌐ —	—
		30	57	—	$18,2\,h$	β^+	1,5 oder	0,1, 0,22, 0,8, 1,2	oder	—
		31	58	—	$70\,d$	β^+	$< 0,5;$ ⌐	0,6;	⌐—	—
		32	59	100	—	—	—	—	—	—
		33	60	—	$7\,a$	β^-	0,16, 1,45 ± 0,10	1,3	—	—
		(isomer)		—	$11\,m$	β^-	—	—	—	—

[48]Ti: [13] P 17. — [51]Ti: [6] W 7; [8] W 7; [9] W 7; [20] W 7; [21] W 11. — [51]Ti*: [3, 4] W 7; [6] W 6; [20] W 6; [21] A 27, W 6. — [48]V: [6] W 6; [7] A 19, A 21, W 7; [8] W 6; [9] R 11; [14] W 4, P 16; [16] D 32; [18] W 6, A 19, R 11, W 7; [19] W 6. — [47), 49]V: [6] W 7; [7] W 7; [8] W 7; [9] W 7; [18] W 7. — [49]V*: [3, 4] T 11a; [6] W 6; [8] W 6; [13] W 6; [16] D 32; [18] W 6. — [50]V: [6] W 6; [13] W 6; [18] W 6; [23] A 26; [24] W 6. — [51]V: [13] D 3. — [52]V: [6] W 6; [8] G 1; [20] W 6, D 5; [21] A 27, P 28, W 6, G 1; [22] A 27, B 41, P 28, W 6; [23] A 27, B 41, P 28, W 6. — [51]Cr: [6] W 9; [7] W 9; [8] W 9; [9] W 9; [14] W 9; [20] W 9. A 26; [21] W 9, A 26; [24] A 26. — [55]Cr: [6] A 26; [20] A 26; [21] P 28, A 26, D 20. — [51]Mn: [6] L 43; [8] L 43; [15] D 28, D 18; [18] L 35, L 43. — [52]Mn: [6] L 43; [7] H 32; [8] H 32; [9] H 32; [16] H 32; [19] L 35, L 43. — [52]Mn*: [3, 4] L 43; [6] L 43; [8] H 32; [9] H 32; [16] H 32; [19] D 2, L 35, L 43, F 5. — [54]Mn: [6] L 43; [7] L 43; [9] L 43; [14] L 43; [16] D 32; [18] L 43; [19] L 35, L 43; [25] *) dagegen: ($^{55}_{25}$Mn (γ, n) $^{54}_{25}$Mn) $T \simeq 20\,m$: C 4. — [56]Mn: [6] L 43; [8] T 9a; D 37; B 2a; G 2, B 59, B 1, N 21, L 3; L 43; [9] M 38; L 43; C 60; D 37, B 2a; [13] H 37, R 16, L 43; [19] L 35, L 43; [20] D 2, L 43, D 5, C 60,

In Spalte 12 bis 25 bedeutet Rotdruck das Anfangsprodukt, gewöhnlicher Druck das Endprodukt einer Reaktion; Bei diesem Literaturangaben unter Beifügung der Spalten-Nr. in [ ];

| Radioaktiver Zerfall | (α, p) | (α, n) | (p, γ) | (p, n) | (d, 2n) | (d, n) | (d, α) | (d, p) | (n, γ) | (n, α) | (n, p) | (n, 2n) | (γ, n) | |
12	13	14	15	16	17	18	19	20	21	22	23	24	25	
—	$^{49}_{23}$V	—	—	—	—	⌐ $^{47)}_{23}$V	($^{44}_{21}$Sc)	—	—	—	($^{46}_{21}$Sc)	—	—	**^{46}Ti**
—	$^{50}_{23}$V	—	—	—	—	oder $^{48}_{23}$V	—	—	—	—	($^{47}_{21}$Sc)	—	—	**^{47}Ti**
$^{45}_{21}$Sc	$^{51}_{23}$V	$^{51}_{24}$Cr	—	$^{48}_{23}$V	—	⌊ $^{49}_{23}$V	($^{46}_{21}$Sc)	—	—	—	$^{48}_{21}$Sc	—	—	**^{48}Ti**
—	—	—	—	$^{49}_{23}$V	—	$^{50}_{23}$V	—	—	—	—	$^{49}_{21}$Sc	—	—	**^{49}Ti**
—	—	—	—	—	—	—	—	$^{51}_{22}$Ti	$^{51}_{22}$Ti	—	—	—	—	**^{50}Ti**
—	—	—	—	—	—	—	—	$^{50}_{22}$Ti	$^{50}_{22}$Ti	—	—	—	—	**^{51}Ti**
—	—	—	—	—	—	—	—	$^{50}_{22}$Ti	$^{50}_{22}$Ti	—	—	—	—	**^{51}Ti***
—	—	—	—	—	—	⌐ $^{46}_{22}$Ti	—	—	—	—	—	—	—	**^{47}V**
—	—	$^{45}_{21}$Sc	—	$^{48}_{22}$Ti	—	oder $^{47}_{22}$Ti	$^{50}_{24}$Cr	—	—	—	—	—	—	**^{48}V**
—	—	—	—	—	—	⌊ $^{48}_{22}$Ti	—	—	—	—	—	—	—	**^{49}V**
—	$^{46}_{22}$Ti	—	—	$^{49}_{22}$Ti	—	$^{48}_{22}$Ti	—	—	—	—	—	—	—	**^{49}V***
—	$^{47}_{22}$Ti	—	—	—	—	$^{49}_{22}$Ti	—	—	—	—	($^{50}_{24}$Cr)	$^{51}_{23}$V	—	**^{50}V**
—	$^{48}_{22}$Ti	$^{54}_{25}$Mn	—	—	—	—	—	$^{52}_{23}$V	$^{52}_{23}$V	$^{48}_{21}$Sc	—	$^{50}_{23}$V	—	**^{51}V**
—	—	—	—	—	—	—	—	$^{51}_{23}$V	$^{51}_{23}$V	$^{55}_{25}$Mn	$^{52}_{24}$Cr	—	—	**^{52}V**
—	—	$^{53}_{26}$Fe	$^{51}_{25}$Mn	—	—	$^{51}_{25}$Mn	$^{48}_{23}$V	$^{51}_{24}$Cr	$^{51}_{24}$Cr	—	($^{50}_{23}$V)	—	—	**^{50}Cr**
—	$^{48}_{22}$Ti	—	—	—	—	—	—	$^{50}_{24}$Cr	$^{50}_{24}$Cr	—	—	($^{52}_{24}$Cr)	—	**^{51}Cr**
—	—	—	—	$^{52}_{25}$Mn	—	—	—	—	—	—	$^{52}_{23}$V	($^{51}_{24}$Cr)	—	**^{52}Cr**
—	$^{56}_{25}$Mn	—	—	—	—	$^{54}_{25}$Mn	—	$^{52}_{24}$Cr	$^{52}_{24}$Cr	—	—	—	—	**^{53}Cr**
—	—	—	—	—	—	—	—	$^{53}_{24}$Cr	$^{53}_{24}$Cr	—	—	—	—	**^{54}Cr**
—	—	—	—	—	—	—	—	$^{54}_{24}$Cr	$^{54}_{24}$Cr	—	—	—	*)	**^{55}Cr**
—	—	—	$^{50}_{24}$Cr	—	—	$^{50}_{24}$Cr	—	—	—	—	—	—	—	**^{51}Mn**
—	—	—	—	$^{52}_{24}$Cr	—	—	$^{54}_{26}$Fe	—	—	—	—	—	—	**^{52}Mn**
—	—	—	—	$^{52}_{24}$Cr	—	—	$^{54}_{26}$Fe	—	—	—	—	—	—	**^{52}Mn***
—	$^{51}_{23}$V	—	—	$^{54}_{24}$Cr	—	$^{53}_{24}$Cr	$^{56}_{26}$Fe	—	—	—	—	—	*)	**^{54}Mn**
—	—	$^{58}_{27}$Co	—	$^{55}_{26}$Fe	—	—	—	$^{56}_{25}$Mn	$^{56}_{25}$Mn	$^{52}_{23}$V	—	—	—	**^{55}Mn**
—	$^{53}_{24}$Cr	—	—	—	—	—	$^{58}_{26}$Fe	$^{55}_{25}$Mn	$^{55}_{25}$Mn	$^{59}_{27}$Co	$^{56}_{26}$Fe	—	—	**^{56}Mn**
—	—	$^{50}_{24}$Cr	—	—	—	—	—	—	—	—	—	$^{54}_{26}$Fe	—	**^{53}Fe**
—	—	$^{57}_{28}$Ni	—	—	—	—	$^{52}_{25}$Mn	$^{55}_{26}$Fe	—	—	—	$^{53}_{26}$Fe	—	**^{54}Fe**
—	—	—	—	—	—	—	—	$^{54}_{26}$Fe	—	—	—	—	*)	**^{55}Fe**
—	—	$^{59}_{28}$Ni	$^{57}_{27}$Co	$^{56}_{27}$Co	$^{56}_{27}$Co	$^{57}_{27}$Co	$^{54}_{25}$Mn	—	—	—	$^{56}_{25}$Mn	—	—	**^{56}Fe**
—	—	—	$^{58}_{27}$Co	—	—	$^{58}_{27}$Co	—	—	—	—	—	—	—	**^{57}Fe**
—	—	—	—	└oder $^{58}_{27}$Co	—	—	$^{56}_{25}$Mn	$^{59}_{26}$Fe	—	—	—	—	—	**^{58}Fe**
—	—	—	—	—	—	—	—	$^{58}_{26}$Fe	—	—	$^{59}_{27}$Co	—	—	**^{59}Fe**
—	—	—	—	$^{56}_{26}$Fe	$^{56}_{26}$Fe	—	$^{58}_{28}$Ni	—	—	—	—	—	—	**^{56}Co**
—	—	—	$^{56}_{26}$Fe	—	—	$^{56}_{26}$Fe	—	—	—	—	—	—	—	**^{57}Co**
—	—	$^{55}_{25}$Mn	$^{57}_{26}$Fe	$^{58}_{26}$Fe	—	$^{57}_{26}$Fe	$^{60}_{28}$Ni	—	—	—	$^{58}_{28}$Ni	—	—	**^{58}Co**
—	—	$^{62}_{29}$Cu	└oder┘	—	—	—	—	$^{60}_{27}$Co	$^{60}_{27}$Co	$^{56}_{25}$Mn	$^{59}_{26}$Fe	—	—	**^{59}Co**
—	—	—	—	—	—	—	—	$^{59}_{27}$Co	$^{59}_{27}$Co	—	$^{60}_{28}$Ni	—	—	**^{60}Co**
—	—	—	—	—	—	—	—	—	$^{59}_{27}$Co	—	$^{60}_{28}$Ni	—	—	**$^{(60)}$Co***

T 9a; [21] A 27, A 12, G 2, B 59, M 38, P 28, B 1, L 43, N 21, L 3, D 37, B 2a; [22] A 27, P 28, B 41, L 43; [23] A 27, P 28, L 43. — **^{53}Fe**: [6] L 40; [14] H 37, R 16, L 40; [24] L 40. — **^{55}Fe**: [6] L 48, V 6; [7] L 48; [16] V 6; [20] L 48; [25] *) dagegen: ($^{56}_{26}$Fe (γ, n) $^{55}_{26}$Fe) $T \sim$ 60—90 m: C 4. — **^{59}Fe**: [6] L 40; [8] L 40; [9] L 40; [20] L 35, L 40; [23] A 31, L 35, L 40. — **^{56}Co**: [6] L 38, L 49; [7] L 49; [8] L 49; J 3a; [9] J 3a; P 9a; [16] L 38; [17] P 8, L 38, B 14, J 3a, P 9a; [19] L 37, L 49. — **^{57}Co**: [3, 4] Wird von L 49 etwas gezwungen als ^{55}Co eingeordnet, da die Existenz eines stabilen ^{57}Co als erwiesen angenommen wird, trotz unzureichendem massenspektrographischen Nachweis; siehe H 17; [6] D 2; [8] L 21; [9] C 64; [15] L 38; [18] D 2, L 35, C 64, L 21. — **^{58}Co**: [6] L 38, L 49; [8] L 49; J 3a; [9] L 49; J 3a; P 9a; [14] P 16, L 38; [15] oder [16] L 38; [18] P 8, L 38, B 14, J 3a, P 9a; [19] L 37, L 49; [23] V 9, L 49. — **^{60}Co**: [6] S 26, L 49; [8] R 18; [9] L 38; [20] L 38, D 7; [21] S 14, L 35, R 18, L 38; [23] V 9. — **$^{(60)}$Co***: [3, 4] R 18; [6] H 50; [21] R 25, H 49, L 35; [23] R 25, H 49, H 50.

der jeweils andere Reaktionspartner ist das am Zeilenanfang und -ende in Blockschrift angegebene Isotop. da alle Reaktionen doppelt erscheinen, Literatur für Spalte 12 bis 25 zum Rotdruck.

Tabelle IV.

Z	Symbol	N	A	Häufigkeit in %	Halbwertszeit	Zerfall	Energie der Strahlung MeV β	Energie der Strahlung MeV γ	Isotopengewicht M ME	Fehler von M TME
1	2	3	4	5	6	7	8	9	10	11
28	Ni	29	57	—	[36 ± 2] h	β^+	0,67 ± 0,1	—	—	—
		30	58	67,4	—	—	—	—	57,95971	0,41
		(31)	(59)	—	?	—	—	—	—	—
		32	60	26,7	—	—	—	—	59,94981	0,33
		33	61	1,2	—	—	—	—	60,9540	1,5
		34	62	3,8	—	—	—	—	61,94959	0,39
		35	63	—	[2,6 ± 0,03] h	β^-	0,67, 1,65	1,1	—	—
		36	64	0,88	—	—	—	—	63,94744	0,56
29	Cu	29	58	—	[81 ± 2] s	β^+	oder —	—	—	—
		31	60	—	[7,9 ± 0,5] m	β^+	—	—	—	—
		32	61	—	[3,4 ± 0,1] h	β^+, K	0,94	keine	—	—
		33	62	—	[9,92 ± 0,05] m	β^+	2,6; 3,42	—	—	—
		34	63	68	—	—	β^+: 0,659 ± 0,003;	—	62,957	1,3
		35	64	—	[12,8 ± 0,3] h	β^-, β^+, K	0,649 ± 0,004	keine	—	—
		36	65	32	—	—	β^-: 0,578 ± 0,003; 0,574 ± 0,004	—	64,955	1,3
		37	66	—	[5 ± 1] m	β^-	2,58; 2,91	—	—	—
30	Zn	33	63	—	[38,3 ± 0,5] m	β^+	2,320 ± 0,005; 2,3 ± 0,15; 1,8; 1,92	—	—	—
		34	64	50,9	—	—	—	—	63,957	2,7
		35	65	—	[250 ± 5] d	K, β^+	0,47; 0,19, 0,37	0,45, 0,65, 1,0 (K)	—	—
		36	66	27,3	—	—	—	—	65,953	2,8
		37	67	3,9	—	—	—	—	—	—
		38	68	17,4	—	—	—	—	67,955	3,5
		39	69	—	[57 ± 2] m	β^-	1,0; 0,99	keine	—	—
		isomer		—	[13,8 ± 0,4] h	γ	—	0,47	—	—
		40	70	0,5	—	—	—	—	69,954	3,7
31	Ga	33	64	—	[48 ± 2] m	β^+	—	—	—	—
		34	65	—	15 m	K	—	0,0538, 0,1170	—	—
		35	66	—	[9,2 ± 0,2] h	β^+	3,1 (3,9)	—	—	—
		36	67	—	[79 ± 2] h	K	—	0,0925; 0,1, 0,25	—	—
		37	68	—	[1,10 ± 0,05] h	β^+	1,8 (1,9); 1,85; 1,37	—	—	—
		38	69	61,2	—	—	—	—	68,956	3,5
		39	70	—	[19,8 ± 0,4] m	β^-, K	2,6; 5,0; 1,68	—	—	—
		40	71	38,8	—	—	—	—	70,954	3,6
		41	72	—	[14,1 ± 0,2] h	β^-	2,6; 1,71	1,0	—	—
	*)	(43)	(74)	—	~ 9 d	β^-	0,8	—	—	—
32	Ge	(37)	(69)	—	195 d	—	—	—	—	—
		38	70	21,2	—	—	oder —	—	—	—
		39	71	—	[37 ± 1,5] h	β^+	1,2; 1,15; 1,0	—	—	—
	**)	(isomer)		—	11 d	(K)	—	(0,6)	—	—
		40	72	27,3	—	—	—	—	—	—
		41	73	7,9	—	—	—	—	—	—

[57]Ni: [6] L 37; [8] L 37; [14] L 37; [24] L 37. — [(59)]Ni: [14] P 16. — [63]Ni: [6] L 37; [8] S 8; [9] L 37; [20] T 6, L 37; [21] R 25, N 3, O 1, H 50; [22] M 1, H 50; [23] O 1, H 50, S 6, S 8; [24] H 50. — [58]Cu: [6] D 18; [16] R 17, D 18. — [60]Cu: [6] D 18; [16] R 17, D 18. — [61]Cu: [6] R 17; [7] A 21; [8] R 16; [9] G 8; [13] R 14, R 15, R 16; [15] D 18; [16] R 17, S 55, D 18, W 14; [18] T 8, A 21, G 8. — [62]Cu: [6] C 51; [8] C 51; S 35; [14] R 14, H 37, R 16; [15] S 55; [16] S 55; [22] K 27, G 13a; [24] C 13, H 48, P 26, H 49, H 50, P 28, R 27, S 2, S 35, S 6, C 51; [25] B 46, C 13, B 51, B 53. S 6. — [64]Cu: [6] R 17; [7] V 5, A 21, A 18; [8] β^+: T 13; T 9a; β^-: T 13; T 9a; [9] T 13; [16] R 17, S 55, D 18; [19] L 33; [20] V 5, S 35, A 21, S 6, R 9, T 13, D 5, N 14, L 54a, N 14a; [21] A 27, B 24, H 50, S 2, S 6; [23] A 27, B 24, O 1, H 50, S 6, W 14; [24] P 26, H 50, P 28, S 2, S 6. — [66]Cu: [6] S 6; [8] G 1; S 35; [20] L 33, S 6, D 5, N 14a; [21] A 27, H 48, S 2, S 35, S 6, G 1; [22] C 13; [23] B 24, A 27, H 48, H 50, S 6. — [63]Zn: [6] S 55; [8] T 9a; S 55; D 18; S 8; [14] R 14, R 15, R 16; [16] R 17, S 55, D 18, W 14; [17] L 54a, T 9a; [24] H 48, P 28, H 50, R 27, S 2, T 9, S 6, S 8; [25] B 48, C 13, B 51, B 52, B 53. — [65]Zn: [6] L 46; [7] A 21, L 46, W 12c; [8] W 12c; S 8; [9] W 12c; [12] L 49; [16] B 11, S 55, D 18; [17] L 33, P 8, S 6, L 46, S 8; [20] L 42, L 46, K 6, W 12c; [21] S 6. — [69]Zn: [6] L 46; [8] L 46; S 8; [9] L 46; [12] K 6; [19] L 46; [20] L 33, T 9, L 46, V 3, K 6; [21] M 17, H 48,

In Spalte 12 bis 25 bedeutet **Rotdruck** das Anfangsprodukt, gewöhnlicher Druck das Endprodukt einer Reaktion; Bei diesem Literaturangaben unter Beifügung der Spalten-Nr. in [ ];

Radioaktiver Zerfall	(α, p)	(α, n)	(p, γ)	(p, n)	(d, 2n)	(d, n)	(d, α)	(d, p)	(n, γ)	(n, α)	(n, p)	(n, 2n)	(γ, n)	
12	13	14	15	16	17	18	19	20	21	22	23	24	25	
—	—	$^{54}_{26}$Fe	—	—	—	—	—	—	—	—	—	($^{58}_{28}$Ni)	—	^{57}Ni
—	$^{61}_{29}$Cu	—	—	$^{58}_{29}$Cu	—	—	$^{56}_{27}$Co	—	—	—	$^{58}_{27}$Co	($^{57}_{28}$Ni)	—	^{58}Ni
—	—	($^{56}_{26}$Fe)	—	—	—	—	—	—	—	—	—	—	—	$^{(59)}$Ni
—	—	$^{63}_{30}$Zn	$^{61}_{29}$Cu	$^{60}_{29}$Cu	—	$^{61}_{29}$Cu	$^{58}_{27}$Co	—	—	—	$^{60}_{27}$Co	—	—	^{60}Ni
—	—	—	$^{62}_{29}$Cu	$^{61}_{29}$Cu	—	—	—	—	—	—	—	—	—	^{61}Ni
—	—	—	—	$^{62}_{29}$Cu	—	—	—	$^{63}_{28}$Ni	$^{63}_{28}$Ni	—	—	—	—	^{62}Ni
—	—	—	—	—	—	—	—	$^{62}_{28}$Ni	$^{62}_{28}$Ni	$^{66}_{30}$Zn	$^{63}_{29}$Cu	$^{64}_{28}$Ni	—	^{63}Ni
—	—	—	—	—	—	—	—	—	—	—	$^{64}_{29}$Cu	$^{63}_{28}$Ni	—	^{64}Ni
—	—	—	—	$^{58}_{28}$Ni	—	—	—	—	—	(d, $^{3}_{1}$H)	—	—	—	^{58}Cu
—	—	—	—	$^{60}_{28}$Ni	—	—	—	—	—	—	—	—	—	^{60}Cu
—	$^{58}_{28}$Ni	—	$^{60}_{28}$Ni	$^{61}_{28}$Ni	—	—	$^{60}_{28}$Ni	—	—	—	—	—	—	^{61}Cu
—	—	$^{59}_{27}$Co	$^{61}_{28}$Ni	$^{62}_{28}$Ni	—	—	—	—	—	$^{63}_{29}$Cu	—	$^{63}_{29}$Cu	$^{63}_{29}$Cu	^{62}Cu
—	—	$^{66}_{31}$Ga	—	$^{63}_{30}$Zn	$^{63}_{30}$Zn	—	—	$^{64}_{29}$Cu	$^{64}_{29}$Cu	$^{62}_{29}$Cu	$^{63}_{28}$Ni	$^{62}_{29}$Cu	$^{62}_{29}$Cu	^{63}Cu
—	—	$^{64}_{28}$Ni	—	—	—	—	($^{66}_{30}$Zn)	$^{63}_{29}$Cu	$^{63}_{29}$Cu	—	$^{64}_{30}$Zn	$^{65}_{29}$Cu	—	^{64}Cu
—	—	$^{68}_{31}$Ga	—	$^{65}_{30}$Zn	$^{65}_{30}$Zn	—	—	$^{66}_{29}$Cu	$^{66}_{29}$Cu	—	—	$^{64}_{29}$Cu	—	^{65}Cu
—	—	—	—	—	—	—	—	$^{65}_{29}$Cu	$^{65}_{29}$Cu	$^{69}_{31}$Ga	$^{66}_{30}$Zn	—	—	^{66}Cu
—	—	$^{60}_{28}$Ni	—	$^{63}_{29}$Cu	$^{63}_{29}$Cu	—	—	—	—	—	—	$^{64}_{30}$Zn	$^{64}_{30}$Zn	^{63}Zn
—	$^{67}_{31}$Ga	—	$^{65}_{31}$Ga	$^{64}_{31}$Ga	—	$^{65}_{31}$Ga	—	$^{65}_{30}$Zn	$^{65}_{30}$Zn	$^{64}_{29}$Cu	$^{63}_{30}$Zn	$^{63}_{30}$Zn	—	^{64}Zn
$^{65}_{31}$Ga	—	—	—	$^{65}_{29}$Cu	$^{65}_{29}$Cu	—	—	$^{64}_{30}$Zn	$^{64}_{30}$Zn	—	—	—	—	^{65}Zn
—	—	—	$^{69}_{32}$Ge	$^{66}_{31}$Ga	—	—	($^{64}_{29}$Cu)	—	—	$^{63}_{28}$Ni	$^{66}_{29}$Cu	—	—	^{66}Zn
—	$^{70}_{31}$Ga	—	($^{68}_{31}$Ga)	$^{67}_{31}$Ga	—	$^{68}_{31}$Ga	—	—	—	—	—	—	—	^{67}Zn
—	—	—	$^{71}_{32}$Ge	$^{68}_{31}$Ga	—	—	—	$^{69}_{30}$Zn	$^{69}_{30}$Zn	—	—	—	—	^{68}Zn
$^{69}_{30}$Zn*	—	—	—	—	—	—	$^{71}_{31}$Ga	$^{68}_{30}$Zn	$^{68}_{30}$Zn	—	$^{69}_{31}$Ga	—	—	^{69}Zn
$^{69}_{30}$Zn	—	—	—	—	—	—	$^{71}_{31}$Ga	$^{68}_{30}$Zn	$^{68}_{30}$Zn	—	$^{69}_{31}$Ga	—	—	^{69}Zn*
—	—	—	—	$^{70}_{31}$Ga	—	—	—	—	—	—	—	—	—	^{70}Zn
—	—	—	—	$^{64}_{30}$Zn	—	—	—	—	—	—	—	—	—	^{64}Ga
—	—	—	—	—	—	—	—	—	—	—	—	—	—	^{65}Ga
—	—	$^{63}_{29}$Cu	—	$^{66}_{30}$Zn	—	—	—	—	—	—	—	—	—	^{66}Ga
—	$^{64}_{30}$Zn	—	—	$^{67}_{30}$Zn	—	$^{68}_{30}$Zn	—	—	—	—	—	—	—	^{67}Ga
$^{70}_{32}$Ge	—	$^{65}_{29}$Cu	($^{67}_{30}$Zn)	$^{68}_{30}$Zn	—	$^{67}_{30}$Zn	$^{70}_{32}$Ge	—	—	—	—	$^{69}_{31}$Ga	$^{69}_{31}$Ga	^{68}Ga
—	$^{67}_{30}$Zn	—	—	$^{70}_{30}$Zn	—	—	—	$^{70}_{31}$Ga	$^{70}_{31}$Ga	$^{66}_{29}$Cu	$^{69}_{30}$Zn	$^{68}_{31}$Ga	$^{68}_{31}$Ga	^{69}Ga
$^{72}_{32}$Ge	$^{69}_{30}$Zn	—	—	—	—	—	$^{72}_{32}$Ge	$^{69}_{31}$Ga	$^{69}_{31}$Ga	—	$^{70}_{32}$Ge	$^{71}_{31}$Ga	$^{71}_{31}$Ga	^{70}Ga
—	$^{69}_{30}$Zn	—	—	—	—	—	$^{69}_{30}$Zn	$^{72}_{31}$Ga	$^{72}_{31}$Ga	—	—	$^{70}_{31}$Ga	$^{70}_{31}$Ga	^{71}Ga
$^{74}_{32}$Ge	$^{71}_{31}$Ga	$^{71}_{31}$Ga	—	—	—	—	$^{74}_{32}$Ge	$^{71}_{31}$Ga	$^{71}_{31}$Ga	—	$^{72}_{32}$Ge	—	—	^{72}Ga
$^{76}_{32}$Ge	—	—	—	—	—	—	$^{76}_{32}$Ge	—	—	—	($^{74}_{32}$Ge)	—	—	$^{(74)}$Ga
—	—	—	—	—	—	—	—	—	—	—	—	—	—	$^{(69)}$Ge
—	$^{68}_{31}$Ga	—	—	—	—	—	$^{68}_{31}$Ga	$^{71}_{32}$Ge	$^{71}_{32}$Ge	—	$^{70}_{31}$Ga	—	—	^{70}Ge
—	$^{70}_{32}$Ge	—	—	—	—	—	oder	$^{70}_{32}$Ge	$^{70}_{32}$Ge	$^{74}_{34}$Se	—	$^{72}_{32}$Ge	—	^{71}Ge
—	—	—	—	—	—	—	—	($^{70}_{32}$Ge)	—	—	—	—	—	$^{(71)}$Ge*
$^{72}_{33}$As	$^{70}_{31}$Ga	—	—	—	—	—	—	—	—	—	$^{72}_{31}$Ga	$^{71}_{32}$Ge	—	^{72}Ge
$^{73}_{33}$As	$^{74}_{33}$As	—	—	—	—	—	—	—	—	—	—	—	—	^{73}Ge

H 50, T 9, S 2, S 6, S 8; [23] L 46. — **^{69}Zn***: [3, 4] L 46, K 6; [6] L 46; [7] K 6; [9] K 6; [19] T 9, L 46; [20] L 33, T 9, V 3, L 46, K 6, S 8; [21] T 9, L 46; [23] L 46. — **^{64}Ga**: [6] B 61; [16] B 61. — **^{65}Ga**: [6] L 49; [7] L 49; [9] V 2, D 32; [15] D 32; [18] V 3, L 49. — **^{66}Ga**: [6] M 5; [8] M 3; [14] H 37, M 5, R 16, K 13, C 37a; [16] B 61. — **^{67}Ga**: [6] M 7; [7] A 20, A 21, A 2; [9] V 3, A 21; [13] M 6, M 7; [16] D 28, B 61, V 3; [18] A 20, G 15, A 21, V 3. — **^{68}Ga**: [6] M 5; [8] M 5; R 16; S 8; [14] R 14, H 37, R 16, M 5, K 13; [15] D 28; [16] D 28, B 61, W 14; [18] G 15, V 3; [19] S 11a; [24] C 13, P 28, S 2, S 6, S 8; [25] B 48, C 13, B 51, B 53. — **^{70}Ga**: [6] M 7; [7] V 3; [8] M 6; M 7; S 8; [13] M 6, M 7; [16] D 28, B 61, V 3; [19] S 11a; [20] L 40;

[21] A 27, S 2, L 40, S 6, S 8; [23] S 11a; [24] P 28, S 2, S 6; [25] B 48, C 13, B 51, B 53. — **^{72}Ga**: [6] S 6; [8] L 49; S 8; [9] S 2; [19] S 11a; [20] L 40; [21] A 27, B 51, S 2, L 40, S 6, S 8; [23] S 11a. — **$^{(74)}$Ga**: *) Wird von S 27a dem ^{71}Ge* zugeordnet. [6] S 11a; [8] S 11a; [19] S 11a; [23] S 6. — **$^{(69)}$Ge**: [6] M 7; [14] M 7. — **^{71}Ge**: [6] M 7; [8] S 27a; S 8, S 11a; M 7; [14] M 7; [17] L 49a, S 27a; [20] S 6, S 27a, S 11a; [21] S 6, S 8, S 11a; [22] S 11a; [24] S 6, S 8, S 11a. — **$^{(71)}$Ge***: **) Wird von S 11a in der Ga-Fraktion gefunden und dem $^{(74)}$Ga zugeordnet. [3, 4] S 27a; [6] S 27a; [7] S 27a; [9] S 27a; [17] L 49, S 27a; [20] S 27a.

der jeweils andere Reaktionspartner ist das am Zeilenanfang und -ende in Blockschrift angegebene Isotop.
da alle Reaktionen doppelt erscheinen, Literatur für Spalte 12 bis 25 zum Rotdruck.

Tabelle IV.

Z	Symbol	N	A	Häufigkeit in %	Halbwertszeit	Zerfall	Energie der Strahlung MeV β	γ	Isotopengewicht M ME	Fehler von M TME
1	2	3	4	5	6	7	8	9	10	11
32	Ge	**42**	**74**	37,1	—	—	—	—	—	—
		43	75	—	[82 ± 2] m	β⁻	1,2 ± 0,1; *1,10*	—	—	—
		44	**76**	6,5	—	—	—	—	—	—
		45	77	—	8 bis 12 h	β⁻	*1,92*	—	—	—
33	**As**	(39)	(72)	—	26 h	β⁺	—	—	—	—
		40	73	—	[50 ± 3] h	β⁺	0,6	—	—	—
		41	74	—	[16 ± 1] d	β⁺, β⁻	β⁺ : 0,65; *0,9*; β⁻ : *1,3*	—	—	—
		42	**75**	100	—	—	{ β⁺ : *0,70, 2,6*; β⁻ :	—	—	—
		43	76	—	[26,75 ± 0,15] h	β⁺, β⁻, K	0,8, 1,7, 2,71±0,14;	1,5, 2,16, 3,15	—	—
		44	77	—	[90 ± 10] d	β⁻	0,5, 1,5, 3,24±0,20	—	—	—
		45	78	—	[65 ± 3] m	β⁻	*1,4*	0,27	—	—
34	**Se**	**40**	**74**	0,9	—	—	—	—	—	—
		41	75	—	48 d	K	—	0,50	—	—
		42	**76**	9,5	—	—	—	—	—	—
		43	**77**	8,3	—	—	—	—	—	—
		44	**78**	24,0	—	—	—	—	—	—
		45	79	—	—	—		—	—	
		isomer		—	—	—		—	—	
		46	**80**	48,0	—	—	oder	—	—	oder
		47	81	—	19 m	β⁻	1,5	—	—	
		isomer		—	[57 ± 1] m	γ	—	0,098	—	
		48	**82**	9,3	—	—	—	—	—	—
		49	83	—	∼30 m	β⁻	—	—	—	—
35	**Br**	43	78	—	[6,4 ± 0,1] m	β⁺	2,3	0,0458 ± 0,0004, 0,1077 ± 0,0009	—	—
		44	**79**	50,6	—	—	—	—	—	—
		45	80	—	[18,5 ± 0,5] m	β⁻	2,00 ± 0,10	< 0,5	—	—
		isomer		—	[4,54 ± 0,10] h	γ	—	0,0371 oder 0,0253, 0,0489 ± 0,0004	—	—
		46	**81**	49,4	—	—	—	—	—	—
		47	82	—	[33,9 ± 0,3] h	β⁻	0,85 ± 0,20; 0,7; 0,45; einfach 1,05; 1,3	0,65; keine zw. 0,14 bis 1,0; 3γ-Qu. je Zerf. keine	—	—
		48	83	—	[140 ± 10] m	β⁻			—	—
	[1]	>47	>82	—	[30 ± 5] m	β⁻	—	—	—	—
	[2]	>47	>82	—	[3,0 ± 0,5] m	β⁻	—	—	—	—
	[3]	>47	>82	—	[50 ± 10] s	β⁻	—	—	—	—
36	**Kr**	**42**	**78**	0,35	—	—	—	—	77,945	1,6
		(43)	(79)	—	—	—		—	—	—
		44	**80**	2,01	—	—	oder	—	—	—
		45	81	—	[34,5 ± 1] h *)	β⁺	0,4 ± 0,1	—	—	—
		46	**82**	11,52	—	—	—	—	81,938	1,3
		47	**83**	11,52	—	—	—	—	—	—
		isomer		—	113 m	γ	—	0,049	—	—

⁷⁵Ge: [6] S 11a; [8] S 11a; S 8, S 11a; [20] S 6, S 27a, S 11a; [21] S 6, S 8, S 11a; [22] S 27a, S 11a; [23] S 27a, S 11a; [24] P 28, S 6, S 27a, S 11a. — ⁷⁷Ge: [6] S 11a, S 27a; [8] S 8, S 11a; [20] S 6, S 27a, S 11a; [21] S 6, S 8, S 11a; [22] S 27a. — (72)As: [6] V 6; [16] V 6. — ⁷³As: [6] S 6; [8] S 11a; [18] S 6, S 7, S 11a. — ⁷⁴As: [6] S 7; [7] C 62; [8] β⁺: C 62; S 3, S 7; β⁻: S 7; [16] D 32; [18] S 3, S 6, S 7, S 11a; [19] F 24; [24] P 28, C 62, S 3, S 7. — ⁷⁶As: [6] W 13; [7] H 24, S 21; [8] β⁺: S 21; β⁻: H 24, S 13, W 13; L 5, M 42; [9] H 24, S 21; [16] V 6; [19] F 24; [20] T 6, C 62, S 7, D 7, N 14; [21] A 27, F 6, B 59, H 24, N 20, C 62, W 17, S 21, S 7, W 13, L 5, M 42, S 46; [22] S 44, C 62, S 7; [23] S 7. — ⁷⁷As: [6] S 7; [18] S 3, S 6, S 7, S 11a. — ⁷⁸As: [6] S 44; [8] S 7; [9] S 7; [22] S 44, C 62, S 7; [23] S 7. — ⁷⁵Se: [6] D 32; [7] D 32; [9] D 32; [16] D 32. — ⁷⁹, ⁸¹Se: [6] L 7; [8] L 7; [12] L 7; [20] S 43, S 44, L 7; [21] H 51, S 44, L 7; [23] L 7; [25] B 53. — ⁷⁹, ⁸¹Se*: [3, 4] L 7; [6] S 44; [9] L 7; [20] S 44, L 7; [21] S 44, L 7; [23] S 44, L 7; [24] H 51; [25] B 53. — ⁸³Se: [6] L 7; [20] L 7; [21] L 7. — ⁷⁸Br: [6] S 44; [8] S 44; [9] V 3; [15] S 43, H 37, R 16, S 44; [16] B 61, V 1, V 3; [18] S 44; [24] P 28, H 51, C 13, S 44; [25] B 47, C 13, B 49, B 51, B 53, B 10. — ⁸⁰Br: [6] S 44;

In Spalte 12 bis 25 bedeutet **Rotdruck** das Anfangsprodukt, gewöhnlicher Druck das Endprodukt einer Reaktion; Bei diesem Literaturangaben unter Beifügung der Spalten-Nr. in [ ];

Tabelle IV.

12	13	14	15	16	17	18	19	20	21	22	23	24	25	
Radioaktiver Zerfall	Spaltung von		(α, n)	(p, n)	(d, 2n)	(d, n)	(d, α)	(d, p)	(n, γ)	(n, α)	(n, p)	(n, 2n)	(γ, n)	
—	—	—	—	$^{74}_{33}$As	—	—	$^{72}_{31}$Ga	$^{75}_{32}$Ge	$^{75}_{32}$Ge	—	($^{74}_{31}$Ga)	—	—	**^{74}Ge**
—	—	—	—	—	—	—	—	$^{74}_{32}$Ge	$^{74}_{32}$Ge	$^{78}_{34}$Se	$^{75}_{33}$As	$^{76}_{32}$Ge	—	**^{75}Ge**
—	—	—	—	$^{76}_{33}$As	—	$^{77}_{33}$As	($^{74}_{31}$)Ga	$^{77}_{32}$Ge	$^{77}_{32}$Ge	—	—	$^{75}_{32}$Ge	—	**^{76}Ge**
—	—	—	—	—	—	—	—	$^{76}_{32}$Ge	$^{76}_{32}$Ge	$^{80}_{34}$Se	—	—	—	**^{77}Ge**
—	—	—	—	($^{72}_{32}$)Ge	—	—	—	—	—	—	—	—	—	**(^{72})As**
—	—	—	—	—	—	$^{72}_{32}$Ge	—	—	—	—	—	—	—	**^{73}As**
—	—	—	—	$^{74}_{32}$Ge	—	$^{73}_{32}$Ge	$^{76}_{34}$Se	—	—	—	—	$^{75}_{33}$As	—	**^{74}As**
—	—	—	$^{78}_{35}$Br	$^{75}_{34}$Se	—	—	—	$^{76}_{33}$As	$^{76}_{33}$As	—	$^{75}_{32}$Ge	$^{74}_{33}$As	—	**^{75}As**
—	—	—	—	$^{76}_{32}$Ge	—	—	$^{78}_{34}$Se	$^{75}_{33}$As	$^{75}_{33}$As	$^{79}_{35}$Br	$^{76}_{34}$Se	—	—	**^{76}As**
—	—	—	—	—	—	$^{76}_{32}$Ge	—	—	—	—	—	—	—	**^{77}As**
—	—	—	—	—	—	—	—	—	—	$^{81}_{35}$Br	$^{78}_{34}$Se	—	—	**^{78}As**
—	—	—	—	—	—	—	—	—	—	$^{71}_{32}$Ge	—	—	—	**^{74}Se**
—	—	—	—	$^{75}_{32}$As	—	—	—	—	—	—	—	—	—	**^{75}Se**
—	—	—	($^{79}_{36}$Kr)	—	—	—	$^{74}_{33}$As	—	—	—	$^{76}_{33}$As	—	—	**^{76}Se**
—	—	—	oder	—	—	$^{78}_{35}$Br	—	—	—	—	—	—	—	**^{77}Se**
—	—	—	$^{81}_{36}$Kr	$^{78}_{35}$Br	—	—	$^{76}_{33}$As	$^{79}_{34}$Se	$^{79}_{34}$Se	$^{75}_{32}$Ge	$^{78}_{33}$As	—	$^{80}_{34}$Se	**^{78}Se**
$^{79}_{34}$Se*	—	—	—	—	—	—	—	$^{78}_{34}$Se +	$^{78}_{34}$Se +	—	$^{79}_{35}$Br	$^{80}_{34}$Se	$^{80}_{34}$Se	**^{79}Se**
—	$^{79}_{34}$Se	—	—	—	—	—	(α, p) $^{78}_{34}$Se +	$^{81}_{34}$Se	$^{81}_{34}$Se	$^{77}_{32}$Ge	$^{79}_{35}$Br	$^{80}_{34}$Se	$^{80}_{34}$Se	**^{79}Se***
—	—	—	$^{83}_{36}$Kr*	$^{80}_{35}$Br	—	—	($^{83}_{35}$Br)	$^{81}_{34}$Se	$^{81}_{34}$Se	$^{77}_{32}$Ge	$^{79}_{35}$Br	$^{81}_{34}$Se*	$^{81}_{34}$Se	**^{80}Se**
$^{81}_{34}$Se*	—	—	—	—	—	—	—	$^{80}_{34}$Se	$^{80}_{34}$Se	—	$^{81}_{35}$Br	$^{82}_{34}$Se	$^{82}_{34}$Se	**^{81}Se**
—	$^{81}_{34}$Se	—	—	—	—	—	—	$^{80}_{34}$Se	$^{80}_{34}$Se	—	$^{81}_{35}$Br	$^{82}_{34}$Se	$^{82}_{34}$Se	**^{81}Se***
—	—	—	($^{85}_{36}$Kr)	$^{82}_{35}$Br	$^{82}_{35}$Br	$^{83}_{35}$Br	—	—	$^{83}_{34}$Se	$^{83}_{34}$Se	—	$^{81}_{34}$Se*	$^{81}_{34}$Se	**^{82}Se**
$^{83}_{35}$Br	—	—	—	—	—	—	—	$^{82}_{34}$Se	$^{82}_{34}$Se	—	—	—	—	**^{83}Se**
—	—	(p, γ)	$^{75}_{33}$As	$^{78}_{34}$Se	—	$^{77}_{34}$Se	—	—	—	—	—	$^{79}_{35}$Br	$^{79}_{35}$Br	**^{78}Br**
—	—	($^{79}_{36}$Kr)	—	$^{82}_{37}$Rb	$^{79}_{36}$Kr	—	—	$^{80}_{35}$Br	$^{80}_{35}$Br	$^{76}_{33}$As	$^{79}_{34}$Se	$^{78}_{35}$Br	$^{78}_{35}$Br	**^{79}Br**
$^{80}_{35}$Br*	—	—	—	$^{80}_{34}$Se	oder	—	—	$^{79}_{35}$Br	$^{79}_{35}$Br	—	—	$^{81}_{35}$Br	$^{81}_{35}$Br	**^{80}Br**
—	$^{80}_{35}$Br	—	—	$^{80}_{34}$Se	—	—	—	$^{79}_{35}$Br	$^{79}_{35}$Br	—	—	$^{81}_{35}$Br	$^{81}_{35}$Br	**^{80}Br***
—	—	($^{81}_{36}$Kr)	—	$^{84}_{37}$Rb	$^{81}_{36}$Kr	—	—	$^{82}_{35}$Br	$^{82}_{35}$Br	$^{78}_{33}$As	$^{81}_{34}$Se	$^{80}_{35}$Br	$^{80}_{35}$Br	**^{81}Br**
—	—	—	—	$^{82}_{34}$Se	—	$^{82}_{34}$Se	—	$^{81}_{35}$Br	$^{81}_{35}$Br	$^{85}_{37}$Rb	—	—	—	**^{82}Br**
$^{83}_{34}$Se $^{83}_{36}$Kr*	$^{235}_{92}$U	$^{232}_{90}$Th	—	—	—	—	$^{82}_{34}$Se	($^{80}_{34}$Se)	—	—	—	—	—	**^{83}Br**
—	$^{235}_{92}$U	$^{232}_{90}$Th	—	—	—	—	—	—	—	—	—	—	—	**>^{82}Br¹**
—	$^{235}_{92}$U	—	—	—	—	—	—	—	—	—	—	—	—	**>^{82}Br²**
—	$^{235}_{92}$U	—	—	—	—	—	—	—	—	—	—	—	—	**>^{82}Br³**
—	—	—	—	—	—	—	(d, d)	$^{79}_{36}$Kr	—	—	—	—	—	**^{78}Kr**
—	—	—	—	($^{76}_{34}$Se	—	($^{79}_{35}$Br	oder	$^{78}_{36}$Kr	—	—	—	—	—	**(^{79})Kr**
—	—	—	—	oder	—	oder	oder	$^{81}_{36}$Kr	—	—	—	—	—	**^{80}Kr**
—	—	—	—	$^{78}_{34}$Se)	—	$^{81}_{35}$Br)	—	$^{80}_{36}$Kr	—	—	—	—	—	**^{81}Kr**
—	—	—	—	—	—	—	—	$^{83}_{36}$Kr*	—	—	—	—	—	**^{82}Kr**
—	—	—	—	—	—	—	$^{84}_{37}$Rb	$^{83}_{36}$Kr* oder	—	—	—	—	—	**^{83}Kr**
$^{83}_{35}$Br $^{83}_{36}$Kr	$^{235}_{92}$U	$^{232}_{90}$Th	—	$^{80}_{34}$Se	—	—	$^{84}_{37}$Rb	$^{83}_{36}$Kr oder $^{82}_{36}$Kr	—	—	—	—	—	**^{83}Kr***

[8] A 8; [9] S 44, B 61; [12] S 30, D 19; [16] D 28, B 61, V 1; [22] S 43, S 44; [21] A 27, A 12, S 43, E 7, E 8, A 8, S 30, D 19, C 49; [24] H 51, S 43, S 45; [25] B 46, C 13, B 49, B 51, B 53, B 10. — **^{80}Br***: [3, 4] B 49, S 43; [6] S 44; [7] S 30, D 19; [9] V 3; [16] D 28, B 61, V 1, V 3; [20] S 43, S 44; [21] A 27, A 12, S 43, E 7, E 8, A 8, S 30, D 19, R 29, G 18, C 49; [24] S 43, S 45; [25] B 49, C 13, B 51, B 53, B 10. — **^{82}Br**: [6] S 44; [8] A 8; B 61; D 18c; D 27a; [9] K 29; D 18c; D 27a; [16] D 28, B 61, V 1; [17] S 43, S 44, L 7; [20] S 43, S 44; [21] K 29, A 12, J 5, S 43, E 7, E 8, C 49; [22] S 43. — **^{83}Br**: [6] H 19a; [8] L 7; S 44; [9] S 44;

[12] S 44, L 7; [13] H 11, H 13, H 14, L 7, H 19a; [14] L 7, P 11; [18] S 43, S 44; [19] C 16. — **>^{82}Br¹**: [6] H 19a; [13] D 23, H 11, H 13, H 14, H 19a; [14] P 11. — **>^{82}Br²**: [6] H 19a; [13] H 19a. — **>^{82}Br³**: [6] H 19a; [13] H 19a. — **(^{79}), ^{81}Kr**: [6] C 49; *) bei S 44: $T = [18 \pm 2]\,h$; [8] C 49; [15] C 16; [16] B 8, C 49; [20] S 44, C 16. — **^{83}Kr***: [3, 4] L 7; [6] L 7; [7] L 7; [9] L 7; [12] L 7; [13] L 7; [14] L 7; [15] K 4, C 16; [19] oder [20] C 16.

der jeweils andere Reaktionspartner ist das am Zeilenanfang und -ende in Blockschrift angegebene Isotop. da alle Reaktionen doppelt erscheinen, Literatur für Spalte 12 bis 25 zum Rotdruck.

Tabelle IV.

Z	Symbol	N	A	Häufigkeit in %	Halbwertszeit	Zerfall	Energie der Strahlung MeV β	Energie der Strahlung MeV γ	Isotopengewicht M ME	Fehler von M TME
1	2	3	4	5	6	7	8	9	10	11
36	Kr	**48**	**84**	57,13	—	—	—	—	83,939	1,3
		(49)	(85)	—	1 bis 2 m	—	—	—	—	—
		50	**86**	17,47	—	—	—	—	85,939	1,4
		51	87	—	4,0 h	β-	—	—	—	—
		52	88	—	[175 ± 10] m	β-	—	—	—	—
		53	89	—	2,5 bis 3 m	β-	—	—	—	—
		(55)	(91)	—	sehr kurz	β-	—	—	—	—
		>55	>91	—	?	β-	—	—	—	—
		?	?*)	—	[55 ± 2] s	(γ)	—	0,127	—	—
		?	?*)	—	[13 ± 2] s	(γ)	—	0,187	—	—
37	**Rb**	45	82	—	20 m**)	— oder	—	—	—	—
		47	84	—	6,5 h**)	—	—	—	—	—
		48	**85**	72,8	—	—	—	—	—	—
		49	86	—	[18 ± 1] d	β-	1,56 ± 0,05	—	—	—
		50	87	27,2	$6{,}3 \cdot 10^{10}$ a	β-	0,132 ± 0,02	—	—	—
		51	88	—	[17,8 ± 0,2] m	β-	4,6	—	—	—
		52	89	—	[15,4 ± 0,2] m	β-	3,8	—	—	—
		(54)	(91)	—	80 s	β-	—	—	—	—
		>54	>91	—	?	β-	—	—	—	—
38	**Sr**	**46**	**84**	0,56	—	—	—	—	—	—
		47	85	—	66 d	K	—	0,8	—	—
		isomer		—	70 m	γ	—	0,17	—	—
		48	**86**	9,86	—	—	—	—	—	—
		49	**87**	7,02	—	—	—	—	—	—
		isomer		—	[2,75 ± 0,1] h	γ	—	0,37	—	—
		50	**88**	82,56	—	—	—	—	—	—
		51	89	—	[55 ± 5] d	β-	1,50	keine	—	—
		52	90	—	einige a	β-	—	—	—	—
		(53)	(91)	—	2,7 h	β-	—	—	—	—
		>53	>91	—	8,5 h	β-	—	—	—	—
		?	?	—	7 m	β-	—	—	—	—
39	**Y**	47	86	—	—	—	—	—	—	—
		48	87	—	[80 ± 3] h	K oder	—	(keine)	—	—
		isomer		—	[14 ± 2] h	γ	—	~0,5	—	—
	[1]	49	88	—	[105 ± 5] d	K	—	1,87 ± 0,05; ~2,0	—	—
	[2]	49	88	—	[2,0 ± 0,2] h	β+	1,2	—	—	—
		50	**89**	100	—	—	—	—	—	—
		51	90	—	[60,5 ± 2,0] h	β-	0,90, 2,11; 2,6; 2,4	—	—	—
		(52)	(91)	—	3,5 h	β-	~2,0; ~3,6	—	—	—
		>52	>91	—	50 m	β-	1,4	—	—	—
		isomer		—	[57 ± 3] d	β-	—	—	—	—

$^{(85)}$Kr: [6] K 12; [15] K 12, (C 16); [20] *) dagegen (Kr (d, p) Kr) T = [74 ± 2] m, β-: S 44. — ^{87}Kr: [6] C 16; [7] S 44; [20] S 44, C 16. — ^{88}Kr: [6] G 10; [13] H 52, H 11, H 13, H 14, S 28, G 10, H 19; [14] A 33, L 6, H 11, H 13. — ^{89}Kr: [6] S 28; [13] H 15, S 28, G 10, H 19. — $^{(91)}$Kr: [6] H 15; [13] H 52, H 15, H 19, G 12a; [14] H 16. — >^{91}Kr: [13] H 18, G 12a. — ?Kr¹: [4] *) 79 < A < 82: C 49; [6] C 49; [7] C 49; [9] C 49; [14] oder [16] C 49. — ?Kr²: [4] 79 < A < 82: C 49; [6] C 49; [7] C 49; [9] C 49; [14] oder [16] C 49. — ^{82}Rb: [6] H 21; [15] H 21. — ^{84}Rb: [6] H 21; [15] H 21; [18] H 21. — **) dagegen ($^{79,\,81}$Br (α, n) $^{82,\,84}$Rb) T = 1,5 m, β+ und T = 9,8 m, (β+): R 16; ferner Kr (d, ?) Rb T = 200 h und T = 42 m: H 21. — ^{86}Rb: [6] S 44; [8] H 31b; [19] H 31b; [21] S 44, S 22. — ^{87}Rb: [6] S 56; [8] L 30, O 10a. — ^{88}Rb: [6] G 10; [8] G 10; [12] H 52, A 33, H 11, L 6, S 28, G 10, H 19; [13] H 52, H 11, H 13, H 14, G 19, S 28, G 10, H 19; [13/14] G 19; [14] A 33, L 6, H 11, H 13, G 19; [21] F 14, S 44, S 22; [23] P 28, R 7. — ^{89}Rb: [6] G 10; [8] G 10; [12] H 15, S 28, G 10, H 19; [13] H 15, S 28, G 10, H 19. — $^{(91)}$Rb: [6] H 15; [12] H 52, H 15, H 16, H 19, G 12a; [13] H 52, H 15, H 19, G 12a; [14] H 16. — >^{91}Rb: [12] H 18, G 12a; [13] H 18, G 12a. — ^{85}Sr: [6] D 31; [7] D 31; [9] D 31; [16] D 30, D 31. — ^{85}Sr*: [3, 4] D 31; [6] D 31; [7] D 31; [9] D 31; [16] D 31. — ^{87}Sr: [12] H 6, M 9. — ^{87}Sr*:

In Spalte 12 bis 25 bedeutet **Rotdruck** das Anfangsprodukt, gewöhnlicher Druck das Endprodukt einer Reaktion; Bei diesem Literaturangaben unter Beifügung der Spalten-Nr. in [ ];

Cols: **12** Radioaktiver Zerfall · **13**–**14** Spaltung von · **15** (α, n) · **16** (p, n) · **17** (d, 2n) · **18** (d, n) · **19** (d, α) · **20** (d, p) · **21** (n, γ) · **22** (n, α) · **23** (n, p) · **24** (n, 2n) · **25** (γ, n)

Isotop	12	13	14	15	16	17	18
^{84}Kr	—	—	—	—	—	—	—
$^{(85)}$Kr	—	—	—	$(^{82}_{34}\text{Se})$	—	—	—
^{86}Kr	—	—	—	—	—	—	—
^{87}Kr	—	—	—	—	—	—	—
^{88}Kr	$^{88}_{37}$Rb	$^{235}_{92}$U	$^{232}_{90}$Th	—	—	—	—
^{89}Kr	$^{89}_{37}$Rb	$^{235}_{92}$U	—	—	—	—	—
^{91}Kr	$^{(91)}_{37}$Rb	$^{235}_{92}$U	$^{232}_{90}$Th	—	—	—	—
$>^{91}$Kr	$>^{91}_{37}$Rb	$^{235}_{92}$U	(p, γ)	—	—	—	—
$'$Kr^1	—	—	$(^{79,81}_{35}\text{Br})$	— oder —	$^{79,81}_{35}$Br	—	—
$'$Kr^2	—	—	$(^{79,81}_{35}\text{Br})$	— oder —	$^{79,81}_{35}$Br	—	—
^{82}Rb	—	—	$^{79}_{35}$Br	—	—	—	—
^{84}Rb	—	—	$^{81}_{35}$Br	—	—	—	$^{83}_{36}$Kr
^{85}Rb	—	—	—	—	$^{85}_{38}$Sr	—	—
^{86}Rb	—	—	—	—	—	—	—
^{87}Rb	$^{87}_{37}$Sr	—	—	—	$^{87}_{38}$Sr*	—	—
^{88}Rb	$^{88}_{36}$Kr	$^{235}_{92}$U, $^{231}_{91}$Pa, $^{232}_{90}$Th	—	—	—	—	—
^{89}Rb	$^{89}_{36}$Kr $^{89}_{38}$Sr	$^{235}_{92}$U	—	—	—	—	—
$^{(91)}$Rb	$^{91}_{36}$Kr ($^{91}_{38}$Sr)	$^{235}_{92}$U	$^{232}_{90}$Th	—	—	—	—
$>^{91}$Rb	$>^{91}_{36}$Kr $>^{91}_{38}$Sr	$^{235}_{92}$U	—	—	—	—	—
^{84}Sr	—	—	—	—	$^{85}_{37}$Rb	—	—
^{85}Sr	—	—	—	—	$^{85}_{37}$Rb	—	—
^{85}Sr*	—	—	—	(p, p)	$^{86}_{39}$Y	$^{86}_{39}$Y	$^{87}_{39}$Y
^{86}Sr	—	—	—	$(^{87}_{38}\text{Sr*})$	$^{87}_{39}$Y	—	—
^{87}Sr	$^{82}_{37}$Rb	—	—	$(^{87}_{38}\text{Sr})$	$^{87}_{37}$Rb	—	—
^{87}Sr*	$^{87}_{39}$Y	—	—	—	$^{88}_{39}$Y^2, $^{88}_{39}$Y^1 — $^{88}_{39}$Y^1	—	—
^{88}Sr	—	—	—	—	—	—	—
^{89}Sr	$^{89}_{37}$Rb	$^{235}_{92}$U	—	—	—	—	—
^{90}Sr	$^{90}_{39}$Y	$^{235}_{92}$U	—	—	—	—	—
$^{(91)}$Sr	$(^{91}_{37}\text{Rb})$ $(^{91}_{39}\text{Y})$	$^{235}_{92}$U	—	—	—	—	—
$>^{91}$Sr	$>^{91}_{37}$Rb $>^{91}_{39}$Y	$^{235}_{92}$U	$^{232}_{90}$Th	—	—	—	—
$'$Sr	—	$^{235}_{92}$U	—	—	—	—	—
^{86}Y	—	—	—	—	$^{86}_{38}$Sr	$^{86}_{38}$Sr	—
^{87}Y	$^{87}_{38}$Sr*	—	—	oder	$^{87}_{38}$Sr	oder	$^{86}_{38}$Sr
^{87}Y*	—	—	—	—	$^{87}_{38}$Sr	—	$^{86}_{38}$Sr
^{88}Y^1	—	—	—	—	$^{85}_{38}$Sr	—	$^{88}_{38}$Sr
^{88}Y^2	—	—	—	—	$^{88}_{38}$Sr	—	$^{87}_{38}$Sr
^{89}Y	—	—	—	—	$^{89}_{40}$Zr	—	—
^{90}Y	$^{90}_{38}$Sr	—	—	—	—	—	—
^{91}Y	$^{91}_{38}$Sr	$^{235}_{92}$U	$^{232}_{90}$Th	—	—	—	—
$>^{91}$Y	$>^{91}_{38}$Sr	$^{235}_{92}$U	—	—	—	—	—
$>^{91}$Y*	$>^{91}_{38}$Sr	$^{235}_{92}$U	—	—	—	—	—

Isotop	19	20	21	22	23	24	25
^{84}Kr	—	—	—	—	—	—	—
$^{(85)}$Kr	—	*)	—	—	—	—	—
^{86}Kr	—	$^{87}_{36}$Kr	—	—	—	—	—
^{87}Kr	—	$^{86}_{36}$Kr	—	—	—	—	—
^{88}Kr	—	—	—	—	—	—	—
^{89}Kr	—	—	—	—	—	—	—
^{91}Kr	—	—	—	—	—	—	—
$>^{91}$Kr	—	—	—	—	—	—	—
$'$Kr^1	—	—	—	—	—	—	—
$'$Kr^2	—	—	—	—	—	—	—
^{82}Rb	—	—	—	—	—	—	—
^{84}Rb	—	—	—	—	—	—	—
^{85}Rb	—	—	$^{86}_{37}$Rb	$^{82}_{35}$Br	—	—	—
^{86}Rb	$^{88}_{38}$Sr	—	$^{85}_{37}$Rb	—	—	—	—
^{87}Rb	—	—	$^{88}_{37}$Rb	—	—	—	—
^{88}Rb	—	—	$^{87}_{37}$Rb	—	$^{88}_{38}$Sr	—	—
^{89}Rb	—	—	—	—	—	—	—
$^{(91)}$Rb	—	—	—	—	—	—	—
$>^{91}$Rb	—	—	—	—	—	—	—
^{84}Sr	—	—	—	—	—	—	—
^{85}Sr	—	—	—	—	—	—	—
^{85}Sr*	—	—	$^{87}_{38}$Sr*	$^{87}_{38}$Sr*	—	(n, n)	—
^{86}Sr	oder $^{88}_{39}$Y^2	—	—	—	—	$^{87}_{38}$Sr*	—
^{87}Sr	—	—	$^{86}_{38}$Sr	$^{86}_{38}$Sr	$^{90}_{40}$Zr	$^{87}_{38}$Sr	—
^{87}Sr*	—	—	$^{86}_{37}$Rb	$^{89}_{38}$Sr	$^{89}_{38}$Sr	$^{88}_{37}$Rb	$^{87}_{38}$Sr*
^{88}Sr	—	—	$^{88}_{38}$Sr	$^{88}_{38}$Sr	$(^{92}_{40}\text{Zr})$	$^{89}_{39}$Y	$^{86}_{37}$Rb
^{89}Sr	—	—	—	—	—	—	—
^{90}Sr	—	—	—	—	—	—	—
$^{(91)}$Sr	—	—	—	—	—	—	—
$>^{91}$Sr	—	—	—	—	—	—	—
$'$Sr	—	—	—	—	—	—	—
^{86}Y	—	—	—	—	—	—	—
^{87}Y	—	—	—	—	—	—	—
^{87}Y*	—	—	—	—	—	—	—
^{88}Y^1	—	—	—	—	—	—	—
^{88}Y^2	—	—	—	—	—	$^{89}_{39}$Y	—
^{89}Y	—	—	$^{90}_{40}$Zr	$^{90}_{40}$Zr	$^{89}_{38}$Sr	$^{88}_{39}$Y^2	—
^{90}Y	$^{92}_{40}$Zr	$^{89}_{39}$Y	$^{89}_{39}$Y	$^{93}_{41}$Nb	$^{90}_{40}$Zr	—	—
^{91}Y	—	—	—	—	$^{91}_{40}$Zr	—	—
$>^{91}$Y	—	—	—	—	—	—	—
$>^{91}$Y*	—	—	—	—	—	—	—

[3, 4] D 30, D 31; [6] D 31; [7] D 30, D 31; [9] D 30, D 31; [12] D 30, D 31; [15] D 31; [16] D 30, D 31; [20] S 53, S 54, D 30, D 31; [21] P 28, S 53, S 54, D 30, R 6, R 7, D 31; [22] S 4, S 10; [24] R 6, R 7, D 31. — ^{89}Sr: [6] S 54; [8] S 54; [9] S 54; [12] H 15, S 28, G 10, H 19; [13] L 32, H 13, H 14, H 15, G 10, H 19; [20] S 53, S 54, H 31b; [21] S 53, S 54; [22] S 10; [23] S 4. — ^{90}Sr: [6] H 19d; [13] H 19d, G 12b. — $^{(91)}$Sr: [6] G 12a; [12] G 12a; [13] G 12a. — $>^{91}$Sr: [6] G 12a; [12] H 15, H 16, H 19, G 12a; [13] L 32, H 15, H 19, G 12a; [14] H 16. — $'$Sr: [6] L 32; [13] L 32. — ^{87}Y: [6] D 31; [7] D 30, D 31; [9] D 31; [16] D 30, D 31; [18] S 54, D 30, D 31. — ^{87}Y*: [3, 4] S 54, D 31; [6] S 54; [7] D 31; [9] D 31;

[16] D 31; [18] S 54, D 31. — $^{86,\,88}$Y^1: [6] D 31; [7] D 31; [9] S 21a; D 31; [16] D 31; [17] P 3a, H 31b, S 21a. — ^{88}Y^2: [6] S 54; [8] S 53; [16] D 31; [18] S 53, S 54, D 31; [24] P 28, S 53. — ^{90}Y: [6] S 53; [8] S 11; S 53; G 12b; [12] H 19d, G 12b; [13] H 19d, G 12b; [19] S 4, S 10; [20] S 53; [21] A 27, R 3, H 45, P 28, S 53, S 4, S 11; [22] S 5, S 11; [23] S 4, S 10. — $^{(91)}$Y: [6] G 12a; [12] L 32, H 15, H 16, H 19, G 12a; [13] L 32, H 13, H 14, H 15, G 12a; [14] H 16; [23] S 4, S 10. — $>^{91}$Y: [6] G 12a; [8] G 12a; [12] G 12a; [13] G 12a. — $>^{91}$Y*: [3, 4] G 12a; [6] H 18; [12] H 18, G 12a; [13] H 18, G 12a.

der jeweils andere Reaktionspartner ist das am Zeilenanfang und -ende in Blockschrift angegebene Isotop. da alle Reaktionen doppelt erscheinen, Literatur für Spalte 12 bis 25 zum Rotdruck.

Tabelle IV.

Z	Symbol	N	A	Häufigkeit in %	Halbwertszeit	Zerfall	Energie der Strahlung MeV β	Energie der Strahlung MeV γ	Isotopengewicht M ME	Fehler von M TME
1	2	3	4	5	6	7	8	9	10	11
40	Zr	49	89	—	[78 ± 1] h	β^+	0,57, 1,05; 1,0	keine	—	—
		isomer		—	4,5 m	γ	—	—	—	—
		50	90	48	—	—	—	—	—	—
		51	91	11,5	—	—	—	—	—	—
		52	92	22	—	—	—	—	—	—
		53	93	—	[63 ± 5] d	β^-	0,20, 0,48; 0,25	—	—	—
		54	94	17	—	—	—	—	—	—
		55	95	—	[17,0 ± 0,2] h	β^-	1,17; 1,2; ~1	—	—	—
		56	96	1,5	—	—	—	—	—	—
		(57)	(97)	—	[6 ± 1] m	β^-	~1,9	—	—	—
		?	?	—	[26 ± 2] d	β^-	~0,25	—	—	—
41	Nb	51	92	—	[11 ± 1] d	β^-	1,38	—	—	—
		52	93	100	—	—	—	—	—	—
		isomer		—	[55 ± 5] d	γ	—	0,20	—	—
		53	94	—	[6,6 ± 0,3] m	β^-	~1,4	0,4	—	—
		54	95	—	[75 ± 3] m	β^-	1,8; ~1	—	—	—
42	Mo	49	91	—	[17 ± 1] m	β^+	2,65	—	—	—
		50	92	14,9	—	—	oder	—	—	—
		51	93	—	—	—	—	—	—	—
		52	94	9,40	—	—	—	—	93,945	4,2
		53	95	16,1	—	—	—	—	94,945	4,3
		54	96	16,6	—	—	—	—	95,946	4,3
		55	97	9,65	—	—	—	—	96,945	2,9
		56	98	24,1	—	—	—	—	97,944	3,0
		57	99	—	[67 ± 2] h	β^-	1,03, 1,44; 1,5	0,4	—	—
		58	100	9,25	—	—	—	—	99,939	3,0
		59	101	—	[14,6 ± 0,3] m	β^-	1,78; 1,9	—	—	—
		>59	>101	—	12 m	β^-	—	—	—	—
43	—	53	96	—	[2,7 ± 0,4] h	(β^+)	—	—	—	—
		56	99	—	>40 a	—	—	—	—	—
		isomer		—	[6,6 ± 0,4] h	γ	—	0,136, 0,18	—	—
		58	101	—	[14,0 ± 0,3] m	β^-	1,14; 1,2	—	—	—
		<58	<101	—	[110 ± 10] h	(K, β^-)	0,6	0,05, 0,5	—	—
	[1]	<59	<102	—	90 d	(K)	—	—	—	—
	[2]	<59	<102	—	62 d	(K)	—	—	—	—
	[3]	<59	<102	—	~2 d	K	—	—	—	—
		>58	>101	—	sehr kurz ?	—	—	—	—	—
44	Ru	(51)	(95)	—	20 m	—	—	—	—	—
		52	96	(5)	—	—	—	—	95,945	2,9
		54	98	?	—	—	—	—	—	—
		55	99	(12)	—	—	—	—	98,944	2,9
		56	100	(14)	—	—	—	—	—	—
		57	101	(22)	—	—	—	—	—	—
		58	102	(30)	—	—	—	—	—	—

89Zr: [6] D 31; [8] S 10; S 4, S 10, D 31; [9] D 31; [16] D 31; [22] S 10; [24] S 4, S 10. — 89Zr*: [3, 4] D 31; [6] D 31; [7] D 31; [16] D 31. — 93Zr: [6] S 10; [8] S 10; S 10; [20] S 4, S 10; [21] S 4, S 10; [22] S 10; [24] S 4, S 10. — 95Zr: [6] G 20; [8] S 10; S 10; G 20; [13] G 20, H 18, A 31a; [14] H 19b; [21] H 42, S 4, S 10; [22] S 10. — (97)Zr: [6] S 10; [8] S 10; [21] S 10. — ?Zr: [6] H 18; [8] G 20; [13] H 18, G 20; [14] H 19b. — 92Nb: [6] S 5; [8] S 11; [23] S 10; [24] S 5, S 11. — 93Nb*: [3, 4] S 10; [6] S 10; [7] S 10; [9] S 10; [12] S 10; [18] S 10. — 94Nb: [6] S 11; [8] S 11; [9] S 11; [21] S 5, S 11. — 95Nb: [6] G 20; [8] S 10; G 20; [12] S 10, G 20, H 19b; [13] G 20; [14] H 19b; [23] S 10. — 91, 93Mo: [6] B 51, S 4; [8] S 10; [24] H 51, P 28, S 4; [25] B 48, B 51, B 53. — 99Mo: [6] S 26; [8] S 10; S 26; [9] S 26; [13] H 10, H 13, H 14, S 33, H 18; [14] H 12, H 13, S 33;

In Spalte 12 bis 25 bedeutet Rotdruck das Anfangsprodukt, gewöhnlicher Druck das Endprodukt einer Reaktion; Bei diesem Literaturangaben unter Beifügung der Spalten-Nr. in [ ];

Radioaktiver Zerfall	Spaltung von		(α, n)	(p, n)	(d, 2n)	(d, n)	(d, α)	(d, p)	(n, γ)	(n, α)	(n, p)	(n, 2n)	(γ, n)	
12	13	14	15	16	17	18	19	20	21	22	23	24	25	
				$^{89}_{39}$Y						$^{92}_{42}$Mo		$^{90}_{40}$Zr		^{89}Zr
				$^{89}_{39}$Y										^{89}Zr*
										$^{87}_{38}$Sr*	$^{90}_{39}$Y	$^{89}_{40}$Zr		^{90}Zr
											$^{91}_{32}$Y			^{91}Zr
						($^{93}_{41}$Nb*)	$^{90}_{39}$Y	$^{93}_{40}$Zr	$^{93}_{40}$Zr	($^{89}_{38}$Sr)				^{92}Zr
$^{93}_{41}$Nb*								$^{92}_{40}$Zr	$^{92}_{40}$Zr	($^{96}_{42}$Mo)		$^{94}_{40}$Zr		^{93}Zr
									$^{95}_{40}$Zr			$^{93}_{40}$Zr		^{94}Zr
$^{95}_{41}$Nb	$^{235}_{92}$U	$^{232}_{90}$Th							$^{94}_{40}$Zr	$^{98}_{42}$Mo				^{95}Zr
									$^{97}_{40}$Zr					^{96}Zr
									$^{96}_{40}$Zr					^{97}Zr
—	$^{235}_{92}$U	($^{232}_{90}$Th)												Zr
											$^{92}_{42}$Mo	$^{93}_{41}$Nb		^{92}Nb
			^{96}43						$^{94}_{41}$Nb	$^{90}_{39}$Y		$^{92}_{41}$Nb		^{93}Nb
$^{93}_{40}$Zr						($^{92}_{40}$Zr)								^{93}Nb*
									$^{93}_{41}$Nb					^{94}Nb
$^{95}_{40}$Zr	$^{235}_{92}$U	$^{232}_{90}$Th									$^{95}_{42}$Mo			^{95}Nb
												$^{92}_{42}$Mo	$^{92}_{42}$Mo	^{91}Mo
										$^{89}_{40}$Zr	$^{92}_{41}$Nb	$^{91}_{42}$Mo	$^{91}_{42}$Mo	^{92}Mo
												oder	oder	
												$^{94}_{42}$Mo	$^{94}_{42}$Mo	^{93}Mo
												$^{93}_{42}$Mo	$^{93}_{42}$Mo	^{94}Mo
						^{96}43					$^{95}_{41}$Nb			^{95}Mo
				^{96}43						($^{93}_{40}$Zr)				^{96}Mo
														^{97}Mo
								$^{99}_{42}$Mo	$^{99}_{42}$Mo	$^{95}_{40}$Zr				^{98}Mo
^{99}43*	$^{235}_{92}$U	$^{232}_{90}$Th						$^{98}_{42}$Mo	$^{98}_{42}$Mo			$^{100}_{42}$Mo		^{99}Mo
									$^{101}_{42}$Mo			$^{99}_{42}$Mo		^{100}Mo
^{101}43	$^{235}_{92}$U								$^{100}_{42}$Mo					^{101}Mo
(>^{101}43)	$^{235}_{92}$U													>^{101}Mo
			$^{98}_{41}$Nb	$^{96}_{42}$Mo		$^{95}_{42}$Mo								^{96}43
														^{99}43
$^{98}_{42}$Mo	$^{235}_{92}$U	$^{232}_{90}$Th												^{99}43*
$^{101}_{42}$Mo	$^{235}_{92}$U													^{101}43
				$_{42}$Mo										< ^{101}43
						$_{42}$Mo								< ^{102}43^{1}
						$_{42}$Mo								< ^{102}43^{2}
						$_{42}$Mo								< ^{102}43^{3}
(>$^{101}_{42}$Mo)	($^{235}_{92}$U)													> ^{101}43
												$^{96}_{44}$Ru		$^{(95)}$Ru
												$^{95}_{44}$Ru		^{96}Ru
														^{98}Ru
														^{99}Ru
														^{100}Ru
														^{101}Ru
								$^{103}_{44}$Ru	$^{103}_{44}$Ru					^{102}Ru

[20] S 26; [21] A 27, M 16, S 26, S 4, S 10, M 11a; [24] S 4, S 10, M 11a. — **^{101}Mo**: [6] M 11a; [8] S 9, S 10; S 10; [13] H 18, H 19c; [21] A 27, M 16, H 51, S 4, S 9, M 11a. — **>^{101}Mo**: [6] H 19c; [13] H 19c. — **^{96}43**: [6] D 18; [15] K 12; [16] D 18; [18] S 26. — **^{99}43**: [6] S 26. — **^{99}43***: [6] S 26; [7] S 26; [9] S 26; [12] K 1, S 26, S 33, S 10; [13] S 33; [14] S 33. — **^{101}43**: [6] M 11a; [8] S 9, S 10; S 10; [12] S 9, S 10, M 11a, H 19c; [13] H 19c. — **<^{101}43**: [6] E 11; [7] E 11, E 12; [8] E 11; [9] E 12; [16] E 11. — **<^{102}43^{1}**: [6] C 2; [7] C 1, C 2; [18] C 1, C 2. — **<^{102}43^{2}**: [6] C 2; [7] C 1, C 2; [18] C 1, C 2. — **<^{102}43^{3}**: [6] S 26; [7] S 26; [18] S 26. — **>^{101}43**: [6] H 19c; [12] H 19c; [13] H 19c. **$^{(95)}$Ru**: [6] V 11; [24] P 28, V 11.

der jeweils andere Reaktionspartner ist das am Zeilenanfang und -ende in Blockschrift angegebene Isotop, da alle Reaktionen doppelt erscheinen. Literatur für Spalte 12 bis 25 zum **Rotdruck**.

Tabelle IV.

Z	Symbol	N	A	Häufigkeit in %	Halbwertszeit	Zerfall	Energie der Strahlung MeV β	γ	Isotopengewicht M ME	Fehler von M TME
1	2	3	4	5	6	7	8	9	10	11
44	Ru	59	103	—	4 h	β^-	—	—	—	—
		60	**104**	(17)	—	—	—	—	—	—
		61	105	—	20 h	β^-	—	—	—	—
		> 61	> 105	—	4 h	β^-	—	—	—	—
45	**Rh**	**58**	**103**	100	—	—	—	—	102,949	5,2
		59	104	—	[41,8 ± 0,7] s	β^-	2,46 ± 0,10; 2,3; 2,74; 2,8	—	—	—
		isomer	—		[4,34 ± 0,06] m	γ	—	~0,080	—	—
		60	105	—	45 d	β^-	—	—	—	—
		> 60	> 105	—	34 h	β^-	0,5	—	—	—
46	**Pd**	**56**	**102**	0,8	—	—	—	—	—	—
		58	**104**	9,3	—	—	—	—	—	—
		59	**105**	22,6	—	—	—	—	—	—
		60	**106**	27,2	—	—	—	—	105,946	4,3
		61	107	—	—	—	⌐	—	—	—
		62	**108**	26,8	—	—	oder	—	—	—
		63	109	—	13 h	β^-	⌐ 1,03	—	—	—
		64	**110**	13,5	—	—	—	—	109,944	4,4
		65	111	—	26 m	β^-	—	—	—	—
		66	112	—	17 h	β^-	—	—	—	—
47	**Ag**	(55)	(102)	—	[73 ± 10] m	—	—	—	—	—
		(57)	(104)	—	[16,3 ± 0,7] m	—	—	—	—	—
		(58)	(105)	—	[45 ± 5] d	K	—	0,29, 0,42, 0,51, 0,62	—	—
		59	106	—	[25,0 ± 0,5] m	β^+	2,04 ± 0,05; 1,9; 1,90	keine	—	—
		isomer	—		[8,2 ± 0,2] d	K	—	0,69, 1,06; 0,28, 0,68, 0,95	—	—
		60	**107**	52,5	—	—	—	—	106,950	3,2
		isomer	—		[40 ± 2] s	γ	⌐	0,0935; 0,0926 ± 0,0008	—	—
		61	108	—	[2,44 ± 0,06] m	β^-	oder 2,06; 2,8	—	—	—
		(isomer)	—		[225 ± 20] d	β^-	⌐	—	—	—
		62	**109**	47,5	—	—	—	—	108,949	3,3
		isomer	—		—	—	—	—	—	—
		63	110	—	[24,17 ± 0,5] s	β^-	oder 2,8	—	—	—
		(isomer)	—		—	—	⌐	—	—	—
		64	111	—	7,5 d	β^-	0,80; 0,8	keine	—	—
		65	112	—	3,2 h	β^-	2,2; 2	—	—	—
48	**Cd**	**58**	**106**	1,4	—	—	—	—	—	—
	[1]	59	107	—	6,7 h	K	—	0,53	—	—
	[2]	59	107	—	~90 d	K	⌐ oder	—	—	—
		60	**108**	1,0	—	—	oder ⌐	—	—	—
	[1]	61	109	—	—	—	—	—	—	—
	[2]	61	109	—	—	—	—	—	—	—
		(61)	(109)	—	33 m	β^+	—	—	—	—
		62	**110**	12,8	—	—	—	—	—	—

103Ru: [6] V 11; [20] L 33; [21] V 8, V 11; [24] P 28, V 11. — 105Ru: [6] V 11; [21] V 8, V 11. — >105Ru: [6] S 31a, N 19b; [13] S 31a, N 19b; [14] S 31a. — 104Rh: [6] C 51; [8] M 43; C 51; C 51; G 2; [16] D 32; [21] A 27, A 12, A 8, D 26, G 2, B 21, J 3, P 24, C 48, R 1, R 2, C 51, M 43. — 104Rh*: [3, 4] P 24, C 48; [6] R 2; [7] P 24; [9] P 24; [16] D 32; [21] A 27, A 12, A 8, D 26, B 21, J 3, P 24, C 48, R 1, R 2, C 51, M 43. — 105Rh: [6] V 11; [12] V 11; [18] L 33. — >105Rh: [6] N 19b; [8] N 19b; [12] N 19b; [13] N 19b. — 107, 109Pd: [6] K 25; [8] K 25; [20] K 24, K 25; [21] A 27, M 16, K 25; [23] F 12; [24] K 25. — 111Pd: [6] Y 3, S 31a; jedoch $T = 17$ m nach K 25; [13] Y 3, S 31a; [14] S 31a; [20] K 25, P 30; [21] A 27, K 25. — 112Pd: [6] Y 3; [13] Y 3, N 19a, S 31a; [14] S 31a. — (102)Ag: [6] E 5; [16] E 5. — (104)Ag: [6] E 5; [16] E 5. — (105)Ag: [6] E 5; [7] E 5; [9] E 5; [16] E 5. — 106Ag: [6] E 5; [8] F 12; P 30; K 25; [9] F 12; [15] P 29, P 30, K 12; [16] D 28, E 5, W 14; [17] D 28; [18] K 24, K 25, P 30; [19] K 26, K 27, G 13a; [23] P 29, P 30; [24] P 26, P 28, H 51, C 13, R 27, P 29, K 25, P 30, R 5, F 12; [25] B 47, C 13, B 51, P 30, B 52, B 53. — 106Ag*: [3, 4] P 29;

In Spalte 12 bis 25 bedeutet Rotdruck das Anfangsprodukt, gewöhnlicher Druck das Endprodukt einer Reaktion; Bei diesem Literaturangaben unter Beifügung der Spalten-Nr. in [ ];

Tabelle IV.

Radioaktiver Zerfall	Spaltung von		(α, n)	(p, n)	(d, 2n)	(d, n)	(d, α)	(d, p)	(n, γ)	(n, α)	(n, p)	(n, 2n)	(γ, n)	
12	13	14	15	16	17	18	19	20	21	22	23	24	25	
—	—	—	—	—	—	—	—	$^{102}_{44}$Ru	$^{102}_{44}$Ru	—	—	$^{104}_{44}$Ru	—	^{103}Ru
—	—	—	—	$^{104}_{45}$Rh	—	($^{105}_{45}$Rh)	—	—	$^{105}_{44}$Ru	—	—	$^{103}_{44}$Ru	—	^{104}Ru
$^{105}_{45}$Rh	—	—	—	—	—	—	—	—	$^{104}_{44}$Ru	—	—	—	—	^{105}Ru
$^{>105}_{45}$Rh	$^{238}_{92}$U	$^{232}_{90}$Th	—	—	—	—	—	—	—	—	—	—	—	$^{>105}$Ru
—	—	—	$^{106}_{47}$Ag	—	—	—	—	—	$^{104}_{45}$Rh	—	—	—	—	^{103}Rh
—	—	—	—	$^{104}_{44}$Ru	—	—	—	—	$^{103}_{45}$Rh	—	—	—	—	^{104}Rh
—	—	—	—	$^{104}_{44}$Ru	—	—	—	—	$^{103}_{45}$Rh	—	—	—	—	^{104}Rh*
$^{105}_{44}$Ru	—	—	—	—	—	($^{104}_{44}$Ru)	—	—	—	—	—	—	—	^{105}Rh
$^{>105}_{44}$Ru	$^{238}_{92}$U	—	—	—	—	—	—	—	—	—	—	—	—	$^{>105}$Rh
—	—	—	—	($^{102}_{47}$Ag)	—	—	—	—	—	—	—	—	—	^{102}Pd
—	—	—	—	($^{104}_{47}$Ag)	(p, γ)	—	—	—	—	—	—	—	—	^{104}Pd
—	—	—	—	($^{105}_{47}$Ag)	($^{106}_{47}$Ag)	$^{106}_{47}$Ag	—	—	—	—	—	—	—	^{105}Pd
—	—	—	—	$^{106}_{47}$Ag	—	—	—	$^{107}_{46}$Pd	$^{107}_{46}$Pd	—	—	—	—	^{106}Pd
$^{107}_{47}$Ag*	—	—	(α, p)	—	—	—	—	$^{106}_{46}$Pd	$^{106}_{46}$Pd	oder	$^{107}_{47}$Ag	($^{108}_{46}$Pd)	—	^{107}Pd
oder	—	—	$^{111}_{47}$Ag	$^{108}_{47}$Ag	—	—	—	$^{109}_{46}$Pd	$^{109}_{46}$Pd	oder	—	($^{107}_{46}$Pd)	—	^{108}Pd
$^{109}_{47}$Ag*	—	—	—	—	—	$^{111}_{47}$Ag	—	$^{108}_{46}$Pd	$^{108}_{46}$Pd	—	$^{109}_{47}$Ag	($^{110}_{46}$Pd)	oder	^{109}Pd
—	—	—	—	—	—	—	—	$^{111}_{46}$Pd	$^{111}_{46}$Pd	—	—	($^{109}_{46}$Pd)	—	^{110}Pd
$^{111}_{47}$Ag	$^{238}_{92}$U	$^{232}_{90}$Th	—	—	—	—	—	$^{110}_{46}$Pd	$^{110}_{46}$Pd	—	—	—	—	^{111}Pd
$^{112}_{47}$Ag	$^{238}_{92}$U	$^{232}_{90}$Th	—	—	—	—	—	—	—	—	—	—	—	^{112}Pd
—	—	—	—	($^{102}_{46}$Pd)	—	—	(d, $^{3}_{1}$H)	—	—	—	—	—	—	$^{(102)}$Ag
—	—	—	—	$^{104}_{46}$Pd	—	—	—	—	—	—	—	—	—	$^{(104)}$Ag
—	—	—	—	$^{105}_{46}$Pd	—	—	—	—	—	—	—	—	—	$^{(105)}$Ag
—	—	—	$^{103}_{45}$Rh	$^{106}_{46}$Pd	($^{105}_{46}$Pd)	$^{105}_{46}$Pd	$^{107}_{47}$Ag	—	—	—	$^{106}_{48}$Cd	$^{107}_{47}$Ag	$^{107}_{47}$Ag	^{106}Ag
—	(γ, —)	—	$^{103}_{45}$Rh	$^{108}_{46}$Pd	—	$^{105}_{46}$Pd	—	—	(n, n)	—	$^{105}_{48}$Cd	$^{107}_{47}$Ag	—	^{106}Ag*
—	$^{107}_{47}$Ag*	—	$^{110}_{49}$In	$^{107}_{48}$Cd^1	$^{107}_{48}$Cd^{1,2}	—	$^{106}_{47}$Ag	$^{108}_{47}$Ag	$^{108}_{47}$Ag	$^{107}_{47}$Ag*	$^{107}_{46}$Pd	$^{106}_{47}$Ag	$^{108}_{47}$Ag	^{107}Ag
$^{107}_{48}$Cd^{1,2}; $^{107}_{46}$Pd	$^{107}_{47}$Ag	—	—	—	—	—	—	—	—	$^{107}_{47}$Ag	—	—	—	^{107}Ag*
oder	oder	(α, 2n)	—	$^{108}_{46}$Pd	oder	oder	—	$^{107}_{47}$Ag	$^{107}_{47}$Ag	oder	$^{108}_{48}$Cd^1	$^{109}_{47}$Ag	$^{109}_{47}$Ag	^{108}Ag
oder	—	—	—	—	—	—	—	—	—	$^{107}_{47}$Ag	—	—	—	$^{(108)}$Ag*
—	$^{109}_{47}$Ag*	$^{111}_{49}$In	—	$^{112}_{49}$In	$^{109}_{48}$Cd^1	$^{109}_{48}$Cd^{1,2}	—	$^{110}_{47}$Ag	$^{109}_{47}$Ag*	$^{109}_{46}$Pd	$^{108}_{47}$Ag	$^{108}_{47}$Ag	—	^{109}Ag
$^{109}_{48}$Cd^{1,2}; $^{109}_{46}$Pd	$^{109}_{47}$Ag	—	—	—	—	—	oder	—	—	$^{109}_{47}$Ag	—	—	—	^{109}Ag*
—	—	—	(α, p)	—	—	—	—	—	—	$^{109}_{47}$Ag	—	$^{110}_{48}$Cd	—	^{110}Ag
—	—	—	—	—	—	—	—	—	—	$^{109}_{47}$Ag	$^{109}_{47}$Ag	—	—	$^{(110)}$Ag*
$^{111}_{46}$Pd	$^{238}_{92}$U	$^{232}_{90}$Th	$^{108}_{46}$Pd	—	—	$^{110}_{46}$Pd	—	—	—	—	$^{111}_{48}$Cd	—	—	^{111}Ag
$^{112}_{46}$Pd	$^{238}_{92}$U	$^{232}_{90}$Th	—	—	—	—	—	—	—	—	$^{115}_{49}$In	$^{112}_{48}$Cd	—	^{112}Ag
—	—	—	—	—	—	—	—	—	—	—	—	$^{106}_{47}$Ag	—	^{106}Cd
$^{107}_{47}$Ag*	—	—	—	$^{107}_{47}$Ag	$^{107}_{47}$Ag	—	—	—	—	—	—	—	—	^{107}Cd^1
$^{107}_{47}$Ag*	—	—	—	—	$^{107}_{47}$Ag	—	—	—	—	—	—	—	—	^{107}Cd^2
oder	—	—	—	oder	oder	—	—	—	—	—	—	$^{108}_{47}$Ag	—	^{108}Cd
$^{109}_{47}$Ag*	—	—	—	$^{109}_{47}$Ag	$^{109}_{47}$Ag	—	—	—	—	—	—	—	—	^{109}Cd^1
$^{109}_{47}$Ag*	—	—	—	—	$^{109}_{47}$Ag	—	—	—	—	—	—	—	—	^{109}Cd^2
—	—	—	—	—	—	—	—	—	—	—	—	$^{110}_{48}$Cd	—	$^{(109)}$Cd
—	—	—	$^{113}_{50}$Sn	$^{110}_{49}$In	$^{110}_{49}$In	$^{111}_{49}$In	—	—	—	—	—	$^{110}_{47}$Ag	$^{109}_{48}$Cd	^{110}Cd

[6] E 5; [7] P 30, F 12, R 9; [9] E 5; P 30, R 9; [15] P 29; [16] K 26; [18] K 24, K 25, P 30, [23] P 29, P 30; [24] P 29, K 25, P 30, F 12, R 9. — ^{107,109}Ag*: [3, 4] A 23; [6] A 23; [7] A 23; [9] A 23; V 3; [12] C 33, A 23, H 31a; S 31a; [13] F 13a; [22] B 23, G 21. — ^{108}Ag: [6] R 2; [8] G 10; N 4; [16] D 28, E 5; [20] K 26; [21] A 27, F 18, N 4, K 25, R 4, P 30, R 1, R 2, G 1; [23] P 30; [24] P 26, P 28, H 51, K 25, P 30; [25] B 47, C 13, B 51, P 30, B 52, B 53. — $^{(108,110)}$Ag*: [3, 4] R 4; [6] L 41; [20] K 26; [21] M 39, R 4, A 7, L 41. — ^{110}Ag: [6] A 27, P 30; [8] G 2; [21] A 27, A 12, F 18, G 2, K 25, P 30, R 1, R 2; [23] P 30. — ^{111}Ag: [6] P 30; [8] K 25; Y 3; [9] K 25, P 30; [12] K 25, P 30; [13] Y 3, N 19a, S 31a; [14] S 31a; [15] P 30; [18] K 25, P 30; [23] P 30. — ^{112}Ag: [6] P 30; [8] P 30; Y 3; [12] Y 3, N 19a, S 31a; [13] Y 3, N 19a, S 31a; [14] S 31a; [22] P 30; [23] P 30. — ^{107,109}Cd^1: [6] D 18; [7] D 18, V 3, A 23; [9] V 3; [16] R 17, D 18, V 3, W 14; [17] K 26, A 23. — ^{107,109}Cd^2: [6] H 31a; [7] H 31a; [17] H 31a. — $^{(109)}$Cd: [6] P 28; [24] H 51, P 28.

der jeweils andere Reaktionspartner ist das am Zeilenanfang und -ende in Blockschrift angegebene Isotop.
da alle Reaktionen doppelt erscheinen, Literatur für Spalte 12 bis 25 zum Rotdruck.

Tabelle IV.

Z	Symbol	N	A	Häufigkeit in %	Halbwertszeit	Zerfall	Energie der Strahlung MeV β	γ	Isotopengewicht M ME	Fehler von M TME
1	2	3	4	5	6	7	8	9	10	11
48	Cd	**63**	**111**	13,0	—	—	—	—	—	—
		64	**112**	24,2	—	—	—	—	—	—
		65	**113**	12,3	—	—	—	—	—	—
		66	**114**	28,0	—	—	—	—	—	—
		67	115	—	56 h	β^-	1,11; 0,6, 1,13 ± 0,03	0,8; 0,54	—	—
		(67)	(115)	—	40 d	—	0,95	—	—	—
		68	**116**	7,3	—	—	oder	—	—	—
		69	117	—	[170 ± 10] m	β^-	> 1,3	—	—	—
		(69)	(117)	—	—	—	—	—	—	—
	*	?	? *)	—	[50 ± 5] m	γ	—	—	—	—
49	In	61	110	—	[66 ± 5] m	β^+	2,0 ± 0,1; 1,6 ± 0,3	—	—	—
		62	111	—	[23,0 ± 1,0] m	β^+	1,75; 1,7	0,16 ± 0,01	—	—
		63	112	—	65 h	K	—	0,1728 ± 0,001, 0,2467 ± 0,001	—	—
		64	**113**	4,5	—	—	—	—	—	—
		isomer		—	[104 ± 2] m	γ	—	0,39 ± 0,02	—	—
		65	114	—	72 s	β^-	1,98 ± 0,03; 2,15	—	—	—
		isomer		—	[48,5 ± 2] d	γ	—	0,1917 ± 0,001	—	—
		66	**115**	95,5	—	—	—	—	—	—
		isomer		—	[272 ± 2] m	γ	—	0,3377 ± 0,001	—	—
		67	116	—	13 s	β^-	2,8; *3,2*	keine	—	—
		isomer		—	[56,8 ± 0,9] m	β^-	0,85 ± 0,01; 0,84 ± 0,01	0,17, 0,36, 0,57, ± 0,03	1,02, 1,40, 1,85 ± 0,05	—
		68	117	—	[117 ± 3] m	β^-	1,73; 1,7	—	—	—
50	Sn	**62**	**112**	1,1	—	—	—	—	—	—
		63	113	—	[105 ± 15] d	K	—	0,085 ± 0,01	—	—
		64	**114**	0,8	—	—	—	—	—	—
		65	**115**	0,4	—	—	—	—	—	—
		66	**116**	15,5	—	—	—	—	115,943	4,8
		67	**117**	9,1	—	—	—	—	—	—
		68	**118**	22,5	—	—	—	—	117,940	3,8
		69	**119**	9,8	—	—	—	—	118,938	3,8
		70	**120**	28,5	—	—	—	—	—	—
		(71)	(121)	—	26 h	β^-	—	—	—	—
		72	**122**	5,5	—	—	—	—	121,946	5,0
		(73)	(123)	—	40 m	β^-	—	—	—	—
		74	**124**	6,8	—	—	—	—	123,945	5,1
		75	125	—	[11,8 ± 0,5] m	β^-	2,1	—	—	—
	1	< 76	< 126	—	10 d	β^-	—	—	—	—
	2	< 76	< 126	—	∼ 400 d	β^-	—	—	—	—
51	Sb	67	118	—	3,6 m	β^+	—	—	—	—
		69	120	—	[15 ± 0,8] m	β^+	*1,53*	—	—	—
		70	**121**	56	—	—	—	—	—	—
		71	122	—	63 h	β^-	0,81, 1,76 ± 0,10; *1,64*	0,96; 0,5	—	—

^{115}Cd: [6] C 33; [8] C 33; L 22; [9] C 33; L 22; [13] Y 3, N 19a; [20] C 31, L 20, L 21, C 33, L 22; [21] M 37, G 13; [24] G 13. — $^{(115,\,117)}$Cd: [6] C 33; [8] C 33; [20] C 33. — ^{117}Cd: [6] L 22; [8] L 22; [13] Y 3, N 19a; [20] C 31, L 20, C 33; [21] H 51, M 37, G 13. — $^{?}$Cd*: [3, 4] *) isomer zu einem stabilen Cd-Kern: D 22, F 13a; [6] D 22; jedoch $T = 1\,h$ nach F 13a; [7] D 22; [13] Y 3, N 19a; [22] D 22; [25] F 13a. — ^{110}In: [6] B 13; [8] L 22; B 13; [15] K 5, L 22; [16] B 13; [17] L 22. — ^{111}In: [6] L 22; [8] L 20; L 22; [9] B 13; [14] K 12, K 13, L 22; [16] B 13; [18] L 20, C 33, L 22. — ^{112}In: [6] C 33, L 22; [7] L 22; [9] L 22; [15] L 22; [16] B 13; [18] C 33, L 22; [24] C 33, L 22. — ^{113}In*: [3, 4] B 13; [6] L 22; [7] B 13, L 22; [9] B 13; [12] B 13; [16] B 13; [18] L 22. — ^{114}In: [6] L 20; [8] L 22; L 20; [16] B 13; [18] L 20; [24] C 13, P 28, L 20, L 22; [25] B 48, C 13, B 51. — ^{114}In*: [3, 4] L 22; [6] B 13; [7] B 13, L 22; [9] L 22; [16] B 12, B 13, W 14; [18] L 20, C 33, L 22; [20] L 20, L 22; [21] M 39, A 7; [24] L 20. — ^{115}In*: [3, 4] G 13; [6] L 22; [7] L 21, L 22; [9] L 22; [12] G 13, C 33, Y 3; [13] Y 3, N 19a; [14] L 8, R 19; [17] B 12, B 13; [18]

In Spalte 12 bis 25 bedeutet **Rotdruck** das Anfangsprodukt, gewöhnlicher Druck das Endprodukt einer Reaktion; Bei diesem Literaturangaben unter Beifügung der Spalten-Nr. in [ ];

Radioaktiver Zerfall	Spaltung von	(α, n)	(p, n)	$(d, 2n)$	(d, n)	(d, α)	(d, p)	(n, γ)	(n, α)	(n, p)	$(n, 2n)$	(γ, n)	
12	13	14	15	16	17	18	19	20	21	22	23	24	25
				$^{111}_{49}$In		$^{112}_{49}$In					$^{111}_{47}$Ag		**^{111}Cd**
				$^{112}_{49}$In		$^{113}_{49}$In*					$^{112}_{47}$Ag		**^{112}Cd**
				$^{113}_{49}$In*		$^{114}_{49}$In*							**^{113}Cd**
				$^{114}_{49}$In		$^{115}_{49}$In*		$^{115}_{48}$Cd	$^{115}_{48}$Cd				**^{114}Cd**
$^{115}_{49}$In*	$^{238}_{92}$U							$^{114}_{48}$Cd	$^{114}_{48}$Cd			$^{116}_{48}$Cd	**^{115}Cd**
								$^{114}_{48}$Cd					**$^{(115)}$Cd**
$^{117}_{49}$In	$^{238}_{92}$U			$^{116}_{49}$In		$^{117}_{49}$In	oder	$^{117}_{48}$Cd	$^{117}_{48}$Cd			$^{115}_{48}$Cd	**^{116}Cd**
								$^{116}_{48}$Cd	$^{116}_{48}$Cd				**^{117}Cd**
								$^{114}_{48}$Cd		(n, n)		$(\gamma, -)$	**^{117}Cd**
	$^{238}_{92}$U								$_{48}$Cd	(n, n)		$_{48}$Cd $(\gamma, -)$	**Cd***
		$(\alpha, 2n)$ $^{107}_{47}$Ag		$^{110}_{48}$Cd	$^{110}_{48}$Cd								**^{110}In**
		$^{109}_{47}$Ag		$^{111}_{48}$Cd		$^{110}_{48}$Cd							**^{111}In**
		$^{109}_{47}$Ag		$^{112}_{48}$Cd		$^{111}_{48}$Cd					$^{113}_{49}$In		**^{112}In**
$^{113}_{50}$Sn				$^{113}_{50}$Sn				$(^{114}_{49}$In*$)$	$^{114}_{49}$In*		$^{112}_{49}$In		**^{113}In**
				$^{113}_{48}$Cd		$^{112}_{48}$Cd							**^{113}In***
		$^{114}_{48}$Cd		$^{114}_{48}$Cd		$(^{113}_{48}$Cd$)$					$^{115}_{49}$In	$^{115}_{49}$In	**^{114}In**
		(α, α) $^{114}_{48}$Cd		$^{113}_{48}$Cd	(p, p)	$^{113}_{48}$Cd	$(\gamma, -)$	$(^{113}_{49}$In$)$	$^{113}_{49}$In	(n, n)	$^{114}_{49}$In		**^{114}In***
$^{115}_{48}$Cd		$^{115}_{49}$In*	$^{115}_{51}$Sb		$^{115}_{49}$In*		$^{115}_{49}$In*	$^{116}_{49}$In	$^{112}_{47}$Ag	$^{115}_{49}$In*	$^{114}_{49}$In	$^{114}_{49}$In	**^{115}In**
	$^{238}_{92}$U	$^{115}_{49}$In			$^{115}_{49}$In	$^{114}_{48}$Cd	$^{115}_{49}$In*$)$			$^{115}_{49}$In*$)$			**^{115}In***
				$^{116}_{48}$Cd				$(^{115}_{49}$In$)$	$^{115}_{49}$In				**^{116}In**
				$^{116}_{48}$Cd				$^{115}_{49}$In	$^{115}_{49}$In				**^{116}In***
$^{117}_{48}$Cd	$^{238}_{92}$U					$^{116}_{48}$Cd							**^{117}In**
								$^{113}_{50}$Sn	$^{113}_{50}$Sn				**^{112}Sn**
$^{113}_{49}$In*				$^{110}_{48}$Cd	$^{113}_{49}$In			$^{112}_{50}$Sn	$^{112}_{50}$Sn				**^{113}Sn**
													^{114}Sn
													^{115}Sn
													^{116}Sn
													^{117}Sn
				$^{121}_{52}$Te	$(^{118}_{51}$Sb$)$								**^{118}Sn**
						$^{120}_{51}$Sb							**^{119}Sn**
				$^{120}_{51}$Sb				$^{121}_{50}$Sn	$^{121}_{50}$Sn				**^{120}Sn**
							$(^{123}_{51}$Sb$)$	$^{120}_{50}$Sn	$^{120}_{50}$Sn				**^{121}Sn**
				$^{122}_{51}$Sb	$^{122}_{51}$Sb			$^{123}_{50}$Sn	$^{123}_{50}$Sn				**^{122}Sn**
								$^{122}_{50}$Sn	$^{122}_{50}$Sn		$^{124}_{50}$Sn		**^{123}Sn**
								$^{125}_{50}$Sn	$^{125}_{50}$Sn		$^{123}_{50}$Sn		**^{124}Sn**
								$^{125}_{50}$Sn	$^{125}_{50}$Sn				**^{125}Sn**
								$_{50}$Sn	$_{50}$Sn				**<^{126}Sn¹**
								$_{50}$Sn					**<^{126}Sn²**
				$^{115}_{49}$In									**^{118}Sb**
				$^{120}_{50}$Sn		$^{119}_{50}$Sn					$^{121}_{51}$Sb	$^{121}_{51}$Sb	**^{120}Sb**
			$^{124}_{53}$J	$^{121}_{52}$Te	$^{121}_{52}$Te			$^{122}_{51}$Sb	$^{122}_{51}$Sb		$^{120}_{51}$Sb	$^{120}_{51}$Sb	**^{121}Sb**
				$^{122}_{50}$Sn	$^{122}_{50}$Sn			$^{121}_{51}$Sb	$^{121}_{51}$Sb				**^{122}Sb**

L 20, L 21, C 33, L 22; [19] P 25, C 25, C 27, K 22, N 22; *) ferner $^{115}_{49}$In (e^-, e^-) $^{115}_{49}$In*: C 27; [23] S 61, L 20, G 13; *) ferner ($^{115}_{49}$In (d, d) $^{115}_{49}$In*): L 20.
^{116}In: [6] A 27; [8] C 33, G 2; [9] M 40; [16] D 32; [20] L 20; [21] A 27, G 2, P 28, L 20, M 40. **^{116}In***: [3, 4] L 20; [6] Z 1; [8] C 33, C 63; [9] C 63; [16] B 13; [20] L 20; [21] A 27, S 61, G 2, B 59, M 38, P 28, L 20, M 39, M 40, G 22, Z 1, C 63. — **^{117}In**: [6] L 22; [8] C 33, L 22; Y 3; [12] G 13, C 33, Y 3, L 22; [13] Y 3, N 19a; [18] C 31, L 20, C 33, L 22. — **^{113}Sn**: [6] B 13; [7] B 13; [9] B 13; [15] L 47; [16] B 13; [20] L 34, L 47; [21] L 47. **^{121}Sn**: [6] L 47; [19] L 33, L 47; [20] L 34, L 47; [21] L 47. **^{123}Sn**: [6] L 47; [20] L 34, L 47; [21] L 47; [24] P 28. **^{125}Sn**: [6] Z 1; [8] Z 1; [20] L 34, L 47; [21] N 3, N 1, N 2, L 47, Z 1. **<^{126}Sn¹**: [6] L 47; [20] L 47; [21] L 47. **<^{126}Sn²**: [6] L 47; [20] L 47. **^{118}Sb**: [6] R 19; [15] L 8, R 19. **^{120}Sb**: [6] B 51; [8] A 25; [16] D 32; [18] L 36, L 45; [24] H 51, C 13, L 36, P 28, A 25; [25] B 47, C 13, B 51, B 53. **^{122}Sb**: [6] M 42; [8] M 42, A 25; [9] M 42, L 49; [16] D 32; [17] L 45; [20] L 33, L 36; [21] A 27, L 36, A 25, M 41, M 42.

der jeweils andere Reaktionspartner ist das am Zeilenanfang und -ende in Blockschrift angegebene Isotop, da alle Reaktionen doppelt erscheinen, Literatur für Spalte 12 bis 25 zum **Rotdruck**.

 Tabelle IV.

Z	Symbol	N	A	Häufigkeit in %	Halbwertszeit	Zerfall	Energie der Strahlung MeV β (ME)	γ	Isotopengewicht M (ME)	Fehler von M (TME)
1	2	3	4	5	6	7	8	9	10	11
51	Sb	**72**	**123**	44	—	—	—	—	—	—
		73	124	—	60 d	β⁻, K	1,53 ± 0,05; 1,8	< 0,069, 1,82 ± 0,05; 0,8	—	—
		[1] <75	<126	—	3 h	β⁻	—	—	—	—
		[2] <75	<126	—	~45 d	—	—	—	—	—
		[3] <75	<126	—	~2 a	—	—	—	—	—
		76	127	—	80 h	β⁻	—	—	—	—
		78	129	—	4,2 h	β⁻	—	—	—	—
		(82)	(133)	—	(10 m)	β⁻	—	—	—	—
		>80	>131	—	5 m	β⁻	—	—	—	—
52	**Te**	**68**	**120**	selten	—	—	—	—	—	—
		69	121	—	[125 ± 5] d	(K, β⁺)	—	(0,5)	—	—
		70	**122**	2,9	—	—	—	—	—	—
		71	**123**	1,6	—	—	—	—	—	—
		72	**124**	4,5	—	—	—	—	—	—
		73	**125**	6,0	—	—	—	—	—	—
		74	**126**	19,0	—	—	—	—	—	—
		75	127	—	[9,3 ± 0,5] h	β⁻	0,8	—	—	—
		isomer		—	[90 ± 2] d	γ	—	0,125	—	—
		76	128	32,8	—	—	—	—	—	—
		77	129	—	[72 ± 3] m	β⁻	—	—	—	—
		isomer		—	[32 ± 2] d	γ	—	0,1	—	—
		78	**130**	33,1	—	—	—	—	—	—
		79	131	—	[25 ± 5] m	β⁻	—	—	—	—
		isomer		—	[1,2 ± 0,2] d	γ	—	0,165	—	—
		81	133	—	60 m	β⁻	—	—	—	—
		83	135	—	~15 m	β⁻	—	—	—	—
		[1] >79	>131	—	77 h	β⁻	—	—	—	—
		[2] >79	>131	—	43 m	β⁻	—	—	—	—
53	**J**	71	124	—	[4,0 ± 0,3] d	β⁺	—	—	—	—
		73	126	—	[13,3 ± 0,3] d	β⁻	1,20 ± 0,03; 1,13	0,5	—	—
		74	**127**	100	—	—	—	—	—	—
		75	128	—	[25 ± 1] m	β⁻	1,05, 2,10± 0,05; 2,40±0,07; 2,1; 2,2; 1,2, 2,1	0,4; 0,4—0,5	—	—
		77	130	—	[12,5 ± 0,5] h	β⁻	0,83 ± 0,03; 1,05	0,59; 0,6	—	—
		78	131	—	[8,0 ± 0,2] d	β⁻	0,687 ± 0,010; 0,595± 0,015; 1,24	0,27, 0,46; 0,364 ± 0,02	—	—
		80	133	—	18,5 h	β⁻	—	—	—	—
		82	135	—	[6,6 ± 0,3] h	β⁻	—	—	—	—
		[1] >78	>131	—	2,4 h	β⁻	—	—	—	—
		[2] >78	>131	—	54 m	β⁻	—	—	—	—
		[3] >78	>131	—	[1,8 ± 0,4] m	β⁻	—	—	—	—
		[4] >78	>131	—	[30 ± 6] s	β⁻	—	—	—	—

¹²⁴Sb: [6] L 45; [7] M 42; [8] M 42; L 49; [9] M 42; L 49; [19] T 1; [20] L 33, L 36; [21] L 36, A 6, M 41, M 42; [22] L 45. — <¹²⁶Sb¹: [6] L 45; [18] L 45. — <¹²⁶Sb²: [6] L 45; [18] L 45. — <¹²⁶Sb³: [6] L 45; [18] L 45. — ¹²⁷Sb: [6] A 5; [13] A 4, A 5, A 31a. — ¹²⁹Sb: [6] A 5; [13] A 3, A 4, A 5, A 31a. — (¹³³)Sb: [6] S 33; [13] S 33; [14] S 33. — >¹³¹Sb: [6] A 5; [13] A 3, A 5. — ¹²¹Te: [6] S 27; [7] S 27; [9] S 27; [15] S 27; [16] S 25, S 27; [17] S 25, S 27. — ¹²⁷Te: [6] S 27; [8] S 27; [12] S 25, S 27; A 4, A 5, A 31a; [13] A 4, A 5, A 31a; [20] T 1, S 25, A 5, S 27; [21] S 27; [23] L 39, S 25, S 27; [24] T 1. — ¹²⁷Te*: [3, 4] S 25, S 27; [6] S 27; [7] S 25, S 27; [9] S 27; [20] S 25, A 5, S 27; [21] S 27; [23] S 25, S 27. — ¹²⁹Te: [6] S 27; [12] S 25, S 27; A 3, A 4, A 5, A 31a; [13] A 3, A 4, A 5, A 31a; [20] T 1, L 44, S 25, A 5, S 27; [21] A 27, L 44, S 27, Z 1; [24] H 51, P 28, T 1; [25] B 48, B 51, B 53. — ¹²⁹Te*: [3, 4] S 25, S 27; [6] S 27; [7] S 25, S 27; [9] S 27; [20] T 1, S 25, A 5, S 27; [24] P 28, T 1. — ¹³¹Te: [6] S 27; [12] S 24, S 25, S 27; [13] A 4, A 5; [20] L 44, S 24, S 25, S 27, D 18d; [21] A 27, L 44, S 24, S 25, S 27, Z 1. — ¹³¹Te*: [3, 4] S 24, S 25, S 27; [6] S 27; [7] S 24, S 25, S 27; [9] S 27; [13] A 4, A 5; [20] L 44, S 24, S 25, S 27; [21] L 44, S 24, S 25, S 27. — ¹³³Te: [6] A 5; [12] S 33; [13] A 3, A 4, A 5, S 33; [14] S 33. — ¹³⁵Te: [6] S 33; [13] S 33; [14] S 33. —

In Spalte 12 bis 25 bedeutet Rotdruck das Anfangsprodukt, gewöhnlicher Druck das Endprodukt einer Reaktion; Bei diesem Literaturangaben unter Beifügung der Spalten-Nr. in [ ];

Tabelle IV.

Radioaktiver Zerfall	Spaltung von		(α, n)	(p, n)	(d, 2n)	(d, n)	(d, α)	(d, p)	(n, γ)	(n, α)	(n, p)	(n, 2n)	(γ, n)	
12	13	14	15	16	17	18	19	20	21	22	23	24	25	
			$^{126}_{53}$J				($^{121}_{50}$Sn)	$^{124}_{51}$Sb	$^{124}_{51}$Sb					^{123}Sb
							$^{126}_{52}$Te	$^{123}_{51}$Sb	$^{123}_{51}$Sb	$^{127}_{53}$J				^{124}Sb
						Sn								<^{126}Sb^1
						Sn								<^{126}Sb^2
						Sn								<^{126}Sb^3
$^{127}_{52}$Te	$^{235}_{92}$U													^{127}Sb
$^{129}_{52}$Te	$^{235}_{92}$U													^{129}Sb
($^{133}_{52}$Te)	($^{235}_{92}$U)	($^{232}_{90}$Th)												(^{133})Sb
> $^{131}_{52}$Te^1	$^{235}_{92}$U													>^{131}Sb
														^{120}Te
			$^{118}_{50}$Sn	$^{121}_{51}$Sb	$^{121}_{51}$Sb									^{121}Te
														^{122}Te
														^{123}Te
				$^{124}_{53}$J										^{124}Te
						$^{126}_{53}$J								^{125}Te
				$^{126}_{53}$J			$^{124}_{51}$Sb	$^{127}_{52}$Te	$^{127}_{52}$Te					^{126}Te
$^{127}_{52}$Te* ; $^{127}_{51}$Sb	$^{235}_{92}$U							$^{126}_{52}$Te	$^{126}_{52}$Te		$^{127}_{53}$J	$^{128}_{52}$Te		^{127}Te
$^{127}_{52}$Te								$^{126}_{52}$Te	$^{126}_{52}$Te		$^{127}_{53}$J			^{127}Te*
				$^{128}_{53}$J	$^{128}_{53}$J			$^{129}_{52}$Te	$^{129}_{52}$Te			$^{127}_{52}$Te		^{128}Te
$^{129}_{52}$Te* ; $^{129}_{51}$Sb	$^{235}_{92}$U							$^{128}_{52}$Te	$^{128}_{52}$Te			$^{130}_{52}$Te	$^{130}_{52}$Te	^{129}Te
$^{129}_{52}$Te								$^{128}_{52}$Te				$^{130}_{52}$Te		^{129}Te*
								$^{131}_{52}$Te	$^{131}_{52}$Te			$^{129}_{52}$Te	$^{129}_{52}$Te	^{130}Te
$^{131}_{52}$Te*	$^{235}_{92}$U							$^{130}_{52}$Te	$^{130}_{52}$Te					^{131}Te
$^{131}_{52}$Te	$^{235}_{92}$U							$^{130}_{52}$Te	$^{130}_{52}$Te					^{131}Te*
($^{133}_{51}$Sb) $^{133}_{53}$J	$^{235}_{92}$U	$^{232}_{90}$Th												^{133}Te
$^{135}_{53}$J	$^{235}_{92}$U	$^{232}_{90}$Th												^{135}Te
$^{131}_{51}$Sb > $^{131}_{53}$J^1	$^{235}_{92}$U	$^{232}_{90}$Th												>^{131}Te^1
> $^{131}_{53}$J^2	$^{235}_{92}$U	$^{232}_{90}$Th												>^{131}Te^2
			$^{121}_{51}$Sb	$^{124}_{52}$Te			(p, γ)							^{124}J
			$^{123}_{51}$Sb	$^{126}_{52}$Te		$^{125}_{52}$Te								^{126}J
					$^{127}_{54}$X	— oder — $^{128}_{54}$X			$^{128}_{53}$J	$^{124}_{51}$Sb	$^{127}_{52}$Te	$^{126}_{53}$J		^{127}J
				$^{128}_{52}$Te	$^{128}_{52}$Te				$^{127}_{53}$J					^{128}J
				$^{130}_{52}$Te	$^{130}_{52}$Te					$^{133}_{55}$Cs				^{130}J
$^{131}_{52}$Te	$^{235}_{92}$U					$^{130}_{52}$Te								^{131}J
$^{133}_{52}$Te $^{133}_{54}$X	$^{235}_{92}$U	$^{232}_{90}$Th												^{133}J
$^{135}_{52}$Te $^{135}_{54}$X ; $^{135}_{54}$X*	$^{235}_{92}$U	$^{232}_{90}$Th												^{135}J
> $^{131}_{52}$Te^1	$^{235}_{92}$U	$^{232}_{90}$Th												>^{131}J^1
> $^{131}_{52}$Te^2	$^{235}_{92}$U	$^{232}_{90}$Th												>^{131}J^2
	$^{235}_{92}$U													>^{131}J^3
	$^{235}_{92}$U													>^{131}J^4

>^{131}Te^1: [6] A 5; [12] A 3, A 5; [13] A 1, F 13, A 3, A 5, H 10, H 11, H 13, H 14; [14] H 12, H 13, P 11. — >^{131}Te^2: [6] A 5; [13] A 3, A 4, A 5; [14] P 11. — ^{124}J: [6] L 44; [15] L 44; [16] D 32. — ^{126}J: [6] L 44; [8] T 3; L 44; [9] L 44; [15] L 44; [16] D 32; [18] L 39, L 44, T 2. — ^{128}J: [6] L 44; [8] B 2a; T 3; A 8; L 44; B 2; [9] L 44; B 3; [16] D 32; [17] L 44, T 2, T 3; [21] A 27, A 12, E 7, E 8, A 8, F 6, P 28, T 1, B 2, B 3, C 49, B 2a. — ^{130}J: [6] T 3; [8] T 3; L 44; [9] T 3; L 44; [16] D 32; [17] L 39, L 44, T 3; [22] W 21. — ^{131}J: [6] L 44; [8] T 3; D 18d; L 44; [9] T 3; D 18d; [12] L 25, L 44, S 24, S 25, A 4, A 5, H 11, H 13, H 14, A 31a, D 18d; [13] A 4, A 5, H 11, H 13, H 14, A 31a; [18] T 1, L 39, L 44, T 2, A 5, T 3. — ^{133}J: [6] H 11; [12] A 3, A 5, H 11, H 13, H 14, S 33; [13] A 3, A 5, H 11, H 12, H 13, S 33, A 31a; [14] S 33, P 11. — ^{135}J: [6] D 24; [12] S 33; [13] S 33, G 12, D 24, A 31a; [14] S 33. — >^{131}J^1: [6] A 5; [12] A 1, A 3, A 5, H 10, H 11, H 13, H 14, P 11; [13] A 1, F 13, A 3, A 5, H 10, H 11, H 13, H 14, A 31a; [14] H 12, H 13, P 11. — >^{131}J^2: [6] A 3; [12] A 3, A 4, A 5, H 11, H 13, H 14, P 11; [13] A 3, A 4, A 5, H 11, H 13, H 14; [14] P 11. — >^{131}J^3: [6] H 19a; [13] H 19a. — >^{131}J^4: [6] H 19a; [13] H 19a.

der jeweils andere Reaktionspartner ist das am Zeilenanfang und -ende in Blockschrift angegebene Isotop. da alle Reaktionen doppelt erscheinen, Literatur für Spalte 12 bis 25 zum Rotdruck.

Z	Symbol	N	A	Häufigkeit in %	Halbwertszeit	Zerfall	Energie der Strahlung MeV		Isotopengewicht M ME	Fehler von M TME
							β	γ		
1	2	3	4	5	6	7	8	9	10	11
54	X	70	124	0,094	—	—	—	—	—	—
		72	126	0,088	—	—	—	—	—	—
		(73)	(127)	—	[34 ± 2] d	β^-	⌐	—	—	—
		74	128	1,91	—	—	oder	—	—	—
		(74)	(128)	—	[75 ± 1] s	(γ)	⌐	0,125, 0,175	—	—
		75	129	26,23	—	—	—	—	128,946	1,4
		76	130	4,06	—	—	—	—	—	—
		77	131	21,18	—	—	—	—	—	—
		78	132	26,98	—	—	—	—	132,946	~5
		79	133	—	[4,3 ± 0,4] d	γ	—	0,083	—	—
		80	134	10,55	—	—	—	—	—	—
		81	135	—	10 m	—	—	—	—	—
		isomer		—	[9,5 ± 0,4] h	—	—	—	—	—
		82	136	8,95	—	—	—	—	—	—
		(83)	(137)	—	68 m	—	—	—	—	—
		>82	>136	—	[17 ± 1] m	β^-	—	—	—	—
		85	139	—	45 s	β^-	—	—	—	—
		(86)	(140)	—	sehr kurz	β^-	—	—	—	—
55	Cs	78	133	100	—	—	—	—	—	—
		79	134	—	3 h ± 10 m	β^-	~1	keine	—	—
		(isomer)		—	[20 ± 1] mo	β^-	0,9	intensiv	—	—
		>81	>136	—	[32 ± 0,5] m	β^-	2,6	—	—	—
		84	139	—	7 m	β^-	—	—	—	—
		(85)	(140)	—	40 s	β^-	—	—	—	—
56	Ba	74	130	0,101	—	—	—	—	—	—
		76	132	0,097	—	—	—	—	—	—
		77	133	—	[30 ± 1] h	—	—	0,25	—	—
		[1] (77)	(133)	—	2,5 m	—	—	—	—	—
		[2] (77)	(133)	—	340 h	—	—	0,017	—	—
		78	134	2,42	—	—	—	—	—	—
		(isomer)		—	39,5 h	(γ)	—	0,272	—	—
		79	135	6,6	—	—	—	—	—	—
		80	136	7,8	—	—	—	—	—	—
		81	137	11,3	—	—	—	—	—	—
		82	138	71,7	—	—	—	—	—	—
		83	139	—	[87 ± 1] m	β^-	~1	~0,6	—	—
		84	140	—	~300 h	β^-	—	—	—	—
		>84	>140	—	[14 ± 2] m	β^-	—	—	—	—
57	La	(81)	(138)	—	31 h	β^-	0,8	—	—	—
		82	139	100	—	—	—	—	—	—
		83	140	—	[44 ± 2] h	β^-	—	—	—	—
		>84	>140	—	2,5 h	β^-	—	—	—	—

[127]X: [6] C 49; [16] B 8, C 49. — [128]X: [6] C 49; [7] C 49; [9] C 49; [19] B 8, C 49. — [133]X: [6] D 24; [7] S 31 b; [9] H 31 a; [12] S 33; [13] S 33, D 24; [14] S 33; [15] C 16a; [20] C 16a; [22] W 21; [23] W 21. — [135]X: [6] G 12; [12] G 12; [13] G 12. — [135]X*: [3, 4] G 12; [6] D 24; [12] S 33, G 12, D 24; [13] S 33, G 12, D 24; [14] S 33; [20] C 16a; [22] W 21. — [137]X: [6] C 16a; [20] C 16a. — >[136]X: [6] G 10; [13] H 52, H 11, H 13, H 14, H 15, G 10; [14] A 33, H 16. — [139]X: [6] S 9; [13] H 9, H 52, H 11, H 13, H 14, H 15; [14] A 33, H 16. — [140]X: [6] H 15; [13] H 15, G 10; [14] H 16. — [134]Cs: [6] K 2; [8] K 2; [9] K 2; [20] K 2; [21] A 27, M 17, L 11, K 2. — [134]Cs*: [6] K 2; [8] K 2; [9] K 2; [20] K 2; [21] R 23, A 7, S 22, K 2. — >[136]Cs: [6] G 10; [8] G 10; [12] H 9, H 52, A 32, H 11, H 15, H 16, S 28, G 10, H 19; [13] H 9, H 52, H 11, H 13, H 14, G 19, H 15, S 28, G 10, H 19; [13/14] G 19; [14] A 23, G 19, H 16. — [139]Cs: [6] H 15; [12] H 9, H 52, H 11, H 15, H 16, H 19; [13] H 9, H 52, H 11, H 13, H 14, H 15, H 19; [14] A 33, H 16. —

In Spalte 12 bis 25 bedeutet **Rotdruck** das Anfangsprodukt, gewöhnlicher Druck das Endprodukt einer Reaktion; Bei diesem Literaturangaben unter Beifügung der Spalten-Nr. in [ ];

Radioaktiver Zerfall	Spaltung von		(α, n)	(p, n)	$(d, 2n)$	(d, n)	(d, α)	(d, p)	(n, γ)	(n, α)	(n, p)	$(n, 2n)$	(γ, n)	
12	13	14	15	16	17	18	19	20	21	22	23	24	25	
							(p, γ)							^{124}X
														^{126}X
				$^{127}_{53}$J										^{127}X
						oder ⟶ $^{127}_{53}$J								^{128}X
														^{128}X
														^{129}X
														^{130}X
														^{131}X
								$^{133}_{54}$X						^{132}X
$^{133}_{53}$J	$^{235}_{92}$U	$^{232}_{90}$Th		$^{130}_{52}$Te				$^{132}_{54}$X		$^{135}_{56}$Ba	$^{133}_{55}$Cs			^{133}X
								$^{135}_{54}$X*						^{134}X
$^{135}_{53}$J	$^{235}_{92}$U													^{135}X
$^{135}_{53}$J	$^{235}_{92}$U	$^{232}_{90}$Th						$^{134}_{54}$X		$^{138}_{56}$Ba				^{135}X*
								$^{137}_{54}$X						^{136}X
								$^{136}_{54}$X						^{137}X
>$^{136}_{55}$Cs	$^{235}_{92}$U	$^{232}_{90}$Th												>^{136}X
$^{139}_{55}$Cs	$^{235}_{92}$U	$^{232}_{90}$Th												^{139}X
$^{140}_{55}$Cs	$^{235}_{92}$U	$^{232}_{90}$Th												^{140}X
				$^{133}_{56}$Ba	($^{133}_{56}$Ba²)	($^{134}_{56}$Ba*)		$^{134}_{55}$Cs	$^{134}_{55}$Cs		$^{130}_{53}$J	$^{133}_{54}$X		^{133}Cs
								$^{133}_{55}$Cs	$^{133}_{55}$Cs					^{134}Cs
								$^{133}_{55}$Cs	$^{133}_{55}$Cs					^{134}Cs*
>$^{136}_{54}$X	$^{235}_{92}$U, $^{231}_{91}$Pa, $^{232}_{90}$Th													>^{136}Cs
$^{139}_{54}$X $^{139}_{56}$Ba	$^{235}_{92}$U	$^{232}_{90}$Th												^{139}Cs
$^{140}_{54}$X ($^{140}_{56}$Ba)	$^{235}_{92}$U	$^{232}_{90}$Th												^{140}Cs
							$(d, {}^{3}_{1}\text{H})$							^{130}Ba
														^{132}Ba
				$^{133}_{55}$Cs							$^{134}_{56}$Ba			^{133}Ba
					($^{133}_{55}$Cs)						$^{134}_{56}$Ba			^{133}Ba^1
														^{133}Ba^2
						($^{133}_{55}$Cs)					$^{133}_{56}$Ba			^{134}Ba
														^{134}Ba*
														^{135}Ba
										$^{133}_{54}$X				^{136}Ba
														^{137}Ba
								$^{139}_{56}$Ba	$^{139}_{56}$Ba	$^{135}_{54}$X*				^{138}Ba
$^{139}_{55}$Cs	$^{235}_{92}$U	$^{232}_{90}$Th						$^{138}_{56}$Ba	$^{138}_{56}$Ba		$^{139}_{57}$La			^{139}Ba
($^{140}_{55}$Cs) $^{140}_{57}$La	$^{235}_{92}$U	$^{232}_{90}$Th												^{140}Ba
>$^{140}_{57}$La	$^{235}_{92}$U	$^{232}_{90}$Th												>^{140}Ba
							($^{139}_{57}$La)					($^{139}_{57}$La)		^{138}La
							($^{138}_{57}$La)		$^{140}_{57}$La			$^{139}_{56}$Ba ($^{138}_{57}$La)		^{139}La
$^{140}_{56}$Ba	$^{235}_{92}$U	$^{232}_{90}$Th							$^{139}_{57}$La					^{140}La
>$^{140}_{56}$Ba	$^{235}_{92}$U	$^{232}_{90}$Th												>^{140}La

^{140}Cs: [6] H 15; [12] H 15, G 10; [13] H 15, G 10; [14] H 16. ^{133}Ba: [6] K 2; [9] K 2; [16] D 32; [24] K 1, K 2. ^{133}Ba^1: [6] P 28; [24] F 14, P 28, K 2. ^{133}Ba^2: [6] C 24a; [9] C 24a; [17] C 24a. ^{134}Ba*: [6] C 24a; [7] C 24a; [9] C 24a; [18] C 24a. ^{139}Ba: [6] K 2; [8] K 2; [9] K 2; [12] H 9, H 52, H 11, H 15, H 16, H 19; [13] H 7, H 8, H 9, H 52, H 13, H 14, H 19; [14] A 33, H 12, H 13, H 16; [20] P 27, K 2, [21] A 27, A 28, H 52, P 28; [23] P 31. ^{140}Ba: [6] H 7, H 9; [12] H 52, H 11, H 15, H 16, G 10; [13] H 7, H 8, H 52, H 13, H 14, G 10, H 18; [14] H 12, H 13, H 16.   >^{140}Ba: [6] H 7; [13] H 7, H 9, H 52, H 13, H 14; [14] H 8, H 12, H 13. ^{138}La: [6] P 31; [8] P 31; [19] P 27, P 31, G 13a; [24] P 31. ^{140}La: [6] H 18; [12] H 7, H 8, H 11, G 10, H 18; [13] H 7, H 8, H 11, H 13, H 14, G 10, H 18; [14] H 16; [21] M 8, H 18.   >^{140}La: [6] H 7; [12] H 7, H 11; [13] H 7, H 11, H 13, H 14, H 18; [14] H 8, H 13.

der jeweils andere Reaktionspartner ist das am Zeilenanfang und -ende in Blockschrift angegebene Isotop, da alle Reaktionen doppelt erscheinen, Literatur für Spalte 12 bis 25 zum Rotdruck.

Z	Sym-bol	N	A	Häufig-keit in %	Halbwerts-zeit	Zerfall	Energie der Strahlung MeV		Isotopen-gewicht M	Fehler von M
							β	γ	ME	TME
1	2	3	4	5	6	7	8	9	10	11
58	Ce	78	136	selten	—	—	—	—	—	—
		80	138	selten	—	—	—	—	—	—
		81	139	—	2,1 m	β^+	—	—	—	—
		82	140	89	—	—	—	—	—	—
		83	141	—	15 d	β^-		0,12		
		84	142	11	—	—	oder	—	—	—
		85	143	—	—	—		—	—	—
		?	?	—	$\sim 200\ d$	—		—	—	—
59	Pr	81	140	—	3,5 m	β^+	—	—	—	—
		82	141	100	—	—	—	—	—	—
		83	142	—	18,7 h	β^-	—	—	—	—
60	Nd	82	142	25,9$_5$	—	—	—	—	—	—
		83	143	13,0	—	—	—	—	—	—
		84	144	22,6	—	—	—	—	—	—
		85	145	9,2	—	—	—	—	—	—
		86	146	16,5	—	—	—	—	145,964	3
		87	147	—	(kurz ?)	β^-		—	—	
		88	148	6,8	—	—	oder	—	147,964	3
		89	149	—	—	—		—	—	
		90	150	5,9$_5$	—	—	—	—	149,970	3
		(91)	(151)	—	?	(β^-)	—	—	—	—
61	—	(83)	(144)	—	108 d	—	—	—	—	—
		(86)	(147)	—	2,3 h	—	oder	—	—	—
		(88)	(149)	—	—	—		—	—	—
		(90)	(151)	—	?	(β^-)	—	—	—	—
62	Sm	82	144	3	—	—	—	—	—	—
		85	147	17	—	—	—	—	—	—
		86	148	14	$1,4 \cdot 10^{11}\ a$	α	$\alpha : 2,4$	—	—	—
		87	149	15	—	—	—	—	—	—
		88	150	3	—	—	—	—	—	—
		89	151	—	47 h	β^-		—	—	—
		90	152	26	—	—	oder	—	—	—
		91	153	—	21 m	β^-		—	—	—
		92	154	20	—	—	—	—	—	—
63	Eu	87	150	—	27 h	β^+	—	—	—	—
		88	151	49	—	—	—	0,123 ± 0,001,	—	—
		89	152	—	[9,4 ± 0,2] h	β^-, K	1,885 ± 0,012; 1,83	0,163 ± 0,001,	—	—
		(isomer)		—	[105 ± 5] m	—		0,725 ± 0,003	—	—
		90	153	51	—	—	oder	—	—	—
		91	154	—	$\sim 1,2\ a$	$\beta^-, (K)$	1,0 ± 0,1; 0,8	—	—	—
		(isomer)		—	[12 ± 4) m	—		—	—	—
64	Gd	88	152	0,2	—	—	—	—	—	—
		90	154	1,5	—	—	—	—	—	—
		91	155	21	—	—	—	—	154,977	3,2
		92	156	22	—	—	—	—	155,977	3,0
		93	157	17	—	—	—	—	156,976	3,2

[139]Ce: [6] P 31; [24] P 31. — [141, 143]Ce: [6] R 31; [9] R 31; [13] H 18; [21] R 31. — Ce: [6] H 18; [13] H 18. — [140]Pr: [6] P 31; [24] A 27, P 28, H 45, P 31. — [142]Pr: [6] P 31; [21] A 27, M 8, H 43, H 45, P 31; [23] P 28, P 31. — [147, 149]Nd: [6] L 13b; [20] L 13b; [21] L 13b; [25] L 13b. — [151]Nd: [20] L 13b; [21] L 13b. — [144]61: [6] L 13b; [14] L 13b; [17] oder [18] L 13b. — [147, 149]61: [6] L 13b; [12] L 13b; [13] L 13b; [15] L 13b. — [151]61: [12] L 13b. — [148]Sm: [6] H 64: [8] H 64. — [151]Sm: [6] L 13b; [12] L 13b;

In Spalte 12 bis 25 bedeutet **Rotdruck** das Anfangsprodukt, gewöhnlicher Druck das Endprodukt einer Reaktion; Bei diesem Literaturangaben unter Beifügung der Spalten-Nr. in [ ];

Radioaktiver Zerfall	Spaltung von		(p, γ)	(p, n)	(d, 2n)	(d, n)	(d, α)	(d, p)	(n, γ)	(n, α)	(n, p)	(n, 2n)	(γ, n)	Isotop
12	13	14	15	16	17	18	19	20	21	22	23	24	25	
—	—	—	—	—	—	—	—	—	—	—	—	—	—	**136Ce**
—	—	—	—	—	—	—	—	—	—	—	—	—	—	**138Ce**
—	—	—	—	—	—	—	—	—	—	—	—	$^{140}_{58}\mathrm{Ce}$	—	**139Ce**
—	—	—	—	—	—	—	—	—	$^{141}_{58}\mathrm{Ce}$	—	—	$^{139}_{58}\mathrm{Ce}$	—	**140Ce**
—	$(^{235}_{92}\mathrm{U})$	—	—	—	—	—	—	—	$^{140}_{58}\mathrm{Ce}$	oder	—	—	—	**141Ce**
oder	$(^{235}_{92}\mathrm{U})$	—	—	—	—	—	—	oder	$^{143}_{58}\mathrm{Ce}$	—	—	—	—	**142Ce**
—	$(^{235}_{92}\mathrm{U})$	—	—	—	—	—	—	—	$^{142}_{58}\mathrm{Ce}$	—	—	—	—	**143Ce**
—	—	—	—	—	—	—	—	—	—	—	—	—	—	**?Ce**
—	(α, p)	(α, n)	—	—	—	—	—	—	—	—	—	$^{141}_{59}\mathrm{Pr}$	—	**140Pr**
—	—	$(^{144}61)$	—	—	—	—	—	—	$^{142}_{59}\mathrm{Pr}$	—	—	$^{140}_{59}\mathrm{Pr}$	—	**141Pr**
—	—	—	—	—	—	—	—	—	$^{141}_{59}\mathrm{Pr}$	—	$^{142}_{60}\mathrm{Nd}$	—	—	**142Pr**
—	—	—	—	—	—	—	—	—	—	—	$^{142}_{59}\mathrm{Pr}$	—	—	**142Nd**
—	—	—	—	—	—	$(^{144}61)$	—	—	—	—	—	—	—	**143Nd**
—	—	—	—	—	$(^{144}61)$	—	—	—	—	—	—	—	—	**144Nd**
—	—	—	—	—	—	—	—	—	—	—	—	—	—	**145Nd**
—	—	—	—	—	—	—	—	$^{147}_{60}\mathrm{Nd}$	$^{147}_{60}\mathrm{Nd}$	—	—	—	—	**146Nd**
$(^{147}61)$	$(^{147}61)$	—	$(^{147}61)$	—	—	—	—	$^{146}_{60}\mathrm{Nd}$	$^{146}_{60}\mathrm{Nd}$	oder	—	$^{148}_{60}\mathrm{Nd}$	$^{148}_{60}\mathrm{Nd}$	**147Nd**
oder	oder	—	oder	—	—	—	—	$^{149}_{60}\mathrm{Nd}$	$^{149}_{60}\mathrm{Nd}$	—	—	$^{147}_{60}\mathrm{Nd}$	$^{147}_{60}\mathrm{Nd}$	**148Nd**
$(^{149}61)$	$(^{149}61)$	—	$(^{149}61)$	—	—	—	—	$^{148}_{60}\mathrm{Nd}$	$^{148}_{60}\mathrm{Nd}$	—	—	$^{150}_{60}\mathrm{Nd}$	$^{150}_{60}\mathrm{Nd}$	**149Nd**
—	—	—	—	—	—	—	—	$^{151}_{60}\mathrm{Nd}$	$^{151}_{60}\mathrm{Nd}$	—	—	$^{149}_{60}\mathrm{Nd}$	$^{149}_{60}\mathrm{Nd}$	**150Nd**
$(^{151}61)$	—	—	—	—	—	—	—	$^{150}_{60}\mathrm{Nd}$	$^{150}_{60}\mathrm{Nd}$	—	—	—	—	**(151)Nd**
—	—	$(^{144}_{59}\mathrm{Pr})$	—	—	$(^{144}_{60}\mathrm{Nd})$	$(^{143}_{60}\mathrm{Nd})$	—	—	—	—	—	—	—	**144 61**
$(^{147}_{60}\mathrm{Nd})$	$(^{144}_{60}\mathrm{Nd})$	—	$(^{146}_{60}\mathrm{Nd})$	—	$(^{144}_{60}\mathrm{Nd})$	oder	—	—	—	—	—	—	—	**147 61**
oder	oder	—	oder	—	—	—	—	—	—	—	—	—	—	**149 61**
$(^{149}_{60}\mathrm{Nd})$	$(^{146}_{60}\mathrm{Nd})$	—	$(^{148}_{60}\mathrm{Nd})$	—	—	—	—	—	—	—	—	—	—	(cont.)
$^{151}_{60}\mathrm{Nd}$ $(^{151}_{62}\mathrm{Sm})$	—	—	—	—	—	—	—	—	—	—	—	—	—	**(151) 61**
—	—	—	—	—	—	—	—	—	—	—	—	—	—	**144Sm**
—	—	—	—	—	—	—	—	—	—	—	—	—	—	**147Sm**
—	—	—	—	—	—	—	—	—	—	—	—	—	—	**148Sm**
—	—	—	—	—	—	—	—	—	—	—	—	—	—	**149Sm**
—	—	—	—	—	—	—	—	$^{151}_{62}\mathrm{Sm}$	$^{151}_{62}\mathrm{Sm}$	—	—	—	—	**150Sm**
$(^{151}61)$	—	—	—	—	—	—	—	$^{150}_{62}\mathrm{Sm}$	$^{150}_{62}\mathrm{Sm}$	—	—	$^{152}_{62}\mathrm{Sm}$	$^{152}_{62}\mathrm{Sm}$	**151Sm**
—	—	—	—	—	—	—	—	$^{153}_{62}\mathrm{Sm}$	$^{153}_{62}\mathrm{Sm}$	—	—	$^{151}_{62}\mathrm{Sm}$	$^{151}_{62}\mathrm{Sm}$	**152Sm**
—	—	—	—	—	—	—	—	$^{152}_{62}\mathrm{Sm}$	$^{152}_{62}\mathrm{Sm}$	—	—	$^{154}_{62}\mathrm{Sm}$	$^{154}_{62}\mathrm{Sm}$	**153Sm**
—	—	—	—	—	—	—	—	—	—	—	—	$^{153}_{62}\mathrm{Sm}$	$^{153}_{62}\mathrm{Sm}$	**154Sm**
—	—	—	—	—	—	—	—	—	—	—	$^{151}_{63}\mathrm{Eu}$	—	—	**150Eu**
—	—	—	—	—	—	—	—	$^{152}_{63}\mathrm{Eu}$	$^{152}_{63}\mathrm{Eu}$	—	$^{150}_{63}\mathrm{Eu}$	—	—	**151Eu**
—	—	—	—	—	—	—	—	$^{153}_{63}\mathrm{Eu}$	$^{151}_{63}\mathrm{Eu}$	—	$^{153}_{63}\mathrm{Eu}$	—	—	**152Eu**
—	—	—	—	—	—	—	—	$^{151}_{63}\mathrm{Eu}$	—	—	—	—	—	**(152)Eu***
—	—	—	—	—	—	—	—	$^{154}_{63}\mathrm{Eu^*}$	$^{154}_{63}\mathrm{Eu}$	—	$^{152}_{63}\mathrm{Eu}$	—	—	**153Eu**
—	—	—	—	—	—	—	—	—	$^{153}_{63}\mathrm{Eu}$	—	—	—	—	**154Eu**
—	—	—	—	—	—	—	—	$^{153}_{63}\mathrm{Eu}$	—	—	—	—	—	**(154)Eu***
—	—	—	—	—	—	—	—	—	—	—	—	—	—	**152Gd**
—	—	—	—	—	—	—	—	—	—	—	—	—	—	**154Gd**
—	—	—	—	—	—	—	—	—	—	—	—	—	—	**155Gd**
—	—	—	—	—	—	—	—	—	—	—	—	—	—	**156Gd**
—	—	—	—	—	—	—	—	—	—	—	—	—	—	**157Gd**

[20] L 13 b; [21] M 8, H 45, P 31, L 13 b; [24] P 31; [25] L 13 b. — ¹⁵³Sm: [6] P 31; [20] L 13 b; [21] A 27, M 8, M 18, H 43, H 44, P 31; [24] P 31; [25] L 13 b. — ¹⁵⁰Eu: [6] P 31; [24] P 31. — ¹⁵²Eu: [6] F 3; [7] R 9; [8] T 13; F 3; [9] T 13; [20] F 3; [21] S 57, M 8, H 43, H 45, N 4, H 46, S 22, G 22, R 9, T 13, F 3, M 42; [24] P 31. — (¹⁵²)Eu*: [3, 4] F 3; [6] F 3; [20] F 3. — ¹⁵⁴Eu: [6] S 22; [7] F 3; [8] F 3; R 31; [21] S 22, F 3, R 31. — ¹⁵⁴Eu*: [3, 4] F 3; [6] F 3; [20] F 3.

der jeweils andere Reaktionspartner ist das am Zeilenanfang und -ende in Blockschrift angegebene Isotop, da alle Reaktionen doppelt erscheinen, Literatur für Spalte 12 bis 25 zum Rotdruck.

Z	Symbol	N	A	Häufigkeit in %	Halbwertszeit	Zerfall	Energie der Strahlung MeV		Isotopengewicht M	Fehler von M
							β	γ	ME	TME
1	2	3	4	5	6	7	8	9	10	11
64	Gd	94	158	22	—	—	—	—	157,976	3,3
		95	159	—	17 h	} β^-	—	—	—	—
		(isomer)		—	3,5 m		—	—		
		96	160	16	—	—	—	—	159,976	3,4
65	Tb	93	158	—	3,6 m	β^+	—	—	—	—
		94	159	100	—	—	—	—	—	—
		95	160	—	3,3 h	β^-	—	—	—	—
66	Dy	92	158	0,1	—	—	—	—	—	—
		93	159	—	2,2 m	β^+	—	—	—	—
		94	160	1,5	—	—	—	—	—	—
		95	161	22	—	—	—	—	—	—
		96	162	24	—	—	—	—	—	—
		97	163	24	—	—	—	—	—	—
		98	164	28	—	—	—	—	—	—
		99	165	—	$[156 \pm 3]$ m	β^-	1,67; 1,9; 1,4; *1,4*	(keine)	—	—
67	Ho	97	164	—	47 m	β^-	—	—	—	—
		98	165	100	—	—	—	—	—	—
		99	166	—	30 h	β^-	1,6	—	—	—
68	Er	94	162	0,25	—	—	—	—	—	—
		96	164	2	—	—	—	—	—	—
		97	165	—	1,1 m	β^+	—	—	—	—
		98	166	(35)	—	—	—	—	—	—
		99	167	(24)	—	—	—	—	—	—
		100	168	(29)	—	—	—	—	—	—
		101	169	—	12 h	β^-	—	—	—	—
		102	170	(10)	—	—	—	—	—	—
		103	171	—	5,1 h	β^-	—	—	—	—
69	Tm	100	169	100	—	—	—	—	—	—
		101	170	—	$[4 \pm \frac{1}{2}]$ mo	—	—	—	—	—
70	Yb	98	168	0,06	—	—	—	—	—	—
		100	170	4,21	—	—	—	—	—	—
		101	171	14,26	—	—	—	—	—	—
		102	172	21,49	—	—	—	—	—	—
		103	173	17,02	—	—	—	—	—	—
		104	174	29,58	—	—	—	—	—	—
		105	175	—	2,1 h	} β^-	—	—	—	—
		(isomer)		—	41 h		—	—		
		106	176	13,38	—	—	—	—	—	—
71	Cp	104	175	97,5	—	—	—	—	—	—
		105	*176*	2,5	$[7,3 \pm 2] \cdot 10^{10}$ a	β^-	0,215 $\pm$ 0,015	—	—	—
		(105)	(176)	—	4 h	—	— oder —	—	—	—
		(106)	(177)	—	6—7 d	—		—	—	—
72	Hf	102	174	(0,3)	—	—	—	—	—	—
		104	176	(5)	—	—	—	—	—	—
		105	177	(19)	—	—	—	—	—	—
		106	178	(28)	—	—	—	—	—	—

[159]Gd: |6| P 31; |21| A 27, H 43, M 18, H 45, P 31; |23| P 31; |24| P 31. — (159)Gd*: |3, 4| P 31; |6| P 31; |21| P 31; |23| P 31; |24| P 31. — [158]Tb: |6| P 31; |24| P 31. — [160]Tb: |6| P 31; |21| S 57, M 8, H 43, H 45, P 31. — [159]Dy: |6| P 31; |24| P 31. — [165]Dy: |6| M 31; |8| G 22; N 4; H 45; G 2; |9| M 42; |21| M 8, H 43, M 18, N 4, H 45, G 2, P 31, G 22, M 31, M 42. — [164]Ho: |6| P 31; |24| P 31. — [166]Ho: |6| P 31; |8| H 45; |21| H 44, N 6, H 45, P 31. — [165]Er: |6| P 31; |21| M 8, M 18; |24| P 21. — [169]Er: |6| P 31; |21| H 43, N 6,

In Spalte 12 bis 25 bedeutet **Rotdruck** das Anfangsprodukt, gewöhnlicher Druck das Endprodukt einer Reaktion; Bei diesem Literaturangaben unter Beifügung der Spalten-Nr. in | |;

Radioaktiver Zerfall	(α, p)	(α, n)	(p, γ)	(p, n)	(d, 2n)	(d, n)	(d, α)	(d, p)	(n, γ)	(n, α)	(n, p)	(n, 2n)	(γ, n)	Isotop
12	13	14	15	16	17	18	19	20	21	22	23	24	25	
									$^{159}_{64}$Gd	—				^{158}Gd
									$^{158}_{64}$Gd		$^{159}_{65}$Tb	$^{160}_{64}$Gd		^{159}Gd
									$^{158}_{64}$Gd		$^{159}_{65}$Tb	$^{160}_{64}$Gd		^{159}Gd*
												$^{159}_{64}$Gd		^{160}Gd
												$^{159}_{65}$Tb		^{158}Tb
									$^{160}_{65}$Tb		$^{159}_{64}$Gd	$^{158}_{65}$Tb		^{159}Tb
									$^{159}_{65}$Tb					^{160}Tb
														^{158}Dy
												$^{160}_{66}$Dy		^{159}Dy
												$^{159}_{60}$Dy		^{160}Dy
														^{161}Dy
														^{162}Dy
														^{163}Dy
									$^{165}_{66}$Dy					^{164}Dy
									$^{164}_{66}$Dy					^{165}Dy
												$^{165}_{67}$Ho		^{164}Ho
									$^{166}_{67}$Ho			$^{165}_{67}$Ho		^{165}Ho
									$^{165}_{67}$Ho					^{166}Ho
														^{162}Er
									($^{165}_{68}$Er)					^{164}Er
									($^{164}_{68}$Er)			$^{166}_{68}$Er		^{165}Er
									$^{171}_{68}$Er			$^{165}_{68}$Er		^{166}Er
														^{167}Er
									$^{169}_{68}$Er					^{168}Er
									$^{168}_{68}$Er			$^{170}_{68}$Er		^{169}Er
									$^{171}_{68}$Er			$^{169}_{68}$Er		^{170}Er
									$^{170}_{68}$Er					^{171}Er
									$^{170}_{69}$Tm					^{169}Tm
									$^{169}_{69}$Tm					^{170}Tm
														^{168}Yb
														^{170}Yb
														^{171}Yb
														^{172}Yb
														^{173}Yb
									$^{175}_{70}$Yb					^{174}Yb
									$^{174}_{70}$Yb			$^{176}_{70}$Yb		^{175}Yb
									$^{174}_{70}$Yb			$^{176}_{70}$Yb		^{175}Yb*
												$^{175}_{70}$Y		^{176}Yb
									$^{176}_{71}$Cp					^{175}Cp
									$^{177}_{71}$Cp					^{176}Cp
									($^{175}_{71}$Cp)					^{176}'Cp
									($^{176}_{71}$Cp)					^{177}'Cp
														^{174}Hf
														^{176}Hf
														^{177}Hf
														^{178}Hf

H 45, P 31; [24] P 31. ^{171}Er: [6] P 31; [21] P 31. ^{176}Cp: [6] H 45; [21] M 18, N 6, H 44, H 45.
^{170}Tm: [6] N 7; [21] N 6, H 43, N 7, H 45, C 56. ^{177}Cp: [6] H 45; [21] H 44, H 45.
^{175}Yb: [6] P 31; [21] S 57, M 8, H 43, N 6, H 45, P 31;
[24] P 31. — ^{175}Yb*: [3, 4] P 31; [6] P 31; [21] N 6, P 31;
[24] P 31. — ^{176}Cp: [6] L 17; [7] H 34, L 17; [8] L 17.

der jeweils andere Reaktionspartner ist das am Zeilenanfang und -ende in Blockschrift angegebene Isotop,
da alle Reaktionen doppelt erscheinen, Literatur für Spalte 12 bis 25 zum Rotdruck.

Z	Symbol	N	A	Häufigkeit in %	Halbwertszeit	Zerfall	Energie der Strahlung MeV β	Energie der Strahlung MeV γ	Isotopengewicht M (ME)	Fehler von M (TME)
1	2	3	4	5	6	7	8	9	10	11
72	Hf	**107**	**179**	(18)	—	—	—	—	—	—
		108	**180**	(30)	—	—	—	—	—	—
		109	181	—	$[55 \pm 7]\ d$	β^-	—	—	—	—
73	Ta	107	180	—	$[8,2 \pm 0,2]\ h$	$K,\ (\beta^-)$	$(< 0,5)$	—	—	—
		108	**181**	100	—	—	—	—	—	—
		109	182	—	$[99 \pm 1]\ d$	β^-	$1,0 \pm 0,2;\ 1,1$	—	—	—
74	W	**106**	**180**	0,2	—	—	—	—	—	—
		108	**182**	22,6	—	—	—	—	—	—
		109	**183**	17,3	—	—	—	—	—	—
		110	**184**	30,1	—	—	—	—	—	—
		111	185	—	$[74,5 \pm 1,5]\ d$	β^-	$0,64—0,72;\ 0,55—0,65;\ 0,4—0,5$	—	—	—
		112	**186**	29,8	—	—	—	—	—	—
		113	187	—	$[24,1 \pm 0,1]\ h$	β^-	$1,40 \pm 0,05;\ 1,1 \pm 0,1$	$\{\ 0,87 \pm 0,03;\ 0,086,\ 0,101,\ 0,135$	—	—
75	Re	109	184	—	$[54 \pm 2]\ d$	$(\beta^-,\ K)$	—	$0,17;\ 0,85 \pm 0,1$	—	—
		110	**185**	38,2	—	—	—	—	—	—
		111	186	—	$[90 \pm 2]\ h$	β^-	$1,05;\ 1,2$	$(0,113,\ 0,129)$	—	—
		112	**187**	61,8	—	—	—	—	—	—
		113	188	—	$[16 \pm 1]\ h$	β^-	$2,1;\ 2,5$	—	—	—
76	Os	**108**	**184**	0,018	—	—	—	—	—	—
		110	**186**	1,59	—	—	—	—	—	—
		111	**187**	1,64	—	—	—	—	—	—
		112	**188**	13,3	—	—	—	—	—	—
		113	**189**	16,2	—	—	—	—	—	—
		114	**190**	26,4	—	—	—	—	190,038	16,3
		115	191	—	$[32 \pm 2]\ h$	β^-	⌐ $1,5;\ \sim 1,0$	—	—	—
		116	**192**	40,9	—	—	oder —	—	192,038	6,3
		117	193	—	$[17 \pm 1]\ d$	β^-	⌐ $0,35$	—	—	—
77	Ir	**114**	**191**	38,5	—	—	—	—	191,038	10,2
		(115)	(192)	—	$68\ d$	β^-	—	—	—	—
		116	**193**	61,5	—	—	—	—	193,039	10,3
	[1]	(117)	(194)	—	$1,5\ m$	β^-	—	—	—	—
	[2]	(117)	(194)	—	$19,5\ h$	β^-	$2,2;\ 2,1$	—	—	—
78	Pt	**114**	**192**	0,8	—	—	—	—	—	—
		(115)	(193)	—	$49\ m$	β^+	—	—	—	—
		116	**194**	30,2	—	—	—	—	194,039	6,4
		117	**195**	35,3	—	—	—	—	195,039	4,3
		118	**196**	26,6	—	—	—	—	196,039	8,1
		119	197	—	$[19 \pm 2]\ h$	$\}\ \beta^-$	—	—	—	—
		(isomer)		—	$3,3\ d$		—	—	—	—
		120	**198**	7,2	—	—	—	—	198,044	6,3
		121	199	—	$[27 \pm 5]\ m$	β^-	—	—	—	—
		?	?	—	$[85 \pm 10]\ m$	—	—	—	—	—

[181]Hf: |6| H 46; |21| H 42, H 46. — [180] Ta: |6| O 2; |7| O 2; |8| O 2; |24| H 51, P 28, O 2, S 11. — [182]Ta: |6| H 65; |8| H 65; G 1; |20| O 2; |21| M 16, F 19, O 2, G 1, H 65. — [185]W: |6| F 5; |8| F 5; F 5; M 35; |19| F 5; |20| F 5; |21| M 35, F 5; |24| F 5. — [187]W: |6| F 5; |8| F 5; M 35; |9| F 5; V 3a; |20| F 5, V 3a; |21| A 27, M 16, J 2, M 35, F 5. — [184]Re: |6| C 49a; |7| F 5, C 49a; |9| C 49a; F 5; |16| C 49a; |17| oder |18| F 5; |24| F 5. — [186]Re: |6| Y 1; |8| Y 1; Y 1, S 36; |9| V 3a; |16| C 49a; |17| F 5, V 3a; |20| F 5; |21| K 31, S 36, Y 1, F 5; |24| P 28, S 36, Y 1, F 5. — [188]Re: |6| Y 1; |8| Y 1; Y 1, S 36; |20| F 5; |21| A 27, K 31,

In Spalte 12 bis 25 bedeutet Rotdruck das Anfangsprodukt, gewöhnlicher Druck das Endprodukt einer Reaktion; Bei diesem Literaturangaben unter Beifügung der Spalten-Nr. in | |;

Tabelle IV.

Radioaktiver Zerfall	(α, p)	(α, n)	(p, γ)	(p, n)	(d, 2n)	(d, n)	(d, α)	(d, p)	(n, γ)	(n, α)	(n, p)	(n, 2n)	(γ, n)	
12	13	14	15	16	17	18	19	20	21	22	23	24	25	
—	—	—	—	—	—	—	—	—	—	—	—	—	—	^{179}Hf
—	—	—	—	—	—	—	—	—	$^{181}_{72}$Hf	—	—	—	—	^{180}Hf
—	—	—	—	—	—	—	—	—	$^{180}_{72}$Hf	—	—	—	—	^{181}Hf
—	—	—	—	—	—	—	—	—	—	—	—	$^{181}_{73}$Ta	—	^{180}Ta
—	—	—	—	—	—	—	—	($^{182}_{73}$Ta)	$^{182}_{73}$Ta	—	—	$^{180}_{73}$Ta	—	^{181}Ta
—	—	—	—	—	—	—	—	($^{181}_{73}$Ta)	$^{181}_{73}$Ta	—	—	—	—	^{182}Ta
—	—	—	—	—	—	—	—	—	—	—	—	—	—	^{180}W
—	—	—	—	—	—	—	—	—	—	—	—	—	—	^{182}W
—	—	—	—	—	oder $^{184}_{75}$Re	—	—	—	—	—	—	—	—	^{183}W
—	—	—	—	—	$^{184}_{75}$Re	—	—	$^{185}_{74}$W	$^{185}_{74}$W	—	—	—	—	^{184}W
—	—	—	—	—	—	—	$^{187}_{75}$Re	$^{184}_{74}$W	$^{184}_{74}$W	—	—	($^{186}_{74}$W)	—	^{185}W
—	—	—	—	$^{186}_{75}$Re	$^{186}_{75}$Re	—	—	$^{187}_{74}$W	$^{187}_{74}$W	—	—	($^{185}_{74}$W)	—	^{186}W
—	—	—	—	—	—	—	—	$^{186}_{74}$W	$^{186}_{74}$W	—	—	—	—	^{187}W
—	—	—	$^{184}_{74}$W	$^{184}_{74}$ oder $^{183}_{74}$W	—	—	—	—	—	—	—	$^{185}_{75}$Re	—	^{184}Re
—	—	—	—	—	—	—	—	$^{186}_{75}$Re	$^{186}_{75}$Re	—	—	$^{184}_{75}$Re	—	^{185}Re
—	—	—	$^{186}_{74}$W	$^{186}_{74}$W	—	—	—	$^{185}_{75}$Re	$^{185}_{75}$Re	—	—	$^{187}_{75}$Re	—	^{186}Re
—	—	—	—	—	—	$^{185}_{74}$W	—	$^{188}_{75}$Re	$^{188}_{75}$Re	—	—	$^{186}_{75}$Re	—	^{187}Re
—	—	—	—	—	—	—	—	$^{187}_{75}$Re	$^{187}_{75}$Re	—	—	—	—	^{188}Re
—	—	—	—	—	—	—	—	—	—	—	—	—	—	^{184}Os
—	—	—	—	—	—	—	—	—	—	—	—	—	—	^{186}Os
—	—	—	—	—	—	—	—	—	—	—	—	—	—	^{187}Os
—	—	—	—	—	—	—	—	—	—	—	—	—	—	^{188}Os
—	—	—	—	—	—	—	—	—	—	—	—	—	—	^{189}Os
—	—	—	—	—	—	—	—	—	$^{191}_{76}$Os	—	—	—	—	^{190}Os
—	—	—	—	—	—	—	—	—	$^{190}_{76}$Os	—	—	($^{192}_{76}$Os)	—	^{191}Os
—	—	—	—	—	—	—	—	—	$^{193}_{76}$Os	—	—	($^{191}_{76}$Os)	—	^{192}Os
—	—	—	—	—	—	—	—	—	$^{192}_{76}$Os	—	—	—	—	^{193}Os
—	—	—	—	—	—	—	—	—	($^{192}_{77}$)Ir	—	—	—	—	^{191}Ir
—	—	—	—	—	—	—	—	—	($^{191}_{77}$)Ir	—	—	($^{193}_{77}$Ir)	—	$^{(192)}$Ir
—	—	—	—	—	—	—	—	—	($^{194}_{77}$)Ir	—	—	($^{192}_{77}$Ir)	—	^{193}Ir
—	—	—	—	—	—	—	—	—	($^{193}_{77}$)Ir	—	—	—	—	$^{(194)}$Ir^1
—	—	—	—	—	—	—	—	—	($^{193}_{77}$)Ir	—	—	—	—	$^{(194)}$Ir^2
—	—	—	—	—	—	—	—	($^{193}_{78}$Pt)	—	—	—	—	—	^{192}Pt
—	—	—	—	—	—	—	—	($^{192}_{78}$Pt)	—	—	—	—	—	$^{(193)}$Pt
—	—	—	—	—	—	$^{195}_{79}$Au	—	—	—	—	—	—	—	^{194}Pt
—	—	—	—	—	—	($^{196}_{79}$)Au*	—	—	—	—	—	—	—	^{195}Pt
—	—	—	—	—	—	($^{197}_{79}$)Au*	—	$^{197}_{78}$Pt	$^{197}_{78}$Pt	—	—	—	—	^{196}Pt
—	—	—	—	—	—	—	—	$^{196}_{78}$Pt	$^{196}_{78}$Pt	$^{200}_{80}$Hg	—	—	—	^{197}Pt
—	—	—	—	—	—	—	—	—	($^{196}_{78}$)Pt	($^{200}_{80}$Hg)	—	—	—	$^{(197)}$Pt*
—	—	—	—	—	$^{198}_{79}$Au	($^{199}_{79}$)Au	—	($^{199}_{78}$Pt)	$^{199}_{78}$Pt	—	—	—	—	^{198}Pt
$^{199}_{79}$Au	—	—	—	—	—	—	—	($^{198}_{78}$Pt)	$^{198}_{78}$Pt	$^{202}_{80}$Hg	—	—	—	^{199}Pt
—	—	—	—	—	—	—	—	—	—	$'_{80}$Hg	—	—	—	$^?$Pt

P 28, S 36, Y 1, F 5. — ^{191}Os: [6] S 27c; [8] S 27c; Z 1; [21] K 31, Z 1, S 27c; [24] S 27c. — ^{193}Os: [6] S 27c; [8] S 27c; [21] Z 1, S 27c. — $^{(192)}$Ir: [6] J 3; [21] F 19, M 23, J 3; [24] M 23. — $^{(194)}$Ir^1: [6] M 23; [21] M 23. — $^{(194)}$Ir^2: [6] J 3; [8] A 8; M 23; [21] A 27, A 12, A 8, M 23, J 3. — $^{(193)}$Pt: [6] C 29; [20] C 29. —

^{197}Pt: [6] S 34a; [20] C 29; [21] M 23; [22] S 34a. — $^{(197)}$Pt*: [3, 4] M 23; [6] M 23; [21] M 23; [22] S 34a. — ^{199}Pt: [6] M 23; [20] C 29; [21] A 27, M 16, M 23; [22] S 34a. — $^?$Pt: [6] S 34a; [22] S 34a.

der jeweils andere Reaktionspartner ist das am Zeilenanfang und -ende in Blockschrift angegebene Isotop.
da alle Reaktionen doppelt erscheinen, Literatur für Spalte 12 bis 25 zum Rotdruck.

Z	Symbol	N	A	Häufigkeit in %	Halbwertszeit	Zerfall	Energie der Strahlung MeV β	γ	Isotopengewicht M ME	Fehler von M TME
1	2	3	4	5	6	7	8	9	10	11
79 **Au**	116	195	—	37 m	β+	—	—	—	—
	(isomer)		—	54 h	(γ)	—	0,55	—	—
	(117)	(196)	—	13 h	β- oder	—	—	—	—
	(isomer)		—	—	—	—	—	—	—
	118	**197**	100	—	— oder	—	—	197,039	5,9
	(isomer)		—	5,6 d	γ	—	0,356 ± 0,004	—	—
	119	198	—	2,72 d	β-, (K)	0,77; 0,74;0,83;0,78	0,07, 0,28, 0,43; 0,073, 0,23, 0,41, 2,5;0,331 ± 0,003, 0,410 ± 0,004	—	—
	120	199	—	3,3 d	β-	—	—	—	—
	(120)	(199)	—	164 d	β-	0,45	0,11	—	—
	?	?	—	[48± 1] m	—	—	—	—	—
80 **Hg**	**116**	**196**	0,15	—	—	—	—	—	—
	117	197	—	[43 ± 1] m	K	—	0,07—0,25	—	—
	118	**198**	10,12	—	—	—	—	—	—
	119	**199**	17,04	—	—	—	—	—	—
	120	**200**	23,25	—	—	—	—	—	—
	121	**201**	13,18	—	—	—	—	—	—
	122	**202**	29,54	—	—	—	—	—	—
	123	203	—	25 h	—	—	—	—	—
	124	**204**	6,72	—	— oder	—	—	—	—
	125	205	—	—	—	—	—	—	—
	?	?	—	> 30 d	—	—	—	—	—

Z	Symbol	N	A	Häufigkeit in %	Halbwertszeit	Zerfall	Zerfallsenergie MeV β	α	Isotopengewicht M ME	Fehler von M TME
1	2	3	4	5	6	7	8	9	10	11
81 **Tl**	**122**	**203**	29,1	—	—	—	—	203,059	9,2
	123	204	—	[4,23 ± 0,03] m	β-	1,6 ± 0,1	—	—	—
	124	**205**	70,9	—	—	—	—	205,059	9,2
	125	206	—	1 bis 2 a	—	—	—	—	—
	AcC''	126	207	—	[4,76 ± 0,02] m	β-	1,47	—	—	—
	ThC''	127	208	—	3,1 m	β-	1,82	—	—	—
	RaC''	129	210	—	1,32 m	β-	1,8	—	—	—
82 **Pb**	**122**	**204**	1,5	—	—	—	—	—	—
	(isomer)		—	[52 ± 1] h	—	(γ: ~0,5)	—	—	—
	(123)	(205)	—	80 m	— oder	—	—	—	—
	RaG **124**	**206**	23,6	—	—	—	—	204,061	9,2
	(isomer)		—	—	—	—	—	—	—
	AcD **125**	**207**	22,6	—	—	—	—	—	—
	ThD **126**	**208**	52,3	—	—	—	—	208,060	9,0
	127	209	—	3,3 h	β-	—	—	—	—
	* ?	? *)	—	[1,6 ± 0,2] m	γ	γ: ~ 0,15—0,25	—	—	—
	RaD 128	210	—	22 a	β-	0,0255 ± 0,001	—	—	—

^{195}Au: [6] C 35; [18] C 35, L 23. — $^{(195,\ 196)}$Au*: [6] C 35; [7]C 35; [9]C 35; [18]C 35. — $^{(196)}$Au: [6]M 23; [24] M 23. — $^{(196,\ 197)}$Au*: [3, 4] M 23, L 23; [6] C 35; [7]L 23; [9] L 23; [18]C 35, L 23; [24] oder [25]M 23. — ^{198}Au: [6]S 37; [7] S 37; [8]L 30; C 35; R 9, S 37; M 23; [9] R 9; S 37; L 23; [17]C 35, L 23; [20]C 30, N 14; [21] A 27, K 31, E 6, A 12, A 8, M 23, L 30, R 9, S 37, W 17a; [23] S 34a. — ^{199}Au: [6] M 23; [12] M 23; [23] S 34a. — $^{(199)}$Au: [6]C 35; [8] C 35; [9] C 35; [18] C 35, L 23. — ?Au: [6] S 34a; [23] S 34a. — ^{197}Hg: [6] H 51; [7] A 21, R 31; [9] M 23; [24] H 51, P 28, M 23, A 21, R 31, S 34a. — $^{203,\ 205}$Hg: [6] M 23; [21]

In Spalte 12 bis 25 bedeutet **Rotdruck** das Anfangsprodukt, gewöhnlicher Druck das Endprodukt einer Reaktion; Bei diesem Literaturangaben unter Beifügung der Spalten-Nr. in [ ];

Radioaktiver Zerfall	(α, p)	(α, n)	(p, γ)	(p, n)	(d, 2n)	(d, n)	(d, α))	(d, p)	(n, γ)	(n, α)	(n, p)	(n, 2n)	(γ, n)	
12	13	14	15	16	17	18	19	20	21	22	23	24	25	
—	—	—	—	—	—	$^{194}_{78}$Pt	—	—	—	—	—	—	—	195Au
—	—	—	—	—	—	┌ $^{(194)}_{78}$Pt	—	—	—	—	—	—	—	(195)Au*
—	—	—	—	—	—	oder	—	—	—	—	—	$(^{197}_{79}$Au$)$	—	(196)Au
—	—	—	—	—	—	├ $^{(195)}_{78}$Pt	—	—	—	—	—	┌ $^{197}_{79}$Au	(n, n)	(196)Au*
—	—	—	—	—	—	oder	—	$^{198}_{79}$Au	$^{198}_{79}$Au	—	oder $^{(196)}_{79}$Au od.	$^{(197)}_{79}$Au*		197Au
—	—	—	—	—	—	└ $^{(196)}_{78}$Pt	—	—	—	—	└——— $^{197}_{79}$Au			(197)Au*
—	—	—	—	—	$^{198}_{78}$Pt	—	—	$^{197}_{79}$Au	$^{197}_{79}$Au	—	$^{198}_{80}$Hg	—	—	198Au
$^{199}_{78}$Pt	—	—	—	—	—	$^{198}_{78}$Pt	—	—	—	—	$^{199}_{80}$Hg	—	—	199Au
—	—	—	—	—	—	$^{198}_{78}$Pt	—	—	—	—	$^{}_{80}$Hg	—	—	(199)Au
—	—	—	—	—	—	—	—	—	—	—	$^{}_{80}$Hg	—	—	'Au
—	—	—	—	—	—	—	—	—	—	—	—	$^{198}_{80}$Hg	—	196Hg
—	—	—	—	—	—	—	—	—	—	—	—	$^{198}_{80}$Hg	—	197Hg
—	—	—	—	—	—	—	—	—	—	—	$^{198}_{79}$Au	$^{197}_{80}$Hg	—	198Hg
—	—	—	—	—	—	—	—	—	—	—	$^{199}_{79}$Au	—	—	199Hg
—	—	—	—	—	—	—	—	—	—	$^{197}_{78}$Pt	—	—	—	200Hg
—	—	—	—	—	—	—	—	—	—	—	—	—	—	201Hg
—	—	—	—	—	—	—	—	—	$^{203}_{80}$Hg	$^{199}_{78}$Pt	—	—	—	202Hg
—	—	—	—	—	—	—	—	—	┌ $^{203}_{80}$Hg	oder	—	—	—	203Hg
—	—	—	—	—	—	—	—	oder	$^{205}_{80}$Hg ┘	—	—	—	—	204Hg
—	—	—	—	—	—	—	—	—	└ $^{204}_{80}$Hg	—	—	—	—	205Hg
—	—	—	—	—	—	—	—	—	$^{}_{80}$Hg ——— oder ———		$^{}_{80}$Hg	—	—	'Hg

β	α	K			(α, 2n)	(d, 2n)	(d, n)	(d, α)	(d, p)	(n, γ)	(n, α)	(n, p)	(n, 2n)	(γ, n)	
12	13	14			16	17	18	19	20	21	22	23	24	25	
—	—	—			—	—	$(^{204}_{82}$Pb*$)$ ┐	—	$^{204}_{81}$Tl	$^{204}_{81}$Tl	—	—	—	—	203Tl
—	—	—			—	—	oder	—	$^{203}_{81}$Tl	$^{203}_{81}$Tl	—	—	$^{205}_{81}$Tl	—	204Tl
—	—	—			—	—	$(^{206}_{82}$Pb*$)$ ┘	—	$^{206}_{81}$Tl	$^{206}_{81}$Tl	—	—	$^{204}_{81}$Tl	—	205Tl
—	—	—			—	—	—	—	$^{205}_{81}$Tl	$^{205}_{81}$Tl	—	—	—	—	206Tl
$^{207}_{82}$Pb	$^{211}_{83}$Bi	—			—	—	—	—	—	—	—	$^{207}_{82}$Pb	—	—	207Tl
$^{208}_{82}$Pb	$^{212}_{83}$Bi	—			—	—	—	—	—	—	—	—	—	—	208Tl
$^{210}_{82}$Pb	$^{214}_{83}$Bi	—			—	—	—	—	—	—	—	—	—	—	210Tl
—	—	—			—	—	—	—	—	—	—	—	—	—	204Pb
—	—	—			—	—	┌ $(^{203}_{81}$Tl$)$	—	—	—	—	—	—	—	204Pb*
—	—	—			—	—	oder	—	—	—	—	—	$^{(208)}_{82}$Pb	—	205Pb
—	—	—			—	—	└ $(^{205}_{81}$Tl$)$	—	—	—	—	—	$^{(205)}_{82}$Pb	—	206Pb
—	—	—			—	—	—	—	—	—	—	—	—	—	206Pb*
$^{207}_{81}$Tl	—	—			—	—	—	—	—	—	—	$^{207}_{81}$Tl	—	—	207Pb
$^{208}_{81}$Tl	—	—			—	—	—	—	$^{209}_{82}$Pb	$^{209}_{82}$Pb	—	—	—	—	208Pb
—	—	—			—	—	—	—	$^{208}_{82}$Pb	$^{208}_{82}$Pb	—	$^{209}_{83}$Bi	—	(γ, —)	209Pb
—	—	—			—	—	—	—	—	—	—	—	—	$^{?}_{82}$Pb	'Pb*
$^{210}_{81}$Tl	$^{210}_{83}$Bi	—			—	—	—	—	—	—	—	—	—	—	210Pb

A 27, R 3, A 29, F 18, M 23, S 34a. — 'Hg: [6] S 34a; [21] oder [24] S 34a. — 204Tl: [6] F 4; [8] F 4; [20] F 4; [21] P 34, F 4, B 58b; [24] H 51, P 28, F 4. — 205Tl: [6] F 4; [20] F 4; [23] F 4. — 207Tl: [6] S 17; [8] S 16; [23] B 58b. — 208Tl: [8] siehe S 15. — 210Tl: [8] L 25. — (204, 206)Pb*: [3, 4] F 4; [6] F 4; [8] F 4; [18] F 4. —

(205)Pb: [6] V 12; [24] V 12. — 209Pb: [6] M 11b; [20] T 7; [21] M 11b; [23] M 11b. — 'Pb*: [3, 4] *) isomer zu einem stabilen Pb-Kern: W 1a, C 27a; [6] W 1a; [7] W 1a; [8] W 1a; [25] W 1a, C 27a. — 210Pb: [8] L 26.

der jeweils andere Reaktionspartner ist das am Zeilenanfang und -ende in Blockschrift angegebene Isotop. da alle Reaktionen doppelt erscheinen, Literatur für Spalte 12 bis 25 zum Rotdruck.

Z	Symbol	N	A	Häufigkeit in %	Halbwertszeit	Zerfall	Zerfallsenergie MeV β	Zerfallsenergie MeV α	Isotopengewicht M ME	Fehler von M TME
1	2	3	4	5	6	7	8	9	10	11
82	Ac B	129	211	—	$[36,1 \pm 0,2]\,m$	β^-	0,5, 1,39	—	—	—
	Th B	130	212	—	$10,6\,h$	β^-	0,362	—	—	—
	Ra B	132	214	—	$26,8\,m$	β^-	0,65	—	—	—
83	**Bi**	**126**	**209**	100	—	—	—	—	209,056	8,6
	Ra E	127	210	—	$5,0\,d$	β^-	1,170	—	—	—
	Ac C	128	211	—	$2,16\,m$	$\beta^-,\ \alpha$	[0,32%]	[99,68%] 6,739	—	—
	Th C	129	212	—	$60,5\,m$	$\beta^-,\ \alpha$	[65%] 2,20	[35%] $6{,}200_{69}$	—	—
	Ra C	131	214	—	$19,7\,m$	$\beta^-,\ \alpha$	[99,96%] 3,15	[0,04%] $5{,}611_{7}$	—	—
84	**Po**Ra F	126	210	—	$140\,d$	α	—	$5{,}403_{3}$	—	—
	Ac C'	127	211	—	$\sim 5 \cdot 10^{-3}\,s$	α	—	7,581	—	—
	Th C'	128	212	—	$[3 \pm 1] \cdot 10^{-7}\,s$	α	—	$8{,}947_{6}$	—	—
	Ra C'	130	214	—	$[1,50 \pm 0,20] \cdot 10^{-4}\,s$	α	—	$7{,}829_{34}$	—	—
	Ac A	131	215	—	$2 \cdot 10^{-3}\,s$	α	—	7,508	—	—
	Th A	132	216	—	$0,14\,s$	α	—	$6{,}903_{8}$	—	—
	Ra A	134	218	—	$3,05\,m$	α	—	$6{,}1123_{9}$	—	—
85	—	126	211	—	$7,5\,h$	$K,\ \alpha$	$K : [60\%]$	[40%] 6,05	—	—
86	An	133	219	—	$3,92\,s$	α	—	6,953	—	—
	Tn	134	220	—	$54,5\,s$	α	—	$6{,}399_{6}$	—	—
	Rn	136	222	—	$3,825\,d$	α	—	$5{,}5886_{7}$	—	—
87	Ac K	136	223	—	$[21 \pm 1]\,m$	β^-	1,2	—	—	—
88	Ac X	135	223	—	$11,4\,d$	α	—	5,823	—	—
	Th X	136	224	—	$3,64\,d$	α	—	5,7858	—	—
	Ra	138	226	—	$1590\,a$	α	—	4,879	—	—
	MsTh₁	140	228	—	$6,7\,a$	β^-	$0,053 \pm 0,004$	—	—	—
89	**Ac**	138	227	—	$13,5\,a$	$\beta^-,\ \alpha$	[99%] $0,220 \pm 0,05$	[1%] 5,10	—	—
	MsTh₂	139	228	—	$6,13\,h$	β^-	$1,55 \pm 0,07$	—	—	—
90	Rd Ac	137	227	—	$18,9\,d$	α	—	6,159	—	—
	Rd Th	138	228	—	$1,90\,a$	α	—	5,517	—	—
	Io	140	230	—	$8,3 \cdot 10^4\,a$	α	—	4,76	—	—
	U Y	141	231	—	$24,6\,h$	β^-	—	—	—	—
	Th	142	232	100	$1,39 \cdot 10^{10}\,a$	α	—	4,28	—	—
	—	143	233	—	$23,0\,m$	β^-	—	—	—	—
	U X₁	144	234	—	$[24,1 \pm 0,2]\,d$	β^-	(0,265); (0,13)	—	—	—
91	**Pa**	140	231	—	$3,2 \cdot 10^4\,a$	α	—	5,142	—	—
	—	142	233	—	$[27,4 \pm 0,4]\,d$	β^-	0,23; 0,4	—	—	—
	U Z	143	234	—	$6,7\,h$	β^-	0,56, 1,55	—	—	—
	U X₂	isomer		—	$1,14\,m$	$\beta^-,\ \gamma$	[99,85%] 2,32; 5% 1,52, 95% 2,32	$\gamma : [0,15\%]$	—	—
92	U II	142	234	0,006	$2,7 \cdot 10^5\,a$	α	—	4,79	—	—
	Ac U	143	235	0,720	$7,13 \cdot 10^8\,a$	α	—	4,59	—	—
	—	145	237	—	$[7,0 \pm 0,2]\,d$	β^-	0,26; 0,2	—	—	—
	U I	146	238	99,274	$4,56 \cdot 10^9\,a$	α	—	4,21	—	—
	—	147	239	—	$23,5\,m$	β^-	—	—	—	—
93	—	146	239	—	$2,3\,d$	β^-	0,47	$\gamma : 0,22,\ 0,27$	—	—

211Pb: [6] S 17; [8] S 16. — 212Pb: [8] siehe S 15 und O 8. — 214Pb: [8] siehe S 15. — 210Bi: [8] F 17, N 5; [20] L 33, H 71, C 34; [21] M 11b. — 212Bi: [8] siehe S 15. — 214Bi: [8] siehe S 15. — 210Po: [12] L 33, H 71; [18] H 71, C 34. — 211Po: [14] C 37, C 37a. — 212Po: [6] D 36. — 214Po: [6] D 36, R 28. — 21185: [6] C 37, C 37a; [7] C 37, C 37a; [9] C 37a; [16] C 37, C 37a. — 223AcK: [6] P 4; [8] P 5, P 6; [13] M 33, P 4. — 223Ra: [12] P 6. — 226Ra: [8] L 26. — 227Ac: [8] H 68; [9] P 6. — 228Ac: [8] L 30. — 230Th: [9] G 5a, W 20a. — 231Th: [24] N 18. — 232Th: [6] K 23; [9] S 22a. — 233Th: [6] G 20a; M 30; [21] F 14, H 4, A 27, M 30, S 27b, G 20a.

In Spalte 12 bis 25 bedeutet **Rotdruck** das Anfangsprodukt, gewöhnlicher Druck das Endprodukt einer Reaktion; Bei diesem Literaturangaben unter Beifügung der Spalten-Nr. in [ ];

Spalten 12–14 stehen unter der Überschrift **Radioaktiver Zerfall** (β, α, K). Die fett am Zeilenende angegebene Spalte ist das betreffende Isotop.

β	α	K	(α, 2n)	(d, 2n)	(d, n)	(d, α)	(d, p)	(n, γ)	(n, α)	(n, p)	(n, 2n)	(γ, n)	
12	13	14	16	17	18	19	20	21	22	23	24	25	
$^{211}_{83}$Bi	$^{215}_{84}$Po												**^{211}Pb**
$^{212}_{83}$Bi	$^{216}_{84}$Po												**^{212}Pb**
$^{214}_{83}$Bi	$^{218}_{84}$Po												**^{214}Pb**
			^{211}85		$^{210}_{84}$Po		$^{210}_{83}$Bi	$^{210}_{83}$Bi		$^{209}_{82}$Pb			**^{209}Bi**
$^{210}_{82}$Pb	$^{210}_{84}$Po						$^{209}_{83}$Bi	$^{209}_{83}$Bi					**^{210}Bi**
$^{211}_{82}$Pb	$^{211}_{84}$Po	$^{207}_{81}$Tl											**^{211}Bi**
$^{212}_{82}$Pb	$^{212}_{84}$Po	$^{208}_{81}$Tl											**^{212}Bi**
$^{214}_{82}$Pb	$^{214}_{84}$Po	$^{210}_{81}$Tl											**^{214}Bi**
$^{210}_{83}$Bi	$^{206}_{82}$Pb				$^{209}_{83}$Bi								**^{210}Po**
$^{211}_{83}$Bi	$^{207}_{82}$Pb	^{211}85											**^{211}Po**
$^{212}_{83}$Bi	$^{208}_{82}$Pb												**^{212}Po**
$^{214}_{83}$Bi	$^{210}_{82}$Pb												**^{214}Po**
	$^{219}_{86}$Rn	$^{211}_{82}$Pb											**^{215}Po**
	$^{220}_{86}$Rn	$^{212}_{82}$Pb											**^{216}Po**
	$^{222}_{86}$Rn	$^{214}_{82}$Pb											**^{218}Po**
	($^{207}_{83}$Bi)	$^{211}_{84}$Po	$^{209}_{83}$Bi										**^{211}85**
$^{223}_{88}$Ra	$^{215}_{84}$Po												**^{219}Rn**
$^{224}_{88}$Ra	$^{216}_{84}$Po												**^{220}Rn**
$^{226}_{88}$Ra	$^{218}_{84}$Po												**^{222}Rn**
$^{223}_{88}$Ra	$^{227}_{89}$Ac												**^{223}Ac K**
$^{223}_{87}$Ac K	$^{227}_{90}$Th	$^{219}_{86}$Rn											**^{223}Ra**
	$^{228}_{90}$Th	$^{220}_{86}$Rn											**^{224}Ra**
	$^{230}_{90}$Th	$^{222}_{86}$Rn											**^{226}Ra**
$^{228}_{89}$Ac	$^{232}_{90}$Th												**^{228}Ra**
$^{227}_{90}$Th	$^{231}_{91}$Pa	$^{223}_{87}$Ac K											**^{227}Ac**
$^{228}_{88}$Ra	$^{228}_{90}$Th												**^{228}Ac**
$^{227}_{89}$Ac	$^{223}_{88}$Ra												**^{227}Th**
$^{228}_{89}$Ac	$^{224}_{88}$Ra												**^{228}Th**
	$^{234}_{92}$U	$^{226}_{88}$Ra											**^{230}Th**
$^{231}_{91}$Pa	$^{235}_{92}$U										$^{232}_{90}$Th		**^{231}Th**
	$^{228}_{88}$Ra							$^{233}_{90}$Th			$^{231}_{90}$Th		**^{232}Th**
$^{233}_{91}$Pa	—							$^{232}_{90}$Th					**^{233}Th**
$^{234}_{91}$Pa*	$^{238}_{92}$U												**^{234}Th**
$^{231}_{90}$Th	$^{227}_{89}$Ac	γ											**^{231}Pa**
$^{233}_{90}$Th													**^{233}Pa**
	$^{234}_{92}$U	$^{234}_{91}$Pa*											**^{234}Pa**
$^{234}_{90}$Th	$^{234}_{92}$U	$^{234}_{91}$Pa											**^{234}Pa***
$^{234}_{91}$Pa; $^{234}_{91}$Pa*	$^{230}_{90}$Th												**^{234}U**
	$^{231}_{90}$Th												**^{235}U**
											$^{238}_{92}$U		**^{237}U**
	$^{234}_{90}$Th							$^{239}_{92}$U			$^{237}_{92}$U		**^{238}U**
^{239}93								$^{238}_{92}$U					**^{239}U**
$^{239}_{92}$U													**^{239}93**

— ^{234}Th: [6] S 17; [8] M 8a; siehe S 15. — ^{231}Pa: [9] R 17a. — ^{233}Pa: [6] G 20a; [8] H 2a; S 27b; [12] M 30, H 19b, S 27b, H 2a, G 20a. — ^{234}Pa: [8] F 10; [14] F 10. — ^{234}Pa*: [3, 4] H 3, F 10, F 12; [7] F 10; [8] S 15; M 8a; [9] F 10. — ^{234}U: [6] N 15; [9] R 3a; [12] H 3, F 10. — ^{235}U: [6] N 15; [9] W 18a. — ^{237}U: [6] M 26; [8] M 26; Y 3; [24] N 19, Y 3, M 26. — ^{238}U: [6] N 15; [9] R 3a. — ^{239}U: [6] G 20; [21] H 5, M 29, M 24, S 31, M 25, M 26, B 42, G 20a. — ^{239}93: [6] M 25; [8] M 25; [9] H 31a; [12] M 24, S 31, M 25, M 26.

der jeweils andere Reaktionspartner ist das am Zeilenanfang und -ende in Blockschrift angegebene Isotop.
da alle Reaktionen doppelt erscheinen, Literatur für Spalte 12 bis 25 zum Rotdruck.

Spaltprodukte von:

$^{232}_{90}$**Th** $^{83}_{35}$Br → $^{83}_{36}$Kr*, >$^{82}_{35}$Br¹, $^{88}_{36}$Kr → $^{88}_{37}$Rb, $^{91}_{36}$Kr → $^{91}_{37}$Rb (→) $^{91}_{38}$Sr → $^{91}_{39}$Y, $^{95}_{40}$Zr → $^{95}_{41}$Nb, $(^{?}_{40}$Zr$)$, $^{99}_{42}$Mo → ^{99}43*, >$^{105}_{44}$Ru, $^{111}_{46}$Pd → $^{111}_{47}$Ag, $^{112}_{46}$Pd → $^{112}_{47}$Ag, >$^{131}_{52}$Te¹ → >$^{131}_{53}$J¹, $(^{133}_{51})$Sb (→) $^{133}_{52}$Te → $^{133}_{53}$J → $^{133}_{54}$X, >$^{131}_{52}$Te² → → >$^{131}_{53}$J², $^{135}_{52}$Te → $^{135}_{53}$J → $^{135}_{54}$X*, >$^{136}_{54}$X → >$^{136}_{54}$Cs, $^{139}_{54}$X → $^{139}_{55}$Cs → $^{139}_{56}$Ba, $^{140}_{54}$X → $^{140}_{55}$Cs (→) $^{140}_{56}$Ba → → $^{140}_{57}$La, >$^{140}_{56}$Ba → >$^{140}_{57}$La.

$^{231}_{91}$**Pa** $^{88}_{37}$Rb, >$^{136}_{57}$Cs.

$^{235}_{92}$**U** $^{83}_{35}$Br → $^{83}_{36}$Kr*, >$^{82}_{35}$Br¹, >$^{82}_{35}$Br², >$^{82}_{35}$Br³, $^{88}_{36}$Kr → $^{88}_{37}$Rb, $^{89}_{36}$Kr → $^{89}_{37}$Rb → $^{89}_{38}$Sr, $^{91}_{36}$Kr → $^{91}_{37}$Rb (→) $^{91}_{38}$Sr → → $^{91}_{39}$Y, >$^{91}_{36}$Kr → >$^{91}_{37}$Rb → >$^{91}_{38}$Sr → >$^{91}_{39}$Y* → >$^{91}_{39}$Y, $^{90}_{38}$Sr → $^{90}_{39}$Y, $^{?}_{38}$Sr, $^{95}_{40}$Zr → $^{95}_{41}$Nb [6,1 %] [1]), $^{?}_{40}$Zr, $^{99}_{42}$Mo → ^{99}43*, $^{101}_{42}$Mo → ^{101}43, >$^{101}_{42}$Mo (→ >^{101}43), $^{127}_{51}$Sb → $^{127}_{52}$Te [0,18 %] [1]), $^{129}_{51}$Sb → $^{129}_{52}$Te [0,34 %] [1]), >$^{131}_{51}$Sb → >$^{131}_{52}$Te¹ → >$^{131}_{53}$J¹ [5,2 %] [1]), $^{133}_{51}$Sb (→) $^{133}_{52}$Te → $^{133}_{53}$J → $^{133}_{54}$X [7,6 %] [1]), $^{131}_{52}$Te* → $^{131}_{52}$Te → $^{131}_{53}$J [1,6 %] [1]), >$^{131}_{52}$Te² → >$^{131}_{53}$J² [12 %] [1]), $^{135}_{52}$Te → $^{135}_{53}$J → $^{135}_{54}$X* → $^{135}_{54}$X [9,0 % ?] [1]), >$^{131}_{53}$J³, >$^{131}_{53}$J⁴, >$^{136}_{54}$X → → >$^{136}_{55}$Cs, $^{139}_{54}$X → $^{139}_{55}$Cs → $^{139}_{56}$Ba [6,4 %] [1]), $^{140}_{54}$X → $^{140}_{55}$Cs (→) $^{140}_{56}$Ba → $^{140}_{57}$La [8,4 %] [1]), >$^{140}_{56}$Ba → >$^{140}_{57}$La, $(^{141\cdot\,143}_{58}$Ce$)$, $(^{?}_{58}$Ce$)$.

$^{238}_{92}$**U**   (außer einer unbestimmten Anzahl der obigen) >$^{105}_{44}$Ru → >$^{105}_{45}$Rh, $^{111}_{46}$Pd → $^{111}_{47}$Ag, $^{112}_{46}$Pd → $^{112}_{47}$Ag, $^{115}_{48}$Cd → $^{115}_{49}$In*, $^{117}_{48}$Cd → $^{117}_{49}$In, $^{?}_{48}$Cd*.

---

[1]) Prozente der gesamten Spaltungsaktivität nach A 31 a.

Tabelle V.

Reaktion	Literatur	Spaltung von	mit	Literatur
$^{2}_{1}$D + $^{4}_{2}$He = $^{1}_{1}$H + $^{1}_{0}$n + $^{4}_{2}$He	S 23	Ionium	Neutronen	J 4
		Uran	Protonen von 6,9 MeV	D 18 b
		Thor		D 18 b
$^{2}_{1}$D + $^{1}_{1}$H = 2 $^{1}_{1}$H + $^{1}_{0}$n	B 6	Uran	Deuteronen	G 5, K 28, J 0
$^{6}_{3}$Li + $^{2}_{1}$D = $^{3}_{2}$He + $^{4}_{2}$He + $^{1}_{0}$n	R 34	Thor	Deuteronen, Schwellenwert etwa 7,5 MeV	K 28, J 0
		Uran	α-Teilchen von 32 MeV	F 14a
$^{7}_{3}$Li + $^{2}_{1}$D = 2 $^{4}_{2}$He + $^{1}_{0}$n	O 4, O 7, O 9, C 39, B 31, R 26, R 34	Uran	γ-Strahlen von $^{19}_{9}$F + p. Photospaltung	H 27, L 1a, H 27 b
$^{9}_{4}$Be + $^{4}_{2}$He = 3 $^{4}_{2}$He + $^{1}_{0}$n	L 53	Thor		H 27, H 27 b
$^{9}_{4}$Be + e_{v}^{-} = $^{8}_{4}$Be + $^{1}_{0}$n + $e_{v'}^{-}$	C 26	$^{235}_{92}$U	langsamen Neutronen. $^{235}_{92}$U ist für mindestens 75 % der Uranspaltungen mit langsamen Neutronen verantwortlich. $^{234}_{92}$U kann nicht ganz ausgeschlossen werden; sein Beitrag muß aber gering sein	
$^{10}_{5}$B + $^{2}_{1}$D = 3 $^{4}_{2}$He	C 19; C 22, C 23			
$^{10}_{5}$B + $^{1}_{0}$n = 2 $^{4}_{2}$He + $^{3}_{1}$H	C 11, C 12			N 16, N 17, K 14
$^{11}_{5}$B + $^{1}_{1}$H = 3 $^{4}_{2}$He	C 17, C 18, O 3, K 16, D 12, L 1, Y 4, S 39			
$^{11}_{5}$B + $^{2}_{1}$D = 3 $^{4}_{2}$He + $^{1}_{0}$n	C 23, B 34	$^{238}_{92}$U	schnellen Neutronen. $^{238}_{92}$U gibt nur mit schnellen Neutronen Spaltung; und zwar ist es praktisch für alle Uranspaltungen mit schnellen Neutronen verantwortlich	
$^{12}_{6}$C + $^{1}_{0}$n = 3 $^{4}_{2}$He + $^{1}_{0}$n	C 9, A 32			
$^{14}_{7}$N + $^{2}_{1}$D = 4 $^{4}_{2}$He	C 24			

Tabelle VI.

Reaktion	Q (MeV)	Q (TME)	Literatur
$^{2}_{1}$D (d, p) $^{3}_{1}$H	3,98 ± 0,02	4,27 ± 0,02	O 9 korrigiert nach L 53
$^{2}_{1}$D (d, n) $^{3}_{2}$He	3,18 ± 0,13	3,42 ± 0,13	B 32 „ „ L 53
$^{2}_{1}$D (d, n) $^{3}_{2}$He	3,29 ± 0,08	3,53 ± 0,09	B 38
$^{2}_{1}$D (d, n) $^{3}_{2}$He	3,31 ± 0,03	3,56 ± 0,03	B 40 b
$^{2}_{1}$D (γ, n) $^{1}_{1}$H	— 2,189 ± 0,022	— 2,351 ± 0,024	S 52
$^{2}_{1}$D (γ, n) $^{1}_{1}$H	— 2,18 ± 0,07	— 2,34 ± 0,08	R 8

Reaktion	Q (MeV)	Q (TME)	Literatur
$^{2}_{1}\mathrm{D}\ (\gamma, n)\ ^{1}_{1}\mathrm{H}$	$-2{,}17 \pm 0{,}05$	$-2{,}33 \pm 0{,}05$	R 21
$^{2}_{1}\mathrm{D}\ (\gamma, n)\ ^{1}_{1}\mathrm{H}$	$-2{,}189 \pm 0{,}007$	$-2{,}351 \pm 0{,}008$	K 11
$^{6}_{3}\mathrm{Li}\ (p, \alpha)\ ^{3}_{2}\mathrm{He}$	$3{,}72 \pm 0{,}08$	$4{,}00 \pm 0{,}09$	N 8 korrigiert nach L 53
$^{6}_{3}\mathrm{Li}\ (p, \alpha)\ ^{3}_{2}\mathrm{He}$	$3{,}94_5 \pm 0{,}06$	$4{,}24 \pm 0{,}07$	P 7
$^{6}_{3}\mathrm{Li}\ (p, \alpha)\ ^{3}_{2}\mathrm{He}$	$3{,}94 \pm 0{,}08$	$4{,}23 \pm 0{,}09$	M 34 a, A 18 a
$^{6}_{3}\mathrm{Li}\ (d, \alpha)\ ^{4}_{2}\mathrm{He}$	$22{,}20 \pm 0{,}04$	$23{,}84 \pm 0{,}04$	S 40
$^{6}_{3}\mathrm{Li}\ (d, p)\ ^{7}_{3}\mathrm{Li}$	$5{,}02 \pm 0{,}12$	$5{,}40 \pm 0{,}13$	C 19 korrigiert nach L 53
$^{6}_{3}\mathrm{Li}\ (n, \alpha)\ ^{3}_{1}\mathrm{H}$	$4{,}67 \pm 0{,}05$	$5{,}02 \pm 0{,}05$	L 52 ,, ,, L 53
$^{6}_{3}\mathrm{Li}\ (n, \alpha)\ ^{3}_{1}\mathrm{H}$	$4{,}86 \pm 0{,}04$	$5{,}22 \pm 0{,}04$	L 54
$^{7}_{3}\mathrm{Li}\ (p, \alpha)\ ^{4}_{2}\mathrm{He}$	$17{,}28 \pm 0{,}03$	$18{,}56 \pm 0{,}03$	S 40
$^{7}_{3}\mathrm{Li}\ (p, n)\ ^{7}_{4}\mathrm{Be}$	$-1{,}62 \pm 0{,}02$	$-1{,}74 \pm 0{,}02$	H 25, H 27 a
$^{7}_{3}\mathrm{Li}\ (d, n)\ ^{8}_{4}\mathrm{Be}$	$14{,}55$	$15{,}63$	B 31 korrigiert nach L 53
$^{7}_{3}\mathrm{Li}\ (d, \alpha)\ ^{5}_{2}\mathrm{He}$	$12{,}7$	$13{,}6$	W 19 ,, ,, F 18 a
$^{7}_{3}\mathrm{Li}\ (d, p)\ ^{8}_{3}\mathrm{Li}$	$-0{,}200 \pm 0{,}030$	$-0{,}21 \pm 0{,}032$	R 34
$^{8}_{4}\mathrm{Be} \rightarrow 2\ ^{4}_{2}\mathrm{He}$	$< 0{,}20$	$< 0{,}21$	L 1
$^{9}_{4}\mathrm{Be}\ (p, \alpha)\ ^{6}_{3}\mathrm{Li}$	$2{,}078 \pm 0{,}04$	$2{,}232 \pm 0{,}04$	A 15 korrigiert nach M 9a
$^{9}_{4}\mathrm{Be}\ (p, d)\ ^{8}_{4}\mathrm{Be}$	$0{,}534 \pm 0{,}006$	$0{,}573 \pm 0{,}006$	A 16 ,, ,, M 9a
$^{9}_{4}\mathrm{Be}\ (p, n)\ ^{9}_{5}\mathrm{B}$	$-1{,}83 \pm 0{,}01$	$-1{,}96 \pm 0{,}01$	H 26, H 27 a
$^{9}_{4}\mathrm{Be}\ (d, n)\ ^{10}_{5}\mathrm{B}$	$4{,}20$	$4{,}51$	B 34 korrigiert nach L 53
$^{9}_{4}\mathrm{Be}\ (d, \alpha)\ ^{7}_{3}\mathrm{Li}$	$7{,}19 \pm 0{,}12$	$7{,}72 \pm 0{,}13$	O 10 ,, ,, L 53
$^{9}_{4}\mathrm{Be}\ (d, \alpha)\ ^{7}_{3}\mathrm{Li}$	$7{,}093 \pm 0{,}022$	$7{,}618 \pm 0{,}024$	G 17
$^{9}_{4}\mathrm{Be}\ (d, p)\ ^{10}_{4}\mathrm{Be}$	$4{,}59 \pm 0{,}11$	$4{,}93 \pm 0{,}12$	O 10 korrigiert nach L 53
$^{9}_{4}\mathrm{Be}\ (d, p)\ ^{10}_{4}\mathrm{Be}$	$4{,}52$	$4{,}85$	P 20
$^{9}_{4}\mathrm{Be}\ (e^-, n)\ ^{8}_{4}\mathrm{Be}$	$-1{,}63 \pm 0{,}05$	$-1{,}75 \pm 0{,}05$	C 26
$^{9}_{4}\mathrm{Be}\ (\gamma, n)\ ^{8}_{4}\mathrm{Be}$	$-1{,}63 \pm 0{,}05$	$-1{,}75 \pm 0{,}05$	C 26
$^{10}_{5}\mathrm{B}\ (\alpha, p)\ ^{13}_{6}\mathrm{C}$	$3{,}7$	$4{,}0$	M 10
$^{10}_{5}\mathrm{B}\ (p, n)\ ^{10}_{6}\mathrm{C}$	$-5{,}1$	$-5{,}5$	B 7
$^{10}_{5}\mathrm{B}\ (d, n)\ ^{11}_{6}\mathrm{C}$	$6{,}08$	$6{,}53$	B 34 korrigiert nach L 53
$^{10}_{5}\mathrm{B}\ (d, \alpha)\ ^{8}_{4}\mathrm{Be}$	$17{,}76 \pm 0{,}08$	$19{,}10 \pm 0{,}09$	C 23 ,, ,, L 53
$^{10}_{5}\mathrm{B}\ (d, p)\ ^{11}_{5}\mathrm{B}$	$9{,}14 \pm 0{,}06$	$9{,}82 \pm 0{,}06$	C 23 ,, ,, L 53
$^{10}_{5}\mathrm{B}\ (n, \alpha)\ ^{7}_{3}\mathrm{Li}$	$2{,}75 \pm 0{,}08$	$2{,}95 \pm 0{,}09$	L 54
$^{10}_{5}\mathrm{B}\ (n, \alpha)\ ^{7}_{3}\mathrm{Li}$	$2{,}90$	$3{,}11$	M 11, F 16
$^{11}_{5}\mathrm{B}\ (\alpha, p)\ ^{14}_{6}\mathrm{C}$	$0{,}66 \pm 0{,}30$	$0{,}71 \pm 0{,}32$	P 19
$^{11}_{5}\mathrm{B}\ (p, \alpha)\ ^{8}_{4}\mathrm{Be}$	$8{,}60 \pm 0{,}11$	$9{,}24 \pm 0{,}12$	O 10 korrigiert nach L 53
$^{11}_{5}\mathrm{B}\ (p, n)\ ^{11}_{6}\mathrm{C}$	$-2{,}72 \pm 0{,}01$	$-2{,}93 \pm 0{,}01$	H 26, H 27 a
$^{11}_{5}\mathrm{B}\ (d, n)\ ^{12}_{6}\mathrm{C}$	$13{,}4$	$14{,}4$	B 34 korrigiert nach L 53
$^{11}_{5}\mathrm{B}\ (d, \alpha)\ ^{9}_{4}\mathrm{Be}$	$8{,}13 \pm 0{,}12$	$8{,}73 \pm 0{,}13$	C 23 ,, ,, L 53
$^{12}_{6}\mathrm{C}\ (d, n)\ ^{13}_{7}\mathrm{N}$	$-0{,}28$	$-0{,}30$	C 24 ,, ,, L 53
$^{12}_{6}\mathrm{C}\ (d, n)\ ^{13}_{7}\mathrm{N}$	$-0{,}25 \pm 0{,}03$	$-0{,}27 \pm 0{,}03$	B 34 ,, ,, B 37
$^{12}_{6}\mathrm{C}\ (d, n)\ ^{13}_{7}\mathrm{N}$	$-0{,}19 \pm 0{,}05$	$-0{,}20 \pm 0{,}05$	B 18 a
$^{12}_{6}\mathrm{C}\ (d, p)\ ^{13}_{6}\mathrm{C}$	$2{,}71 \pm 0{,}05$	$2{,}91 \pm 0{,}05$	C 24 korrigiert nach L 53
$^{13}_{6}\mathrm{C}\ (p, n)\ ^{13}_{7}\mathrm{N}$	$-2{,}97 \pm 0{,}03$	$-3{,}19 \pm 0{,}03$	H 25, H 27 a
$^{13}_{6}\mathrm{C}\ (d, p)\ ^{14}_{6}\mathrm{C}$	$6{,}01 \pm 0{,}20$	$6{,}46 \pm 0{,}22$ [1])	P 19
$^{13}_{6}\mathrm{C}\ (d, p)\ ^{14}_{6}\mathrm{C}$	$6{,}1$	$6{,}55$	B 54
$^{13}_{6}\mathrm{C}\ (d, \alpha)\ ^{11}_{5}\mathrm{B}$	$5{,}24 \pm 0{,}11$	$5{,}63 \pm 0{,}12$	C 24 korrigiert nach L 53
$^{14}_{7}\mathrm{N}\ (\alpha, p)\ ^{17}_{8}\mathrm{O}$	$-1{,}16$	$-1{,}25$	P 14 ,, ,, L 53
$^{14}_{7}\mathrm{N}\ (d, \alpha)\ ^{12}_{6}\mathrm{C}$	$13{,}40 \pm 0{,}15$	$14{,}40 \pm 0{,}16$	C 24 ,, ,, L 53
$^{14}_{7}\mathrm{N}\ (d, \alpha)\ ^{12}_{6}\mathrm{C}$	$13{,}39 \pm 0{,}08$	$14{,}39 \pm 0{,}09$	H 63 a
$^{14}_{7}\mathrm{N}\ (d, p)\ ^{15}_{7}\mathrm{N}$	$8{,}55 \pm 0{,}08$	$9{,}18 \pm 0{,}09$	C 24 korrigiert nach L 53
$^{14}_{7}\mathrm{N}\ (d, p)\ ^{15}_{7}\mathrm{N}$	$8{,}51 \pm 0{,}1$	$9{,}14 \pm 0{,}1$	H 63 a
$^{14}_{7}\mathrm{N}\ (n, \alpha)\ ^{11}_{5}\mathrm{B}$	$-0{,}43 \pm 0{,}1$	$-0{,}46 \pm 0{,}1$	B 4
$^{14}_{7}\mathrm{N}\ (n, p)\ ^{14}_{6}\mathrm{C}$	$0{,}55 \pm 0{,}03$	$0{,}59 \pm 0{,}03$	H 66
$^{15}_{7}\mathrm{N}\ (p, \alpha)\ ^{12}_{6}\mathrm{C}$	$5{,}00 \pm 0{,}15$	$5{,}37 \pm 0{,}16$	B 62
$^{15}_{7}\mathrm{N}\ (d, \alpha)\ ^{13}_{6}\mathrm{C}$	$7{,}54 \pm 0{,}07$	$8{,}09 \pm 0{,}08$	H 63 a

[1]) Zurück gerechnet aus der Angabe für die Masse $^{14}_{6}\mathrm{C}$ bei P 19, da beim Q-Wert anscheinend Druckfehler vorliegt.

Reaktion	Q (MeV)	Q (TME)	Literatur
$^{16}_{8}\text{O}$ (d, n) $^{17}_{9}\text{F}$	$-1,7$	$-1,8$	N 11 korrigiert nach L 53
$^{16}_{8}\text{O}$ (d, α) $^{14}_{7}\text{N}$	$3,13 \pm 0,13$	$3,36 \pm 0,14$	C 24 ,, ,, L 53
$^{16}_{8}\text{O}$ (d, p) $^{17}_{8}\text{O}$	$1,95 \pm 0,06$	$2,10 \pm 0,06$	C 24 ,, ,, L 53
$^{18}_{8}\text{O}$ (p, α) $^{15}_{7}\text{N}$	$3,96 \pm 0,15$	$4,25 \pm 0,16$	B 65
$^{18}_{8}\text{O}$ (p, n) $^{18}_{9}\text{F}$	$-2,42 \pm 0,04$	$-2,60 \pm 0,04$	D 28
$^{19}_{9}\text{F}$ (α, p) $^{22}_{10}\text{Ne}$	$1,58$	$1,70$	C 5 korrigiert nach L 53
$^{19}_{9}\text{F}$ (p, α) $^{16}_{8}\text{O}$	$8,15 \pm 0,12$	$8,75 \pm 0,13$	H 34 ,, ,, L 53
$^{19}_{9}\text{F}$ (p, α) $^{16}_{8}\text{O}$	$7,95$	$8,54$	B 63
$^{19}_{9}\text{F}$ (p, n) $^{19}_{10}\text{Ne}$	$-3,97$	$-4,26$	W 16
$^{19}_{9}\text{F}$ (d, n) $^{20}_{10}\text{Ne}$	$10,80 \pm 0,20$	$11,60 \pm 0,22$	B 39
$^{19}_{9}\text{F}$ (d, α) $^{17}_{8}\text{O}$	$9,84$	$10,57$	B 63
$^{19}_{9}\text{F}$ (d, p) $^{20}_{10}\text{F}$	$4,3$	$4,6$	B 54
$^{20}_{10}\text{Ne}$ (d, p) $^{21}_{10}\text{Ne}$	$4,88$	$5,24$	P 23
$^{23}_{11}\text{Na}$ (α, p) $^{26}_{12}\text{Mg}$	$1,91$	$2,05$	K 21 korrigiert nach L 53
$^{23}_{11}\text{Na}$ (p, n) $^{23}_{12}\text{Mg}$	$-4,58 \pm 0,3$	$-4,93 \pm 0,3$	W 16
$^{23}_{11}\text{Na}$ (d, α) $^{21}_{10}\text{Ne}$	$6,85 \pm 0,20$	$7,36 \pm 0,22$	L 18 korrigiert nach L 53
$^{23}_{11}\text{Na}$ (d, α) $^{21}_{10}\text{Ne}$	$6,75 \pm 0,1$	$7,25 \pm 0,11$	M 44
$^{23}_{11}\text{Na}$ (d, p) $^{24}_{11}\text{Na}$	$4,92 \pm 0,30$	$5,30 \pm 0,32$	L 18 korrigiert nach L 53
$^{23}_{11}\text{Na}$ (d, p) $^{24}_{11}\text{Na}$	$4,76$	$5,11$	M 44
$^{24}_{12}\text{Mg}$ (α, p) $^{27}_{13}\text{Al}$	$-1,82$	$-1,96$	D 33 korrigiert nach L 53
$^{25}_{12}\text{Mg}$ (α, p) $^{28}_{13}\text{Al}$	$-1,05$	$-1,13$	D 33 ,, ,, L 53
$^{27}_{13}\text{Al}$ (α, p) $^{30}_{14}\text{Si}$	$2,26$	$2,43$	D 33 ,, ,, L 53
$^{27}_{13}\text{Al}$ (p, n) $^{27}_{14}\text{Si}$	$-6,1$	$-6,55$	K 32
$^{27}_{13}\text{Al}$ (p, n) $^{27}_{14}\text{Si}$	$-5,8 \pm 0,1$	$-6,2 \pm 0,1$	M 13
$^{27}_{13}\text{Al}$ (d, α) $^{25}_{12}\text{Mg}$	$6,46 \pm 0,14$	$6,94 \pm 0,15$	M 20 korrigiert nach L 53
$^{27}_{13}\text{Al}$ (d, p) $^{28}_{13}\text{Al}$	$5,79 \pm 0,3$	$6,22 \pm 0,3$	M 20 ,, ,, L 53
$^{28}_{14}\text{Si}$ (α, p) $^{31}_{15}\text{P}$	$-2,23$	$-2,40$	H 29 ,, ,, L 53
$^{31}_{15}\text{P}$ (α, p) $^{34}_{16}\text{S}$	$0,31$	$0,33$	M 12 ,, ,, L 53
$^{31}_{15}\text{P}$ (d, p) $^{32}_{15}\text{P}$	$5,9 \pm 0,3$	$6,3 \pm 0,3$	P 22
$^{32}_{16}\text{S}$ (d, p) $^{33}_{16}\text{S}$	$6,62$	$7,11$	S 39 a
$^{32}_{16}\text{S}$ (α, p) $^{35}_{17}\text{Cl}$	$-2,10$	$-2,25$	H 29 korrigiert nach L 53
$^{35}_{17}\text{Cl}$ (d, p) $^{36}_{17}\text{Cl}$	$6,9 \pm 0,3$	$7,4 \pm 0,3$	P 22, S 32
$^{35}_{17}\text{Cl}$ (d, p) $^{36}_{17}\text{Cl}$	$6,31$	$6,78$	S 34 b
$^{35}_{17}\text{Cl}$ (d, α) $^{33}_{16}\text{S}$	$9,1$	$9,8$	S 34 b
$^{37}_{17}\text{Cl}$ (d, p) $^{38}_{17}\text{Cl}$	$4,0 \pm 0,3$	$4,3 \pm 0,3$	P 22, S 32
$^{37}_{17}\text{Cl}$ (d, p) $^{38}_{17}\text{Cl}$	$4,02$	$4,31$	S 34 b
$^{40}_{18}\text{A}$ (d, p) $^{41}_{18}\text{A}$	$4,37$	$4,69$	D 6
$^{39}_{19}\text{K}$ (α, p) $^{42}_{20}\text{Ca}$	$-0,89$	$-0,96$	P 13 korrigiert nach L 53
$^{39}_{19}\text{K}$ (d, p) $^{40}_{19}\text{K}$	$5,6 \pm 0,3$	$6,0 \pm 0,3$	P 22
$^{40}_{20}\text{Ca}$ (α, p) $^{43}_{21}\text{Sc}$	$-4,27$	$-4,59$	P 14 korrigiert nach L 53
$^{45}_{21}\text{Sc}$ (α, p) $^{48}_{22}\text{Ti}$	$-0,3 \pm 0,5$	$-0,3 \pm 0,5$	P 17
$^{45}_{21}\text{Sc}$ (d, p) $^{46}_{21}\text{Sc}$	$6,78 \pm 0,3$	$7,28 \pm 0,3$	D 5
$^{48}_{22}\text{Ti}$ (α, p) $^{51}_{23}\text{V}$	$1,10 \pm 0,5$	$1,18 \pm 0,5$	D 3
$^{51}_{23}\text{V}$ (d, p) $^{52}_{23}\text{V}$	$7,80 \pm 0,3$	$8,38 \pm 0,3$	D 5
$^{55}_{25}\text{Mn}$ (d, p) $^{56}_{25}\text{Mn}$	$6,57 \pm 0,3$	$7,06 \pm 0,3$	D 5
$^{59}_{27}\text{Co}$ (d, p) $^{60}_{27}\text{Co}$	$5,78$	$6,21$	D 7
$^{61}_{28}\text{Ni}$ (p, n) $^{61}_{29}\text{Cu}$	$-3,0$	$-3,2$	W 14
$^{64}_{28}\text{Ni}$ (p, n) $^{64}_{29}\text{Cu}$	$-2,5$	$-2,7$	W 14
$^{63}_{29}\text{Cu}$ (d, p) $^{64}_{29}\text{Cu}$	$5,70 \pm 0,3$	$6,12 \pm 0,3$ [1]	D 5
$^{65}_{29}\text{Cu}$ (d, p) $^{66}_{29}\text{Cu}$	$6,35 \pm 0,3$	$6,82 \pm 0,3$ [1]	D 5
$^{63}_{29}\text{Cu}$ (p, n) $^{63}_{30}\text{Zn}$	$-4,0$	$-4,3$	W 14
$^{68}_{30}\text{Zn}$ (p, n) $^{68}_{31}\text{Ga}$	$-3,5$	$-3,8$	D 28
$^{68}_{30}\text{Zn}$ (p, n) $^{68}_{31}\text{Ga}$	$-3,6$	$-3,9$	W 14
$^{70}_{30}\text{Zn}$ (p, n) $^{70}_{31}\text{Ga}$	$-1,6$	$-1,7$	W 14
$^{75}_{33}\text{As}$ (d, p) $^{76}_{33}\text{As}$	$5,80$	$6,23$	D 7

[1] Zuordnung unsicher.

Literatur
zu den Tabellen IV bis VI.

(1) Abelson, Ph.: Physic. Rev. **55** (1939) 418.
(2) Abelson, Ph.: Physic. Rev. **55** (1939) 424 (abs. 18).
(3) Abelson, Ph.: Physic. Rev. **55** (1939) 670.
(4) Abelson, Ph.: Physic. Rev. **55** (1939) 876.
(5) Abelson, Ph.: Physic. Rev. **56** (1939) 1.
(6) Alexeeva, K.: C. R. Acad. Sci. USSR. **17** (1937) 13.
(7) Alexeeva, K.: C. R. Acad. Sci. USSR. **18** (1938) 553.
(8) Alichanian, A. I., A. I. Alichanow u. B. S. Dzelepow: Physikal. Z. USSR. **10** (1936) 78.
(9) Alichanow, A. I., A. I. Alichanian u. B. S. Dzelepow: Nature, London **133** (1934) 871.
(10) Alichanow, A. I., A. I. Alichanian u. B. S. Dzelepow: Nature, London **134** (1934) 254.
(11) Alichanow, A. I., A. I. Alichanian u. B. S. Dzelepow: Nature, London **135** (1935) 393.
(12) Alichanow, A. I., A. I. Alichanian u. B. S. Dzelepow: Nature, London **136** (1935) 257.
(13) Allen, I. S.: Physic. Rev. **51** (1937) 182.
(14) Allison, S. K.: Physic. Rev. **49** (1936) 420. Proc. Cambridge phil. Soc. **32** (1936) 179.
(15) Allison, S. K., L. S. Skaggs u. N. M. Smith jr.: Physic. Rev. **54** (1938) 171; u. L. S. Skaggs: Physic. Rev. **56** (1939) 24.
(16) Allison, S. K., E. R. Graves, L. S. Skaggs u. N. M. Smith jr.: Physic. Rev. **55** (1939) 107; u. L. S. Skaggs: Physic. Rev. **56** (1939) 24.
(17) Allison, S. K., E. R. Graves u. L. S. Skaggs: Physic. Rev. **57** (1940) 158.
(18) Allison, S. K., L. C. Miller, G. J. Perlow, L. S. Skaggs u. N. M. Smith jr.: Physic. Rev. **58** (1940) 178.
(18a) Allison, S. K., L. C. Miller, L. S. Skaggs u. N. M. Smith, jr.: Physic. Rev. **59** (1941) 108 (abs. 14).
(19) Alvarez, L. W.: Physic. Rev. **52** (1937) 134.
(20) Alvarez: L. W.: Physic. Rev. **53** (1938) 606.
(21) Alvarez, L. W.: Physic. Rev. **54** (1938) 486.
(22) Alvarez, L. W. u. R. Cornog: Physic. Rev. **56** (1939) 379, 613; **57** (1940) 248.
(23) Alvarez, L. W., A. C. Helmholz u. E. Nelson: Physic. Rev. **57** (1940) 660.
(24) Alvarez, L. W. u. R. Cornog: Physic. Rev. **58** (1940) 197 (abs. 47).
(25) Amaki, T. u. A. Sugimoto: Sci. Pap. Inst. physic. chem. Res. Japan **34** (1938) 1650.
(26) Amaki, T., T. Iiomori u. A. Sugimoto: Sci. Pap. Inst. physic. chem. Res. Japan **37** (1940) 395. Physic. Rev. **57** (1940) 751.
(27) Amaldi, E., O. D'Agostino, E. Fermi, B. Pontecorvo, F. Rasetti u. E. Segré: Proc. roy. Soc. London (A) **149** (1935) 522.
(28) Amaldi, E.: Nuovo Cim. **12** (1935) 233.
(29) Andersen, E. B.: Nature, London **137** (1936) 457.
(30) Andersen, E. B.: Z. physik. Chem. B **32** (1936) 237.
(31) Andersen, E. B.: Nature, London **138** (1936) 76.
(31a) Anderson, H. L., E. Fermi u. A. V. Grosse: Physic. Rev. **59** (1941) 52.
(32) Aoki, A.: Proc. physic.-math. Soc. Japan **20** (1938) 755.
(33) Aten, A. H. W. jr., C. J. Bakker u. F. A. Heyn: Nature, London **143** (1939) 679.

(1) Bacon, R. H., E. N. Grisewood u. C. W. van der Merwe: Physic. Rev. **52** (1937) 668.
(2) Bacon, R. H., E. N. Grisewood u. C. W. van der Merwe: Physic. Rev. **54** (1938) 315 (abs. 18).
(2a) Bacon, R. H., E. N. Grisewood u. C. W. van der Merwe: Physic. Rev. **59** (1941) 531.
(3) Bak, M. A. u. N. N. Nikolaevskaya: C. R. Acad. Sci. URSS. **22** (1939) 312.
(4) Baldinger, E. u. P. Huber: Helv. physic. Acta **12** (1939) 330.
(5) Barkas, W. H.: Physic. Rev. **56** (1939) 287.
(6) Barkas, W. H., M. G. White: Physic. Rev. **56** (1939) 288.
(7) Barkas, W. H., E. C. Creutz, L. A. Delsasso, J. G. Fox u. M. G. White: Physic. Rev. **57** (1940) 562 (abs. 37).
(8) Barkas, W. H., E. C. Creutz, L. A. Delsasso u. R. A. Sutton: Physic. Rev. **57** (1940) 1087 (abs. 164).
(9) Barkas, W. H., E. C. Creutz, L. A. Delsasso, R. B. Sutton u. M. G. White: Physic. Rev. **58** (1940) 194 (abs. 34), 383.
(10) Barkas, W. H., P. R. Carlson, J. E. Henderson u. W. H. Moore: Physic. Rev. **58** (1940) 577.
(11) Barnes, S. W. u. G. E. Valley: Physic. Rev. **53** (1938) 946.
(12) Barnes, S. W. u. P. W. Aradine: Physic. Rev. **55** (1939) 50.
(13) Barnes, S. W.: Physic. Rev. **55** (1939) 241 (abs. 42); **56** (1939) 414, 859 (abs. 55).
(14) Barresi, G. u. Cacciapuoti: Scientia **10** (1939) 464.
(15) Bayley, D. S. u. H. R. Crane: Physic. Rev. **52** (1937) 604.
(16) Becker, R. A. u. E. R. Gaerttner: Physic. Rev. **56** (1939) 854 (abs. 29).
(16a) Becker, R. A., W. A. Fowler u. C. C. Lauritsen: Physic. Rev. **59** (1941) 217 (abs. 9).
(17) Bennett, W. E. u. T. W. Bonner: Physic. Rev. **57** (1940) 1086 (abs. 160); **58** (1940) 183.
(18) Bennett, W. E., T. W. Bonner, E. Hudspeth u. B. E. Watt: Physic. Rev. **58** (1940) 478.
(18a) Bennett, W. E., T. W. Bonner, E. Hudspeth, H. T. Richards u. B. E. Watt: Physic. Rev. **59** (1941) 781.
(18b) Bennett, W. E., T. W. Bonner u. B. E. Watt: Physic. Rev. **59** (1941) 793.
(18c) Bennett, W. E., T. W. Bonner, H. T. Richards u. B. E. Watt: Physic. Rev. **59** (1941) 904.
(19) Bernardini, G.: Scientia **8** (1937) 33.
(20) Bernardini, G.: Nuovo Cim. **15** (1938) 220.
(21) Bertl, E., F. Obořil u. K. Sitte: Z. Physik **106** (1937) 463.
(22) Bethe, H. A. u. W. J. Henderson: Physic. Rev. **56** (1939) 1060.
(23) Bjerge, T. u. C. H. Westcott: Nature, London **134** (1934) 177.
(24) Bjerge, T. u. C. H. Westcott: Nature, London **134** (1934) 286.
(25) Bjerge, T.: Nature, London **137** (1936) 865.
(26) Bjerge, T.: Nature, London **138** (1936) 400.
(27) Bjerge, T. u. K. J. Broström: Nature, London **138** (1936) 400.
(28) Bjerge, T.: Nature, London **139** (1937) 757.
(29) Bjerge, T. u. K. J. Broström: Det. Kgl. Danske Vid. Selskab. **16** (1938) 17.
(30) Bonner, T. W. u. L. M. Mott-Smith: Physic. Rev. **46** (1934) 258.
(31) Bonner, T. W. u. W. M. Brubaker: Physic. Rev. **48** (1935) 742.

(32) Bonner, T. W. u. W. M. Brubaker: Physic. Rev. **49** (1936) 19.

(33) Bonner, T. W. u. W. M. Brubaker: Physic. Rev. **49** (1936) 778.

(34) Bonner, T. W. u. W. M. Brubaker: Physic. Rev. **50** (1936) 308.

(35) Bonner, T. W. u. W. M. Brubaker: Physic. Rev. **50** (1936) 308.

(36) Bonner, T. W.: Physic. Rev. **52** (1937) 685.

(37) Bonner, T. W.: Physic. Rev. **53** (1938) 496.

(38) Bonner, T. W.: Physic. Rev. **53** (1938) 711.

(39) Bonner, T. W.: Proc. roy. Soc. London (A) **174** (1940) 339.

(40) Bonner, T. W., E. Hudspeth u. W. E. Bennett: Physic. Rev. **57** (1940) 1075 (abs. 103); **58** (1940) 185.

(40a) Bonner, T. W., R. A. Becker, S. Rubin u. J. F. Streib: Physic. Rev. **59** (1941) 215 (abs. 3).

(40b) Bonner, T. W.: Physic. Rev. **59** (1941) 237.

(41) Booth, E. T. u. C. Hurst: Proc. roy. Soc. London (A) **161** (1937) 248.

(42) Booth, E. T., J. R. Dunning, A. V. Grosse u. A. O. Nier: Physic. Rev. **58** (1940) 475.

(43) Borst, L. B. u. W. D. Harkins: Physic. Rev. **57** (1940) 569.

(43a) Borst, L. B.: Physic. Rev. **59** (1941) 941 (abs. 141).

(44) Bothe, W. u. H. Becker: Z. Physik **66** (1930) (289).

(45) Bothe, W. u. H. Fränz: Z. Physik **43** (1927) 456; **49** (1928) 1; **63** (1930) 370, 381.

(46) Bothe, W. u. W. Gentner: Naturwiss. **25** (1937) 90.

(47) Bothe, W. u. W. Gentner: Naturwiss. **25** (1937) 126.

(48) Bothe, W. u. W. Gentner: Naturwiss. **25** (1937) 191.

(49) Bothe, W. u. W. Gentner: Naturwiss. **25** (1937) 284.

(50) Bothe, W. u. H. Maier-Leibnitz: Z. Physik **107** (1937) 513.

(51) Bothe, W. u. W. Gentner: Z. Physik **106** (1937) 236.

(52) Bothe, W. u. W. Gentner: Naturwiss. **26** (1938) 497.

(53) Bothe, W. u. W. Gentner: Z. Physik **112** (1939) 45.

(54) Bower, J. C. u. W. E. Burcham: Proc. roy. Soc. London (A) **173** (1939) 379.

(55) Bramley, A. u. A. K. Brewer: Physic. Rev. **53** (1938) 502.

(56) Brandt, H.: Z. Physik **108** (1938) 276.

(57) Brasch, A.: Naturwiss. **21** (1933) 82.

(58) Brasefield, C. J. u. E. Pollard: Physic. Rev. **50** (1936) 296.

(58a) Bretscher, E.: Nature (Lond.) **146** (1940) 94.

(58b) Bretscher, E. u. L. G. Cook: Nature, London **146** (1940) 430.

(59) Brown, M. V. u. C. G. Mitchell: Physic. Rev. **50** (1936) 593.

(59a) Brown, S. C.: Physic. Rev. **59** (1941) 687 (abs. 23).

(60) Brubaker, W. M. u. E. Pollard: Physic. Rev. **51** (1937) 1013.

(61) Buck, J. H.: Physic. Rev. **54** (1938) 1025.

(62) Burcham, W. E. u. M. Goldhaber: Proc. Cambridge phil. Soc. **32** (1936) 632.

(63) Burcham, W. E. u. C. L. Smith: Proc. roy. Soc. London (A) **168** (1938) 176.

(64) Burcham, W. E., M. Goldhaber u. R. D. Hill: Nature, London **141** (1938) 510.

(65) Burcham, W. E. u. C. L. Smith: Nature, London **143** (1939) 795.

(66) Burcham, W. E. u. S. Devons: Proc. roy. Soc. London (A) **173** (1939) 555.

(1) Cacciapuoti, B. N. u. E. Segrè: Physic. Rev. **52** (1937) 1252.

(2) Cacciapuoti, B. N.: Nuovo Cim. **15** (1938) 425. Physic. Rev. **55** (1939) 110.

(3) Cacciapuoti, N. B.: Nuovo Cim. **15** (1938) 213.

(4) Carlson, P. R. u. J. E. Henderson: Physic. Rev. **58** (1940) 193 (abs. 28).

(5) Chadwick, J. u. J. E. R. Constable: Proc. roy. Soc. London (A) **135** (1931) 48.

(6) Chadwick, J.: Proc. roy. Soc. London **136** (1932) 692.

(7) Chadwick, J.: Proc. roy. Soc. London (A) **142** (1933) 1.

(8) Chadwick, J. u. N. Feather: Int. Conf. Phys. London 1934.

(9) Chadwick, J., N. Feather u. W. T. Davies: Proc. Cambridge phil. Soc. **30** (1934) 357.

(10) Chadwick, J. u. M. Goldhaber: Proc. roy. Soc. London (A) **151** (1935) 479.

(11) Chadwick, J. u. M. Goldhaber: Nature, London **135** (1935) 65.

(12) Chadwick, J. u. M. Goldhaber: Proc. Cambridge phil. Soc. **31** (1935) 612.

(13) Chang, W. V., M. Goldhaber u. R. Sagane: Nature, London **139** (1937) 962.

(14) Chang, W. V. u. A. Szalay: Proc. roy. Soc. London (A) **159** (1937) 72.

(15) Cichocki, J. u. A. Soltan: C. R. Séances Acad. Sci. Paris **207** (1938) 423.

(16) Clancy, E. P.: Physic. Rev. **58** (1940) 88.

(16a) Clancy, E. P.: Physic. Rev. **59** (1941) 686 (abs. 21).

(17) Cockroft, J. D. u. E. T. Walton: Proc. roy. Soc. London (A) **137** (1932) 229. Nature, London **129** (1932) 242, 649.

(18) Cockroft, J. D. u. E. T. Walton: Nature, London **131** (1933) 23.

(19) Cockroft, J. D. u. E. T. Walton: Proc. roy. Soc. London (A) **144** (1934) 704.

(20) Cockroft, J. D.: Int. Conf. Phys. London 1934.

(21) Cockroft, J. D., C. W. Gilbert u. E. T. S. Walton: Nature **133** (1934) 328.

(22) Cockroft, J. D., C. W. Gilbert u. E. T. S. Walton: Proc. roy. Soc. London (A) **148** (1935) 225.

(23) Cockroft, J. D. u. W. B. Lewis: Proc. roy. Soc. London (A) **154** (1936) 246.

(24) Cockroft, J. D. u. W. B. Lewis: Proc. roy. Soc. London (A) **154** (1936) 261.

(24a) Collar, H. W., J. M. Cork u. G. P. Smith: Physic. Rev. **59** (1941) 937 (abs. 120).

(25) Collins, G. B., B. Waldman, E. M. Stubblefield u. M. Goldhaber: Physic. Rev. **55** (1939) 507.

(26) Collins, G. B., B. Waldman u. E. Guth: Physic. Rev. **56** (1939) 876.

(27) Collins, G. B. u. B. Waldman: Physic. Rev. **57** (1940) 1088 (abs. 169).

(27a) Collins, G. B. u. B. Waldman: Physic. Rev. **59** (1941) 109 (abs. 20).

(27b) Cooper, E. P. u. E. C. Nelson: Physic. Rev. **58** (1940) 1117.

(28) Cork, J. M., J. R. Richardson u. F. N. Kurie: Physic. Rev. **49** (1936) 208.

(29) Cork, J. M. u. E. O. Lawrence: Physic. Rev. **49** (1936) 788 (abs. 28).

(30) Cork, J. M. u. R. L. Thornton: Physic. Rev. **51** (1937) 59 (abs. 9).

(31) Cork, J. M. u. R. L. Thornton: Physic. Rev. 51 (1937) 608.

(32) Cork, J. M. u. R. L. Thornton: Physic. Rev. 53 (1938) 866.

(33) Cork, J. M. u. J. L. Lawson: Pysik. Rev. 56 (1939) 291.

(34) Cork, J. M., J. Halpern u. H. Tatel: Physic. Rev. 57 (1940) 348, 371 (abs. 20).

(35) Cork, J. M. u. J. Halpern: Physic. Rev. 58 (1940) 201 (abs. 13).

(36) Cork, J. M. u. W. Middleton: Physic. Rev. 58 (1940) 474.

(37) Corson, D. R., K. R. MacKenzie u. E. Segrè: Physic. Rev. 57 (1940) 250, 459, 1087 (abs. 165).

(37a) Corson, D. R., K. R. MacKenzie u. E. Segrè: Physic. Rev. 58 (1940) 672.

(38) Crane, H. R., C. C. Lauritsen u. A. Soltan: Physic. Rev. 44 (1933) 514.

(39) Crane, H. R., C. C. Lauritsen u. A. Soltan: Physic. Rev. 44 (1933) 692.

(40) Crane, H. R. u. C. C. Lauritsen: Physic. Rev. 45 (1934) 430.

(41) Crane, H. R. u. C. C. Lauritsen: Physic. Rev. 45 (1934) 497.

(42) Crane, H. R., L. A. Delsasso, W. H. Fowler u. C. C. Lauritsen: Physic. Rev. 46 (1934) 1109.

(43) Crane, H. R., L. A. Delsasso, W. A. Fowler u. C. C. Lauritsen: Physic. Rev. 47 (1925) 782.

(44) Crane, H. R, L. A. Delsasso, W. A. Fowler u. C. C. Lauritsen: Physic. Rev. 47 (1935) 887.

(45) Crane, H. R., L. A. Delsasso, W. A. Fowler u. C. C. Lauritsen: Physic. Rev. 47 (1935) 971.

(46) Crane, H. R., L. A. Delsasso, W. A. Fowler u. C. C. Lauritsen: Physic. Rev. 48 (1935) 102.

(47) Crane, H. R., L. A. Delsasso, W. A. Fowler u. C. C. Lauritsen: Physic. Rev. 48 (1935) 484.

(48) Creutz, E. C., J. G. Fox u. R. Sutton: Physic. Rev. 57 (1940) 567 (abs. 60).

(49) Creutz, E. C., L. A. Delsasso, R. B. Sutton, M. G. White u. W. H. Barkas: Physic. Rev. 58 (1940) 481.

(49a) Creutz, E. C., W. H. Barkas u. N. H. Furman: Physic. Rev. 58 (1940) 1008.

(50) Crittenden, E. C. jr. u. R. F. Bacher: Physic. Rev. 54 (1938) 862.

(51) Crittenden, E. C. jr.: Physic. Rev. 56 (1939) 709.

(52) Curie, I. u. F. Joliot: J. Physiq. Radium 4 (1933) 21.

(53) Curie, I. u. F. Joliot: C. R. Séances Acad. Sci. Paris 197 (1933) 237.

(54) Curie, I. u. F. Joliot: J. Physiq. Radium 4 (1933) 278.

(55) Curie, I. u. F. Joliot: C. R. Séances Acad. Sci. Paris 198 (1934) 254.

(56) Curie, M. u. P. Preiswerk: C. R. Séances Acad. Sci. Paris 203 (1934) 787.

(57) Curran, S. C., P. I. Dee u. V. Petržilka: Proc. roy. Soc. London (A) 169 (1938) 269.

(58) Curran, S. C. u. J. E. Strothers: Proc. roy. Soc. London (A) 172 (1939) 72.

(59) Curran, S. C. u. J. E. Strothers: Nature, London 145 (1940) 224.

(60) Curran, S. C., P. I. Dee u. J. E. Strothers: Proc. roy. Soc. London (A) 174 (1940) 546.

(61) Curran, S. C. u. J. E. Strothers: Proc. Cambridge phil. Soc. 36 (1940) 252.

(62) Curtis, B. R. u. J. M. Cork: Physic. Rev. 53 (1938) 681 (abs. 33).

(63) Curtis, B. R. u. J. R. Richardson: Physic. Rev. 53 (1938) 942 (abs. 145); 57 (1940) 1121.

(64) Curtis, B. R.: Physic. Rev. 55 (1939) 1136.

(1) Danysz, M. u. M. Zyw: Acta physic. Pol. 3 (1934) 485.

(2) Darling, B. T., B. R. Curtis u. J. M. Cork: Physic. Rev. 51 (1937) 1010 (abs. 67).

(3) Davidson, W. L. jr. u. E. Pollard: Physic. Rev. 54 (1938) 408.

(4) Davidson, W. L. jr.: Physic. Rev. 56 (1939) 1061.

(5) Davidson, W. L. jr.: Physic. Rev. 56 (1939) 1062.

(6) Davidson, W. L. jr: Physic. Rev. 57 (1940) 244.

(7) Davidson, W. L. jr.: Physic. Rev. 57 (1940) 568 (abs. 63).

(8) Davidson, W. L. jr.: Physic. Rev. 57 (1940) 1086 (abs. 161).

(9) Dee, P. I. u. E. T. S. Walton: Proc. roy. Soc. London (A) 141 (1933) 733.

(10) Dee, P. I.: Proc. roy. Soc. London 148 (1935) 623.

(11) Dee, P. I. u. C. W. Gilbert: Proc. roy. Soc. London (A) 149 (1935) 200.

(12) Dee, P. I. u. C. W. Gilbert: Proc. roy. Soc. London (A) 154 (1936) 279.

(13) Dee, P. I., S. C. Curran u. V. Petržilka: Nature, London 141 (1938) 642.

(14) Dee, P. I., S. C. Curran u. J. E. Strothers: Nature, London 143 (1939) 759.

(15) Delsasso, L. A., W. A. Fowler u. C. C. Lauritsen: Physic. Rev. 48 (1935) 848.

(16) Delsasso, L. A., W. A. Fowler u. C. C. Lauritsen: Physic. Rev. 51 (1937) 391.

(17) Delsasso, L. A., W. A. Fowler u. C. C. Lauritsen: Physic. Rev. 51 (1937) 527.

(18) Delsasso, L. A., L. N. Ridenour, R. Sheer u. M. G. White: Physic. Rev. 55 (1939) 113.

(18a) Delsasso, L. A., M. G. White, W. Barkas u. E. C. Creutz: Physic. Rev. 58 (1940) 586.

(18b) Dessauer, G. u. E. M. Hafner: Physic. Rev. 59 (1941) 840, 940 (abs. 139).

(18c) Deutsch, M.: Physic. Rev. 59 (1941) 684 (abs. 12).

(18d) Deutsch, M.: Physic. Rev. 59 (1941) 940 (abs. 137).

(19) De Vault, D. C. u. W. F. Libby: Physic. Rev. 55 (1939) 322.

(20) Dickson, G., P. W. McDaniel u. E. J. Konopinski: Physic. Rev. 57 (1940) 351.

(21) Diebner, K. u. H. Pose: Z. Physik 75 (1932) 753.

(22) Dodé, M. u. B. Pontecorvo: C. R. Séances Acad. Sci. Paris 207 (1938) 287.

(23) Dodson, R. W. u. R. D. Fowler: Physic. Rev. 55 (1939) 880.

(24) Dodson, R. W. u. R. D. Fowler: Physic. Rev. 57 (1940) 967.

(25) Döpel, R.: Z. Physik 91 (1934) 796.

(26) Döpel, R.: Physikal. Z. 37 (1936) 96.

(27) Döpel, R.: Z. Physik 104 (1937) 671.

(27a) Downing, J. R. u. A. Roberts: Physic. Rev. 59 (1941) 940 (abs. 138).

(28) Du Bridge, L. A., S. W. Barnes, J. H. Buck u. C. V. Strain: Physic. Rev. 53 (1938) 447.

(29) Du Bridge, L. A.: Physic. Rev. 55 (1939) 603 (abs. 32).

(30) Du Bridge, L. A. u. J. Marshall: Physic. Rev. 56 (1939) 706.

(31) Du Bridge, L. A. u. T. Marshall: Physic. Rev. 57 (1940) 348 (abs. 19); 58 (1940) 7.

(32) Du Bridge, L. A. u. Mitarbeiter: Priv. Mitt. an J. J. Livingood u. G. T. Seaborg. Rev. mod. Physics 12 (1940) 30 und G. T. Seaborg: Chem. Rev. 27 (1940) 199.

(33) Duncanson, W. E. u. H. Miller: Proc. roy. Soc. London (A) **146** (1934) 396.
(34) Dunning, J. R.: Physic. Rev. **45** (1934) 586.
(35) Dunning, J. R., G. B. Fink u. D. P. Mitchell: Physic. Rev. **48** (1935) 265.
(36) Dunworth, J. V.: Nature, London **144** (1939) 152.
(37) Dunworth, J. V.: Nature, London **143** (1939) 1065.

(1) Eckard, A.: Ann. Physik **29** (1937) 497.
(2) Ellet, A., W. B. McLean, V. J. Young, G. T. Plain: Physic. Rev. **57** (1940) 1083 (abs. 143).
(2a) Elliott, D. R. u. L. D. P. King: Physic. Rev. **59** (1941) 403.
(3) Ellis, C. D. u. W. J. Henderson: Nature, London **135** (1935) 429.
(4) Ellis, C. D. u. W. J. Henderson: Proc. roy. Soc. London (A) **156** (1936) 358.
(5) Enns, T.: Physic. Rev. **56** (1939) 872.
(6) Erbacher, O. u. K. Philipp: Angew. Chem. **48** (1935) 409.
(7) Erbacher, O. u. K. Philipp: Z. physik. Chem. A **176** (1936) 169.
(8) Erbacher, O. u. K. Philipp: Ber. Deutsch. chem. Ges. **69** (1936) 893.
(9) Erbacher, O. u. K. Philipp: Z. physik. Chem. A **179** (1937) 263.
(10) Erbacher, O.: Z. physik. Chem. B **42** (1939) 173.
(11) Ewing, D., T. Perry u. R. L. McCreary: Physic. Rev. **55** (1939) 1136 (abs. 130).
(12) Ewing, D.: Priv. Mitt. an J. J. Livingood u. G. F. Seaborg. Rev. mod. Physic. **12** (1940) 30.

(1) Fahlenbrach, H.: Z. Physik **94** (1935) 607.
(2) Fahlenbrach, H.: Z. Physik **96** (1935) 503.
(3) Fajans, K. u. D. W. Stuart: Physic. Rev. **56** (1939) 625.
(4) Fajans, K. u. A. F. Voigt: Physic. Rev. **58** (1940) 177.
(5) Fajans, K. u. W. H. Sullivan: Physic. Rev. **58** (1940) 276.
(6) Fay, J. W. J. u. F. A. Paneth: J. chem. Soc. London **1936**, 384.
(7) Feather, N.: Proc. roy. Soc. London (A) **136** (1932) 709.
(8) Feather, N.: Nature, London **130** (1932) 257.
(9) Feather, N.: Proc. roy. Soc. London (A) **142** (1933) 689.
(10) Feather, N. u. E. Bretscher: Proc. roy. Soc. London (A) **165** (1938) 530.
(11) Feather, N. u. J. V. Dunworth: Proc. Cambridge phil. Soc. **34** (1938) 442.
(12) Feather, N. u. J. V. Dunworth: Proc. roy. Soc. London (A) **168** (1938) 566.
(13) Feather, N. u. E. Bretscher: Nature, London **143** (1939) 516.
(13a) Feldmeier, J. R. u. G. B. Collins: Physic. Rev. **59** (1941) 937 (abs. 123).
(14) Fermi, E., E. Amaldi, O. D'Agostino, F. Rasetti u. E. Segré: Proc. roy. Soc. London (A) **146** (1934) 483.
(14a) Fermi, A. u. E. Segrè: Physic. Rev. **59** (1941) 680.
(15) Fischer-Colbrie, E.: Akad. Wiss. Wien **145** (1936) 283.
(16) Fisk, J. B.: Physic. Rev. **55** (1939) 1117 (abs. 35).
(17) Flammersfeld, A.: Z. Physik **112** (1939) 727.
(18) Fleischmann, R.: Z. Physik **103** (1936) 113.
(18a) Flügge, S. u. J. Mattauch: Physikal. Z. **42** (1941) 1.

(19) Fomin, V. u. F. G. Houtermans: Physikal. Z. USSR. **9** (1936) 273.
(20) Fowler, W. A., L. A. Delsasso u. C. C. Lauritsen: Physic. Rev. **49** (1936) 561.
(21) Fowler, W. A. u. C. C. Lauritsen: Physic. Rev. **56** (1939) 840.
(22) Fowler, W. A. u. C. C. Lauritsen: Physic. Rev. **58** (1940) 192 (abs. 26).
(23) Fox, J. G., E. G. Creutz, M. G. White u. L. A. Delsasso: Physic. Rev. **55** (1939) 1106.
(24) Friedlaender: Priv. Mitt. an J. J. Livingood u. G. T. Seaborg. Rev. mod. Physic. **12** (1940) 30.
(25) Frisch, O. R.: Nature, London **133** (1934) 721.
(26) Frisch, O. R.: Nature, London **136** (1935) 220.
(27) Fünfer, E.: Ann. Physik **29** (1937) 1.

(1) Gadsinski, N. N., I. A. Golotzwan u. A. I. Danilenko: J. exper. theor. Physik **10** (1940) 1.
(2) Gaerttner, E. R., J. J. Turin u. H. R. Crane: Physic. Rev. **49** (1936) 793.
(3) Gaerttner, E. R. u. H. R. Crane: Physic. Rev. **51** (1937) 49.
(4) Gaerttner, E. R. u. L. A. Pardue: Physic. Rev. **57** (1940) 386.
(5) Gant, D. H. T.: Nature, London **144** (1939) 707.
(5a) Geiger, H.: Z. Physik **8** (1922) 45.
(6) Gentner, W.: Z. Physik **107** (1937) 354.
(7) Gentner, W.: Naturwiss. **26** (1938) 109.
(8) Gentner, W. u. E. Segré: Physic. Rev. **55** (1939) 814.
(9) Giarratana, J. u. C. G. Brennecke: Physic. Rev. **49** (1936) 35.
(10) Glasoe, G. N. u. J. Steigman: Physic. Rev. **57** (1940) 566; **58** (1940) 1.
(11) Glückauf, E. u. F. A. Paneth: Proc. roy. Soc. London (A) **165** (1938) 229.
(12) Götte, H.: Naturwiss. **28** (1940) 449.
(12a) Götte, H.: Naturw. **29** (1941) 496.
(12b) Götte, H. u. W. Seelmann-Eggebert: Private Mitteilung.
(13) Goldhaber, M., R. D. Hill u. L. Szillard: Physic. Rev. **55** (1939) 47. Nature, London **142** (1938) 521.
(13a) Goldhaber, M.: Nature, London **146** (1940) 167.
(14) Govaerts, J.: Nature, London **145** (1940) 624.
(15) Grahame, D. C. u. G. T. Seaborg: Physic. Rev. **54** (1938) 240 (abs. 28).
(16) Grahame, D. C. u. H. Walke: Priv. Mitt. an J. J. Livingood u. G. T. Seaborg. Rev. mod. Physic. **12** (1940) 30.
(17) Graves, E. R.: Physic. Rev. **57** (1940) 855.
(18) Grinberg, A. P. u. L. I. Roussinow: Physic. Rev. **58** (1940) 181.
(19) Grosse, A. V., E. T. Booth u. J. R. Dunning: Physic. Rev. **56** (1939) 382.
(20) Grosse, A. V. u. E. T. Booth: Physic. Rev. **57** (1940) 664.
(20a) Grosse, A. V., E. T. Booth u. J. R. Dunning: Physic. Rev. **59** (1941) 322.
(21) Guében, G.: Nature, London **138** (1936) 1095.
(22) Guében, G. u. S. A. Bull: Soc. roy. Liége **7** (1938) 565.

(1) Hafstad, L. R. u. M. A. Tuve: Physic. Rev. **48** (1935) 306.
(2) Hafstad, L. R., N. P. Heydenburg u. M. A. Tuve: Physic. Rev. **49** (1936) 866.
(2a) Haggstrom, E.: Physic. Rev. **59** (1941) 322.
(3) Hahn, O.: Ber. Deutsch. chem. Ges. **54** (1921) 1131. Z. physik. Chem. **103** (1923) 461.
(4) Hahn, O. u. L. Meitner: Naturwiss. **23** (1935) 320.

(5) Hahn, O. u. L. Meitner: Naturwiss. 24 (1936) 158.

(6) Hahn, O., F. Strassmann u. E. Walling: Naturwiss. 25 (1937) 189.

(7) Hahn, O. u. F. Strassmann: Naturwiss. 27 (1939) 11.

(8) Hahn, O. u. F. Strassmann: Naturwiss. 27 (1939) 89.

(9) Hahn, O. u. F. Strassmann: Naturwiss. 27 (1939) 163.

(10) Hahn, O. u. F. Strassmann: Naturwiss. 27 (1939) 451.

(11) Hahn, O. u. F. Strassmann: Naturwiss. 27 (1939) 529.

(12) Hahn, O., F. Strassmann u. .S Flügge: Naturwiss. 27 (1939) 544.

(13) Hahn, O. u. F. Strassmann: Physikal. Z. 40 (1939) 673.

(14) Hahn, O. u. F. Strassmann: Abh. Preuß. Akad. Wiss. 1939, Nr. 12.

(15) Hahn, O. u. F. Strassmann: Naturwiss. 28 (1940) 54.

(16) Hahn, O. u. F. Strassmann: Naturwiss. 28 (1940) 61.

(17) Hahn, O., S. Flügge u. J. Mattauch: Physikal. Z. 41 (1940) 1.

(18) Hahn, O. u. F. Strassmann: Naturwiss. 28 (1940) 543.

(19) Hahn, O. u. F. Strassmann: Naturwiss. 28 (1940) 455.

(19a) Hahn, O. u. F. Strassmann: Naturw. 28 (1940) 817.

(19b) Hahn, O. u. F. Strassmann: Naturw. 29 (1941) 285.

(19c) Hahn, O. u. F. Strassmann: Naturw. 29 (1941) 369.

(19d) Hahn, O. u. F. Strassmann: Private Mitteilung.

(20) Halpern, J. u. H. R. Crane: Physic. Rev. 55 (1939) 260.

(21) Hancock, J. O. u. J. C. Butler: Physic. Rev. 57 (1940) 1088 (abs. 168).

(21a) Hansen, W.: Physic. Rev. 59 (1941) 941 (abs. 144).

(22) Harkins, W. D., D. M. Gans u. H. W. Newson: Physic. Rev. 44 (1935) 529.

(23) Harkins, W. D., D. M. Gans u. H. W. Newson: Physic. Rev. 47 (1935) 52.

(24) Harteck, P., F. Knauer u. W. Schaeffer: Naturwiss. 29 (1937) 477. Z. Physik 109 (1938) 153.

(25) Haxby, R. O., W. E. Shoupp, W. E. Stephens u. W. H. Wells: Physic. Rev. 57 (1940) 348 (abs. 18).

(26) Haxby, R. O., W. E. Shoupp, W. E. Stephens u. W. H. Wells: Physic. Rev. 57 (1940) 567 (abs. 58).

(27) Haxby, R. O., W. E. Shoupp, W. E. Stephens u. W. H. Wells: Physic. Rev. 58 (1940) 92.

(27a) Haxby, R. O., W. E. Shoupp, W. E. Stephens u. W. H. Wells: Physic. Rev. 58 (1940) 1035.

(27b) Haxby, R. O., W. E. Shoupp, W. E. Stephens u. W. H. Wells: Physic. Rev. 59 (1941) 57.

(28) Haxel, O.: Z. Physik 83 (1933) 323.

(29) Haxel, O.: Physikal. Z. 36 (1935) 840.

(30) Haxel, O.: Z. Physik 93 (1935) 400.

(31) Haxel, O.: Z. Physik 104 (1937) 540.

(31a) Helmholtz, A. C.: Private Mitteilung an G. T. Seaborg: Chem. Rev. 27 (1940) 199.

(31b) Helmholtz, A. C., C. Pecher u. P. R. Stout: Physic. Rev. 59 (1941) 902.

(32) Hemmendinger, A.: Physic. Rev. 55 (1939) 604 (abs. 67); 58 (1940) 929.

(33) Henderson, M. C., M. St. Livingston u. E. O. Lawrence: Physic. Rev. 45 (1934) 428.

(34) Henderson, M. C., M. St. Livingston u. E. O. Lawrence: Physic. Rev. 46 (1934) 38.

(35) Henderson, M. C.: Physic. Rev. 48 (1935) 855.

(36) Henderson, W. J., L. N. Ridenour, M. G. White u. M. C. Henderson: Physic. Rev. 51 (1937) 1107.

(37) Henderson, W. J. u. L. N. Ridenour: Physic. Rev. 52 (1937) 40.

(38) Henderson, W. J. u. R. L. Doran: Physic. Rev. 56 (1939) 123.

(39) Herb, R. G., D. W. Kerst u. J. L. McKibben: Physic. Rev. 51 (1937) 691.

(40) Hevesy, G. v.: Nature, London 135 (1935) 96.

(41) Hevesy, G. v.: Kgl. Danske Acad. 13 (1935) Nr. 3.

(42) Hevesy, G. v. u. H. Levy: Nature, London 135 (1935) 580.

(43) Hevesy, G. v. u. H. Levy: Nature, London 136 (1935) 103.

(44) Hevesy, G. v. u. H. Levy: Nature, London 137 (1936) 185.

(45) Hevesy, G. v. u. H. Levy: Kgl. Danske Acad. 14 (1936) Nr. 5.

(46) Hevesy, G. v. u. H. Levy: Kgl. Danske Acad. 15 (1938) Nr. 11.

(47) Heyden, M. u. W. Wefelmeier: Naturwiss. 26 (1938) 612.

(48) Heyn, F. A.: Nature, London 138 (1936) 723.

(49) Heyn, F. A.: Physica 4 (1937) 160.

(50) Heyn, F. A.: Physica 4 (1937) 1224.

(51) Heyn, F. A.: Nature, London 139 (1937) 842.

(52) Heyn, F. A., A. H. W. Aten jr. u. C. J. Bakker: Nature, London 143 (1939) 516.

(53) Hill, J. E. u. G. E. Valley: Physic. Rev. 55 (1939) 678 (abs. 34).

(54) Hill, J. E.: Physic. Rev. 55 (1939) 1117 (abs. 38).

(55) Hill, J. E.: Physic. Rev. 57 (1940) 567 (abs. 57).

(56) Hill, J. E.: Physic. Rev. 57 (1940) 1076 (abs. 110).

(57) Hoag, J. B.: Physic. Rev. 57 (1940) 937.

(58) Hole, N., J. Holtsmark u. R. Tangen: Naturwiss. 28 (1940) 399.

(59) Hole, N., J. Holtsmark u. R. Tangen: Naturwiss. 28 (1940) 668.

(60) Holloway, M. G. u. B. L. Moore: Physic. Rev. 56 (1939) 705.

(61) Holloway, M. G.: Physic. Rev. 57 (1940) 347 (abs. 17).

(62) Holloway, M. G. u. H. A. Bethe: Physic. Rev. 57 (1940) 747.

(63) Holloway, M. G. u. B. L. Moore: Physic. Rev. 57 (1940) 1086 (abs. 159).

(63a) Holloway, M. G. u. B. L. Moore: Physic. Rev. 58 (1940) 847.

(64) Hosemann, R.: Z. Physik 99 (1936) 405.

(65) Houtermans, F. G.: Naturwiss. 28 (1940) 578.

(66) Huber, O., P. Huber u. P. Scherrer: Helv. physic. Acta 13 (1940) 209, 212.

(67) Hudson, C. M., R. G. Herb u. G. J. Plain: Physic. Rev. 57 (1940) 587.

(68) Hull, D. E., W. F. Libby u. W. M. Latimer: J. Amer. chem. Soc. 57 (1935) 1649.

(68a) Humphreys, R. F. u. E. Pollard: Physic. Rev. 59 (1941) 942 (abs. 145).

(69) Huntoon, R. D., A. Ellett, D. S. Bayley u. T. A. van Allen: Physic. Rev. 58 (1940) 97.

(70) Hurst, D. G. u. H. Walke: Physic. Rev. **51** (1937) 1033.
(71) Hurst, D. G., R. Latham u. W. B. Lewis: Proc. roy. Soc. London (A) **147** (1940) 126.

(1) Imre, L.: Naturwiss. **28** (1940) 158.

(0) Jacobsen, I. C. u. N. O. Lassen: Physic. Rev. **58** (1940) 867.
(1) Jaekel, R.: Z. Physik **96** (1935) 151.
(2) Jaekel, R.: Z. Physik **104** (1937) 762.
(3) Jaekel, R.: Z. Physik **107** (1937) 669; **110** (1938) 330.
(3a) Jensen, A. S.: Physic. Rev. **59** (1941) 936 (abs. 115).
(4) Jentschke, W., F. Prankl u. F. Hernegger: Naturwiss. **28** (1940) 315. Mitt. d. Wiener Inst. Radiumforsch. Nr. 439, 27. Juni 1940.
(5) Johnson, C. H. u. F. T. Hamblin: Nature, London **138** (1936) 504.

(1) Kalbfell, D. C.: Physic. Rev. **54** (1938) 543.
(2) Kalbfell, D. C. u. R. A. Coolley: Physic. Rev. **58** (1940) 91.
(3) Kamen, M. D. u. S. Ruben: Physic. Rev. **58** (1940) 194 (abs. 33).
(4) Kanne, W. R.: Physic. Rev. **52** (1937) 266.
(5) Kempton, A. E., B. C. Brown u. R. Maasdorp: Proc. roy. Soc. London (A) **157** (1936) 372.
(6) Kennedy, J. W., G. T. Seaborg u. E. Segré: Physic. Rev. **56** (1939) 1095.
(7) Kennedy, J. W. u. G. T. Seaborg: Physic. Rev. **57** (1940) 843.
(8) Kikuchi, K., H. Aoki u. K. Husimi: Nature, London **137** (1936) 186.
(9) Kikuchi, S., Y. Watase, J. Itoh, E. Takeda u. S. Yamaguchi: Proc. physic.-math. Soc. Japan (3) **21** (1939) 260, 381.
(10) Kikuchi, S., Y. Watase, J. Itoh, E. Takeda u. S. Yamaguchi: Proc. physic.-math. Soc. Japan (3) **21** (1939) 41, 52.
(11) Kimura, K.: Mem. Coll. Sci. Kyoto imp. Univ. **22** (1939) 237.
(12) King, L. D. P., W. J. Henderson u. J. R. Risser: Physic. Rev. **55** (1939) 1118.
(13) King, L. D. P., W. J. Henderson: Physic. Rev. **56** (1939) 1169; **57** (1940) 71.
(13a) King, L. D. P. u. D. R. Elliott: Physic. Rev. **58** (1940) 846.
(13b) King, L. D. P. u. D. R. Elliott: Physic. Rev. **59** (1941) 108 (abs. 16).
(14) Kingdon, K. H., H. C. Pollock, E. T. Booth u. J. R. Dunning: Physic. Rev. **57** (1940) 749.
(15) Kirchner, F. u. H. Neuert: Physikal. Z. **35** (1932) 292.
(16) Kirchner, F.: Physikal. Z. **34** (1933) 777.
(17) Kirchner, F. u. H. Neuert: Physikal. Z. **36** (1935) 36.
(18) Kirchner, F., H. Neuert u. O. Laaff: Physikal. Z. **38** (1937) 969.
(19) Klarmann, H.: Z. Physik **95** (1935) 221.
(20) Knol, K. S. u. J. Veldkamp: Physica **3** (1936) 145.
(21) König, A.: Z. Physik **90** (1934) 197.
(22) Korsunsky, M. I., F. F. Lange u. W. S. Spinell C. R. Acad. Sci. USSR. **26** (1940) 144.
(23) Kovarik, A. F. u. N. J. Adams jr.: Physic. Rev. **54** (1938) 413.
(24) Kraus, J. D. u. J. M. Cork: Physic. Rev. **51** (1937) 383.
(25) Kraus, J. D. u. J. M. Cork: Physic. Rev. **52** (1937) 763.
(26) Krischnan, R. S. u. D. H. T. Gant: Nature, London **144** (1939) 547.

(27) Krishnan, R. S. u. T. E. Banks: Nature, London **145** (1940) 777.
(28) Krishnan, R. S. u. T. E. Banks: Nature, London **145** (1940) 860.
(29) Kourtschatow, B., I. Kourtschatow, L. Myssowsky u. L. Roussinow: C. R. Séances Acad. Sci. Paris **200** (1935) 1201.
(30) Kourtschatow, I., L. Nemenow u. L. Selinow: C. R. Séances Acad. Sci. Paris **200** (1935) 2162.
(31) Kourtschatow, I. W., G. D. Latyschew, L. M. Nemenow u. I. P. Selinow: Physikal. Z. USSR. **8** (1935) 589.
(32) Kuerti, G. u. S. N. Van Voorhis: Physic. Rev. **56** (1939) 614.
(33) Kurie, F. N. D: Physic. Rev. **45** (1934) 904.
(34) Kurie, F. N. D.: Physic. Rev. **47** (1935) 97.
(35) Kurie, F. N. D., J. R. Richardson u. H. C. Paxton: Physic. Rev. **49** (1936) 368.

(1) Laaff, O.: Ann. Physik **32** (1938) 743.
(1a) Langer, A. u. W. E. Stephens: Physic. Rev. **58** (1940) 759.
(2) Langer, L. M., A. C. G. Mitchell u. P. W. McDaniel: Physic. Rev. **56** (1939) 380.
(3) Langer, L. M., A. C. G. Mitchell u. P. W. McDaniel: Physic. Rev. **56** (1939) 422.
(4) Langer, L. M., A. C. G. Mitchell u. P. W. McDaniel: Physic. Rev. **56** (1939) 962.
(5) Langer, L. M., A. C. G. Mitchell u. P. W. McDaniel: Physic. Rev. **57** (1940) 347 (abs. 15).
(6) Langsdorf, A. jr.: Physic. Rev. **56** (1939) 205.
(7) Langsdorf, A. jr. u. E. Segré: Physic. Rev. **57** (1940) 105.
(8) Lark-Horovitz, K., J. R. Risser u. R. N. Smith: Physic. Rev. **55** (1939) 878.
(9) Laslett, L. J.: Physic. Rev. **50** (1936) 388.
(10) Laslett, L. J.: Physic. Rev. **52** (1937) 529.
(11) Latimer, W. M., D. E. Hull u. W. F. Libby: J. Amer. chem. Soc. **57** (1935) 781.
(12) Lauritsen, C. C. u. H. R. Crane: Physic. Rev. **45** (1934) 63.
(13) Lauritsen, C. C. u. W. A. Fowler: Physic. Rev. **58** (1940) 193 (abs. 32).
(13a) Lauritsen, T., C. C. Lauritsen u. W. A. Fowler: Physic. Rev. **59** (1941) 241.
(13b) Law, H. B., M. L. Pool, J. D. Kurbatov u. L. L. Quill: Physic. Rev. **59** (1941) 936 (abs. 116).
(14) Lawrance, A. M.: Proc. Cambridge phil. Soc. **35** (1939) 304.
(15) Lawrence, E. O., M. St. Livingston u. G. N. Lewis: Physic. Rev. **44** (1933) 56.
(16) Lawrence, E. O. u. M. St. Livingston: Physic. Rev. **45** (1934) 220.
(17) Lawrence, E. O.: Physic. Rev. **46** (1934) 746.
(18) Lawrence, E. O.: Physic. Rev. **47** (1935) 17.
(19) Lawrence, E. O., E. McMillan u. M. C. Henderson: Physic. Rev. **47** (1936) 273.
(20) Lawson, J. L. u. J. M. Cork: Physic. Rev. **52** (1937) 531.
(21) Lawson, J. L.: Physic. Rev. **56** (1939) 131.
(22) Lawson, J. L. u. J. M. Cork: Physic. Rev. **57** (1940) 356 (abs. 57), 982.
(23) Lawson, J. L. u. J. M. Cork: Physic. Rev. **58** (1940) 580.
(24) Lea, D. E.: Proc. roy. Soc. London (A) **150** (1935) 637.
(25) Lecoin, M.: J. Physiq. Radium (7) **9** (1938) 81.
(26) Lee, D. D. u. W. F. Libby: Physic. Rev. **55** (1939) 252.
(27) Levi, H.: Nature, London **145** (1940) 571.
(28) Lewis, G. N., M. St. Livingston u. E. O. Lawrence: Physic. Rev. **44** (1933) 55.

(29) Lewis, W. B., W. F. Burcham u. W. Y. Chang: Nature, London **139** (1937) 24.

(30) Libby, W. F. u. D. D. Lee: Physic. Rev. **55** (1939) 245.

(31) Libby, W. F.: Physic. Rev. **56** (1939) 21.

(32) Lieber, C.: Naturwiss. **27** (1939) 421.

(33) Livingood, J. J.: Physic. Rev. **50** (1936) 425.

(34) Livingood, J. J. u. G. T. Seaborg: Physic. Rev. **50** (1936) 435.

(35) Livingood, J. J., F. Fairbrother u. G. T. Seaborg: Physic. Rev. **52** (1937) 135.

(36) Livingood, J. J. u. G. T. Seaborg: Physic. Rev. **52** (1937) 135.

(37) Livingood, J. J. u. G. T. Seaborg: Physic. Rev. **53** (1938) 765.

(38) Livingood, J. J. u. G. T. Seaborg: Physic. Rev. **53** (1938) 847.

(39) Livingood, J. J. u. G. T. Seaborg: Physic. Rev. **53** (1938) 1015.

(40) Livingood, J. J. u. G. T. Seaborg: Physic. Rev. **54** (1938) 51.

(41) Livingood, J. J. u. G. T. Seaborg: Physic. Rev. **54** (1938) 88.

(42) Livingood, J. J. u. G. T. Seaborg: Physic. Rev. **54** (1938) 239.

(43) Livingood, J. J. u. G. T. Seaborg: Physic. Rev. **54** (1938) 391.

(44) Livingood, J. J. u. G. T. Seaborg: Physic. Rev. **54** (1938) 775.

(45) Livingood, J. J. u. G. T. Seaborg: Physic. Rev. **55** (1939) 414.

(46) Livingood, J. J. u. G. T. Seaborg: Physic. Rev. **55** (1939) 457.

(47) Livingood, J. J. u. G. T. Seaborg: Physic. Rev. **55** (1939) 667.

(48) Livingood, J. J. u. G. T. Seaborg: Physic. Rev. **55** (1939) 1268.

(49) Livingood, J. J. u. G. T. Seaborg: Wird in Physic. Rev. veröffentlicht werden. Siehe dieselben Autoren: Rev. mod. Physics **12** (1940) 30 und G. T. Seaborg: Chem. Rev. **27** (1940) 199.

(49a) Livingood, J. J. u. G. T. Seaborg: Unveröffentlichte Arbeit. Siehe dieselben Autoren: Rev. mod. Physics **12** (1940) 30.

(50) Livingston, M. St., M. C. Henderson u. E. O. Lawrence: Physic. Rev. **44** (1933) 316.

(51) Livingston, M. St. u. E. McMillan: Physic. Rev. **46** (1934) 437.

(52) Livingston, M. St u. J. G. Hoffman: Physic. Rev. **50** (1936) 401.

(53) Livingston, M. St. u. H. A. Bethe: Rev. mod. Physic. **9** (1937) 245.

(54) Livingston, M. St. u. J. G. Hoffman: Physic. Rev. **53** (1938) 227.

(54a) Livingston, R. S. u. B. T. Wright: Physic. Rev. **58** (1940) 656.

(55) Lyman, E. M.: Physic. Rev. **51** (1937) 1.

(56) Lyman, E. M.: Physic. Rev. **55** (1939) 234 (abs. 8), 1123 (abs. 65).

(1) Madsen, C. B.: Nature, London **138** (1936) 722.

(2) Magnan, C.: C. R. Séances Acad. Sci. Paris **205** (1937) 1147.

(3) Maier-Leibnitz, H. u. W. Maurer: Z. Physik **107** (1937) 509.

(4) Maier-Leibnitz, H.: Naturwiss. **26** (1938) 614. Z. Physik **112** (1939) 569.

(5) Mann, W. B.: Physic. Rev. **52** (1937) 405.

(6) Mann, W. B.: Physic. Rev. **53** (1938) 212.

(7) Mann, W. B.: Physic. Rev. **54** (1938) 649.

(7a) Manning, H. P., C. M. Crenshaw u. V. J. Young: Physic. Rev. **59** (1941) 941 (abs. 143).

(8) Marsh, J. K. u. S. Sugden: Nature, London **136** (1935) 102.

(8a) Marshall, J. S.: Proc. roy. Soc. London (A) **173** (1939) 410.

(9) Mattauch, J.: Naturwiss. **25** (1937) 189.

(9a) Mattauch, J.: Physic. Rev. **57** (1940) 549.

(10) Maurer, W.: Z. Physik **107** (1937) 721.

(11) Maurer, W. u. J. B. Fisk: Z. Physik **112** (1939) 436.

(11a) Maurer, W. u. R. Ramm: Naturw. **29** (1941) 368.

(11b) Maurer, W. u. R. Ramm: Private Mitteilung.

(12) May, A. N. u. R. Vaidyanathan: Proc. roy. Soc. London (A) **155** (1936) 519.

(13) McCreary, R. L., G. Kuerti u. S. N. Van Voorhis: Physic. Rev. **57** (1940) 351 (abs. 35).

(14) McLean, W. B., R. A. Becker, W. A. Fowler u. C. C. Lauritsen: Physic. Rev. **55** (1939) 796.

(15) McLean, W. B., A. Ellett u. J. A. Jacobs: Physic. Rev. **58** (1940) 500.

(16) McLennan, J. C., L. G. Grimmet u. J. Read: Nature, London **135** (1935) 147.

(17) McLennan, J. C., L. G. Grimmet u. J. Read: Nature, London **135** (1935) 505.

(18) McLennan, J. C. u. W. H. Rann: Nature, London **136** (1935) 831.

(19) McMillan, E.: Physic. Rev. **46** (1934) 868.

(20) McMillan, E. u. E. O. Lawrence: Physic. Rev. **47** (1935) 343.

(21) McMillan, E. u. M. St. Livingston: Physic. Rev. **47** (1935) 452.

(22) McMillan, E.: Physic. Rev. **49** (1936) 875.

(23) McMillan, E., M. Kamen u. S. Ruben: Physic. Rev. **52** (1937) 375.

(24) McMillan, E.: Physic. Rev. **55** (1939) 510.

(25) McMillan, E. u. P. H. Abelson: Physic. Rev. **57** (1940) 1185.

(26) McMillan, E.: Physic. Rev. **58** (1940) 178.

(27) Meitner, L. u. K. Philipp: Naturwiss. **20** (1932) 929.

(28) Meitner, L. u. K. Philipp: Z. Physik **87** (1934) 484.

(29) Meitner, L., O. Hahn u. F. Strassmann: Z. Physik **106** (1937) 249.

(30) Meitner, L., F. Strassmann u. O. Hahn: Z. Physik **109** (1938) 538.

(31) Meitner, L.: Nature, London **145** (1940) 422; Ark. Mat., Astron. och Fys. (A) **27** (1941) Nr. 17.

(32) Meye, A.: Z. Physik **105** (1937) 232.

(33) Meyer, St., V. F. Hess u. F. Paneth: S. B. Akad. Wiss. Wien, Math.-naturwiss. Kl. IIa **123** (1914) 1459.

(34) Miller, H., W. E. Duncanson u. A. N. May: Proc. Cambridge phil. Soc. **30** (1934) 549.

(34a) Miller, L.: Physic. Rev. **58** (1940) 935.

(35) Minakawa, O.: Physic. Rev. **57** (1940) 1189.

(36) Mitchell, D. P., F. Rasetti, G. A. Fink u. G. B. Pegram: Physic. Rev. **50** (1936) 189.

(37) Mitchell, A. C. G.: Physic. Rev. **51** (1937) 995.

(38) Mitchell, A. C. G. u. L. M. Langer: Physic. Rev. **52** (1937) 137.

(39) Mitchell, A. C. G.: Physic. Rev. **53** (1938) 269.

(40) Mitchell, A. C. G. u. L. M. Langer: Physic. Rev. **53** (1938) 505.

(41) Mitchell, A. C. G., L. M. Langer u. P. W. McDaniel: Physic. Rev. **57** (1940) 347 (abs. 16).

(42) Mitchell, A. C. G., L. M. Langer u. P. W. McDaniel: Physic. Rev. **57** (1940) 1107.

(43) Moore, B. L.: Physic. Rev. **57** (1940) 355 (abs. 56).

(43a) Mulder, D., G. W. Hocksema u. G. J. Sizoo: Physica **7** (1940) 849.

(44) Murrell, E. B. M. u. C. L. Smith: Proc. roy. Soc. London (A) **173** (1939) 410.

(1) Nahmias, M. E.: C. R. Séances Acad. Sci. Paris **202** (1936) 71.
(2) Nahmias, M. E. u. R. J. Walen: C. R. Séances Acad. Sci. Paris **203** (1936) 71. J. Physiq. Radium **8** (1937) 153.
(3) Naidu, R.: Nature, London **137** (1936) 578.
(4) Naidu, R. u. R. E. Siday: Proc. physic. Soc. London **48** (1936) 332.
(5) Neary, G. J.: Proc. roy. Soc. London (A) **175** (1940) 71.
(5a) Nemilow, J. A.: J. exp. theoret. Physik (russ.) **9** (1939) 1029.
(6) Neuninger, E. u. E. Rona: Wien. Akad. Anz. Nr. 27 vom 12. Dezember 1935. Nature, London **137** (1936) 711.
(7) Neuninger, E. u. E. Rona: Wien. Akad. Anz. Nr. 17 vom 2. Juli 1936.
(8) Neuert, H.: Physikal. Z. **36** (1935) 629.
(9) Neuert, H.: Ann. Physik **36** (1939) 437.
(10) Newson, H. W.: Physic. Rev. **48** (1935) 482.
(11) Newson, H. W.: Physic. Rev. **48** (1935) 790.
(12) Newson, H. W.: Physic. Rev. **51** (1937) 620.
(13) Newson, H. W.: Physic. Rev. **51** (1937) 624.
(14) Newson, H. W. u. L. B. Borst: Physic. Rev. **57** (1940) 1083 (abs. 145).
(14a) Newson, H. W. u. L. B. Borst: Physic. Rev. **59** (1941) 941 (abs. 142).
(15) Nier, A. O.: Physic. Rev. **35** (1939) 153.
(16) Nier, A. O., E. T. Booth, J. R. Dunning u. A. V. Grosse: Physic. Rev. **57** (1940) 546.
(17) Nier, A. O., E. T. Booth, J. R. Dunning u. A. V. Grosse: Physic. Rev. **57** (1940) 748.
(18) Nishina, Y., T. Yasaki, K. Kimura u. M. Ikawa: Nature, London **142** (1938) 874.
(19) Nishina, Y., T. Yasaki, H. Ezoe, K. Kimura u. M. Ikawa: Physic. Rev. **57** (1940) 1182.
(19a) Nishina, Y., T. Yasaki, K. Kimura u. M. Ikawa: Physic. Rev. **58** (1940) 660. — Y. Nishina, T. Yasaki, H. Ezoe, K. Kimura u. M. Ikawa: Nature, London **146** (1940) 24.
(19b) Nishina, Y., T. Yasaki, K. Kimura u. M. Ikawa: Physic. Rev. **59** (1941) 323, 677.
(20) Norling, F.: Z. Physik **111** (1938) 158.
(21) Norling, F.: Naturwiss. **27** (1939) 432.
(22) Northrup, D. L., C. M. van Atta, R. J. van de Graaff u. L. C. van Atta: Physic. Rev. **58** (1940) 199 (abs. 3).

(1) Oeser, E. A. u. J. L. Tuck: Nature, London **139** (1937) 1110.
(2) Oldenberg, O.: Physic. Rev. **53** (1938) 35.
(3) Oliphant, M. L. E. u. Lord Rutherford: Proc. roy. Soc. London (A) **141** (1933) 259.
(4) Oliphant, M. L. E., B. B. Kinsey u. Lord Rutherford: Proc. roy. Soc. London (A) **141** (1933) 722.
(5) Oliphant, M. L. E., P. Harteck u. Lord Rutherford: Proc. roy. Soc. London (A) **144** (1934) 692. Nature, London **133** (1934) 413.
(6) Oliphant, M. L., E. S. Shire u. B. M. Crowther: Nature, London **133** (1934) 377.
(7) Oliphant, M. L., E. S. Shire u. B. M. Crowther: Proc. roy. Soc. London (A) **146** (1934) 922.
(8) Oliphant, M. L.: Int. Conf. Phys. London 1934.
(9) Oliphant, M. L. E., A. R. Kempton u. Lord Rutherford: Proc. roy. Soc. London (A) **149** (1935) 406.
(10) Oliphant, M. L. E., A. E. Kempton u. Lord Rutherford: Proc. roy. Soc. London (A) **150** (1935) 241.
(10a) Ollano, Z.: Nuovo Cim. **18** (1941) 11.
(11) O'Neal, R. D. u. M. Goldhaber: Physic. Rev. **57** (1940) 1086 (abs. 142).

(12) O'Neal, R. D. u. M. Goldhaber: Physic. Rev. **58** (1940) 574.
(12a) O'Neal, R. D.: Physic. Rev. **59** (1941) 109 (abs. 19).
(13) Oppenheimer, F. u. E. P. Tomlinson: Physic. Rev. **56** (1939) 858 (abs. 49).
(14) Ortner, G.: Z. Physik **89** (1934) 711.
(15) Ortner, G. u. G. Protiwinsky: Anz. Akad. Wien **1939**, S. 116, Nr. 18/19. S. B. Akad. Wiss. Wien, Math.-naturwiss. Kl. **148** (1939) 349.

(1) Park, R. D. u. J. C. Mouzon: Physic. Rev. **58** (1940) 43.
(2) Paton, R. F.: Physic. Rev. **46** (1934) 229.
(3) Paton, R. F.: Physic. Rev. **47** (1935) 197.
(3a) Pecher, Ch.: Physic. Rev. **58** (1940) 843.
(4) Perey, Mlle. M.: C. R. Séances Acad. Sci. Paris **208** (1939) 97. J. Physiq. Radium **10** (1939) 435.
(5) Perey, Mlle. M. u. M. Lecoin: Nature, London **144** (1939) 326.
(6) Perey, Mlle. M. u. M. Lecoin: J. Physiq. Radium **10** (1939) 439.
(7) Perlow, G. J.: Physic. Rev. **58** (1940) 218.
(8) Perrier, Cl., M. Santangelo u. E. Segré: Physic. Rev. **53** (1938) 104.
(9) Plain, G. T., R. G. Herb, C. M. Hudson u. R. E. Warren: Physic. Rev. **57** (1940) 187.
(9a) Plesset, E. H.: Physic. Rev. **59** (1941) 936 (abs. 118).
(10) Polessitsky, A.: Physikal Z. USSR. **12** (1937) 339.
(11) Polessitsky, A. u. M. Orbeli: C. R. Acad. Sci. USSR. **28** (1940) 215, 217.
(12) Pollard, E.: Proc. Leeds phil. Lit. Soc. **2** (1932) 324.
(13) Pollard, E. u. C. J. Brasefield: Physic. Rev. **50** (1936) 890.
(14) Pollard, E. u. C. J. Brasefield: Physic. Rev. **51** (1937) 8.
(15) Pollard, E., H. L. Schultz u. G. Brubaker: Physic. Rev. **51** (1937) 140.
(16) Pollard, E., H. L. Schultz u. G. Brubaker: Physic. Rev. **53** (1938) 351.
(17) Pollard, E.: Physic. Rev. **54** (1938) 411.
(18) Pollard, E.: Physic. Rev. **56** (1939) 961.
(19) Pollard, E.: Physic. Rev. **56** (1939) 1168.
(20) Pollard, E.: Physic. Rev. **57** (1940) 241.
(21) Pollard, E. u. W. W. Watson: Physic. Rev. **57** (1940) 567 (abs. 59).
(22) Pollard, E.: Physic. Rev. **57** (1940) 1086 (abs. 158).
(23) Pollard, E. u. W. W. Watson: Physic. Rev. **58** (1940) 12.
(23a) Pollard, E. u. F. Humphreys: Physic. Rev. **59** (1941) 466 (abs. 4).
(24) Pontecorvo, B.: Physic. Rev. **54** (1938) 542. C. R. Séances Acad. Sci. Paris **207** (1938) 423.
(25) Pontecorvo, B. u. A. Lazar: C. R. Séances Acad. Sci. Paris **208** (1939) 99.
(26) Pool, M. L., J. M. Cork u. R. L. Thornton: Physic. Rev. **51** (1937) 890.
(27) Pool, M. L. u. J. M. Cork: Physic. Rev. **51** (1937) 1010 (abs. 66).
(28) Pool, M. L., J. M. Cork u. R. L. Thornton: Physic. Rev. **52** (1937) 239.
(29) Pool, M. L., J. M. Cork u. R. L. Thornton: Physic. Rev. **52** (1937) 380.
(30) Pool, M. L.: Physic. Rev. **53** (1938) 116.
(31) Pool, M. L. u. L. L. Quill: Physic. Rev. **33** (1938) 437.
(32) Pose, H.: Physikal. Z. **30** (1929) 780. Z. Physik **64** (1930) 1; **95** (1935) 84.
(33) Pose, H.: Physikal. Z. **37** (1936) 154.
(34) Preiswerk, P. u. H. v. Halban jr.: C. R. Séances Acad. Sci. Paris **201** (1935) 722.

(1) **Rajam**, J. B., P. C. Capron u. M. de Hemptinne: Nature, London **144** (1939) 202.
(2) Rajam, J. B., P. C. Capron u. M. de Hemptinne: Ann. Soc. sci. Bruxelles, Ser. I **59** (1939) 403.
(3) Rasetti:, F.: Z. Physik **97** (1935) 64.
(3a) Rayton, W. M. u. T. R. Wilkins: Physic. Rev. **51** (1937) 818.
(4) Reddemann, H. u. F. Strassmann: Naturwiss. **25** (1938) 187.
(5) Reddemann, H. u. F. Strassmann: Naturwiss. **25** (1938) 458.
(6) Reddemann, H.: Naturwiss. **28** (1940) 110.
(7) Reddemann, H.: Z. Physik **116** (1940) 137.
(7a) Richards, H. T.: Physic. Rev. **59** (1941) 796.
(8) Richardson, J. R. u. L. Emo: Physic. Rev. **53** (1938) 234.
(9) Richardson, J. R.: Physic. Rev. **55** (1939) 609.
(10) Richardson, J. R. u. F. N. D. Kurie: Physic. Rev. **50** (1936) 999.
(11) Richardson, J. R.: Physic. Rev. **53** (1938) 124.
(12) Richardson, J. R.: Physic. Rev. **53** (1938) 610.
(13) Ridenour, L. N., W. J. Henderson, M. C. Henderson u. M. G. White: Physic. Rev. **51** (1937) 1013.
(14) Ridenour, L. N. u. W. J. Henderson: Physic. Rev. **51** (1937) 1102.
(15) Ridenour, L. N. u. W. J. Henderson: Physic. Rev. **52** (1937) 139.
(16) Ridenour, L. N. u. W. J. Henderson: Physic. Rev. **52** (1937) 889.
(17) Ridenour, L. N., L. A. Delsasso, M. G. White u. R. Sherr: Physic. Rev. **53** (1938) 770.
(17a) Ringo, R.: Physic. Rev. **58** (1940) 942; **59** (1941) 107 (abs. 10).
(18) Risser, J. R.: Physic. Rev. **52** (1937) 768.
(19) Risser, J. A., K. Lark-Horovitz u. R. N. Smith: Physic. Rev. **57** (1940) 355 (abs. 55).
(20) Roberts, R. B., N. P. Heydenburg u. C. L. Locher: Physic. Rev. **53** (1938) 1016.
(21) Rogers, F. T. jr. u. M. M. Rogers: Physic. Rev. **55** (1939) 263.
(22) Rogers, M. M., W. E. Bennett, T. W. Bonner u. E. Hudspeth: Physic. Rev. **58** (1940) 186.
(23) Rona, E. u. H. Scheichenberger: Wien. Akad. Anz. Nr. 8 vom 17. März 1938.
(24) Rose, M. E.: Physic. Rev. **53** (1938) 844.
(25) Rotblat, J.: Nature, London **136** (1935) 515.
(26) Rotblat, J.: Nature, London **138** (1936) 202.
(27) Rotblat, J. Nature, London **139** (1937) 1110.
(28) Rotblat, J.: Nature, London **144** (1939) 248.
(29) Roussinow, L. I. u. A. A. Yusephovich: C. R. Acad. Sci. USSR. **24** (1939) 129.
(30) Ruben, S. u. M. D. Kamen: Physic. Rev. **57** (1940) 549.
(31) Ruben, S. u. M. D. Kamen: Priv. Mitt. an J. J. Livingood u. G. T. Seaborg: Rev. mod. Physics **12** (1940) 30.
(31a) Ruben, S.: Physic. Rev. **59** (1941) 216 (abs. 7).
(31b) Ruben, S. u. M. D. Kamen: Physic. Rev. **59** (1941) 349.
(32) Rumbaugh, L. H. u. L. R. Hafstad: Physic. Rev. **50** (1936) 681.
(33) Rumbaugh, L. H., R. B. Roberts u. L. R. Hafstad: Physic. Rev. **51** (1937) 143.
(34) Rumbaugh, L. H., R. B. Roberts u. L. R. Hafstad: Physic. Rev. **54** (1938) 657.
(35) Rusinov, L.: Physikal. Z. USSR. **10** (1936) 219.
(36) Rutherford, Sir E. u. J. Chadwick: Phil. Mag. J. Sci. **42** (1921) 809.
(37) Rutherford, E. u. J. Chadwick: Nature, London **113** (1924) 457.

(1) Sagane, R.: Physic. Rev. **50** (1936) 1141.
(2) Sagane: R.: Physic. Rev. **53** (1938) 212.
(3) Sagane, R., S. Kojima u. M. Ykawa: Physic. Rev. **54** (1938) 149.
(4) Sagane, R., S. Kojima, G. Miyamoto u. M. Ykawa: Physic. Rev. **54** (1938) 542.
(5) Sagane, R., S. Kojima, G. Miyamoto u. M. Ykawa: Physic. Rev. **54** (1938) 970.
(6) Sagane, R.: Physic. Rev. **55** (1939) 31.
(7) Sagane, R., S. Kojima, G. Miyamoto u. M. Ikawa: Proc. physic.-math. Soc. Japan (3) **21** (1939) 660.
(8) Sagane, R., S. Kojima u. G. Miyamoto: Proc. physic.-math. Soc. Japan (3) **21** (1939) 728.
(9) Sagane, R., S. Kojima, G. Miyamoto u. M. Ikawa: Physic. Rev. **57** (1940) 750.
(10) Sagane, R., S. Kojima, G. Miyamoto u. M. Ikawa: Physic. Rev. **57** (1940) 1179.
(11) Sagane, R., S. Kojima, G. Miyamoto u. M. Ikawa: Proc. physic.-math. Soc. Japan (3) **22** (1940) 174.
(11a) Sagane, R., G. Miyamoto u. M. Ikawa: Physic. Rev. **59** (1941) 904.
(12) Saha, N. K.: Z. Physik **110** (1938) 473.
(13) Saha, N. K.: Naturwiss. **27** (1939) 786.
(14) Sampson, M. B., L. N. Ridenour u. W. Bleakney: Physic. Rev. **50** (1936) 382.
(15) Sargent, B. W.: Proc. roy. Soc. London (A) **139** (1933) 659.
(16) Sargent, B. W.: Canad. J. Res. (A) **17** (1939) 82. Physic. Rev. **54** (1938) 232.
(17) Sargent, B. W.: Canad. J. Res. (A) **17** (1939) 103.
(18) Savel, P.: C. R. Séances Acad. Sci. Paris **198** (1934) 368.
(19) Savel, P.: C. R. Séances Acad. Sci. Paris **198** (1934) 1404.
(20) Savel, P.: Ann. Physique **4** (1935) 88.
(21) Schaeffer, W. u. P. Harteck: Z. Physik **113** (1939) 287.
(21a) Scharff-Goldhaber, G.: Physic. Rev. **59** (1941) 937 (abs. 119).
(22) Scheichenberger, H.: Wien. Akad. Anz. Nr. 17 vom 20. Oktober 1938.
(22a) Schintlmeister, J.: Sitzgsber. Akad. Wiss. Wien, Abt. IIa, **146** (1937) 371.
(23) Schultz, H. L.: Physic. Rev. **53** (1938) 622.
(23a) Schultz, H. L., W. L. Davidson u. L. H. Ott: Physic. Rev. **58** (1940) 1043.
(23b) Schultz, H. L. u. W. W. Watson: Physic. Rev. **58** (1940) 1047.
(24) Seaborg, G. T. u. J. W. Kennedy: Physic. Rev. **55** (1939) 410.
(25) Seaborg, G. T., J. J. Livingood u. J. W. Kennedy: Physic. Rev. **55** (1939) 794.
(26) Seaborg, G. T. u. E. Segré: Physic. Rev. **55** (1939) 808.
(27) Seaborg, G. T., J. J. Livingood u. J. W. Kennedy: Physic. Rev. **57** (1940) 363.
(27a) Seaborg, G. T., J. J. Livingood u. F. Friedlander: Physic. Rev. **59** (1941) 320.
(27b) Seaborg, G. T., J. W. Gofman u. J. W. Kennedy: Physic. Rev. **59** (1941) 321.
(27c) Seaborg, G. T. u. G. Friedlander: Physic. Rev. **59** (1941) 400.
(28) Seelmann-Eggebert, W.: Naturwiss. **28** (1940) 451.
(29) Seelmann-Eggebert, W.: Diss. Berlin 1940.
(30) Segré, E., R. S. Halford u. G. T. Seaborg: Physic. Rev. **55** (1939) 321.
(31) Segrè, E.: Physic. Rev. **55** (1939) 1104.

(31a) Segrè, E. u. G. T. Seaborg: Physic. Rev. **59** (1941) 212.
(31b) Segrè, E. u. C. S. Wu: Private Mitteilung an G. T. Seaborg: Chem. Rev. **27** (1940) 199.
(32) Shrader, E. F. u. E. Pollard: Physic. Rev. **58** (1940) 199 (abs. 4).
(33) Segré, E. u. C. S. Wu: Physic. Rev. **57** (1940) 552.
(34) Sherr, R.: Physic. Rev. **57** (1940) 937.
(34a) Sherr, R. u. K. T. Bainbridge: Physic. Rev. **59** (1941) 937 (abs. 122).
(34b) Shrader, E. F. u. E. Pollard: Physic. Rev. **59** (1941) 277.
(35) Simma, K. u. F. Yamasaki: Sci. Pap. Inst. physic. chem. Res. Japan **35** (1938) 16.
(36) Simma, K. u. F. Yamasaki: Physic. Rev. **55** (1939) 320.
(37) Sizoo, G. J. u. C. Eijkman: Physica **6** (1939) 332.
(38) Skaggs, L. S. u. E. R. Graves: Physic. Rev. **57** (1940) 1087 (abs. 163).
(39) Smith, C. L. u. E. B. M. Murrell: Proc. Cambridge phil. Soc. **35** (1939) 298.
(39a) Smith, E. u. E. Pollard: Physic. Rev. **59** (1941) 942 (abs. 146).
(40) Smith, N. M. jr.: Physic. Rev. **56** (1939) 548.
(40a) Smith, G. P.: Physic. Rev. **59** (1941) 937 (abs. 121).
(41) Snell, A. H.: Physic. Rev. **49** (1936) 555.
(42) Snell, A. H.: Physic. Rev. **51** (1937) 143.
(43) Snell, A. H.: Physic. Rev. **51** (1937) 1011 (abs. 69).
(44) Snell, A. H.: Physic. Rev. **52** (1937) 1007.
(45) Soltan, A. u. L. Wertenstein: Nature, London **141** (1938) 76.
(46) Starke, K.: Naturwiss. **28** (1940) 631.
(47) Staub, H. u. W. E. Stephens: Physic. Rev. **55** (1939) 845.
(48) Stegmann, H.: Z. Physik **95** (1935) 72.
(49) Steudel, E.: Z. Physik **77** (1932) 139.
(50) Stephens, W. E.: Physic. Rev. **53** (1938) 223.
(51) Stetter, G.: Z. Physik **100** (1936) 652.
(52) Stetter, G. u. W. Jentschke: Z. Physik **110** (1938) 214.
(53) Stewart, D. W., J. L. Lawson u. J. M. Cork: Physic. Rev. **52** (1937) 901.
(54) Stewart, D. W.: Physic. Rev. **56** (1939) 629.
(55) Strain, C. V.: Physic. Rev. **54** (1938) 1021.
(56) Strassmann, F. u. E. Walling: Ber. Deutsch. chem. Ges. **71** (1938) 1.
(56a) Streib, J. F., W. A. Fowler u. C. C. Lauritsen: Physic. Rev. **59** (1941) 253.
(57) Sugden, S.: Nature, London **135** (1935) 469.
(58) Szalay, A.: Z. Physik **112** (1939) 29.
(59) Szalay, A. u. J. Zimonyi: Z. Physik **115** (1940) 639.
(60) Szilard, L. u. T. A. Chalmers: Nature, London **134** (1934) 494.
(61) Szilard, L. u. T. A. Chalmers: Nature, London **135** (1935) 98.

(1) Tape, G. F. u. J. M. Cork: Physic. Rev. **53** (1938) 676 (abs. 9).
(2) Tape, G. F.: Physic. Rev. **55** (1939) 1135 (abs. 125).
(3) Tape, G. F.: Physic. Rev. **56** (1939) 965.
(4) Taylor, H. J.: Proc. physic. Soc. London **47** (1935) 873.
(5) Taylor, H. J. u. V. D. Dabholkar: Proc. physic. Soc. London **48** (1936) 285.
(6) Thornton, R. L.: Physic. Rev. **49** (1936) 207.
(7) Thornton, R. L. u. J. M. Cork: Physic. Rev. **51** (1937) 383 (abs. 51).
(8) Thornton, R. L.: Physic. Rev. **51** (1937) 893.
(9) Thornton, R. L.: Physic. Rev. **53** (1938) 326.
(9a) Townsend, A. A.: Proc. roy. Soc. London A **177** (1941) 357.
(10) Traubenberg, H. Rausch v., A. Eckhardt u. R. Gebauer: Z. Physik **80** (1933) 557.
(11) Tuck, J. L.: J. chem. Soc. **1939**, 1293.
(11a) Turner, L. A.: Physic. Rev. **58** (1940) 679.
(12) Tuve, M. A. u. L. R. Hafstad: Physic. Rev. **45** (1934) 651.
(13) Tyler, A. W.: Physic. Rev. **55** (1939), 1136 (abs. 127); **56** (1939) 125.

(1) Valley, G. E. u. R. L. McCreary: Physic. Rev. **55** (1939) 666.
(2) Valley, G. E.: Physic. Rev. **56** (1939) 838.
(3) Valley, G. E. u. R. L. McCreary: Physic. Rev. **56** (1939) 863.
(3a) Valley, G. E.: Physic. Rev. **59** (1941) 686 (abs. 22).
(3b) Van Allen, J. A. u. N. M. Smith, jr.: Physic. Rev. **59** (1941) 108 (abs. 15), 501.
(3c) Van Allen, J. A. u. N. M. Smith, jr.: Physic. Rev. **59** (1941) 618.
(4) Van Voorhis, S. N.: Physic. Rev. **49** (1936) 889.
(5) Van Voorhis, S. N.: Physic. Rev. **50** (1936) 895.
(6) Van Voorhis, S. N.: Priv. Mitt. an J. J. Livingood u. G. T. Seaborg: Rev. mod. Physics **12** (1940) 30.
(7) Veldkamp, J. u. K. S. Knol: Physica **4** (1937) 166.
(8) Veldkamp, J. u. H. de Vries: Physica **4** (1937) 1229.
(9) Victorin, O.: Proc. Cambridge phil. Soc. **34** (1938) 612. Chem. Listy Vĕdu Prŭmysl **33** (1939) 190.
(10) Voge, H. H.: J. Amer. chem. Soc. **61** (1939) 1032.
(11) Vries, H. de u. J. Veldkamp: Physica **5** (1938) 249.
(12) Vries, H. de u. G. Diemer: Physica **6** (1939) 599.

(1) Walen, R. J. u. M. E. Nahmias: C. R. Séances Acad. Sci. Paris **203** (1937) 1149.
(1a) Waldman, B. u. G. B. Collins: Physic. Rev. **57** (1940) 338.
(2) Walke, H.: Physic. Rev. **51** (1937) 439.
(3) Walke, H.: Physic. Rev. **52** (1937) 400.
(4) Walke, H.: Physic. Rev. **52** (1937) 669.
(5) Walke, H.: Physic. Rev. **52** (1937) 663.
(6) Walke, H.: Physic. Rev. **52** (1937) 777.
(7) Walke, H., E. J. Williams u. G. R. Ivans: Proc. roy. Soc. London (A) **171** (1939) 360.
(8) Walke, H.: Physic. Rev. **57** (1940) 163.
(9) Walke, H., E. C. Thompson u. J. Holt: Physic. Rev. **57** (1940) 171.
(10) Walke, H., F. C. Thompson u. J. Holt: Physic. Rev. **57** (1940) 177.
(11) Walke, H.: Priv. Mitt. an J. J. Livingood u. G. T. Seaborg: Rev. mod. Physic. **12** (1940) 30.
(12) Ward, A. G.: Proc. Cambridge phil. Soc. **35** (1939) 523.
(12a) Watase, Y. u. J. Itoh: Proc. physic.-math. Soc. Japan (3) **21** (1939) 389.
(12b) Watase, Y. u. J. Itoh: Proc. physic.-math. Soc. Japan (3) **21** (1939) 623.
(12c) Watase, Y., J. Itoh u. E. Takeda: Proc. physic.-math. Soc. Japan (3) **22** (1940) 90.
(12d) Watson, W. W. u. E. Pollard: Physic. Rev. **57** (1940) 1082 (abs. 137).
(13) Weil, G. L. u. W. H. Barkas: Physic. Rev. **56** (1939) 485.
(14) Weisskopf, V. F. u. D. H. Eving: Physic. Rev. **57** (1940) 472.

(14a) Welles, S. B.: Physic. Rev. **59** (1941) 679, 920 (abs. 31).
(15) Wertenstein: Nature, London **133** (1934) 564.
(16) White, M. G., L. A. Delsasso, J. G. Fox u. E. C. Creutz: Physic. Rev. **56** (1939) 512.
(16a) White, M. G., E. C. Creutz, L. A. Delsasso u. R. R. Wilson: Physic. Rev. **59** (1941) 63.
(17) Widdowson, E. E. u. F. C. Champion: Proc. physic. Soc. London **50** (1938) 185.
(17a) Wiens, J. u. L. W. Alvarez: Physic. Rev. **58** (1940) 1005.
(18) Wilhelmy, E.: Z. Physik **107** (1937) 769.
(18a) Wilkins, R. T. u. D. P. Crawford: Physic. Rev. **54** (1938) 316.
(19) Williams, J. H., W. G. Shepherd u. R. O. Haxby: Physic. Rev. **51** (1937) 888; **52** (1937) 390.
(20) Wilson, R. S.: Proc. roy. Soc. A **177** (1941) 382.
(20a) Winand, L.: J. Physique et Radium **8** (1937) 429.
(21) Wu, C. S.: Physic. Rev. **58** (1940) 926.
(22) Wu, C. S.: Physic. Rev. **59** (1941) 481.

(0) Yamaguchi, S.: Proc. phys.-math. Soc. Japan (3) **23** (1941) 264.
(1) Yamasaki, F. u. K. Simma: Sci. Pap. Inst. physic. chem. Res. Japan **37** (1940) 10.
(2) Yasaki, T. u. S. Watanabe: Nature, London **141** (1938) 787.
(3) Yasaki, T.: Sci. Pap. Inst. physic. chem. Res. Japan **37** (1940) 457.
(4) Yates, E. L.: Proc. roy. Soc. London **168** (1938) 148.
(5) Yost, D. M., L. N. Ridenour u. K. Shinohara: J. chem. Physics **3** (1935) 133.
(6) Young, V. J., G. J. Plain, W. B. McLean u. A. Ellett: Physic. Rev. **57** (1940) 1083 (abs. 142).
(7) Young, V. J., A. Ellett u. G. T. Plain: Physic. Rev. **58** (1940) 498.

(1) Zingg, E.: Helv. physic. Acta **13** (1940) 219.
(2) Zyw, M.: Nature, London **134** (1934) 64.

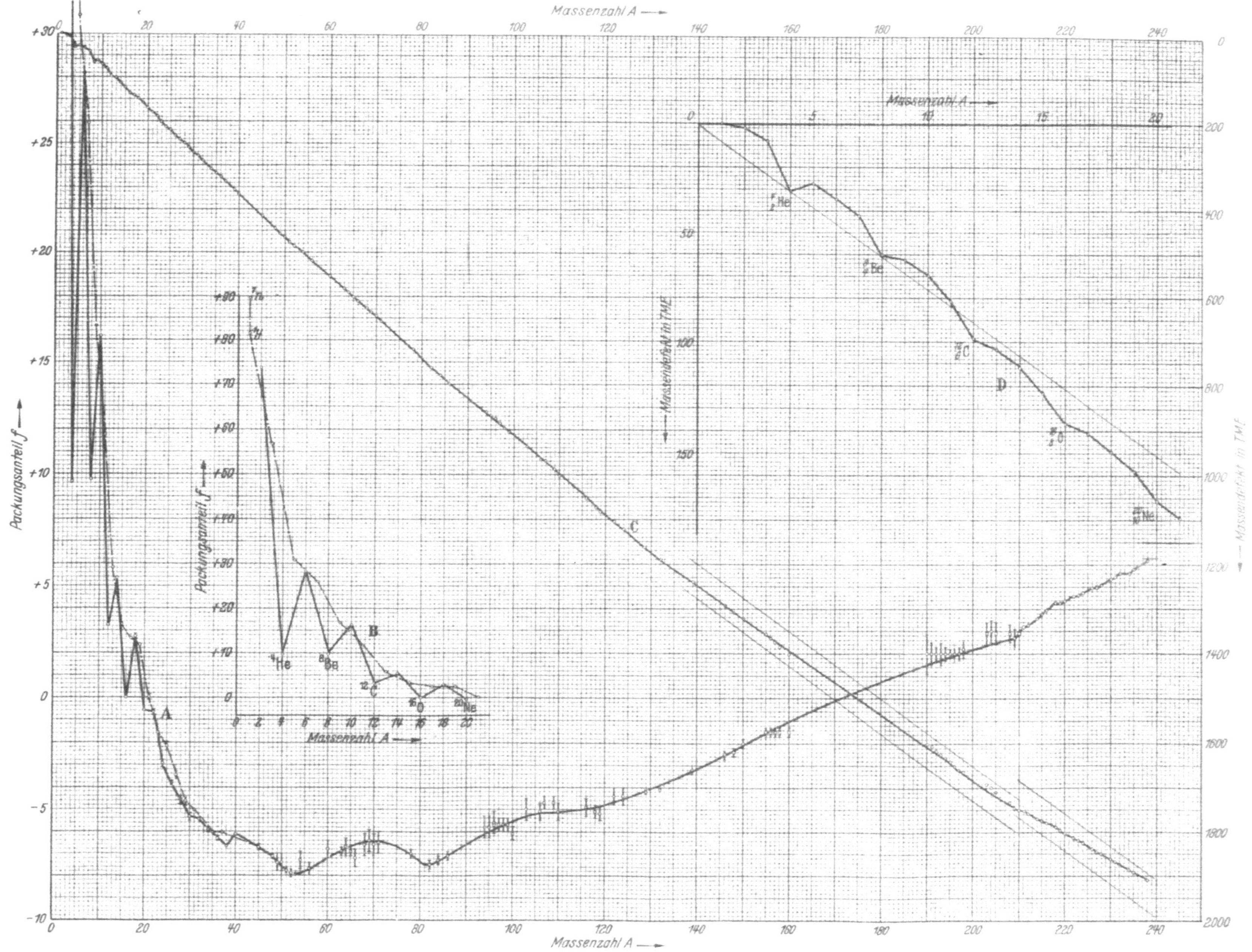

Massenzahl A →
Packungsanteil f →
Packungsanteil f →
Massenzahl A →
Massenzahl A →
Massenzahl A →
Massendefekt in TME →
← Massendefekt in TME
A
B
C
D

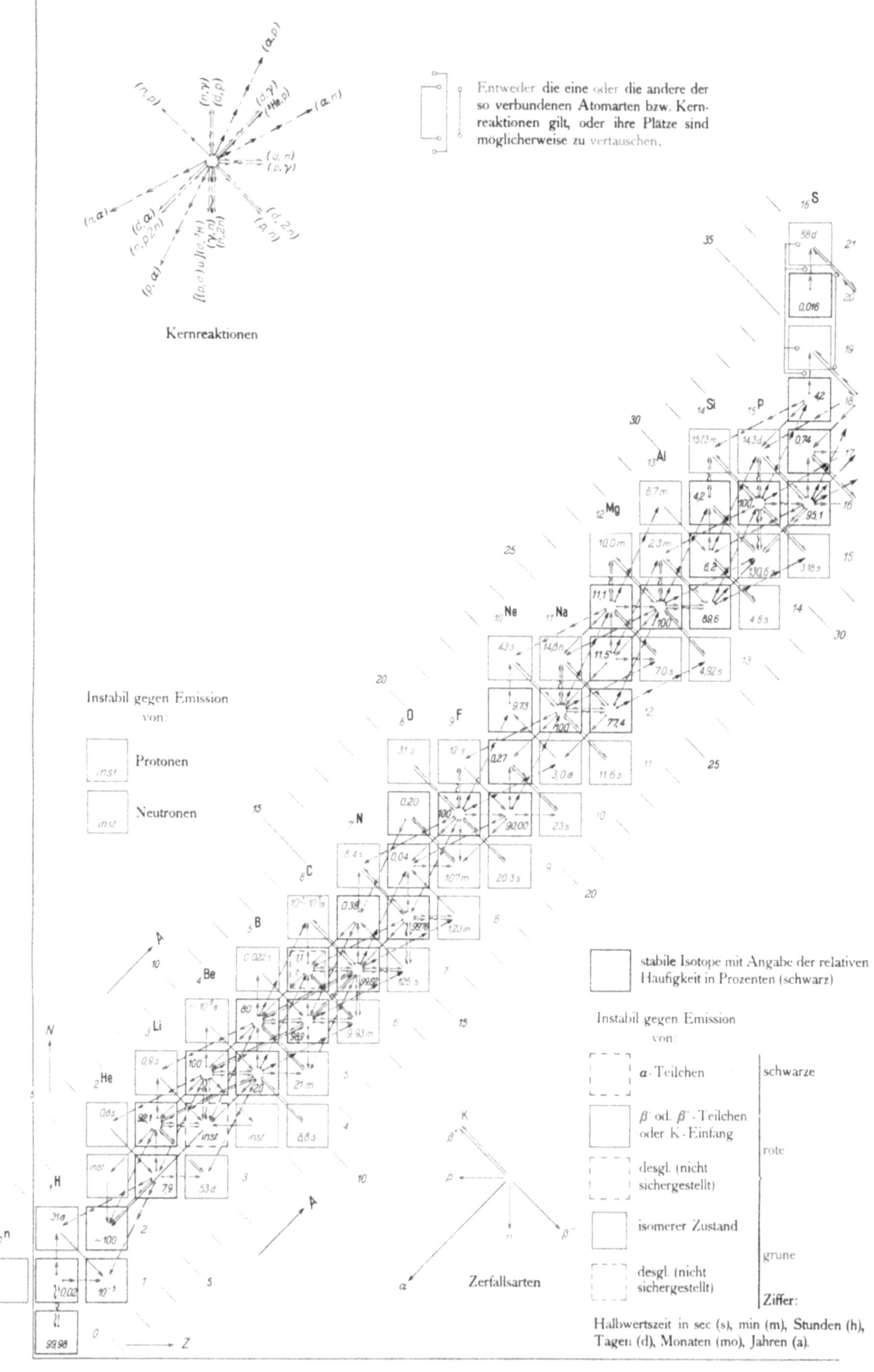

Kernreaktionen
Entweder die eine oder die andere der so verbundenen Atomarten bzw. Kernreaktionen gilt, oder ihre Plätze sind möglicherweise zu vertauschen.
Instabil gegen Emission von:
Protonen
Neutronen
stabile Isotope mit Angabe der relativen Häufigkeit in Prozenten (schwarz)
Instabil gegen Emission von:
α-Teilchen
β⁺ od. β⁻-Teilchen oder K-Einfang
desgl. (nicht sichergestellt)
isomerer Zustand
desgl. (nicht sichergestellt)
schwarze
rote
grüne
Ziffer:
Halbwertszeit in sec (s), min (m), Stunden (h), Tagen (d), Monaten (mo), Jahren (a).
Zerfallsarten

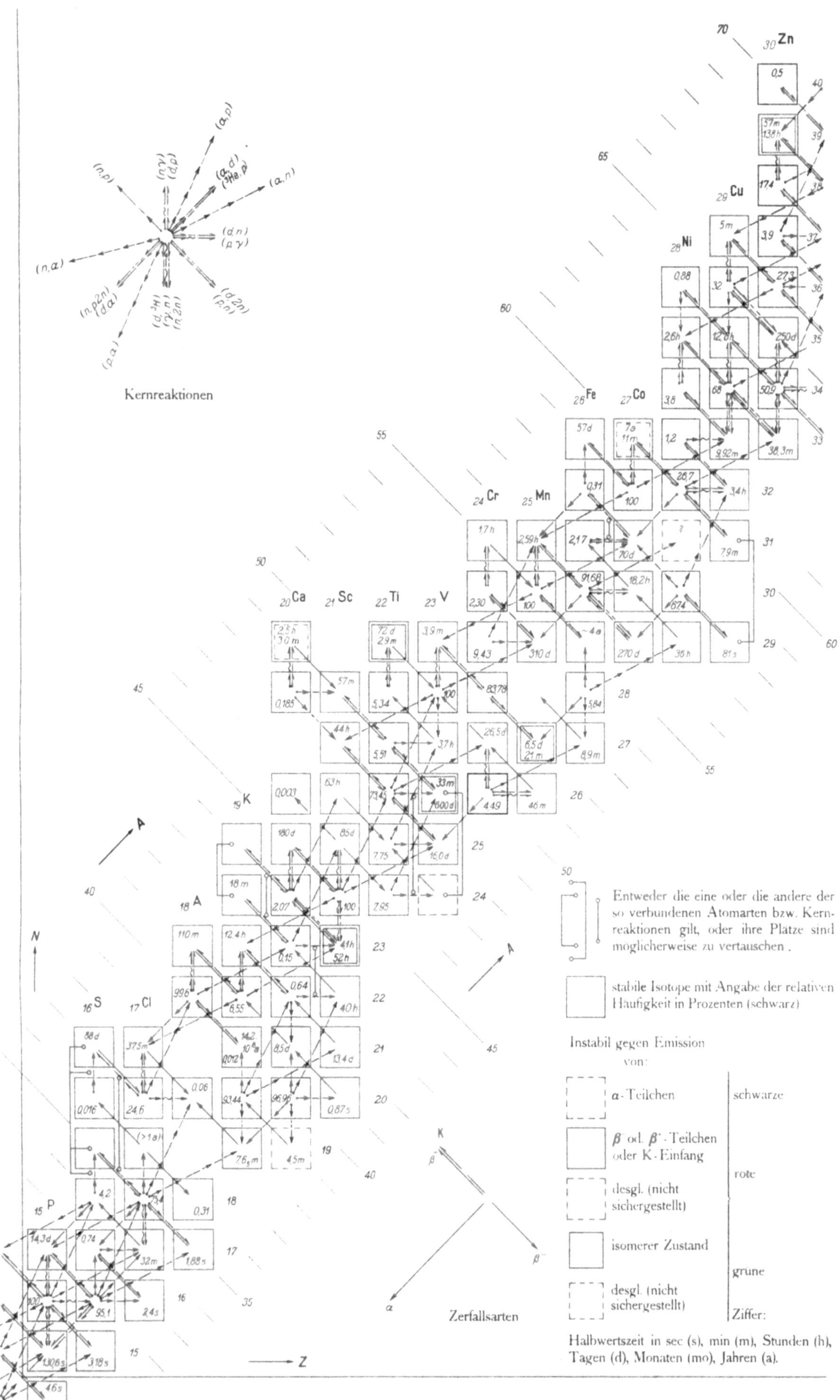

Kernreaktionen
(n,p) (n,γ) (d,p) (α,d) (α,p) (α,n) (d,n) (p,γ) (n,α) (n,p2n) (d,α) (d,³H) (³y,n) (n,2n) (p,n) (d,2n) (p,α)
N
A
Z
Entweder die eine oder die andere der so verbundenen Atomarten bzw. Kernreaktionen gilt, oder ihre Plätze sind möglicherweise zu vertauschen.
stabile Isotope mit Angabe der relativen Häufigkeit in Prozenten (schwarz)
Instabil gegen Emission von:
α-Teilchen
β⁺ od. β⁻-Teilchen oder K-Einfang
desgl. (nicht sichergestellt)
isomerer Zustand
desgl. (nicht sichergestellt)
schwarze
rote
grüne
Ziffer:
Halbwertszeit in sec (s), min (m), Stunden (h), Tagen (d), Monaten (mo), Jahren (a).
Zerfallsarten
K β⁺ β⁻ α
30 Zn 29 Cu 28 Ni 27 Co 26 Fe 25 Mn 24 Cr 23 V 22 Ti 21 Sc 20 Ca 19 K 18 A 17 Cl 16 S 15 P

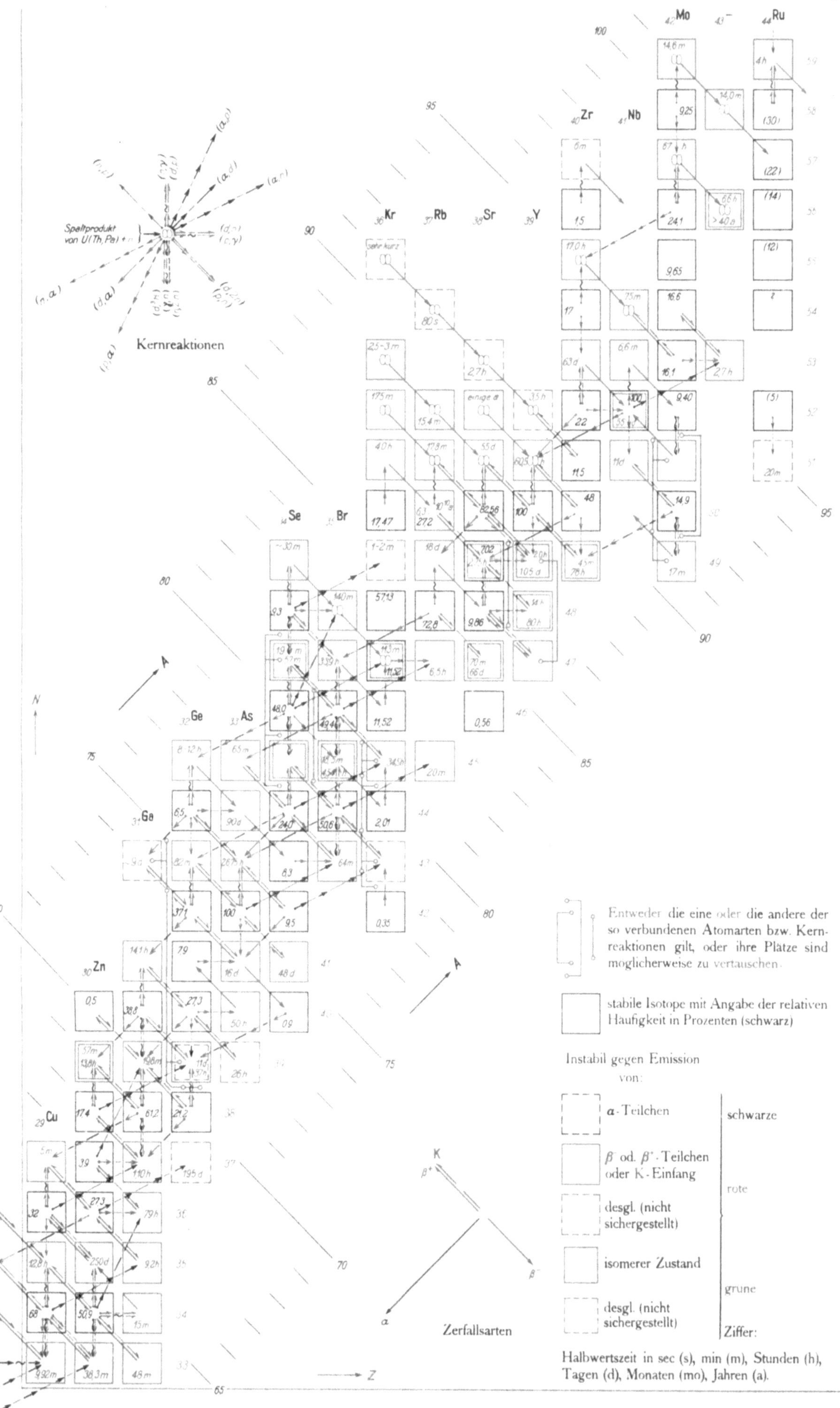

Kernreaktionen
Spaltprodukt von U(Th, Pa) + n
(n,α) (d,α) (n,γ) (d,p) (α,d) (α,n) (d,n) (α,γ) (d,2n) (γ,n) (α,p)
Mo Tc Ru
Zr Nb
Kr Rb Sr Y
Se Br
Ge As
Ga
Zn
Cu
N
Z
A
K
β+
β−
α
Zerfallsarten
Entweder die eine oder die andere der so verbundenen Atomarten bzw. Kernreaktionen gilt, oder ihre Plätze sind möglicherweise zu vertauschen.
stabile Isotope mit Angabe der relativen Häufigkeit in Prozenten (schwarz)
Instabil gegen Emission von:
α - Teilchen
β⁻ od. β⁺ - Teilchen oder K - Einfang
desgl. (nicht sichergestellt)
isomerer Zustand
desgl. (nicht sichergestellt)
schwarze
rote
grüne
Ziffer:
Halbwertszeit in sec (s), min (m), Stunden (h), Tagen (d), Monaten (mo), Jahren (a).

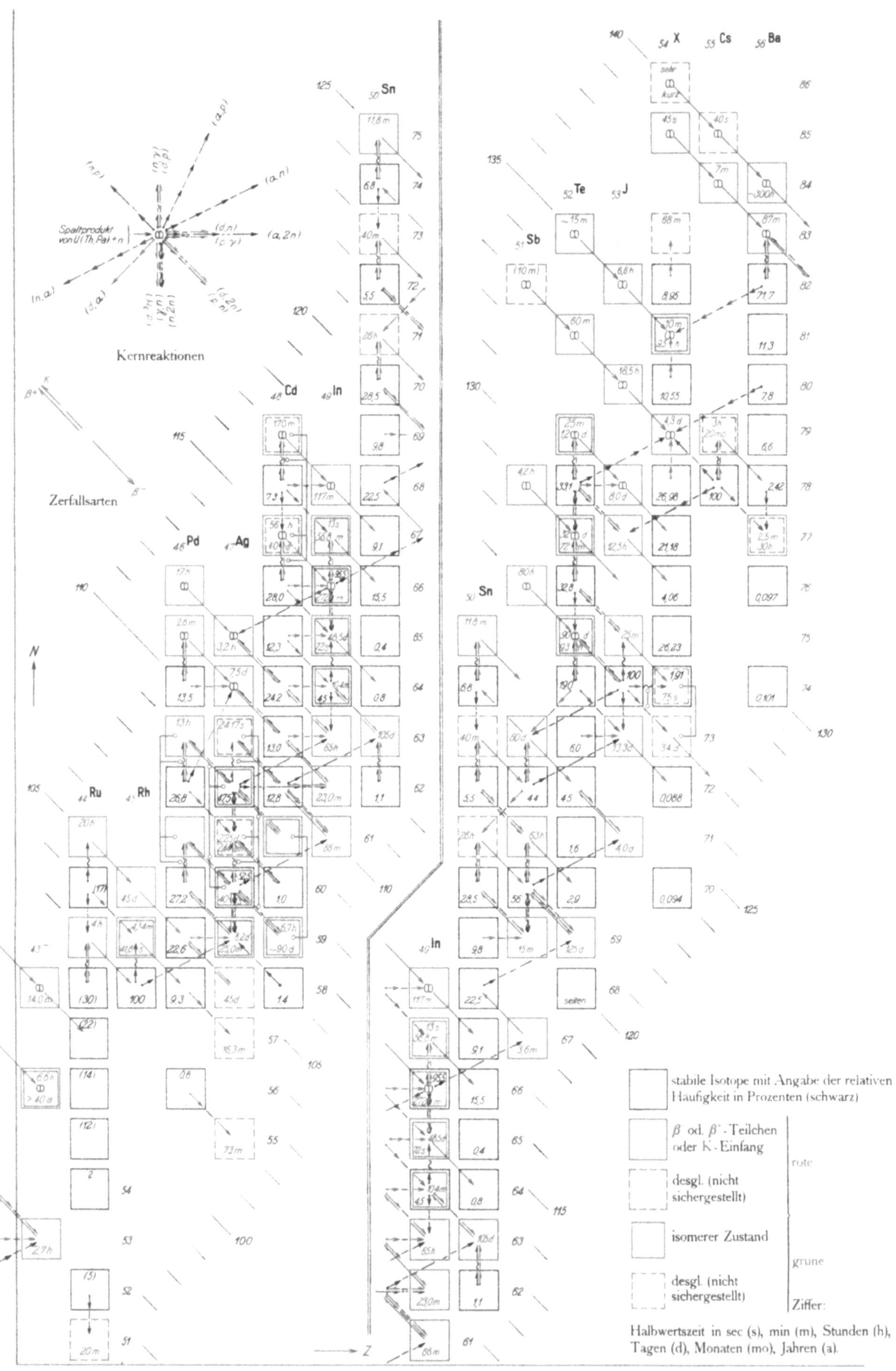

54 X   55 Cs   56 Ba
50 Sn
52 Te   53 J
51 Sb
48 Cd   49 In
46 Pd   47 Ag
50 Sn
49 In
44 Ru   45 Rh
43
N
Kernreaktionen
Zerfallsarten
Spaltprodukt von U (Th, Pa) + n
(α,p)   (d,p)   (d,γ)   (α,n)
(n,p)   (p,γ)
(d,n)   (α,2n)
(d,γ)
(n,α)   (d,α)   (p,2n)   (p,d)
β⁺ + K
β⁻
stabile Isotope mit Angabe der relativen
Häufigkeit in Prozenten (schwarz)
β od. β⁻-Teilchen oder K-Einfang
desgl. (nicht sichergestellt)
isomerer Zustand
desgl. (nicht sichergestellt)
rote Ziffer:
grüne Ziffer:
Halbwertszeit in sec (s), min (m), Stunden (h),
Tagen (d), Monaten (mo), Jahren (a).

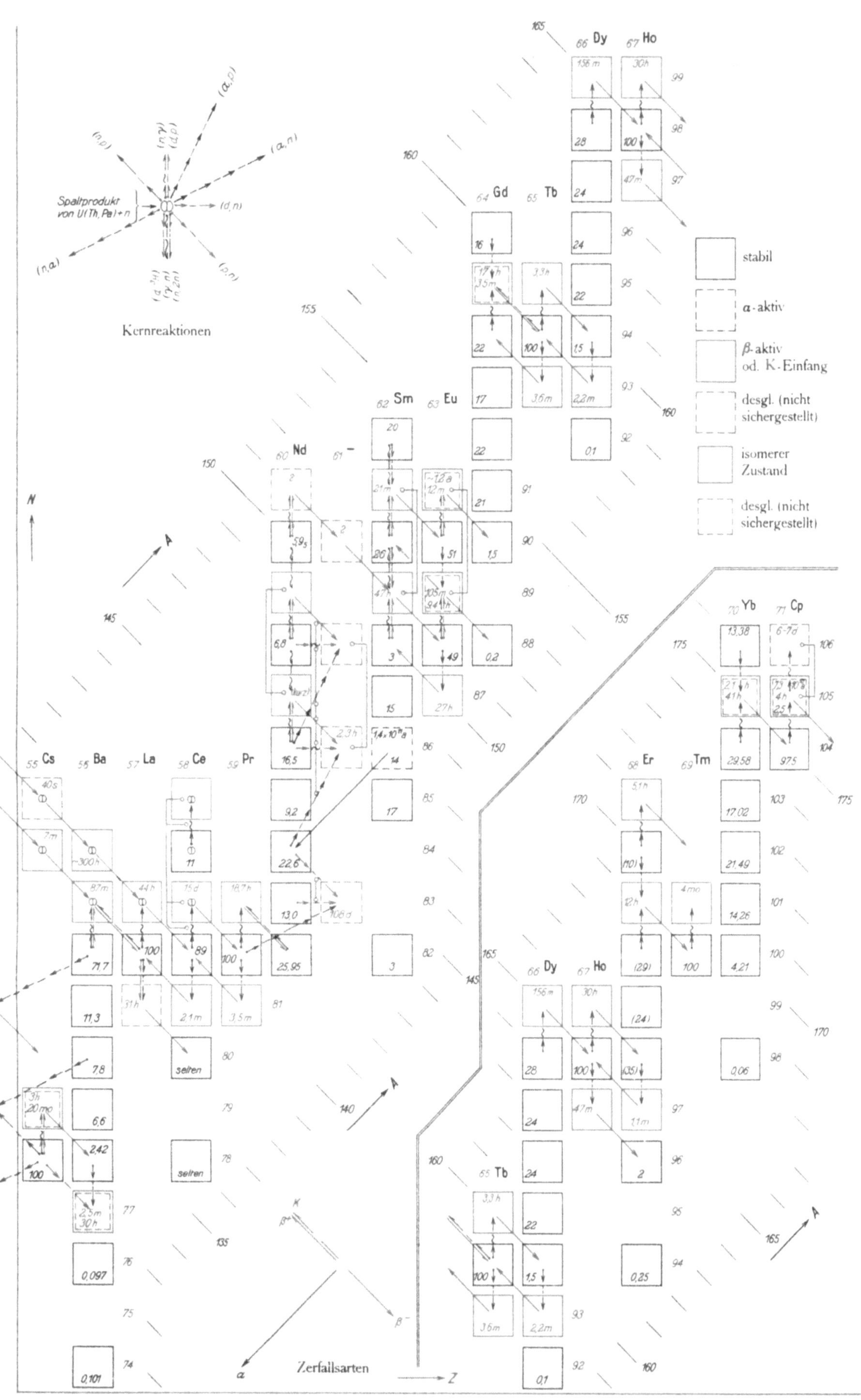
Kernreaktionen
Spaltprodukt von U(Th,Pa)+n
(α,p)
(n,γ)(d,p)
(α,n)
(n,p)
(d,n)
(n,α)
(d,2n)(γ,n)(p,n)
(d,α)
N
A
Zerfallsarten
Z
α
β⁻
β⁺
K
stabil
α-aktiv
β-aktiv od. K-Einfang
desgl. (nicht sichergestellt)
isomerer Zustand
desgl. (nicht sichergestellt)
55 Cs   56 Ba   57 La   58 Ce   59 Pr   60 Nd   61 —   62 Sm   63 Eu   64 Gd   65 Tb   66 Dy   67 Ho
68 Er   69 Tm   70 Yb   71 Cp

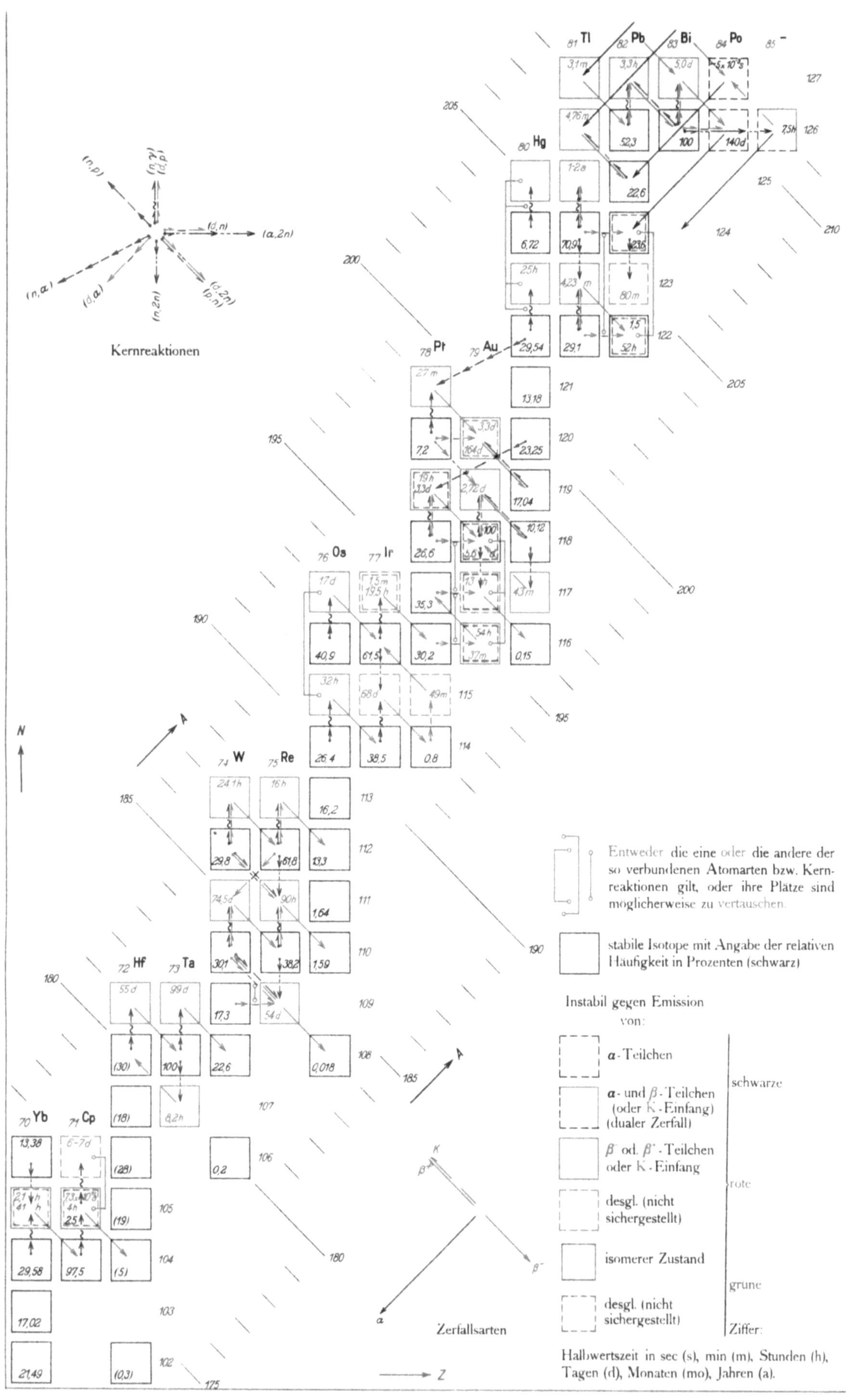
Kernreaktionen
(n,p)
(d,p)
(n,γ)
(d,n)
(α,2n)
(n,α)
(d,α)
(n,2n)
(α,2n)
(p,n)
N
A
Z
K
β⁻
α
Zerfallsarten
Entweder die eine oder die andere der so verbundenen Atomarten bzw. Kernreaktionen gilt, oder ihre Plätze sind möglicherweise zu vertauschen.
stabile Isotope mit Angabe der relativen Häufigkeit in Prozenten (schwarz)
Instabil gegen Emission von:
α-Teilchen
α- und β-Teilchen (oder K-Einfang) (dualer Zerfall)
β⁻ od. β⁺-Teilchen oder K-Einfang
desgl. (nicht sichergestellt)
isomerer Zustand
desgl. (nicht sichergestellt)
schwarze
rote
grüne
Ziffer:
Halbwertszeit in sec (s), min (m), Stunden (h), Tagen (d), Monaten (mo), Jahren (a).
81 Tl   82 Pb   83 Bi   84 Po   85 —
80 Hg
78 Pt   79 Au
76 Os   77 Ir
74 W   75 Re
72 Hf   73 Ta
70 Yb   71 Cp

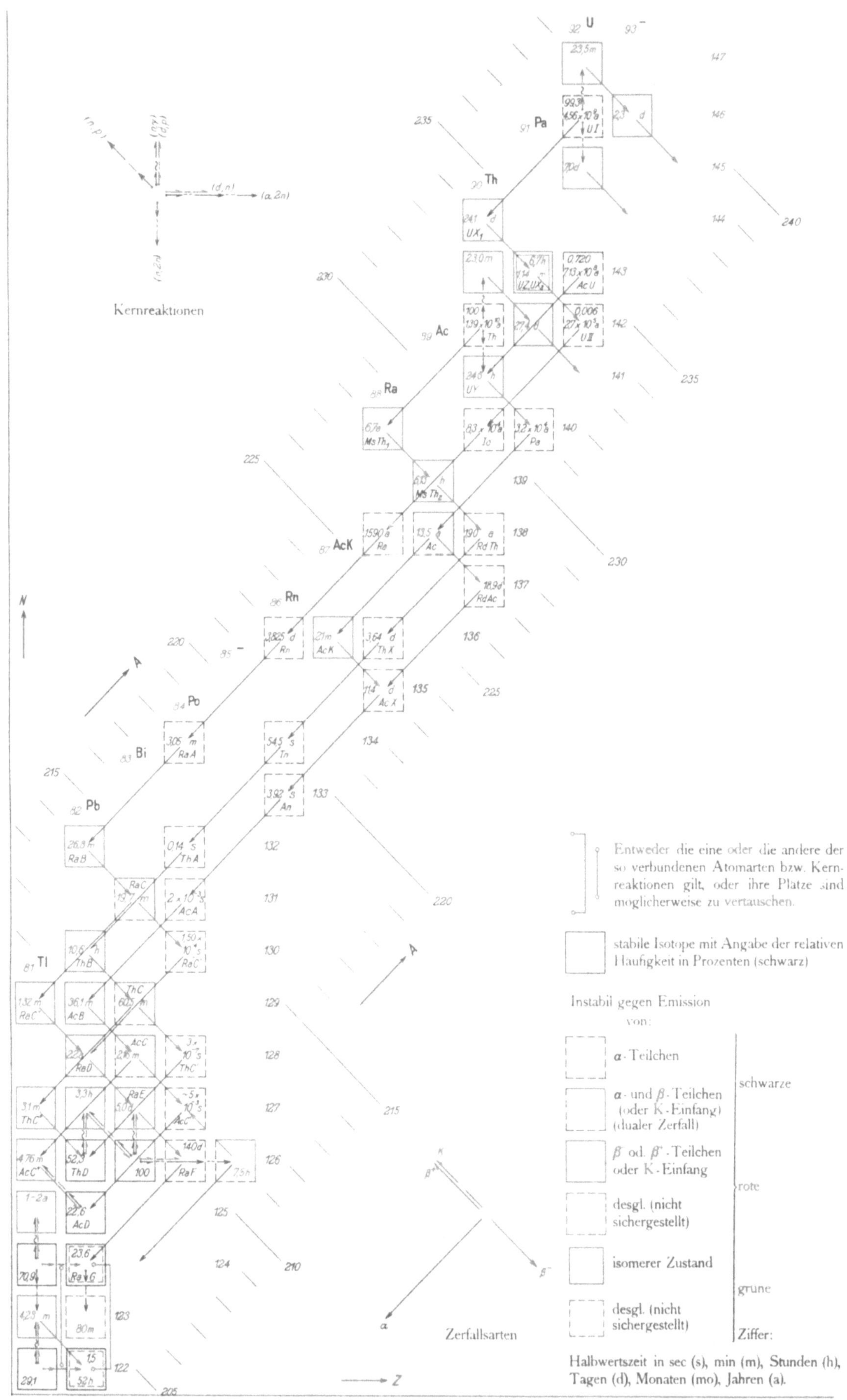

Kernreaktionen
(d,p)
(d,n)
(a,2n)
(n,2n)
N
A
Z
U
Pa
Th
Ac
Ra
AcK
Rn
Po
Bi
Pb
Tl
Zerfallsarten
Entweder die eine oder die andere der so verbundenen Atomarten bzw. Kernreaktionen gilt, oder ihre Plätze sind möglicherweise zu vertauschen.
stabile Isotope mit Angabe der relativen Häufigkeit in Prozenten (schwarz)
Instabil gegen Emission von:
α-Teilchen
α- und β-Teilchen (oder K-Einfang) (dualer Zerfall)
β od. β'-Teilchen oder K-Einfang
desgl. (nicht sichergestellt)
isomerer Zustand
desgl. (nicht sichergestellt)
schwarze
rote
grüne
Ziffer:
Halbwertszeit in sec (s), min (m), Stunden (h), Tagen (d), Monaten (mo), Jahren (a).